Introduction to Cosmetology

미용학개론

박춘심 · 전희영 · 고성현 · 현경화 · 김혜경
오혜영 · 박선주 · 송미라 · 범희주 · 허정록 공저

光文閣
www.kwangmoonkag.co.kr

Intro

아름다움에 대한 인간의 열망은 지대하며, 죽는 날까지의 영원한 관심사이다. 고금동서를 막론하고 보다 아름답기를 추구하는 인간의 욕망이 무수한 미용 양식의 창조와 계승, 발전을 거듭해 왔다.

우리나라 뷰티살롱의 근대 역사는 80년에 달하지만, 특히 지난 30여 년 동안 빠른 속도로 성장해 왔다고 할 수 있다. 이러한 미용 산업의 성장은 미용시장의 개방과 발전은 물론 세계의 우수 기업들의 투자와 교육기관의 발전을 가져왔다. 1991년 미용 관련 학과가 전문대학에 개설되는 것을 시작으로 현재에는 석 · 박사과정의 교육기관은 물론 미용전공자를 대상으로 하는 재교육기관도 체계적인 교육과정을 바탕으로 개설되고 있다. 이와 같은 시대의 변화와 흐름은 많은 학생들로 하여금 대학과 전문 교육기관의 체계적인 교육과정을 통해 미용에 대한 전문지식과 기술을 배우려는 욕구를 높이고 있으며, 그러한 이유로 미용이론과 실무를 체계적으로 다루고 있는 전공 교재의 필요성은 더욱 중요시되고 있는 것이 현실이다.

본서는 미용에 입문하기 위한 학생들과 미용산업에 종사하는 실무자의 기초교육을 위하여 미용에 대한 기본개념과 미용 기초지식을 학습할 수 있도록 미용 관련 각 분야의 전문가들에 의해 저술되어 미용이론과 실기에 필요한 기초지식을 체계적으로 서술하고 있다.

본서의 저술을 위해 많은 학자들의 자료를 참고 · 인용함에 있어 미리 양해를 구하지 못한 점을 이해해 주시기 바라며, 본서의 부족한 부분을 보완하여 미용교육의 발전에 도움이 되는 교재들이 출간되기를 바라는 바이다.

끝으로 본서의 출판을 위해 지원을 아끼지 않은 광문각출판사 박정태 회장님과 편집부 여러분께 깊은 감사를 표한다.

저자 일동

C · O · N · T · E · N · T · S

제1부 헤어 미용

제2부 에스테틱

제3부 메이크업과 네일아트

제4부 미용기초이론

part 1

헤어미용

1. 미용의 개요
2. 미용의 역사
3. 모발과학
4. 모발 미용기기 및 제품
5. 두피 및 모발관리
6. 헤어커트
7. 퍼머넌트 웨이브
8. 헤어컬러링
9. 블로우 드라이 및 업스타일

제1부

chapter 1

헤어미용

미용의 개요

1-1. 미용의 기원

인간의 미에 대한 기원은 여러 가지 학설로 설명할 수 있는데 그중 본능설은 인간이 태어나면서부터 본능적으로 아름다움에 대한 욕구를 가지고 있다고 보는 학설이다. 인간은 태곳적부터 신체의 아름다움을 부각시키고 자신의 약점과 단점을 고치거나 감추도록 노력하였는데 이것을 화장의 시초라 할 수 있다. 원시시대는 피부나 얼굴에 그림을 그려 넣거나 문신을 새겨 자신의 신분, 계급, 종족 등을 표시하였다. 인디언이나 미개사회 추장이 자신의 권위를 표시하기 위해 몸에 그림을 그리거나 색을 칠하고 장신구를 착용하였는데, 여기에는 두 가지 학설이 있다. 하나는 화장의 시초라고 보는 장식설이고, 다른 하나는 보호설이다. 이것은 단순한 장식을 떠나 어떤 외부의 위험으로부터 자신을 보호, 위장하기 위한 방법으로 몸에 상처를 내거나 문신을 하여 적에게 공포감을 주고 귀신이나 마귀를 쫓기 위한 수단으로 보는 학설이다. 또한 원시인들은 신에게 기도하거나 제를 올릴 때 몸을 깨끗이 하고 향즙을 몸에 바르는 등 종교적인 의미에서 몸을 치장하였는데, 그것이 현대 미용의 시초라고 보는 학설이 종교설이다. 이처럼 미용의 기원은 여러 가지 학설로 설명할 수 있으나 공통

적인 것은 어떠한 의미에서든 인간은 아주 먼 옛날부터 현재까지 자신의 신체를 여러 가지 방법으로 아름답게 표현하고자 노력하고 있다는 것이다.

1-2. 미용의 의의

1-2-1. 미용의 정의와 목적

미용이란 공중위생법 제2조에 의하면 "미용업이란 손님의 얼굴, 머리, 피부 등에 손질을 하여 손님의 외모를 아름답게 꾸며주는 영업"이라고 정의되어 있다. 그러므로 미용은 크게 헤어디자인, 모발 및 두피 관리, 피부관리, 메이크업, 네일케어 및 아트 등의 범주로 구분할 수 있다.

또한 미용 업소는 미용사가 미용 행위를 할 수 있도록 시설을 갖춘 사업장을 의미하며, 미용 행위 다시 말해 미용 업무를 좀 더 자세하게 살펴보면 공중위생법 시행규칙 제28조에 "미용사는 퍼머넌트, 머리카락 자르기, 머리카락 모양내기, 머리피부 손질, 머리카락 염색, 머리감기, 손톱 손질 및 화장, 피부미용(의료기구나 의약품을 사용하지 아니하는 순수한 피부미용을 말한다.), 얼굴 손질 및 화장을 그 업무로 한다."로 규정되어 있다.

즉 미용인은 고객의 모발, 피부, 손톱 등의 건강 상태를 개선하고 유지시키는 것은 물론 그것을 바탕으로 한 아름다움을 연출할 수 있는 예술적 감각을 함께 갖고 있어야 한다. 또한 미용업은 고객을 대상으로 사람의 인체에 행해지는 서비스 예술로서 편안하고 좋은 분위기에서 고객에게 기쁨과 감동을 줄 수 있는 서비스를 제공해야 한다.

1-2-2. 미용인

미용업은 고객의 모발과 얼굴, 피부, 손톱 등의 상태를 개선시키고 아름답게 가꾸는 서비스로 응용과학의 한 분야이다. 그러한 서비스를 제공하는 미용인은 인체에 대한 정확한 이해와 보건위생 분야의 지식, 질병에 대한 지식, 화장품과 제품을 정확히 사용할 수 있는 능력은 물론 색채 감각과 예술적 감각, 기술적 능력을 겸하여 아름다움을 제공하고 유행을 제안할 수 있는 사람이라 할 수 있다. 이러한 미용인은 항상 깨끗하고 청결한 자세로 고객을 대하며 미용 업소에서 발생할 수 있는 질병에 대한 주의를 갖고 바른 작업 자세를 유지하며 규칙적인 식사와 고른 영향 섭취, 적당한 휴식과 여가생활로 건강을 유지하도록 한다.

1-2-3. 미용의 특수성

미용의 소재는 고객의 신체 일부에 행해지는 시술로서 제한점을 갖는다.

(1) 의사 표현의 제한

미용인은 고객에게 서비스에 대한 설명과 유행을 제안할 수는 있으나 미용의 소재는 고객의 신체이므로 고객의 의사를 절대적으로 존중해야 하며 미용사의 의사 표현은 극히 제한된다.

(2) 소재 선정의 제한

미용인이 시술을 제공하는 소재는 손님의 신체이므로 소재를 선정하고 자유롭게 바꿀 수 없으며 또한 신체에 행해지는 서비스인 만큼 사용되는 도구, 기구, 화장품 및 제품의 정확한 사용과 주의를 요한다.

(3) 시간적 제한

고객에게 직접 시술되는 관계로 짧은 시간 내에 작품을 제작하고 완성할 수 있도록 충분한 미용 지식과 기술을 갖추어야 한다.

(4) 소재 변화에 따른 미적 효과의 고려

고객의 연령과 직업, 의상, 메이크업, 시간, 장소에 따른 변화와 미적 효과를 고려한다.

(5) 부용예술로서의 제한

미용은 그림이나 조각과는 달리 작가의 사상을 작품에 자유롭게 표현할 수 없는 건축과 같은 부용예술(附庸藝術)로서 특수성을 갖는다.

1-2-4. 미용의 과정

미용의 과정은 미용사가 하나의 작품을 제작하는 과정, 즉 제작하는 순서를 의미한다.

(1) 소재

미용의 소재는 고객의 신체이므로 고객이 만족할 수 있는 서비스의 제공을 위해서 소재의 특징을 파악하는 단계로 고객의 외모, 두상, 모발의 질감, 상태, 색 등을 파악한다.

(2) 구상

소재의 파악과 고객과의 대화를 통해 고객의 특징과 개성을 살리고 단점을 보완할 수 있는 방법과 작업과정을 계획하는 단계이다.

(3) 제작

구상을 통해 결정된 사항을 구체적으로 표현하는 단계이며 구상의 구체적인 표현을 위해서는 미용 지식과 기술을 필요로 한다.

(4) 보정

제작된 작품의 전체적인 모양과 조화를 관찰하여 수정, 보완하는 단계로 보정작업을 통해 완전한 작품으로 끝맺음한다.

1-2-5. 미용사의 사명

미용업은 보건 위생적 측면에서도 중요한 분야이지만 예술적인 측면에서도 그 중요성이 강조되고 있다. 미용인은 미용업을 통해 문화적인 측면에서 사회에 공헌한다는 사명감을 가지고 전문 미용인으로서의 자질을 갖추어야 할 것이다.

(1) 위생적 측면

미용 업소는 많은 사람들이 출입하는 장소이며 미용 시술을 위한 여러 가지 제품과 기구가 사용되는 곳으로 채광, 조명, 환기 등이 위생적으로 잘 관리되어야 하며, 고객의 신체에 직접 시술하는 특수성으로 고객에게 위생상 위해를 가하지 않도록 적절한 조치를 취해야 한다.

(2) 미적 측면

미용 업소를 찾는 고객들은 자신의 모발, 얼굴, 피부, 손톱 등을 건강하고 아름답게 관리하려는 목적으로 방문한다. 그러므로 고객의 욕구를 만족시키고 고객의 특성을 살려 개성을 연출할 수 있어야 한다.

(3) 문화적 측면

시대의 변화를 가장 먼저 반영하고 외국 문물의 영향을 받아 유행을 만들어 가는 것이 미용과 패션이라 할 수 있다. 그러므로 미용인들은 사회 경제적 여건과 국제적 추세를 잘 파악하고 건전한 미용 문화를 조장할 수 있도록 한다.

제1부

chapter 2

미용의 역사

2-1. 한국의 미용

2-1-1. 고대의 미용

우리나라는 변한(弁韓), 마한(馬韓) 사람들의 장식을 위한 문신을 원시화장의 시작으로 볼 수 있다. 이러한 문신은 장식의 의미는 물론 신분을 구별하기 위한 수단으로 사용되었으며, 귀신의 금기색인 단주(丹朱)를 사용하여 표현하였다.

과거 우리 선조는 모든 화장 재료를 자연에서 채취하여 사용하였는데 식물의 즙이나 곡물 가루, 해조류, 쌀겨, 진흙 등을 이용하여 로션이나 세안제로 이용하였으며, 머리를 감을 땐 창포물을 이용하였고, 오디나 홍화에서 뽑은 홍색소로 색조화장을 했다. 세안제로 사용된 쌀겨와 조두(녹두나 팥을 갈아 만든 가루)는 미백 효과가 있어 세안제로 적당했을 것으로 추측된다.

2-1-2. 삼국시대의 미용

고구려는 당시의 고분으로 보이는 쌍영총 벽화에 남겨진 남녀의 입술과 볼이 붉게 화장된 것으로 보아 5~6세기경에 이미 연지화장을 했으리라고 추측된다. 《삼국사기》에 의하면 무녀와 악공이 연지화장한 사실을 전하고 있으며, 이들은 이마에 연지를 동그랗게 그렸다고 한다. 고구려 사람들은 평상시와 나들이, 의례, 차례를 구별하여 치례하였으며 신분과 직업에 따라 각기 달리 치장하였다.

그림 2-1 고분벽화에 나타난 여인의 머리 형태

고구려시대의 여성은 머리카락을 뒷머리로부터 앞으로 감아올려 앞머리 가운데 꽂아 얹은 얹은머리, 뒤통수에 낮게 머리를 튼 쪽머리, 양쪽 귀 옆의 머리카락을 늘어뜨린 풍기명머리, 뒷머리에 낮게 머리카락을 묶은 증발머리를 하였다. 남성들은 외상투를 많이 하였으며 쌍상투를 하는 경우도 있었다.

백제인의 화장술에 대한 구체적인 기록은 거의 없으나 일본측의 기록에 의하면 일본에까지 화장품 제조술과 화장법을 전해준 것으로 기록되어 있어 백제의 화장 수준은 상당하였으리라 생각된다. 중국 문헌에 의하면 백제인의 화장 경향은 분은 바르되 연지를 바르지 않는 시분무주(施粉無朱)로 기록된 것으로 보아 엷고 은은한 화장을 선호한 것으로 추측된다. 백제의 남성들은 상투를 틀었으며 여성의 경우 결혼한 부인은 머리를 땋아 틀어올린 쪽머리를 하였고, 처녀는 두 갈래로 땋아 늘어뜨린 댕기머리를 하였다.

그림 2-2 무용총 무용도

그림 2-3 연지 화장한 여인 수산리 고분벽화

신라인들은 아름다운 육체에 아름다운 영혼이 머문다는 영육일치(靈肉一致) 사상으로 머리를 깨끗하게 하고 목욕을 중시하여 모발을 아름답고 길게 가꾸었으며, 부인들은 땋아 감아올린 머리에 비단과 구슬로 장식하거나 뒤통수에 쪽을 틀었다. 남성은 정수리가 뾰족하게 솟도록 상투를 틀기도 하고 머리를 잘라 팔고 검은 두건을 쓰기도 하였으며 동백기름, 아주까리 등의 열매로 머릿기름을 제조하여 머리를 손질하기도 하였다. 통일신라시대는 중국과 신라의 문물 교류가 빈번하여 중국 여인들의 짙은 색조화장의 영향과 안정되고 윤택해진 생활 수준은 통일신라시대의 화장에 영향을 미쳐 통일 이전의 엷은 화장 경향이 통일 이후 다소 화려하고 사치해졌을 것으로 여겨진다. 또한 통일신라시대는 백합꽃의 붉은 꽃가루를 누에고치집에 묻혀서 볼에 바르는 방법으로 색분을 만들어 사용할 정도로 화장품의 종류나 질이 향상되었으며 화장 기술도 뛰어났다.

2-1-3. 고려시대의 미용

고려 초기 태조 왕건의 지시로 중국의 기녀제도를 모방하여 교방을 설치하는 등 기녀를 제도화시킴으로 일부 계층에서는 신체와 의복에 향을 뿌리고, 갖가지 보석 장식을 패용하고, 여러 가지 화장품을 진하게 바르는 등 기생의 분대화장이 유행하였다. 그러나 여염집 부인들은 이러한 분대화장을 기피하는 반작용으로 얼굴에 바르는 것을 좋아하지 않아 분만 바르고 연지를 쓰지 않으며 버들잎 같은 눈썹을 그리는 등 엷은 화장을 함으로써 기생과 구분되고자 하는 비분대화장을 하였다. 이처럼 고려시대의 화장스타일은 '분대' 와 '비분대' 화장으로 이원화되었다고 할 수 있다. 고려시대 머리 모양은 미혼 남녀 모두 머리를 묶고 나머지는 늘어뜨려 남녀의 두식이 같았다. 남자는 결혼을 하면 건으로 머리를 싸고 나머지는 뒤로 늘어뜨렸으며 1389년 이후에는 다시 고유한 상투와 얹은머리로 되돌아갔다. 여성은 새앙낭자, 쪽진머리, 얹은머리 형태로 표현하였고 귀부인 사이에는 가체를 사용하고 비녀를 사용하였는데 비녀는 봉황 또는 닭머리 모양으로 조각하였고 은비녀는 옥으로 만든 꽃 모양으로 비녀머리를 장식하여 사용하였으며 화관과 족두리도 있었다.

2-1-4. 조선시대

조선시대 초기에는 유교의 숭상으로 부덕이 강조되어 내면의 아름다움과 점잖은 용모를 여성미의 기준으로 삼았다. 그런 사조로 인해 표면적인 얼굴 화장은 위축되었으며 부녀자들은 색조화장보다는 평상시의 기초화장에 주력하였다. 여성 뿐 아니라 남성들도 피부를 희게 가꾸기 위해 물에 갠 분을 얼굴에 발랐다가 물로 씻어내는 분세수를 하기도 하였으며, 남성들은 자신의 지위나 신분을 상징하려는 목적으로 화장을 하기도 하였다. 여성의 화장은 진하지 않았지만 그 어느 시대보다 부드럽고 세련되었다고 할 수 있다. 머리 모양은 중국 명나라의 영향을 받아 가체를 사용하여 높게 쌓고 화려하게 꾸미는 등 사치풍조와 폐단이 극심했다. 그래서 영조 32년 사족 부녀의 가체 금기를 시행하였고, 정조 때 덧머리 틀기를 금한 대신 족두리를 사용하도록 하였으나 족두리도 칠보 등으로 장식하여 오히려 사치풍조가 더해지자 다시 간단하고 검소하게 규제하였다. 조선시대 여성들은 머리를 수식하기 위하여 비녀와 여러 가지 형태의 뒤꽂이, 머리를 수발하기 위한 댕기를 사용하였으며 궁중이나 상류층에서는 첩지와 떨잠을 사용하기도 하였다.

그림 2-4 조선시대 미인도

1) 조선시대 머리 형태

(1) 얹은머리

그림 2-5 얹은머리

머리를 뒤에서부터 땋아 앞 정수리에 둥글게 고정시킨 머리 모양으로 쪽진머리와 같이 혼인한 부녀자의 대표적인 머리 형태이다. 조선시대 중엽 얹은머리에 가체를 높게 올려 사치하는 것을 막기 위해 정조 12년에 가체를 금하고 제 머리만으로 쪽을 찌고 족두리를 사용하도록 하는 금령이 내려진 후 얹은머리 풍습은 점차 사라지게 되었다.

(2) 새앙머리

그림 2-6 새앙머리

새앙머리는 머리를 두 갈래로 나눠 땋은 다음 밑에서부터 말아올려 가지런하게 놓고 중간에 댕기를 매는 형식으로 미혼녀와 궁중의 아기 내인의 머리 모양이었다.

(3) 땋은머리

미혼 남녀의 전통 머리 모양으로 머리를 이마 한가운데서 좌우로 가른 다음 양쪽 귀 위에서 머리를 땋아 뒤로 모은 후 다시 전체를 땋아 하나로 늘어뜨린 후 땋은 머리끝에 댕기를 매는 모양으로 처녀는 홍색, 총각은 검정색의 댕기를 사용하였다.

그림 2-7 땋은머리

(4) 쪽진머리

그림 2-8 쪽진머리

결혼한 부녀의 일반적인 머리 모양으로 이마 가운데서 좌우로 가르마를 타고 양쪽으로 빗은 후 머리 뒤에서 검정댕기로 묶고 전체를 땋아서 머리끝을 자주색 조림댕기로 묶은 후 쪽을 찌고 비녀로 고정시키는 머리 모양이다.

(5) 첩지머리

이마 가운데 가리마 위에 첩지를 놓고 좌우에 머리를 늘여서 쪽을 진 머리 아래쪽 뒤에서 묶어 놓은 형식으로 재료와 무늬를 달리하여 계급을 나타내었다. 왕비는 도금한 봉 첩지를 사용하였으며 상궁은 개구리 첩지를 사용하였다.

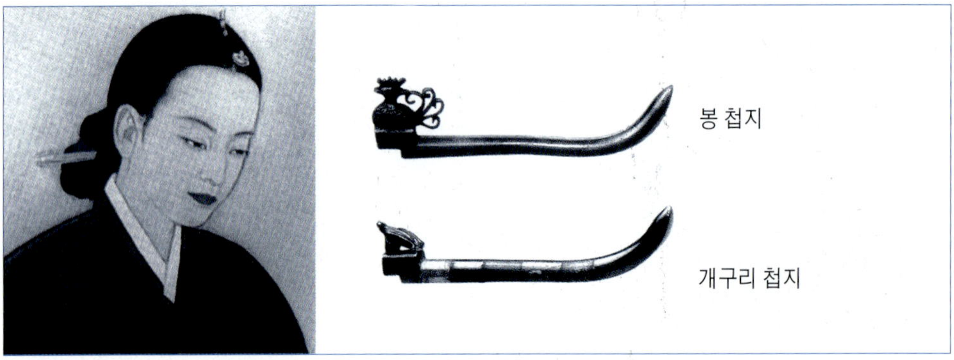

그림 2-9 첩지머리

(6) 어여머리

① 나비형 떨잠
② 원형 떨잠

그림 2-10 어여머리

예장용 머리형으로 의식 때 대례복 착용시에 하는 머리형이다. 이마 위 가리마 위에 첩지를 매고 그 위에 어염족두리를 얹고 두 갈래로 땋은 다리를 어염족두리 위에 얹은 후 비녀와 매개댕기로 고정시킨 형태로 중앙에 봉잠을 꽂고 양편에 떨잠을 꽂아 호화롭게 장식하는 머리 모양으로 어유미(於由味)라고도 한다.

(7) 대수(大首)머리

궁중에서 사용한 의식용 가체로 왕비나 빈이 대례시 적의를 입을 때 사용하던 머리장식이다.

2) 조선시대 장신구

(1) 비녀

비녀는 쪽진머리를 고정시키거나 가체를 이용한 머리를 고정시킬 때 사용하는 장신구로 재료와 모양으로 존비의 차이를 두었다. 영조 이후 쪽머리를 권장하며 비녀의 형태도 다채롭게 바뀌었는데 종류로는 봉잠(鳳簪), 용잠(龍簪), 죽절잠(竹節簪), 산호잠(珊瑚簪), 국화잠(菊花簪), 흑각잠(黑角簪), 진주잠(眞珠簪), 옥엽잠(玉葉簪) 등 재료와 모양이 다양하였다.

그림 2-11 옥봉잠(조선)

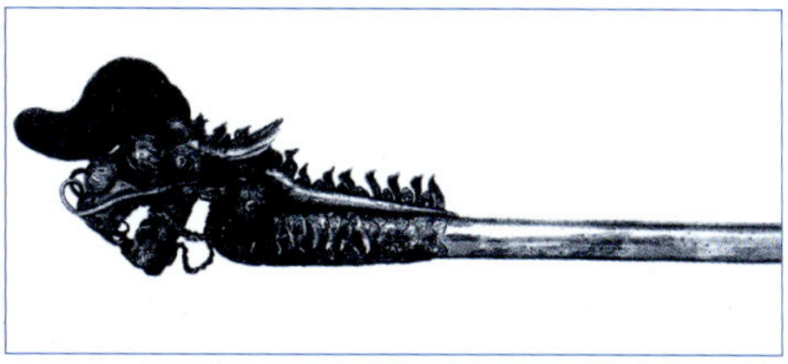

그림 2-12 용칠보(조선)

(2) 족두리

조선시대 영조 때 가체 금지령이 내려진 후 널리 유행하게 되었으며, 예식 때 사용하던 관모의 일종으로 머리에 닿는 부분은 둥글고 위는 육각형 모양으로 산호, 비취, 진주 등의 보석으로 장식하였다.

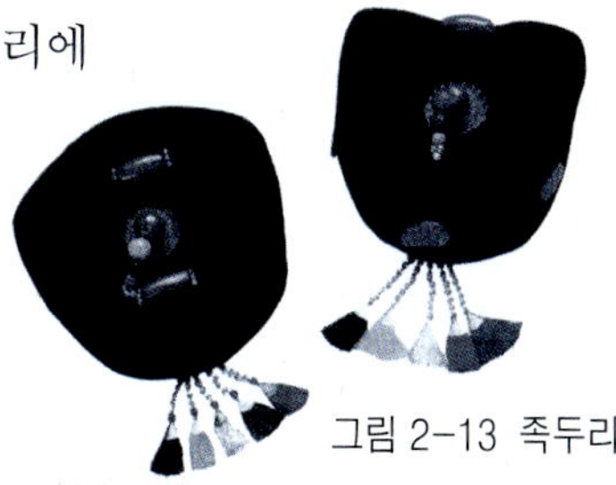

그림 2-13 족두리

(3) 아얌

부녀자들의 방한모로 사용하였으며 평민층에서는 장식용으로 사용하였다. 조선 초기에는 남녀 구별 없이 착용하다 후대에 와서 여성 전용이 되었으며 조선 말기 조바위가 등장하며 차츰 사라지게 되었다.

그림 2-14 아얌

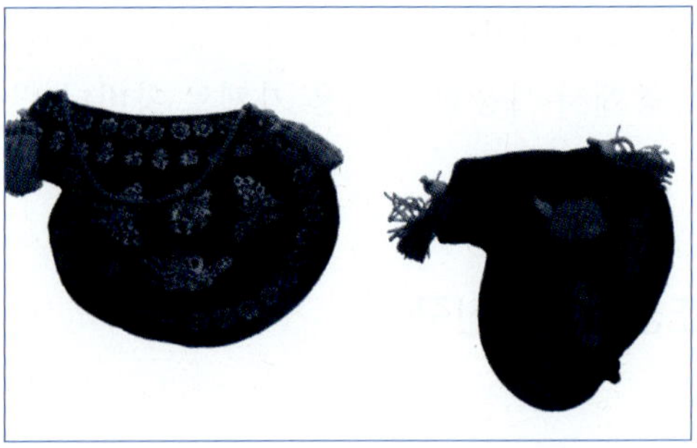

그림 2-15 조바위

(4) 조바위

조선 말기 양반에서 서민층까지 널리 사용되었다. 조바위의 위는 트여있고 옆의 제물볼끼가 귀와 뺨을 가리는 형식으로 길이는 뒤통수를 가릴 정도이며 부녀자의 방한모로 사용되었다.

(5) 뒤꽂이

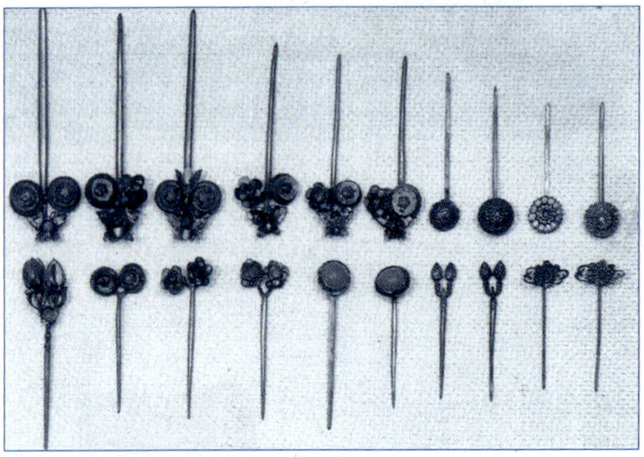

그림 2-16 뒤꽂이(조선)

쪽머리나 얹은머리 뒤에 덧꽂았던 장식품으로 궁, 왕가, 일반 부녀자의 신분에 따라 우위를 가려 사용하였으며 종류로는 국화, 매화, 산호, 칠보, 보석, 연뽕, 귀이개나비, 빗치개 등이 있다.

(6) 빗치개

일명 소비라고도 하며 가르마를 나누고 머리에 기름을 바르는 도구로 사용되었으며 빗살에 때를 제거하는 용도로도 사용하였다. 비취 빗치개와 칠보 빗치개는 뒤꽂이로 사용되기도 하였다.

(7) 떨잠

왕비를 비롯하여 귀족층의 부녀자와 상궁들이 의식 때 예복을 입고 어여머리나

그림 2-17 떨잠

큰머리 좌우에 꽂아 사용하였으며 앞머리 중앙에는 선봉잠을 꽂았다. 떨잠은 가는 금사로 용수철을 만들고 그 위에 꽃이나 새 모양과 여러 보석들을 붙여 움직임을 연출하므로 더욱 화려해 보이도록 하였으며 원형, 네모형, 나비 모양 등의 여러 가지 모양으로 옥판에 칠보, 진주, 산호, 청강석 등으로 장식하고 끝에는 떨새를 달았다.

(8) 떠구지

그림 2-18 떠구지

궁중에서 비빈들이 큰머리를 틀 때 다리를 이용하여 큰머리를 만들었으나 정조 때 가체 금지령이 내려지면서 나무를 이용하여 머리틀을 만들어 사용하였다. 떠구지의 표면은 머리결처럼 조각하여 검은 칠을 했으며 아랫부분에는 비녀를 꽂을 수 있는 두 개의 구멍이 있다.

(9) 화관

그림 2-19 화관

부녀자들이 예복에 갖추어 의식에 사용한 관모의 하나로 족두리와 병행되어 오다가 정조 때 족두리와 화관의 착용을 권장하여 서민들도 혼례 때 사용할 수 있었다. 조선 말엽에는 활옷이나 당의를 입을 때 사용하였다.

(10) 댕기

댕기는 땋은머리 끝을 묶는 정발구이며 장식용으로 남녀 모두 사용하였다. 미혼 남녀는 제비부리댕기를 사용했으며 여성은 홍색, 남성은 검정색을 사용하였다. 고이

댕기는 혼례 때 신부가 사용했던 댕기이며 드림댕기, 도투락댕기 모두 예장용 댕기의 하나이다.

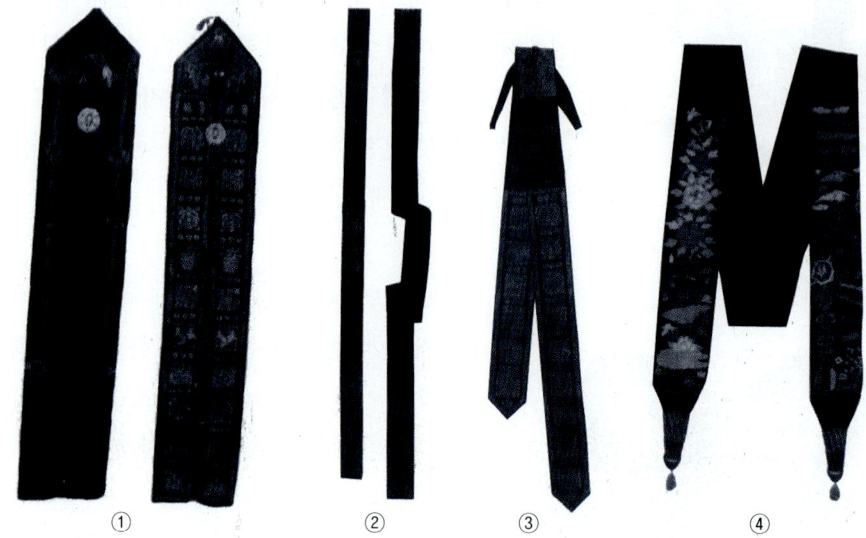

그림 2-20 ① 도투락댕기 ② 드림댕기 ③ 제비부리댕기 ④ 고이댕기

2-1-5. 근세의 미용

1895년(고종 32) 상투를 자르는 단발령은 미용의 역사에 한 획을 긋는 분수령이 되었는데, 단발령 이후 남자들은 머리를 짧게 자르고 양복을 입기 시작하였다.

우리나라 여성들이 신문명에 의한 미용에 눈뜨게 된 것은 한일합방 이후로 1933년 오엽주 여사가 일본에서 미용 연구를 하고 한국으로 돌아와 서울 종로 화신백화점 내에 화신미용실을 개설함으로써 최초의 미용실이 탄생했고 그 후 김상진 선생이 현대미용학원을 설립하였다. 6 · 25사변 이후에는 권정희 선생이 우리나라 최초로 정화고등기술학교를 설립하여 사범과 2년제까지 두어 오늘에 이르렀으며 이어서 오엽주 선생께 사사한 임형선 선생이 예림고등기술학교를 개설하였다.

2-1-6. 현대의 미용

6 · 25사변 이후 미용은 급진적인 발전을 거듭해 옴으로써 외국의 최신 기구와 기

술이 도입되고 새로운 미용실을 개원하여 미용실의 큰 변혁기를 맞이하였다. 1960년대 전까지만 해도 우리나라 여성들의 전형적인 헤어스타일은 쪽진머리였으나, 1960년 여성의 사회 진출이 활발해지면서 짧은 커트나 파마머리를 선호하게 되고 커트 기술도 향상되어 다양한 커트 형태의 헤어스타일이 유행하게 되었다.

이러한 스타일의 변화는 미용실의 증가로 이루어져 1990년대 이후 국내 미용업계는 많은 성장과 발전을 가져왔으며 미용실의 숫자는 혁명적이라고 할 만큼 증가하게 되었다. 또한 대외시장이 개방되면서 대형 미용실이 증가하고 외국의 미용실이 국내 시장에 진입하게 되었다.

미용은 이제 단순한 기술과 기능을 충족시키는 것에서 벗어나 고객의 개성을 살려 다양한 스타일을 연출하고 유행을 리드할 수 있는 고객 감동의 서비스는 물론 국제적 경쟁력을 갖춘 기업으로 성장하고 있다.

2-2. 외국의 미용

2-2-1. 중국의 미용

중국은 기원전 4000년경에 이미 얼굴에 하얗게 백분(白粉)을 바르는 풍속이 있었다. 또한 기원전 1122년경 은의 주왕대에 연석을 태워 총비가 화장을 했으며 진황제 때의 궁연들은 액황(額黃)이라 하여 이마에 발라 약간의 입체감을 살리고 홍장(紅粧)이라고 하여 백분 위에 연지를 바르고 눈썹을 그리는 홍장취미(紅粧翠眉)의 화장법을 썼다고 기록되어 있다. 이것은 수하미인도(樹下美人圖)의 인물상에서도 알 수 있다.

2-2-2. 서구의 미용

1) 고대 이집트

이집트 무덤에 남아 있는 회화와 예술 작품을 보면 이집트인들 특히 지배 계층에서의 정교한 분장과 가발의 사용 등, 많은 장식품을 사용했다는 것을 알 수 있다. 이

그림 2-21 여인들의 화장, 나크트 무덤의 벽화

집트인들의 아름다움에 대한 관심은 빗, 거울, 면도날과 같은 미용 도구와 다양한 화장 도구의 발명을 가져왔다.

이집트인들은 직사광선을 피하기 위해 중류 계층의 사람들은 머리를 밀고 둥근 모자나 짧은 가발을 착용했으며 상류층은 진짜 모발로 만든 가발을 사용했다. 또한 커어치프(kerchief)라 하여 빳빳한 헝겊을 이용한 피라미드 모양의 머릿수건을 사용하기도 하였는데, 왕이나 여왕은 황금색과 청색의 줄무늬가 있는 크래프트(klaft)를 사용했다. 가발은 남녀 모두 사용하였으며 가발은 그물로 된 모자에 가발 재료를 땋거나 엮어서 사용했다. 남자들은 머리카락을 완전히 밀어낸 위에 착용하고 여성들은 머리카락을 짧게 자른 위에 착용하였는데, 이러한 가발은 머리와 그물모자 사이에 공간이 생겨 열이 발산되고 통기도 되어 시원한 효과를 주었다.

화장은 헤나(Hanna)를 이용하여 볼과 입술을 붉게 칠했으며 눈은 강조하여 크게 보이도록 확대되게 그렸고 눈썹 또한 강조하기 위해 눈썹을 밀어낸 후 검정색 화장먹으로 관자놀이 방향으로 길게 그렸다. 이러한 화장법은 사막에서의 더운 열과 먼지로부터 피부를 보호함은 물론 병과 외부로부터 몸을 보호하고 사회적 표시와 미적 효과를 나타내는 것이었다.

그림 2-22 투탕카멘왕과 왕비

2) 그리스

이집트 문명을 합리적으로 받아들인 그리스는 후에 로마 문명의 기초가 되었는데, 그리스는 기원전 5세기경 메이크업이 일반화되어 상류층을 중심으로 유행하였다. 메이크업의 특징은 얼굴에는 백납을 발라 하얗게 만들고 눈은 검정색 코올을 이용하여 양 눈썹을 진하고 가깝게 그렸으며 아이라인은 윗라인만을 강조하여 바깥쪽으로 그렸다. 입술과 볼은 단사(주황색 색조)를 발라 붉게 표현하였다. 그리스인들은 미용과 종교의식을 위하여 목욕을 즐겼으며 머리에도 신경을 써 다양한 머리 장식법을 발전시켰다. 그리스인들은 머리를 잿물로 표백하고 노란 꽃을 으깬 물로 머리를 헹구어 황금색을 착색시키고 컬(Curl)을 만들었다. 남성은 컬을 이마 위에 내리거나 뒤로 빗어 넘기기도 하였고 앞머리를 짧게 단발하고 뒤는 길게 타래머리하거나 둥글게 자르는 등 여러 가지 형태로 하였는데, 여기에 금속 잰잰드나 은으로 장식을 하였으나 후기에는 단발을 선호하였다. 여성은 일반적으로 머리를 풀어내려 목에서 자유롭게 묶는 형태가 유행하였으나 후기에는 화려한 의상과 함께 머리장식도 복잡해져 머리를 뒤로 틀어올려 그물이나 리본, 긴 밴드로 묶거나 머리쓰개를 쓰고 핀을 꽂는 형태를 하였으며 머리에 오일이나 향수를 발라 윤을 내기도 하였다.

그림 2-23 그리스 남성들의 헤어스타일

그림 2-24 그리스 여성들의 머리장식

3) 로마

로마에서는 여성의 메이크업을 중시하였다. 특히 눈썹을 섬세하게 그리고 얼굴을 희게 만들기 위해 납과 활석(chalk)을 많이 사용하였다. 그로 인해 많은 부작용이 일어나기도 하였으며 얼굴에 난 털을 깎는 것이 유행하였는데 이것은 현대식 면도의 시초라 할 수 있다. 로마시대에는 왕족은 물론 남녀를 불문하고 호사스러움을 즐겼는데 몸치장을 위해 3~4시간 이상 투자하였으며 귀족 남자들은 증기탕, 마사지, 향유 등을 즐겼고 여성들은 우유, 포도주, 과일 등으로 마사지를 했으며 손톱을 치장하고 볼과 입술은 붉게 표현했다.

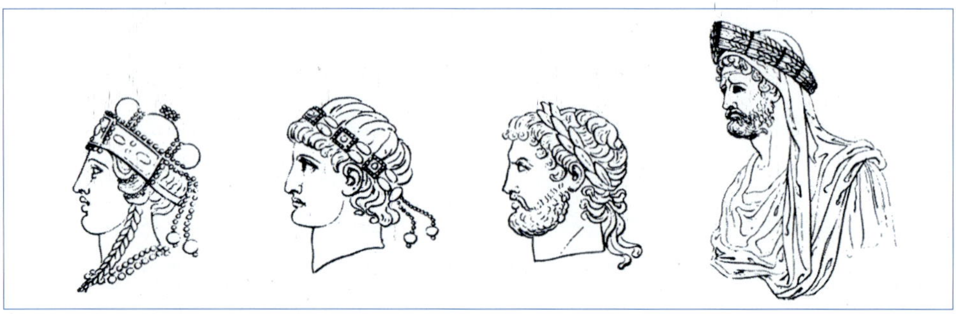

그림 2-25 로마 남성들의 헤어스타일

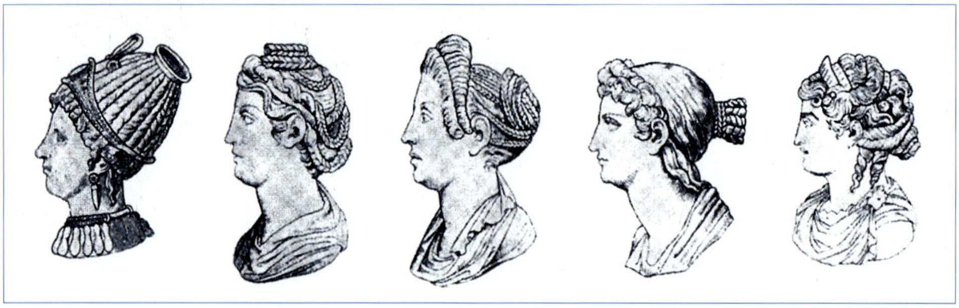

그림 2-26 로마 여성들의 헤어스타일

4) 중세

그림 2-27 고딕시대 여성들의 머리장식

중세는 종교가 사람들의 생활과 관습에 절대적인 영향을 미쳤던 시대이다. 목욕이나 화장은 그 이전보다 쇠퇴하였지만 생리, 보건 연구가 많이 진전되어 목욕, 식이요법, 마사지 등의 효과를 강조하고 화장품이나 향류를 바르는 수준에서 보다 과학적이고 근본적으로 제조하려는 노력이 이루어졌다. 8세기경 이탈리아와 스페인에서는 비누가 제조되었고, 남부 프랑스에서 향료 식물의 재배가 시작되어 향료의 대량생산이 가능하게 되었다. 비잔틴인들은 그리스 로마인들과는 달리 자연스러운 웨이브보다 머리에 쓰는 관이나 장식을 중요시했다. 젊은 여성들은 머리를 느슨하게 늘어뜨리고 기혼 여성들은 머리를 중앙에서 나누어 땋아 양 귀를 덮어 정돈하여 머리 전체나 양 옆의 땋은 머리에다가 금, 은, 견사와 보석으로 장식한 그물망(net)을 덮기도 하였다. 이러한 머리형은 후기에 좀 더 거대하게 변하면서 양 옆의 머리를 달팽이 모양으로 감아올려 호화로운 네트(net)를 쓰거나 샤프롱(Chaperon)을 사용하였으며 장식적인 관을 쓰고 다시 베일(veil)을 늘어뜨린 형태(wimple)를 하였다.

5) 르네상스

그림 2-28 르네상스의 헤어스타일

중세의 암흑기 동안 자제되었던 메이크업은 문예 부흥과 함께 상류층 여성들 사이에서 다시 유행하게 되었다. 눈을 강조하기보다는 원래의 눈썹을 밀어버리고 새로운 고전적 아름다움을 표현하기 위해 가늘고 편안한 곡선으로 올라가게 그린 후 직선 형태로 내려가게 그렸다. 아이라인은 볼터치와 동일한 색조를 사용하였고 전체적으로 밝고 부드러운 색을 선호하였다. 르네상스 초기에 남성들은 컬진 머리를 어깨까지 자연스럽게 늘어뜨렸으나 점차 의복에서 러프칼라(ruff collar)가 유행하고 점점 크기가 대형화되면서 머리를 짧고 단정하게 빗어 넘긴 형태를 하였다. 모자는 가장 기본적인 토크(toque)를 썼다. 여성들은 다양한 모자를 착용했고 베레나 토크를 쓰고 깃털로 장식하고, 본넷(bonnet)을 머리 뒷부분에 쓰고 앞부분에 깃털을 장식하기도 하고 장식용 쇠사슬인 벨 페로니(bell ferronniere)를 이마에 두르는 형태의 헤어스타일을 하였다.

6) 바로크시대

여성들은 화려한 의상과 함께 진한 화장을 하였고 17세기에는 패치(patch)라고 불리우는 데코레이션 기법이 유행하게 되었다. 이것은 벨벳(velvet) 헝겊을 별, 하트 등 각양의 모양으로 얼굴에 붙이는 것으로 프랑스 루이 14세 때에 이르러서는 상대방에게 메시지를 전달하는 역할도 하였다. 이 시대의 화장은 홍조를 띠거나 붉은 연지를 칠한 뺨, 장미꽃 같은 입술, 살이 찌고 둥근 용모로 요약될 수 있다. 바로크시대는 남성은 머리를 짧게 다듬고 모자는 별로 사용하지 않았다. 후기에는 가늘게 땋은 머리에 리본을 달고 아래로 내려뜨리거나 컬된 머리를 빗질해서 머리카락의 풍성함을 자랑하는 여러 가지 모양이 나타났다. 여성들은 머리 속에 가발을 넣고 포마드(pomade)로 굳혀서 높이 빗어 올린 후에 보석과 진주로 장식한 아름다운 핀을 꽂는 귀족적인 분위기를 연출하였으나 시민풍의 플랫 컬러(flat collar) 의상의 등장으로 높은 머리는 없어지고 컬진 머리를 더욱 풍부하게 보이도록 머리 위에 리본을 장식하기도 하고 새털을 달기도 하였다. 루이 14세 시대에는 귀족적인 의상에 따라 퐁땅쥬(fontange)라는 우아한 머리형이 나타났다. 귀부인들은 의상만큼 머리형을 중요시하여 전용 미용사를 두었다.

그림 2-29 당시 유행하던 '퐁탕쥬' 스타일과 '위를뤼베를뤼' 스타일

7) 로코코시대

로코코시대는 백발이 유행하여 얼굴을 매우 희게 강조하고 창백한 피부에 뺨의 위치보다 약간 밑에 볼화장을 하고, 흰 피부에 눈썹을 정교하게 그렸다. 남성도 사교의 일환으로 화장을 하였으며 백납분을 사용하여 얼굴을 하얗게 표현하고 볼과 입술

그림 2-30 로코코 시대 / Aigairandes 부인(1795)

화장을 하였다. 17세기 내내 남녀 공동으로 패치를 사용하였으며 이 기간 동안에도 훨씬 다양한 모양으로 유행하였다. 18세기 초기와 중기 동안 남성들은 머리 장식에 많은 관심을 가졌으며 피그테일(pigtail)이라고 하여 군인들의 머리형인 단정하고 편리한 땋은 머리가 일반인에게 보급되었다. 또한 머리를 뒤에서 낮게 묶어 리본을 매거나 옆머리를 짧게 잘라 컬을 말고 뒷머리는 끄라보라는 검은 태피터(taffeta) 주머니에 넣어 나비 모양으로 묶은 머리형도 있었다. 로코코 여성들은 의상보다는 머리에 더욱 관심을 가져 18세기 초까지는 바로크시대의 퐁땅쥬(fontange)형이 전성을 이루었으나 루이 14세 이후 머리카락을 부풀리지 않고 뒤로 빗어 넘기고 조화나 리본, 깃털 등으로 장식한 퐁빠두르(pompadour)형이 유행하였다.

8) 근대

19세기 초에는 프랑스 혁명의 영향으로 사람들의 생활풍조는 검소해지고 이로 인해 메이크업 또한 억제되었으며 이것은 이 시대의 자연주의 사상과 함께 자연스러운 화장이 주조를 이루게 되었다. 19세기 중반부터는 화학과 기술의 발달로 화장품의 성분과 제조기술이 개선되고 발달하면서 자연스러운 미를 강조하는 경향으로 나타났다. 1870년 프랑스의 마르셀 그라또(Marcel Grateau)에 의해 웨이브를 만드는 기구가 발명되어 이때부터 웨이브의 형태가 완성되기 시작하였다. 1905년 영국의 찰스 네슬러(Charles Nessler)는 긴 모발을 나선형으로 감는 스파이럴(Spiral) 형식의 웨이브를 만들었으며 1925년 죠셉 메이어(Joseph Mayer)는 짧은 머리에도 사용이 가능한 모발 끝에서부터 모근 쪽으로 감는 크로키뇰식(Croquignole)웨이브를 개발하여 현재에도 사용하고 있다.

모발과학

생활 수준의 향상으로 미의식이 날로 높아지고 있으며 외적인 아름다움을 나타내기 위한 모발의 여러 가지 스타일이 표현되고 있을 뿐만 아니라 건강한 모발을 유지하기 위한 크리닉(clinic)에도 관심이 높아지고 있다. 전문 미용인으로서 헤어디자인(Hair design)의 가장 중요한 요소인 모발의 구조와 특성에 대한 정확한 지식을 바탕으로 고객의 스타일(style)을 연출한다면 좀 더 전문가다운 면모를 갖출 수 있을 것이다.

3-1. 모발의 발생(Hair growth)

모발은 포유류 특유의 피부 부속기관으로 피지선이나 한선과 함께 태아의 발육과 동시에 발생하며 각화작용(keratinization)이 진행됨으로써 한가닥의 털(hair)로 형성된다.

우리 몸에 나는 털의 대부분은 태아 형성 3개월이 되면 눈썹과 입 주변, 그리고 머리 부분에서 가장 먼저 생겨나기 시작해서 5개월쯤 되면 신체 대부분에 모발의 뿌리인 모근이 완성된다. 따라서 모근의 발생은 임신 중 모태에서 이미 다 정해지며 출생 후에 새로운 모낭이 생기지 않는다. 또한 털의 발생 시기와 길이, 특징에도 다소 차이가 있어서 갓 태어난 신생아에서 보면 머리에는 긴 털이 있지만 몸에는 잔털로 덮여 있는 것을 볼 수 있다. 태중에서 볼 수 있는 취모(솜털)는 출생 무렵에 모두 빠지고 새로운 연모(잔털)로서 출생하게 되며, 출생 후에는 성모라고 부르는 털을 가지고 평생을 살아간다.

3-2. 모발의 주기(Hair cycle)

털은 손바닥, 발바닥, 손가락, 발가락의 말단지골의 윗면, 음경과 귀두, 입술과 같은 피부 점막 경계부를 제외한 모든 피부에 존재한다.

모발의 성장 속도는 매일 0.2~0.5mm, 평균 0.35mm로 한 달에 약 1~1.5cm 자라며 낮보다 밤이, 봄, 여름의 성장 속도가 가을, 겨울보다 더 빨라지게 되는데, 모발은 신체 부위에 따라 구조, 성장 속도와 각종 자극에 대한 반응도가 각각 다르다. 체모, 겨드랑이, 얼굴과 신체의 털의 발육은 남성 호르몬인 안드로겐(androgen)이 촉진제 역할을 하지만 모발의 발육에는 역효과를 주며 눈썹에는 영향이 없다.

인체에는 약 500만 개의 털이 존재하며 그중에 모발의 수는 약 10만~15만 개이고 정상인이라도 매일 수십 가닥씩의 모발이 빠진다. 따라서 샴푸 시에 몇개 정도 빠지는 것은 별 문제가 아니지만 100개 이상이 빠지면 일단 주의를 기울여야 하며, 그 이상 빠지면 병적인 탈모라고 할 수 있다.

모발은 한가닥 한가닥이 독립적으로 자라게 되며(Mosaic type) 또한 늘 자라는 것만 아니라 성장기와 퇴행기, 휴지기, 발생기의 4주기를 거치면서 생장과 탈모를 거듭하기 때문에 동물의 털갈이처럼 일생 동안 모발이 전부 빠지는 일은 거의 없다.

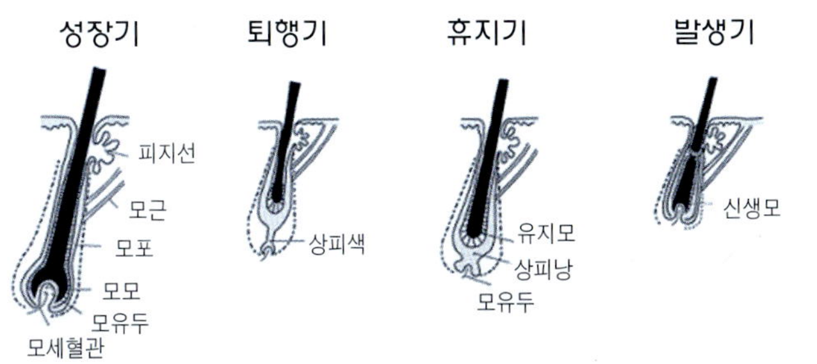

그림 3-1 모발의 성장 주기

모주기는 보통 3~6년으로 모낭 한 개당 일생 동안 25회 정도의 모발의 주기(hair cycle)를 거치게 된다. 여자의 모발 수명은 5~6년, 남자의 모발 수명은 3~4년, 남성 수염은 2~3년, 눈썹의 수명은 1~2년, 속눈썹은 3~5개월, 몸 · 팔 · 다리의 모발 수명은 2~4개월, 솜털의 수명 3~4개월, 연모의 수명 2~ 4개월, 음모의 수명은 0.5~1년 정도이다.

3-2-1. 성장기(Anagen stage)

모구부와 모유두가 결합되어 모발이 계속적으로 성장하는 단계로 전체 모발의 84%(약80~90%)로 3년에서 6년간 지속되며 성장기의 수명은 음식물, 호르몬, 비타민 등의 영향에 의해 변화될 수 있다.

모발이 성장하는 기간인 아나젠(anagen) 단계는 다시 2단계로 나누어진다. 모발이 모구(hair bulb)로부터 모낭(hair follicle)으로 나가려는 모발 생성단계와 딱딱한 케라틴이 모낭 안에서 만들어지는 단계로서 퇴화기까지 자가성장을 계속한다.

3-2-2. 퇴행기(Catagen stage)

모발의 형태를 유지하면서 모구부가 수축함에 따라 모유두와 분리되어 성장이 서서히 퇴하하는 단계로서 세포분열이 정지되어 케라틴을 만들어 내지는 않는다. 모발의 약 1~2%를 차지하며 기간은 1~1.5개월 가량 지속된다.

3-2-3. 휴지기(Talogen stage)

모낭이 더욱 작아지면서 모발이 모낭의 1/3선까지 밀려올라가 브러싱, 샴푸 시와 같은 물리적인 자극으로도 쉽게 탈모되거나 자연탈모되는 단계로서 모발의 약 10~15%(분만 후 30~40%)를 차지하고 4~5개월 정도 지속되며 이 시기의 모발의 모양은 곤봉처럼 끝은 가늘고 뿌리쪽은 굵다.

3-2-4. 발생기(New anagen stage)

모낭에 둘러싸여 있던 모구부가 모유두와 다시 결합하여 새로운 모발을 생장시키는 단계이다. 새로 생장하는 모발은 휴지기의 모발을 밀어내어 탈모시키게 되는데, 항상 이와 동일한 주기를 반복하고 있는 것은 아니다. 병, 유전, 체질, 연령, 외부적 환경 등의 상황에 따라 휴지기에 들어간 채로 발생기를 맞이하는 경우도 있고 성장기를 맞았지만 경모까지는 이르지 못하는 경우 또는 유연한 경모인 상태로 퇴행기가 되는 등의 예도 허다하다.

3-3. 털(hair)의 기능

털의 기능으로는 무엇보다도 몸을 따뜻하게 한다. 이것은 털을 움직이게 하는 작은 근육이 각 털마다 붙어 있어 신경작용에 의해 털이 움직이도록 하여 우리 몸에서 나는 열의 발산을 억제하기 때문이다. 또한 털은 이차 성징(sexual character)의 하나로 성적인 발달의 표시가 되며 피부나 두피를 보호함으로써 외부로부터의 찰과상을 방지할 수 있다.

또한 갑상선질환, 호르몬의 이상뿐 아니라 영양분의 부족과 철분의 부족, 또는 심한 스트레스나 마취 후에도 탈모가 생길 수 있어 건강의 지표가 되기도 하며 감각기능이 있어 자그마한 자극이 있어도 감지하여 반응 할 수 있다. 몸에서 열이 많이 날 때는 표면적을 넓혀서 땀의 발산을 증가시키며 털에 붙어있는 작은 근육(Erector pili muscle)이 수축할 때마다 피지선에서 분비되는 피지는 각 털 사이의 윤활 작용을 하고 태양광선으로부터 두피를 보호해 주며 눈썹이나 속눈썹은 햇빛이나 땀방울로부터 눈을 보호해 주는 역할을 한다.

3-4. 모발의 구성성분(Component of hair)

모발은 케라틴(keratin)이 80~90%를 차지하는 경단백질로 나머지는 멜라닌(melanin) 색소 3% 이하, 지질 1~8%, 수분 10~15%, 미량원소(trace elements) 등으로 이루어져 있다. 이러한 케라틴은 보통의 단백질과는 달리 부패되지 않고 여러 가지 화학약품에 대한 저항력과 물리적인 강도도 크다.

3-4-1. 모발의 주성분(Keratin)

모발의 주성분은 시스틴(cystine) 16.6~18%을 함유하고 있는 케라틴이라고 하는 단백질로서 인모, 양모, 손톱 등과 같이 단단한 경케라틴과 피부와 같은 부드러운 연케라틴으로 구별되며 케라틴 단백질은 아래의 표와 같이 탄소, 수소, 질소, 산소, 황 등으로 구성되어 있다.

구성 물질	함유율(%)
탄소 (C, Carbon)	50.6
산소 (O, Oxygen)	20.85
질소 (N, Nitrogen)	17.14
수소(H, Hydrogen)	6.36
황 (S, Sulfur)	5.0

일반적인 단백질은 약 20종류의 아미노산으로 구성되어 있으나 케라틴 단백질은 약 18종의 아미노산으로 이루어져 있다. 케라틴 단백질은 다른 단백질과는 달리 태우면 이상한 악취를 느끼게 되는데, 이것은 시스틴 속에 함유되어 있는 황(S)이 분해되어 생긴 냄새이다.

위와 같이 아미노산(amino acid)은 모든 생명현상을 관장하고 있는 단백질의 기본 구성단위이다. 아미노산은 한 분자 안에 아미노기(-NH_2)와 카복실기(-COOH)를 가지는 유기화합물의 총칭으로서 R-$CHNH_2$-COOH의 일반식으로 나타낼 수 있으며 단백질을 완전히 가수분해하면 암모니아와 유리아미노산이 생성된다.

아미노산은 글리신(glycine)을 제외하고 일반적으로 광학이성질체를 가지는데, 단백질 속에 있는 모든 아미노산은 α탄소에 대칭으로 카복실기와 아미노기의 배치관계가 같고 L형으로서(L-αamino acid) 생물은 생체 내에서 합성되는 것(L-체)과 합성되지 않는 것으로 구별된다. 화학합성에 따라서는 D-체와 L-체가 같은 양을 함유하는 DL-체인 라세미체를 얻을 수 있다.

구분	Amino acid	사람(%)	양모	비고
산성	Aspartic acid(아스팔틱에시드)	3.9~7.7	6.4~7.3	
	Glutamic acid(글루타믹에시드)	3.6~14.2	13.1~16.0	
중성	Alanine(알라닌)	2.8	3.4~4.4	
	Glysine(글리신)	4.1~4.2	5.2~6.5	
	Isoleucine(이소류신)	4.7~4.8	3.1~4.5	필수아미노산
	Leucine(류신)	6.4~8.3	7.6~8.1	필수아미노산
	Methionine(메티오닌)	0.7~1.0	0.5~0.8	필수아미노산
	Cystine(시스틴)	16.6~18.0	11.0~13.7	
	Phenylanine(페닐알라닌)	2.4~3.6	3.4~4.0	필수아미노산
	Proline(프로린)	4.3~9.6	5.3~8.1	
	Threonine(트레오닌)	7.4~8.5	6.6~6.7	필수아미노산
	Serine(세린)	7.4~10.6	7.2~9.5	
	Tryptophan(트립토판)	0.4~1.3	1.8~2.1	필수아미노산
	Tyrosine(티로산)	2.2~3.0	4.0~6.4	
	Valine(바린)	5.5~5.9	5.0~5.9	필수아미노산
염기성	Argininr(알가닌)	8.9~10.8	9.2~10.6	아동에게 필수아미노산
	Histidine(히스티딘)	0.6~1.2	0.7~1.1	아동에게 필수아미노산
	Lysine(리신)	2.6	1.9~2.1	필수아미노산

3-5. 모발의 성질

3-5-1. 모발의 물리적 성질

1) 밀도(Density)

한국인의 모발 밀도는 약 11만 개, 금발은 약 15만 개, 흑발은 약 10만 개이며 적모발은 약 9만 개이다. 또한 모발 굵기에 있어서는 일반적으로 개당

0.075~0.085mm이나 굵은 모발은 0.1mm 이상, 가는 모발은 0.07mm 이하이다.

그리고 정상인 탈모의 수는 1일 약 50~70개인데 반해 노화가 진행되면 약 200개 정도이다.

2) 탄성(Elasticity)

건강한 모발은 RH 50~60%에서 당기면 최대길이가 1.5배까지 늘어났다가[신장률(Extension)] 놓으면 저항력[강도(Intensity)]이 있어 본래의 길이대로 되돌아가는 힘이 있는데, 이러한 모발의 성질을 탄성이라 한다.

3) 다공성(Porosity)

물리적, 화학적 자극에 의한 모발의 손상으로 큐티클이 마모되거나 사이가 벌어져 작은 구멍이 많이 생긴 상태로 간충물질이 유실된 상태를 말한다.

4) 흡습성(Hygroscopicity)

모발은 표준의 상태인 공기 중에서는 10~15%의 수분을 함유하고 있으며 샴푸한 직후는 30~35%, 드라이로 건조해도 10% 전후의 물을 흡착하고 있다. 흡착량은 습도와 온도의 영향을 받아 변동하고, 모발이 손상되면 흡착물도 많아지게 되는데 흡착물이 많게 됨에 따라 체적과 중량이 크게 된다. 이 체적의 증대를 가져오는 흡착현상을 팽윤이라 한다.

(1) 각종 섬유의 수분율

표에 의하면 목면, 견(비단), 양모, 모발 등의 천연섬유가 사란(saran), 폴리에칠렌, 캐시미론, 테트론, 나이론 등의 합성섬유보다 수분의 흡착이 용이하다는 것을 알 수 있다.

섬유	RH20℃ 65%	RH20℃ 95%
사란	0.0	0.1
폴리에칠렌	0.0	0.2
캐시미론	0.4	1.0
테트론	0.4	0.7
나이론	4.0	8.0
목면	7.0	25.0
견(비단)	11.0	24.0
양모	15.0	28.0
모발	13.0	30.0

(2) 모발 구조에 의한 흡착

모발 내부의 모세관과 주변의 공간에 친수성의 원자단($-NH_2$, -COOH, -OH 등)이 많이 모여 모발의 흡착이 생기게 된다.

물에 젖은 금속을 말리게 되면 원래의 중량과 동일한 중량이 되는데 비해 모발 케라틴 섬유는 특수한 내부 구조에 의해 젖은 모발을 말려도 소량의 수분을 흡수하기 때문에 원래의 무게보다 무겁게 된다. 그러나 완전히 건조되면 원래의 중량으로 돌아가기 때문에 수분에 의한 화학적 변성은 일어나지 않는다.

5) 팽윤성(Swelling)

어떤 물체가 그 본질을 변화시키지 않고 액체를 흡수하여 체적을 증가시키는 현상을 팽윤이라고 한다. 물 속에서의 모발의 길이는 1~2% 길어지고, 굵기는 12~15% 정도 굵어지며, 중량은 30~40% 증가한다. 이 증가율은 수분율에 해당하는 것으로서 체적의 증가율과는 일치하지 않는다. 즉 모발이 물을 흡착할 때 팽윤(중량 · 체적의 증가)은 초래하지만 흡착한 물의 중량만큼의 체적은 증가하지 않는다(체적 수축(Cubical shrinking).

그리고 모발이 가장 안정된 상태일 때의 pH는 등전점(pH 4.5~5.5)이며 물의 pH에 의한 영향으로 산성일 때보다 알칼리일 때 급격한 팽윤이 된다.

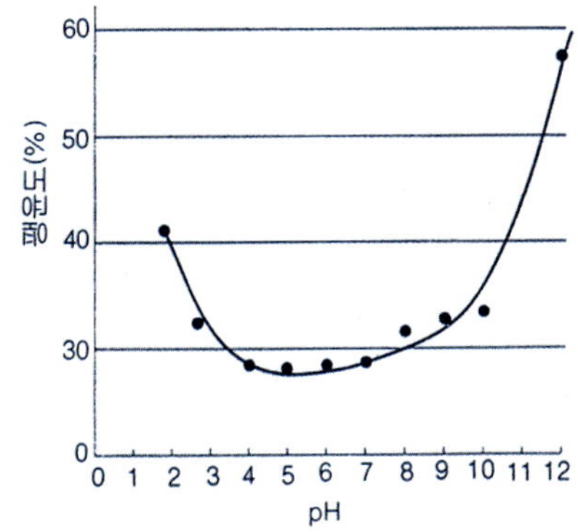

모발의 팽윤과 pH의 관계

6) 광변성(Sunbeams degeneration)

모발에 영향을 미치는 광선은 적외선과 자외선이다. 열선이라고도 하는 적외선은 물체에 닿으면 열을 발생시키므로 장시간 직사광선을 받게 되면 모발 케라틴의 측쇄결합이 파괴되어 손상된다. 그리고 자외선은 화학선이라고 하며 모발 케라틴의 변성에 직접적인 영향을 미치게 되는데 알카리 용해도는 모발 케라틴의 손상도에 비례해서 시스틴이 증가하고 광화학적 반응에 의해서 감소하기 때문에 용해도를 측정함으로써 모발의 손상 정도를 알 수 있다.

7) 대전성(Electrification property)

흔히 정전기라 불리며 모발을 빗거나 합성섬유의 셔츠 등을 벗을 때 마찰에 의해 모발은 +로, 물체는 −로 대전하기 때문에 + 전기를 가진 모발끼리는 반발하고 + 전기를 가진 모발과 −의 전기를 가진 물체와는 서로 붙으려고 한다. 이 때 수분을 가하면 정전기를 방지할 수 있다.

8) 열변성(Heat degeneration)

열이 모발에 미치는 영향은 건열에서는 외관적으로는 120℃ 전후에서 팽화되고 130~150℃에서 변색이 시작되어 270~300℃가 되면 분해되기 시작하나 기계적인 강도는 80~100℃에서 약화되기 시작한다.

화학적으로는 150℃ 전후에서 cystine이 감소하며 180℃ 이상은 α케라틴이 β케라틴으로 변하고 습열에서는 100℃ 전후에서 시스틴의 감소가 일어나며 130℃에서 10분 이상 방치하면 αkeratin은 βkeratin으로 변한다.

일반적으로 케라틴 변성은 습도 70%에서 70℃부터 시작되므로 모발 손상을 예방하기 위한 적절한 처리 온도는 60℃ 이하이다.

3-5-2. 모발의 화학적 성질

1) 폴리팹티드(Polypeptide)

아미노산이 연쇄적으로 연결된 나선상의 α케라틴으로 구성되어 있으며 α케라틴에 힘을 가하면 β케라틴의 형태로 바뀌며 힘을 빼면 원래의 α케라틴의 형태로 돌아간다.

2) 측쇄결합(Side chain bond)

측쇄결합에는 시스틴결합, 염결합, 수소결합, 소수성결합, 팹티드결합이 있다.

(1) 시스틴결합(Disulfide bond)

케라틴을 특징짓는 기계적인 강한 결합으로 화학반응의 산화, 환원에 의해 쉽게 절단, 재결합된다.

(2) 염결합(Salt bond $-NH_3+\cdots$ OOC$-$)

가교결합, 교차결합, 이온결합이라고도 하며 산성과 염기성의 측쇄가 있는 아미노산이 이온적으로 결합되어 $-NH_2$와 -COOH가 산, 알칼리에 의해 절단된다.

+2H환원

| - S-S- | $\rightleftarrows$ | -SH HS- |

+O 산화

(3) 수소결합(Hydrogen bond C=O$\cdots$NH)

2개의 원자 사이에 수소가 들어감으로써 산소와 수소의 서로 당기는 힘에 의하여 생기는 약한 화학결합으로 폴리팹타이드의 나선형 구조는 이 수소결합에 의해 안정성을 갖는다.

(4) 소수결합(Hydrophobic bond)

물과 같은 극성 용매 속에서 소수성 분자들의 결합으로 극성을 가진 친수성 분자들 사이의 정전기적 인력에 의하여 섞이지 않는다.

(5) 팹티드결합(Peptide bond)

2개의 아미노산 사이의 축합반응으로 형성된 아마이드(amide)결합으로 1개의 아미노기 H와 1개의 카복실기 OH가 강산이나 강알칼리에 의해 반응하여 H_2O가 떨어져 나가고 -NH와 C=O가 결합한 것이다.

3-6. 모발의 구조

모발은 크게 피부 내에 있는 모근부(hair root)와 피부 밖으로 나와 있는 모간부(hair shaft)로 나뉘어진다.

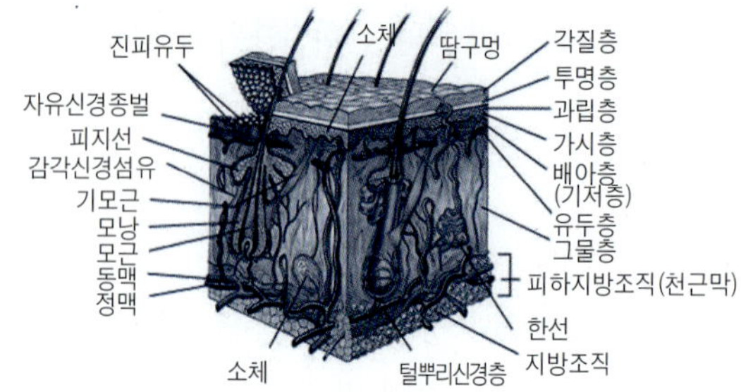

그림 3-2 모근부와 주변의 구조

3-6-1. 모근부(hair root)

1) 모낭(hair follicle)

작고 긴 관 모양으로 피부 안쪽으로 움푹 들어가 모근을 싸고 있는 주머니이다.

2) 모유두(hair papilla)

모낭 끝에 있는 작은 말발굽 모양의 돌기조직으로 모세혈관과 연결되어 모발 성장을 위해 영양분을 공급해 주는 혈관과 신경이 몰려 있어 모발을 형성시켜 주는 기관이다.

3) 모구(hair bulb)

모유두 위의 전구 모양의 둥근 부분을 말하며 내부에 모모세포와 색소형성세포가 존재한다.

4) 피지선(sebaceous gland)

대개 전신의 모낭벽에 분포되어 있으며 모공을 통해 피지를 분비하여 모발과 피부를 윤기나게 하고 매끄럽게 하여 건조를 방지한다.

털과 관계없이 독립적으로 존재하는 피지선은 입술, 눈두덩, 젖꼭지, 음부 등에 있으며 독립피지선이라 부른다.

5) 기모근(arrector pili muscle)

모낭벽에 붙어있는 작은 근육으로 추위나 공포를 느끼면 수축되어 피부에 소름을 돋게 하는 역할을 한다.

기모근이 없는 곳은 눈썹, 속눈썹, 코털, 겨드랑이털 등이다.

6) 내모근초(inner root sheath) · 외모근초(outer root sheath)

모구부에서 발생한 모발의 각화가 끝날 때까지 보호하고 피부표피까지 운반하는 역할을 하며 모발의 성장과 함께 두피까지 올라가 비듬으로 떨어진다.

7) 모모세포(hair-mother cell)

모유두를 덮고 있는 세포로서 끝없이 세포분열을 하기 때문에 모발 생장에 가장 중요한 역할을 하며 위치에 따라 모표피, 모피질, 모수질로 분화하면서 성장한다.

8) 색소형성세포(melanocyte)

모모세포 사이에 존재하며 모발색을 결정짓는 멜라닌(melanin)을 생성한다. 멜라닌은 두피를 과도한 자외선으로부터 보호하는 중요한 역할을 하며 피부색과 같이 멜라닌 색소 크기, 양, 합성의 정도에 따라 모발의 색은 결정된다. 색소형성세포가 크고 많으면 빛을 흡수하기 때문에 검게 되고, 색소형성세포가 거의 없으면 반사되어 희게 된다. 멜라닌 양이 많은 순서로는 흑색〉 갈색〉 적색〉 금발〉 백발 순이다. 색소형성세포의 크기도 큰 쪽이 흑색이며 작을수록 적색과 갈색이 된다.

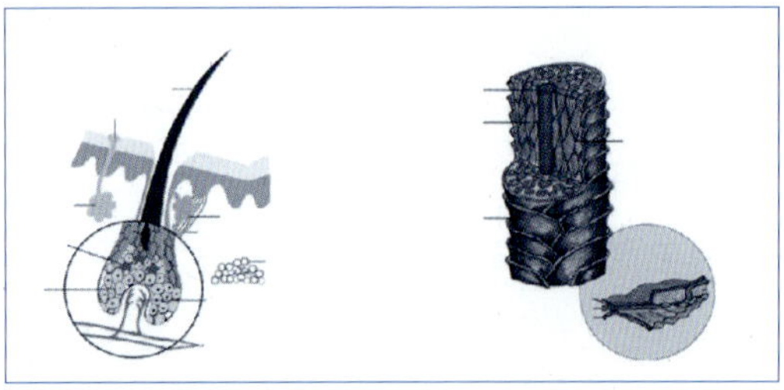

모근부(hair root) 모간부(hair shaft)

3-6-2. 모간부(hair shaft)

1) 모표피(cuticle)

모발의 가장 바깥층으로 케라틴이라는 경단백질로 구성되어 있다.

비늘상의 투명한 세포로서 서로 겹쳐져 문리의 형태를 이루고 있으며 개개인마다의 특유한 형태가 범죄 수사에 이용되기도 한다. 친유성으로 외부적인 자극으로부터 모발 내부를 보호하고 광택을 내는 역할을 하며 물과 약제의 침투에 대한 저항력은 강하지만 기계적인 자극에는 약한 편이다.

2) 모피질(cortex)

모표피와 모수질 사이에 있는 층으로서 섬유 모양의 세로길이 방향으로 나열되어 있는 피질세포 사이사이를 채우는 간충물질(metrix)로 구성되어 있으며 모발 면적의 80~90%를 차지하므로 미용시술 시 가장 중요한 부분이다.

모발의 탄력, 강도, 감촉, 질감 등과 멜라닌을 함유하여 색상을 결정짓는 모발의 성질을 나타내는 중요한 층으로 친수성이기 때문에 약제의 작용을 쉽게 받으므로 퍼머, 염색, 탈색과 그 밖의 미용시술과 가장 관련이 깊다.

3) 모수질(Medulla)

모발의 중앙에 위치하며 벌집 모양으로 된 여러 개의 공포에 공기를 함유하여 보온의 역할을 하는데, 직경 0.09㎜ 이상의 경모에는 존재하나 0.07㎜이하의 연모에는 거의 드물다.

3-7. 모발의 미세구조

모발의 미세구조는 X선 회절법과 전자현미경 등의 진보와 응용기법의 다양화가 점차적으로 연구되고 있다. 모발의 외측 부분은 투사전자현미경(Scanning electron microscope, SEM), 내측 부분은 투과전자현미경(Transmission electron microscope, TEM)을 이용하여 관찰된 지금까지 명확히 밝혀진 미세구조의 개요를 모식도로 알아보고 우리 업무와 관계가 깊은 모간부(hair shaft)의 미세구조에 대해서 살펴보자.

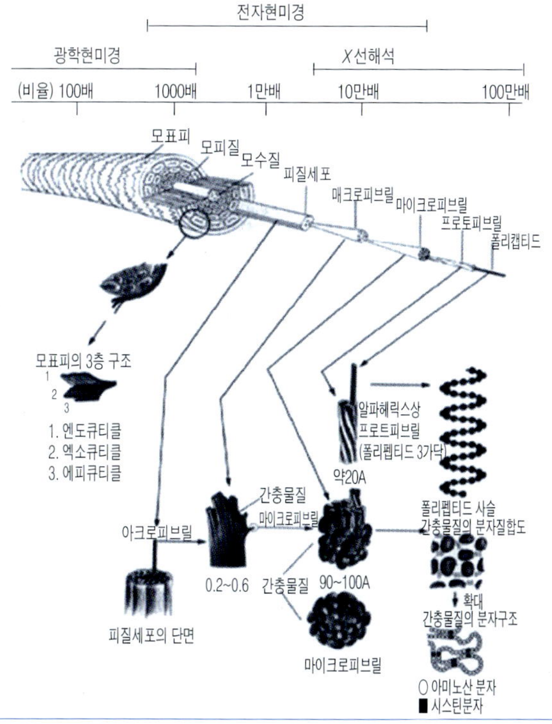

3-7-1. 모표피(Cuticle)

표피는 외측에서부터 최외표피층, 외표피층, 내표피층의 순으로 되어 있으며 세포간 물질들에 의해 접착되어 있다.

1) 최외표피층(epicuticle)

약100Å의 얇은 막으로서 물은 통과하지 못하지만 수증기는 통과할 수 있으며 딱딱해서 부서지기 쉬운 구조로 이루어져 있기 때문에 물리적인 힘에 약하다. 단백질 용해성 약품(친유성과 알칼리 용액)또는 각질 용해액에 저항성이 강하며 시스틴의 함유량이 많은 층이다.

2) 외표피층(exocuticle)

시스틴의 함유량이 풍부하며 SS 결합이 많은 비결정질의 케라틴이며 단백질 용해성 약품에는 강하지만 cystine bond를 절단하는 약품인 퍼머넌트 웨이브 용제의 작용에는 약하다.

3) 내표피층(endocuticle)

모표피 중에 시스틴의 함유량이 가장 적으며 케라틴 침식성 약품에는 강하지만 단백질 용해성 약품에는 약하다. 그림에서와 같이 양면접착테이프와 같은 층으로 이 층을 세포막 복합체(cell membrane complex, CMC)라고도 한다. 표피와 표피뿐만 아니라 피질세포간의 접착제 역할을 하며 이곳을 통해 모피질 내의 수분이나 단백질이 녹아나오기도 하며 외부의 수분이나 퍼머용제, 염모제 등의 약품이 모피질로의 침투의 통로가 되기도 한다.

모간부 외측 부분의 미세구조는 투사전자현미경을 이용하면 관찰될 수 있지만 모간부 내측 부분은 투과전자현미경을 통해서 관찰될 수 있다.

4) 세포간 물질

세포막과 접착물질로 되어 두께 약 400~600Å로서 세포막 복합체이며 가장 중요한 것은 중심부의 α층으로 두께가 약 100Å이며 이 α층에 둘러싸인 세포간 접착물질은 두께가 약 50Å이다. 세포간 복합체 중에서 Alexander와 Earland의 방법으로 과기산에 의한 섬유의 산화에 의해 분리된 복합체를 β케라틴이라고 부르며 섬유 전체의 약 15%이다. 세포간 복합체의 특징은 연신성이 좋고, 세포내 물질과는 화학반응성이 서로 다르며 큐티클(cuticle)의 세포내 단백질보다도 쉽게 단백질 분해효소에 의해 분해된다. 그러나 세포간 복합체는 인모 피질(cortex)의 세포내 단백질을 쉽게 분해하는 알카리와 환원제에 대해서는 강한 저항성이 있다. β케라틴 분화의 화학적 분석에 의하면 소량의 세포내 단백질을 함유한 γ케라틴 분화와 비교해서 이온분이 적다.

3-7-2. 모피질(Cortex)

모피질은 피질세포(결정영역)와 세포간 결합물질(비결정영역)의 2개로 아주 밀착되어 구성되어 있다. 1개의 세포 직경은 약 2.5㎛ 정도이며 두께는 1.2~1.6㎛, 길이는 80~110㎛로서 중앙에 핵의 잔사가 있고 과립상의 멜라닌 색소를 함유하며 세포와 세포 사이는 섬유상 케라틴(matrix)으로 강하게 연결되어 있으나 친수성으로 화학약품의 작용을 쉽게 받기 때문에 퍼머넌트 웨이브와 헤어 다이즈(hair dyes) 등과 관련되고 모발의 성질을 나타내는 가장 중요한 부분으로 탄력, 강도, 감촉, 질감, 색상 등을 좌우한다.

1) 결정영역(피질세포) - 주쇄 결합

길이 약 100㎛, 두께 1~6㎛, 직경 2~6㎛로 피질세포 사이에 직경 약0.2~0.8㎛의 멜라닌과립이 둥글거나 구상의 입자로 소량 분산되어 있다. 속으로 결합되어 있는 섬유의 긴 폴리펩티트(polypeptide)가 규칙적으로 배열되어 있으며 강한 수소결합 부분으로 화학반응을 일으키기 쉬운 영역이다.

2) 비결정영역(세포간 결합물질) - 측쇄 결합

간충물질(matrix)이라 부르는 영역으로 긴 측쇄의 염결합(salt bond)이 많고 수소 결합도 약하기 때문에 유연하고 화학작용을 받기 쉬운 구조로 화학적 · 물리적 · 역학적인 성질이 크게 변화할 수 있으며 간충물질의 손상을 받기 쉽기 때문에 모발 손상의 최대 원인이 되는 부분이다.

(1) 간충물질(matrix)

황(S)이 많기 때문에 전자현미경을 이용하여 미세구조를 밝힐 수 있다. 섬유와 섬유 사이를 연결시키는 시멘트 역할을 하는 케라틴이 주성분이며 시스틴 함량이 높다. 하지만 아미노산의 분자 배열이 규칙적으로 올바르게 되어 있는 섬유에 비해 일정한 형을 가지고 있지 않기 때문에 부정형keratin 또는 비결정형 케라틴이라 부르고 있다.

(2) 마크로 피브릴(Macro fibril) – 거대섬유

직경 0.2~0.5㎛로 세포가 장축 방향으로 나열되어 있으며 간충물질에 의해 접착되어 있다.

(3) 마이크로 피브릴(Micro fibril) – 미세섬유

반경은 약 1000~4000Å이며 직경은 70Å이며 마이크로 피브릴의 보조 섬유구조 나선상으로 늘어져 있다.

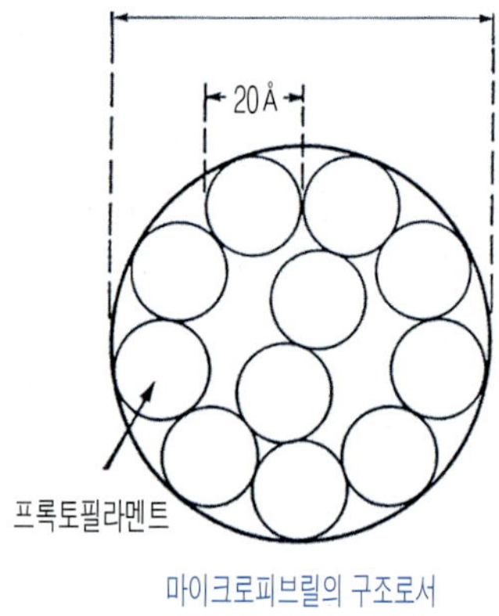

마이크로피브릴의 구조로서
프로토피브릴의 9+2배열

(4) 프로토 피브릴(Proto fibril) – 원섬유

직경 약 20Å, 길이 200Å로 한다발 내에는 a-helix라 불리는 이중코일상의 폴리펩티드 3개가 나선형으로 꼬여져 있다.

(5) α–케라틴

케라틴은 2차 구조가 다른 머리털이나 양털을 구성하는 자연 상태의 케라틴 부자가 α케라틴과 머리털에 인장력을 가하거나 습기를 가하면 늘어나는 상태의 β케라틴으로 구분한다. α케라틴은 α나선구조이며, β케라틴은 접지구조로 α케라틴이 갖는 분자 내의 수소 결합이 끊어져 준바사슬이 늘어나서 인접하는 분자사슬 사이에 수소 결합을 만들기 때문에 생긴다.

3) 좌우대칭(Bilateral)

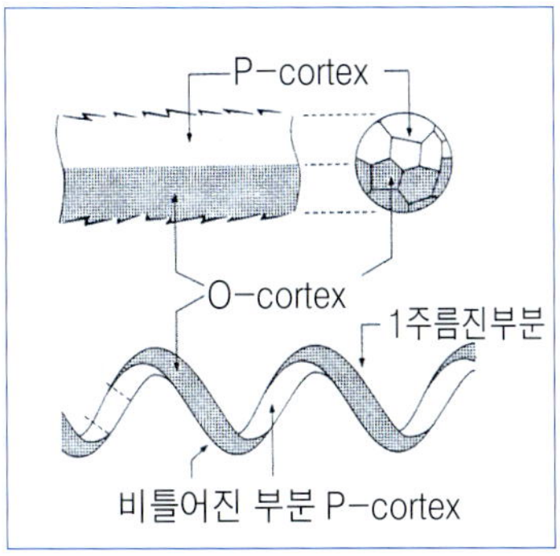

양모섬유의 2층 구조

웨이브 외측에 ortho cortex(O-cortex의 결정영역), 하측에 para cortex(P-cortex의 결정영역)가 한쪽으로 존재해 있고 케라틴의 성상, 성분이 다른 상태로 모근의 모유두에서 1/3부근의 케라틴화 영역을 통과한 시점에서 O-cortex와 P-cortex의 비대칭적인 구조를 볼 수 있으며 O-cortex 및 P-cortex가 동심상으로 존재하고 있는 것, 평균적으로 분산되어 있는 것, 혹은 O-cortex, P-cirtex 어느 한쪽밖에는 존재하지 않는 것 등이 있다고 한다. 예로는 황색인종은 P-cortex에 가깝고, 흑인종은 bilateral 구조, 백인종은 가장 중앙인 P-cortex로 외측이 O-cortex의 동심원상의 것이 많다. O-cortex가 많으면 친수성도 강하고 부드러우며 시스틴의 함유가 적어 퍼머넌트 웨이브의 형성, 산성 염료가 쉽지만 P-cortex가 많은 모발은 시스틴의 함유량은 많으나 소수성으로 퍼머넌트 웨이브의 형성이 쉽지 않다.

4) 공간(Void)

간충물질에 많이 존재하며 섬유길이의 방향으로 늘어서서 가늘고 길며 각각 다른 굵기의 구멍이 전체적으로 연결되어 있는데 섬유단면의 10%를 차지하고 있다.

3-7-3. 모수질(medulla)

모수질은 벌집 모양의 공포가 있는 구형세포로 모발의 길이 방향으로 불연속적으로 배열되어 있으며 또한 부분적으로 절단되어 있거나 일정하게 배열되어 있는 것도 있다. 서양인과 같이 가는 모발에서는 거의 발견되지 않으며 우리나라 사람들의 굵은 모발에서만 볼 수 있다. 인모에서는 아주 작은퍼센트(%)만 차지하며 기계적으로나 화학적인 손상을 거의 받지 않는다.

제1부 chapter 4

모발 미용기기 및 제품

모발 미용기기 및 제품은 목적에 따라 관리를 위한 것과 형태를 만들기 위한 것으로 구분된다.

4-1. 모발 미용기기

4-1-1. 적외선 펌기

근적외선(near infra red) 파장을 이용한 단파장(800nm~1400nm)으로서 순간적(0.1초 이내)으로 물체만 가열시키는 복사열의 전달 방식이며 모발 전체에 균일한 열전달을 하기 때문에 모발 손상도가 적다.

4-1-2. 열을 이용한 와인딩 퍼머 기구

(1) 세팅 퍼머기

1900년대 독일의 Wella사가 처음 개발하였던 기구로 콜드 퍼머액의 개발로 인하

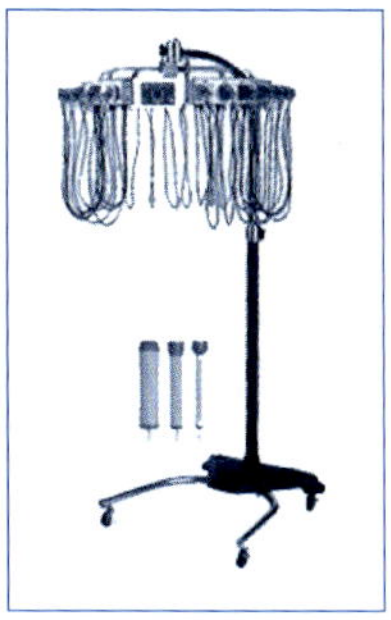

여 사라졌다가 1998년도부터 일본에서 재개발하여 우리나라 젊은 여성들의 길이가 긴 모발의 퍼머에 주로 사용되는 기구이다. 형태가 선명한 굵은 웨이브를 형성시키는 장점이 있으나 로드의 비견고성과 기구의 크기가 너무 커 사용하기 불편할 뿐만 아니라 시술 고객이 자유롭게 움직일 수 없다는 것이 단점이다.

(2) 디지털 세팅기

최근 들어 가장 선호하는 퍼머 기구로 열을 이용하여 영구적인 웨이브를 형성하므로 고객의 모발 진단이 우선적이어야 한다. 기존의 세팅퍼머 기구보다 사용이 간편하고 자연스러우면서 텐션(tension)이 강하여 컬(curl)이 걸리게 되면 콜드퍼머보다 지속시간이 길며 작은 굵기의 웨이브를 낼 수 있지만 모발 내의 수분 유지를 위한 사전의 충분한 실습을 바탕으로 하여 시술에 임하여야 고객을 만족시킬 수 있다.

4-1-3. 커트 도구

(1) 마네킹

모든 미용 시술의 초보 단계에서 필수적으로 모델용으로 사용함으로써 반복 연습을 통한 테크닉 연마용 기구

(2)홀더(Holder)

마네킹 고정대로 스탠드형과 테스크형의 두 종류가 있다.

(3) 클립(Clip)

커트를 하기 위해 나누어 놓은 모발과의 구분을 위해 사용하는 것으로 흔히 핀셋이라고도 한다.

(4)빗(Comb)

커트용 빗의 종류로는 정교한 언더컷을 하기 위한 것, 브런트컷용, 질감처리를 하기 위한 빗살이 굵고 엉성한 것, 남성컷용 등의 여러 가지가 각각 목적에 따라 준비

되어야 한다.

(5) 가위(Scissors)

가위의 길이에 따라서도 여러 가지로 구분되며 숱을 정리하기 위하여 잘려져 나오는 양에 따라서도 여러 종류로 구분된다.

(6) 레저(Razor)

굵거나 곱슬 모발의 경우에 가위로 잘라서 표현되어지는 커트의 선이 뒤집어지거나 자연스럽지 않음이 진단될 때 사용되는 커트 도구로써 동양인 모발을 커트하기에 알맞은 도구이다.

한번에 많은 양의 모발이 커트되기 때문에 시술 시간을 단축시킨다는 장점은 있으나 모선단을 사선 형태로 커트하기 때문에 모발 내의 간충물질의 훼손을 받기 쉽다.

(7) 클리퍼(Clipper)

남학생, 군인들의 커트를 하기 위한 도구로 사용하는 것이 요즈음은 패션 커트, 남성 커트 등의 여러 도구로 사용되고 있다.

(8) 솜털 제거용 나이프

커트의 마무리 시에 목덜미나 그 밖의 불필요한 털을 제거하기 위하여 사용한다.

클립

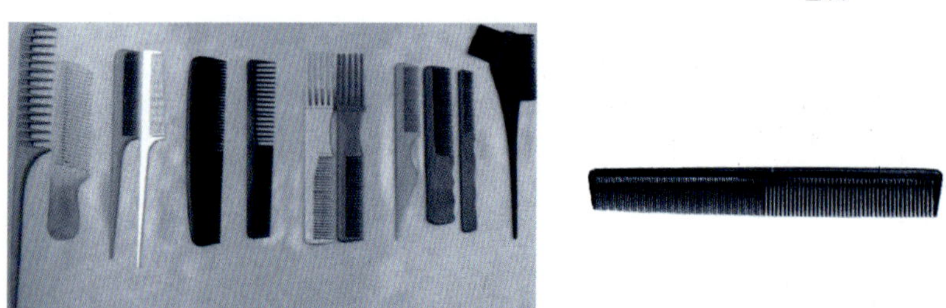

빗

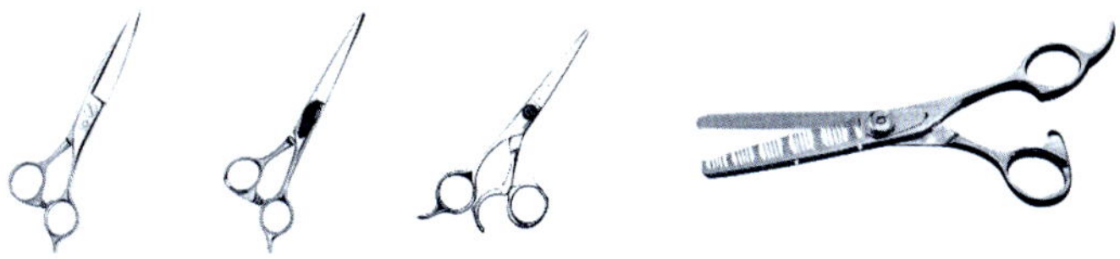
가위

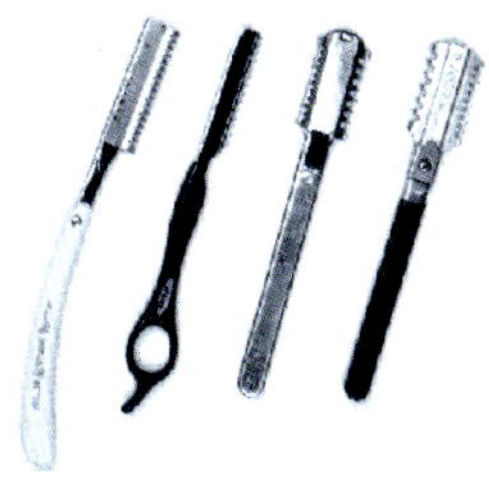
레저

클리퍼

솜털 제거용 나이프

4-1-4. 퍼머 도구

(1) 밴드(Band)

로드에 와인딩된 스트랜드를 고정시킨다.

(2) 페이퍼(Paper)

와인딩하기 위하여 나눈 스트랜드를 흩어지지 않도록 고정시키기 위하여 사용한다.

(3) 로드(Rod)

1호부터 10호까지 원하는 웨이브의 크기에 따라 선택하여 사용한다.

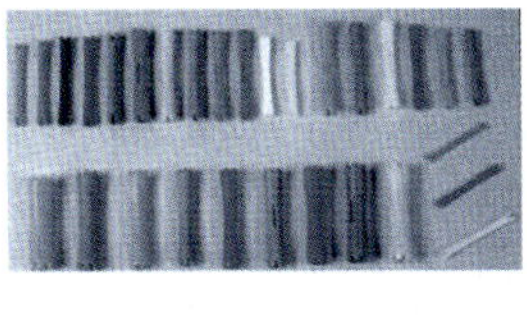
디자인 바디 퍼머용 로드

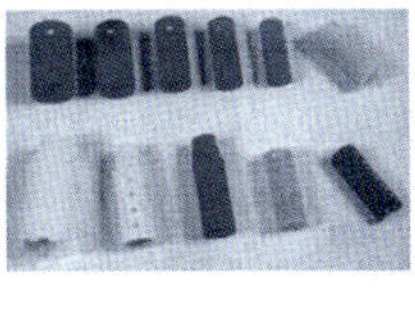
롤 스트레이트용 로드

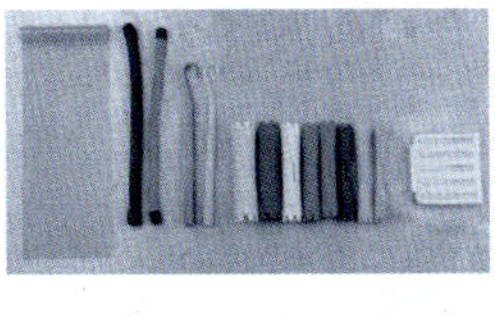
그 외에 여러 가지 로드

(4) 모발 미용 촉진기(Booster)

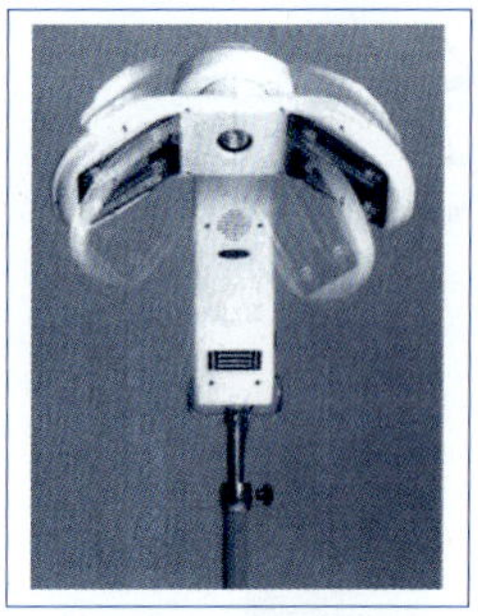

와인딩 후 제1제의 환원과정을 원활, 신속하게 하기 위하여 55℃의 온도가 책정되어 있다.

(5) 중화받침대

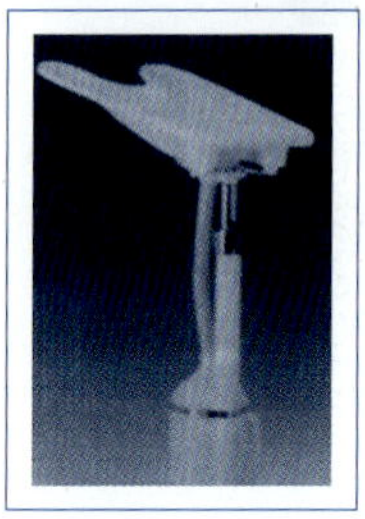

제1제나 제2제의 흐름을 방지하기 위하여 어깨 위에 씌우는 것으로 가벼우며 방수용 소재로 만들어져있다.

(6) 글로버(Glove)

시술자의 손을 보호하기 위하여 퍼머용제 사용시 사용하는 장갑이다.

(7) 히팅 캡(Heating cap)

와인딩 후 프로세싱 시간을 줄이기 위한 촉진 역할을 하는 전기모자이다.

4-1-5. 드라이어(Dryer)

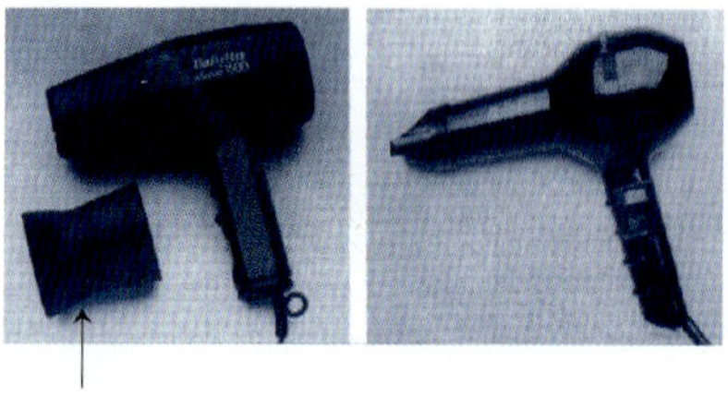

젖은 모발을 건조시키거나 원하는 헤어스타일을 완성하기 위하여 사용되는 것으로 냉, 온, 열풍으로 구분되어 있으므로 목적에 따라 선택하여 사용하며 두피에 너무 가까이 갖다대면 화상의 위험, 모발의 푸석거림이 올 수 있으므로 주의해야 한다.

(1) 스탠드 드라이어(Stand dryer)

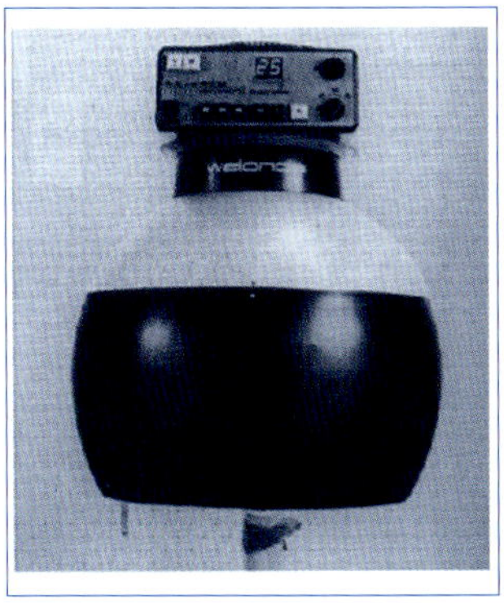

퍼머, 염색, 트리트먼트, 드라이 등의 미용 시술시 여러 용도로 사용되며 시술 시간의 단축과 시술 효과도 높은 것이 장점이다.

스탠드 드라이어는 예전부터 개발되어 사용하던 대표적인 미용기구로 한동안 형태와 이름을 바꾼 기구로 소개되었으나 최근에 다시 자동시스템이 부착된 고가의 미용기구로 등장하였다.

(2) 세팅 롤러 (Setting roller)

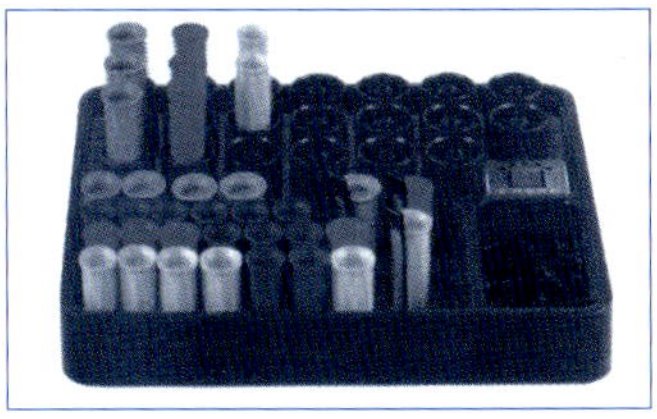

일반 세팅롤과 전기 세팅기가 있으며 모발에 적절한 웨이브와 윤기를 준다.

(3) 디퓨져(Diffuser)

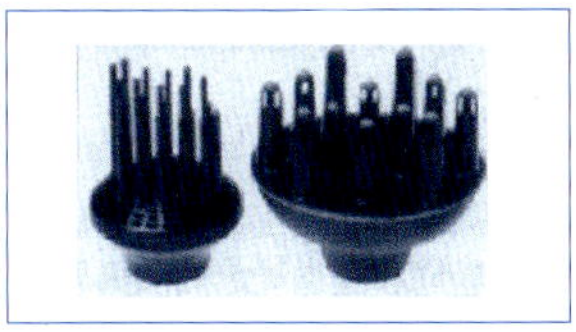

샴푸 후의 자연스러운 웨이브 형태를 살리기 위해 드라이어의 노즐 대신 사용하는 기구이다.

(4) 노즐(Nozzle)

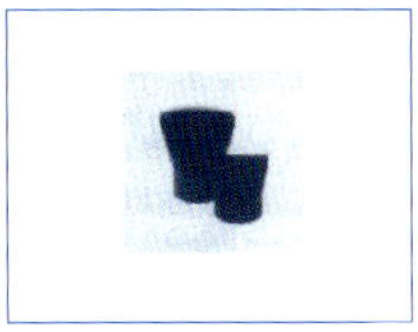

드라이어의 코일의 열을 간접적으로 받기 위하여 드라이어에 끼워서 사용한다.

(5) 컬 아이론(Curl iron)

처음에는 머리 인두기라고 하여 가스 위에 달궈 사용하다가 전기를 이용한 아이론이 개발되면서 컬의 굵기도 여러 가지 교체해서 사용할 수 있도록 개발되었다.

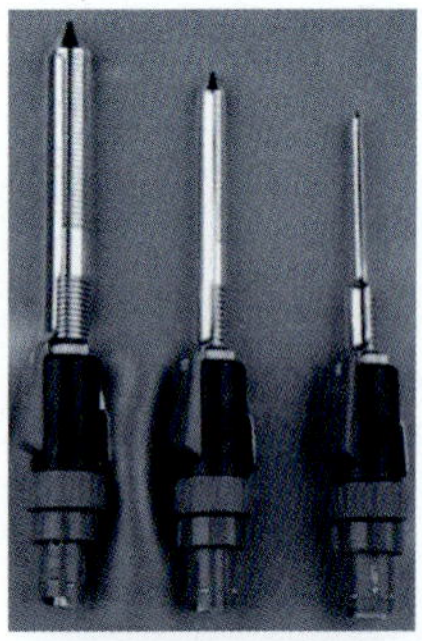
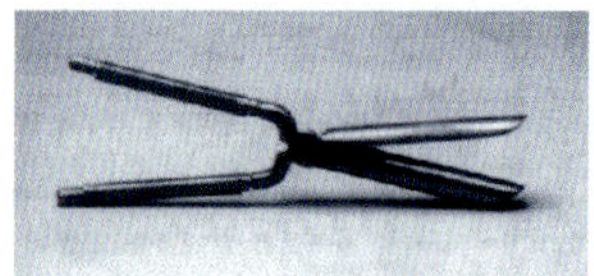
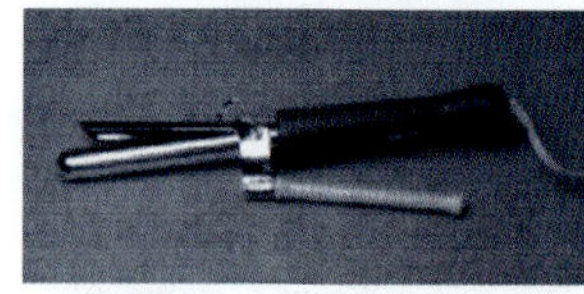

컬아이론

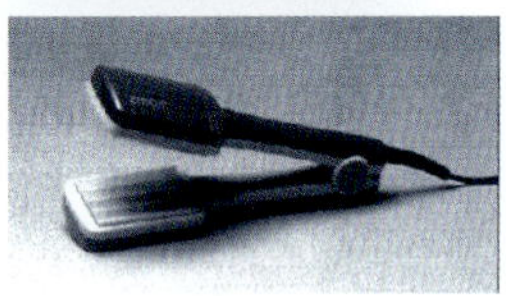

클립 아이론

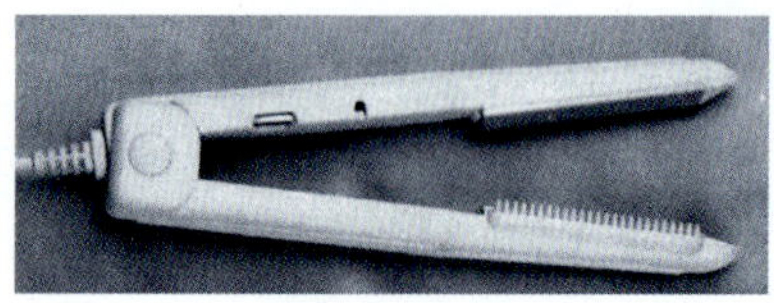

삼각 아이론

(6) 클립 아이론(Clip iron)

스퀘어(Square)를 형성하여 패션의 개성을 표현할 수 있는 기구이다.

(7) 삼각 아이론 (Triangle iron)

스트랜드에 각진 형태를 만들 수 있으며 클립 아이론보다 훨씬 다양한 각의 형태를 나타낼 수 있다.

4-1-6. 염색 도구

(1) 볼(bowl)

염모제의 제1제와 제2제를 혼합하는데 사용한다.

(2) 도포용 빗

염모제 도포용으로 솔 모양의 브러시를 사용한다. 너무 딱딱하거나 흠집이 있는 것을 사용하면 두피나 모발이 손상되기 때문에 선별해서 사용하여야 한다.

(3)튜브 홀더(Tube holder)

크림타입의 염모제를 짜기 위하여 사용한다.

그 외에 가운, 염색용 타올 등이 필요하다.

볼

도포용 빗

튜브 홀더

4-1-7. 올림머리 도구

브러시, 정리용 빗(포크형), 업스타일 세트(U핀-대, 중, 소 · 일자핀-대, 중, 소 · 피스)

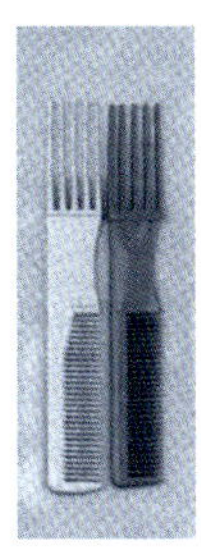

4-1-8. 샴푸 도구

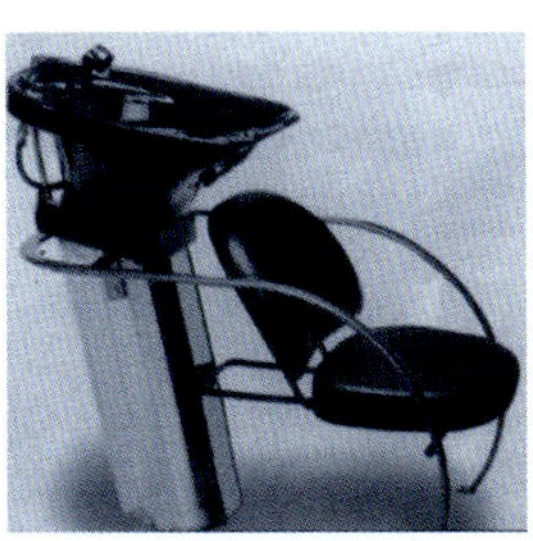

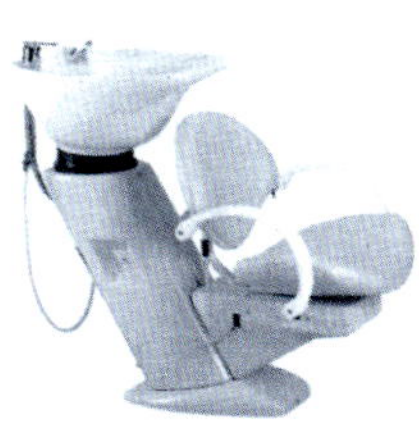

4-1-9. 그 밖의 도구

스프레이 차단 가리개, 손님 가운, 정리대. 이동식 정리대

4-2. 모발 관리기기

미용의 발달과 비례하여 최근에는 미용 전문인뿐만 아니라 고객들의 모발관리에 대한 선호도가 기하급수적으로 증가하고 있다. 물론 모발 손상에 최대한의 관심을 기울여 미용 시술을 하고 있지만 여러 가지 요인으로 인한 모발 손상을 최소화하기 위하여 또한 두피의 청결과 부작용으로 인한 여러 가지 질환을 예방하기 위하여 여러 가지 모발, 두피 관리기기를 사용한 헤어케어 시스템의 연구가 계속 되어야 할 것이다.

4-2-1. 두피관리용 브러시

두피관리용 브러시는 일반 브러시와는 달리 빗살끝이 둥글게 되어 날카롭지 않고 두드릴 때의 시원한 느낌도 함께 할 수 있도록 브러시의 면은 쿠션 처리가 되어 있어 두피에 많은 자극을 주지 않으면서 두피의 혈행을 돕고 마사지의 효과도 있다.

브러시의 종류

적외선 램프

4-2-2. 헤어 스티머(Hair steamer)

스티머의 구조와 원리는 두피, 두발에 습열(hood를 통해 분사된 40℃ 정도의 수증기)을 이용하여 모발에 열과 수분을 공급해줌으로써 모발 내에 발모촉진제나 트리트먼트(treatment)제의 침투를 도와주며, 피부의 온도상승에 의해 혈관을 확장하여 혈행을 좋게하며 모근의 영양보급 능력이 향상된다. 또한 한선 및 피지선의 작용이 활발해지기 때문에 땀이나 피지의 분비가 촉진되며, 두피를 따뜻하게 하여 두피의 각질이나 오물을 들뜨게 하고, 수분의 흡수률도 높아지기 때문에 모발이 부드럽고 촉촉하게 가꿔주며 긴장감이 풀어지는 릴렉스(relax) 효과도 높아지는 기기이다.

4-2-3. 적외선 램프(Infrared lamp)

적외선 램프는 붉은색의 빛이 열을 발생시켜 두피의 혈행을 촉진시키며 두피에 도포한 화장품이나 모표피에 도포된 모발 제품의 흡수를 돕는다.

4-2-4. 고주파 전류기

고주파 전류기는 두피용과 얼굴용으로 구분되어 있다. 두피용은 빗살무늬의 봉으로 빗질하듯이 촘촘히 빗어내려서 사용한다.

4-2-3. 자외선 램프(Infraviolet lamp)

소독효과가 있는 자외선을 이용하여 두피나 모발의 살균효과를 내는 기기이다. 자외선은 적외선같이 열은 없지만 눈과 피부에 자극을 주며 멜라닌 색소를 침착시킬 우려가 있어 눈의 보호를 위한 안대와 피부보호를 위한 자외선 차단 크림을 바른 후 시술에 들어가는 것이 좋다.

4-2-6. 오존기(O_3 machine)

모발의 모표피층 깊숙이 침투할 수 있는 3미크론(물입자 1/100,000의 크기)이하

의 미세한 수분입자인 머스트(mist)를 만들어 모발에 도포된 영양물질과 수분이 함께 모발 내부에 공급됨으로써 손상된 모발의 복원을 도와주며 O3역할로 빠른 산화작용을 촉진시킬 뿐만 아니라 모발에 잔존하는 퍼머용제 또는 염모제의 알칼리 성분과 냄새를 제거하며 살균, 탈취 등의 효과 외에 샴푸 후 빗 모양의 유리관으로 2~3분간 두피를 브러싱하면 고주파에 의한 미진동이 있기 때문에 신진대사나 혈행을 촉진하여 세포를 활성화시키는 작용과 비듬, 가려움, 냄새 등을 억제하여 모발과 두피를 생생하게 할 수 있어 탈모 예방에도 큰 효과가 있다.

4-2-7. 헤드마사저(Head massager)

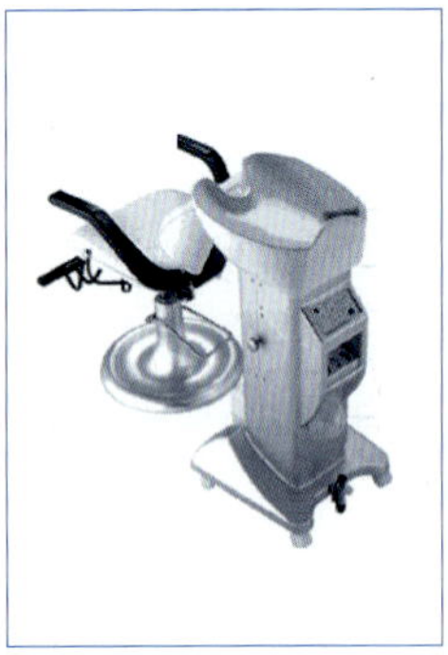

육모용으로 개발된 두피를 여러 방향에서 마사지하는 머리 전용 마사저이다.

전방향에서 마사지하는 것에 의해 두피와 두개골사이에 여유가 생겨 모세혈관의 혈류가 개선되고 발모촉진제도 침투하기 쉬워지며 스트레스에서 오는 전신 피부의 긴장을 부드럽게하며 심신을 릴렉스시키는 효과도 있다.(일명 드림 에스떼)

4-2-8. 모발 및 피부 검사기

외견으로 식별되지 않는 두피와 모발의 상태를 조사하는 기기로 시술에 들어가기 전에 진단함으로써 보다 나은 시술 방법을 채택하기 위하여 반드시 사용되어야 할 기기이다.

4-2-9. 마이크로스코프(Microscope)

모발의 두께를 조사하는 '모발게이지', 인장강도를 조사하는 '텐션메타' 등의 각

측정 기능을 갖춘 현미경을 말하나 최근에는 화상을 모니터에 비추는 비디오타입이 주류이다. 배율은 고정식과 가변식 2가지가 있으며 모공의 주변, 두피의 표면을 주로 관찰하는 것(80)에서 모발의 모표피까지 볼 수 있는 것(800)도 있다.

4-2-10. 아쿠아 체커(Aqua checker)

수분량계라고도 하며 모발 내에 들어있는 수분의 량을 계측하는 기계이다. 정상모의 수분함유량은 보통 11~13%이며 10% 이하가 되면 건조모라고 한다. 이 아쿠아 체커에 의한 수분량 측정은 모발 손상의 하나의 지표가 된다.

4-2-11. 헤어 게이지(Hair gauge)

마이크로 게이지(Micro gauge)라고도 하며 모발의 두께를 측정하는 기계이다. 직모인 경우도 단면이 원형인 것은 거의 없고 대개는 타원형을 하고 있다. 이 때문에 헤어 게이지로 모발의 두께를 측정하는 경우는 보통장경과 단경의 두 곳을 잰다.

동양인의 두발 두께는 평균 0.08~0.09mm이나 가느다란 모발은 0.05mm밖에 되지 않는 것도 있다. 반대로 0.15mm로 두꺼운 모발도 있으나 일반적으로 두꺼운 만큼 딱딱하다.

게이지로 측정하고 있는 장면

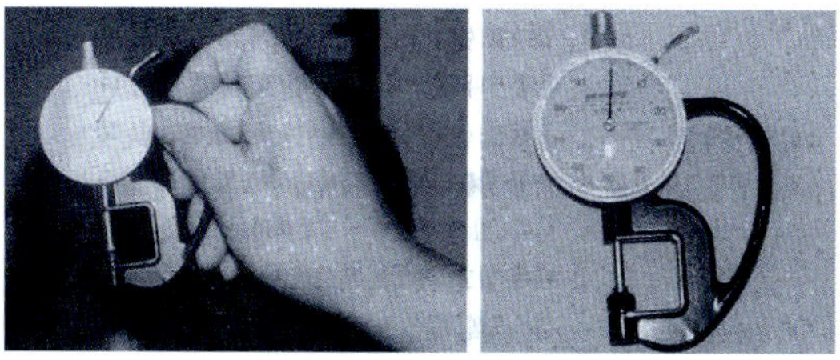

헤어 게이지

4-3. 두발 제품

샴푸, 린스, 컨디셔너, 홀드 스프레이, 젤, 트리트먼트 크림, 왁스, 에센스, 헤어 로션 등 고객뿐 아니라 전문 미용인이라도 어느 제품을 택해야 할지 수 없이 많은 제품회사에 의해 쏟아져 나오고 있다.

모발미용 제품은 크게 모발을 가꾸기 위한 헤어 케어제와 형태를 만들기 위한 스타일링제로 구분된다. 미용실에서는 여지껏 스타일링제의 비중이 컸으나 고객들의 미용실 방문 횟수가 점점 늘어나게 되고 여유 있는 문화생활에 접해있는 요즈음은 모발을 보호하고 손상된 두피 및 모발을 관리하여 아름답고 건강하게 가꾸어 주기 위한 다양한 헤어 케어제의 사용이 늘어나고 있다.

4-3-1. 헤어 케어제(Hair care products)

거의 매일 샴푸를 하며 모발을 정돈하기 위한 화장품이 대중화되어 있어 갈수록 그의 사용이 늘어나며 종류도 매우 다양하다. 모발미용이 패션의 큰 비중을 차지하기 때문에 스타일과 기능에 맞는 화장품을 선택하여 부드러우며 윤기나는 아름다운 모발을 손상되지 않도록 잘 관리해 나가야 한다.

1) 샴푸제

두피와 두발에 대기중의 먼지로 인하여 부착된 때를 제거하고 비듬이나 가려움을 막고 두피, 두발을 아름답게 유지하기 위해 사용하는 세발용 화장품이다. 불결한 상태를 그대로 유지한다면 모발 손상 및 탈모 등의 생리기능이 나빠지기 때문에 때는 충분히 제거하나 두피, 두발의 필요한 피지는 제거되지 않도록 적당한 세정력이 필요하다.

주목적인 세정기능 이외에 샴푸제는 그로스(gross), 컨디셔닝(conditioning), 스타일링 등의 여러 가지 부가 기능을 지닌 상품들도 연구, 시판되고 있으며 그 종류와 형상도 다양하다. 합성세제를 주성분으로 한 것과 비누를 주성분으로 한 것이 있으나 현재는 대부분 합성세제를 주성분으로 한 것을 많이 사용하고 있다.

2) 린스제

세발 후 사용하여 모발에 부드러움을 줄 뿐만 아니라 세발 세척 후에 남은 잔여물을 중화시키며 모발의 표면상태를 정돈할 목적으로 하는 화장품이다. 세발에 비누가 사용되고 있던 때에는 알칼리와 금속비누를 제거하기 위하여 구연산 등을 배합한 산성린스가 이용되어 왔다. 산성린스는 현재도 퍼머넌트 웨이브나 헤어 다이즈의 시술 시에 사용되고 있다. 또 세발 시에 과도하게 탈지된 모발에 유분을 주기위해 오일 린스라 칭하여 유지류나 헤어 크림을 물에 분산시켜서 세발의 마무리용으로 사용하기도 한다. 알킬황산에스테르염이나 폴리옥시에칠렌 알킬황산에스테르염을 주성분으로 하는 세정제가 보급되기 시작하자 카치온계면활성제를 주성분으로 하는 린스가 보급되었다. 카치온계면활성제는 모발에 잘 흡착하여 모발의 표면을 매끄럽게 하는 작용이 있다. 현재는 카치온계면활성제와 고급 알코올이 형성하는 겔중에 각종 유분을 배합한 유액상이나 크림상의 린스가 주류를 이루고 있다.

더욱이 린스 기능을 높인 것으로서 헤어 트리트먼트와 헤어 팩이라 불리우는 화장료가 있으며 이들도 린스와 같이 모발에 바른 후 마사지하듯 골고루 문질러서 세척하는 제품이다.

3) 린스 일체형 샴푸

종래의 컨디셔닝 샴푸를 일보 진보시켜 모발 표면의 마찰계수의 저하, 정전기 방지 효과, 모발보호 효과 등의 기본적인 린스의 기능을 지니게 한 것이며 '린스&샴푸' 라고도 부른다. 세발 횟수의 증가, 외출전의 샴푸, 여행지, 외출지에서의 샴푸 등 젊은 세대에서 라이프 스타일의 다양한 변화로 인하여 간편성을 추구한 샴푸이다. 주 세정성분으로는 양성계면활성제, 이온계면활성제가 이용되며 컨디셔닝 성분으로는 주로 카치온계면활성제, 실리콘 및 그 유도체, 기타 탄화수소계의 유분이 이용되고 있다. 카치온계면활성제는 단독으로 사용하는 것보다 이온계면활성제와 일정한 비율로 조합한 것이 카치온계면활성제의 자극을 완화시키고 양호한 린스의 기능을 하는 것으로 알려져 있다. 일반적으로 카치온계면활성제와 이온계면활성제를 혼합하면 물에서 불용성의 복합체를 형성하지만 말단의 친수기에 가하여 분자 내의 별도의 친수기를 지니는 이온계면활성제의 경우는 카치온계면활성제와 병행하여도 수용체의 복합체를 생성한다. 따라서 양성계면활성제를 주성분으로 하는 샴푸제에는 이온 카치온 복합체를 린스제로 배합할 수 있다. 그러나 이온계면활성제를 주성분으로 하는 샴푸제에는 카치온 및 이온이 결합하여 석출되거나 카치온계면활성제의효과가 떨어지기 때문에 컨디셔닝제로서는 주로 실리콘이 이용된다.

4) 양모제

모발의 성장은 혈관을 통해 영양분을 공급받고 모유두의 모세포로부터 케라틴 세포로 세포분열을 반복하여 성장하는 것이다. 양모제를 두피에 발라 마사지하면 두피의 혈액순환을 촉진하고 두피 기능을 원활하게 하여 모유두를 자극함으로써 모세포의 분열 증식을 정상화하여 생리적으로 육모를 도와주는 역할을 하며 발모촉진, 탈모방지, 비듬 등을 방지할 수 있다. 이러한 양모제의 주성분은 아래와 같다.

① 세포 부활제 : 히녹치온, 판트텐산, 펜타드간산 그리세이드, 세파란친, 비오친 등
② 혈액 촉진제 : 비타민 E 유도체, 미녹시질, 인삼 엑기스 등
③ 각질 용해제 : 살리실산, 레조르신, 젖산
④ 난포호르몬 : 에스트로겐, 에스트라디올 등
⑤ 국소 자극제 : 페퍼민트오일, L-멘톨, 캄포 등
⑥ 살 균 제 : 이소프로필메칠페놀, 클로로헥시딘, 감광소201호, 감광소301호 등
⑦ 항 지루제 : 유황, 피리독신 및 유도체
⑧ 보 습 제 : 글리세린, 프로필렌글리콜, 히아루론산나트륨 등
⑨ 소 염 제 : 글리시리진산 및 유도체, L-멘톨, 캄포 등
⑩ 영 양 제 : 아미노산류(시스틴, 세린, 메치오닌, 로이신, 트립토판), 비타민류(A, B_2, B_6, B_{12}, D)

5) 육모제

육모제는 기본적으로 혈행을 증진하여 모발의 성장을 촉진하는 것이 목적이며 혈행확장제, 영양보조제(각종 비타민, 아미노산 외에 자극제, 항염증제, 살균제 등)가 배합되어 있다. 한방의 당약(센브리) 유출 엑기스인 '스엘치노겐' 이 일본의 하기와라씨의 연구로 발모촉진 효과가 큰 것으로 발표되었다.

6) 헤어 팩(Hair pack)

헤어 팩은 모발을 청결하게 하기 위하여 사용되는 것과 손상모를 회복시키거나 영양을 주기 위하여 사용되는 2종류가 있으며 유화 형태의 제품으로 대부분 헹궈내

는 타입이다. 주성분은 헤어 린스와 비슷하지만 다량의 컨디셔너 성분과 진정효과를 주기 때문에 지속적인 사용이 집중적인 트리트먼트t 효과가 있다.

7) 헤어블로우(Hair blow)

펌프식 스프레이로 분무하여 스타일링 효과와 컨디셔너 효과를 함께 하는 제품이다. 블로우 드라이의 마무리시에 열이나 브러싱에 의한 마찰로부터 모발을 보호하고 모발에 수분과 유분을 보급할 뿐만 아니라 모발의 정전기 발생 방지와 손상을 억제하며 양이온 계면활성제와 실리콘, 오일 등이 배합되어 있다.

8) 헤어코트(Hair coat)

잦은 화학적 시술과 드라이어의 사용으로 긴머리뿐만 아니라 짧은 머리의 갈라진 부분의 회복과 예방을 위하여 사용되는 제품이다. 주성분은 고분자 실리콘으로 코팅 효과와 윤활성, 밀착성, 내수성이 있으며 여러 색상의 색소가 배합되어 있어 퇴색된 모발의 컬라 훨러(color filler)로 주목받는 제품이다.

9) 해조류

해조류의 영양적으로 풍부한 칼슘(Ca)은 몸를 알칼리성으로 유지하고 교감신경을 진정시키는 역할을 하며, 요오드(I)는 갑상선 호르몬의 원료로서 없어서는 안되는 무기질(mineral)이다. 실례의 보고에 의하면 해조 엑기스의 섭취로 탈모가 중지되었고 백발이 검어졌다고 한다.

10) 가교제

상태가 나빠진 양모의 보강 회복에 사용되고 있는 가교제중에서 인체에 무해한 것을 선택하여 트리트먼트제에 적당히 배합하여 적당한 조건으로 시술하면 어느 정도의 효과를 볼 수 있다. 가교제라는 것은 케라틴 분자의 곁사슬 잔기에 화학적으로 결합하여 폴리펩티드 주사슬에 인공적으로 새로운 결합을 만드는 화학물질로서 케라틴의 분자가 여러 가지 요인으로 시스틴 결합이나 그 외의 결합이 파괴된 모발의 분자를 보강하여 화학적으로 결합시키게 된다. 하지만 이러한 가교제는 화장품의 원료로 인정된 것이 거의 없으나 차후의 모발관리 제품으로서의 많은 연구가 계속 되어야 할 것이다.

4-3-2. 스타일링제(Styling products)

1) 정발제

정발제란 모발을 매력적이고 아름다운 스타일로 마무리할 때에 사용되는 두발용 끝마무리 화장품을 말한다. 정발제에는 헤어 패션, 헤어 스타일의 새로운 조류나 커트와 블로우 드라이의 미용 시술 기법에 알맞은 정발제의 필요와 강도에 따라 정발제라고 불렀던 헤어 오일, 헤어 크림, 포마드, 세트 로션, 헤어 스프레이 등 기본으로 한 새로운 감각의 사용성을 지닌 롤로 로션, 블로우 로션, 스타일링 무스, 젤, 워터 그리스, 미스트 등의 제품이 제조되고 있다. 또 정발제의 목적은 손님의 센스, 스타일 등에 따른 적절한 헤어 스타일의 요구에 알맞은 스타일링을 창조하여 그 스타일을 잘 유지시키며 모발에 수분과 유분을 부여하여 건강을 유지시키기도 한다. 그러므로 정발제는 손님 모발의 장단점, 모질, 모발의 손상도, 얼굴형, 희망 등의 요소와 미용 시술상의 기법 등의 요건으로부터 적절한 제품을 선정하는 것이 필요하다.

(1) 유성정발제

① 헤어 오일(Hair oil)

식물성 유지인 올리브 오일, 아몬드 오일, 호호바 오일 등과 광물성유지인 유동파라핀에 고급지방산 알코올과 지방산 에스테롤 등을 혼합한 것으로 모발에 광택을 주고 모발의 표면을 매끄럽게 한다.

② 포마드

우지, 돈지, 파라핀, 왁스 등에 향을 첨가하여 반고체로 만든 제품으로 모발을 고정시키고 광택을 주기 때문에 예전엔 주로 모질이 강한 남성용 정발제로 많이 사용되었으나 요즈음은 'wax' 라는 제품명으로 삐침머리 스타일이나 세팅 퍼머넌트 웨이브의 마무리용으로 다시 사용이 활발해 지고 있는 추세이다.

(2) 유화계정발제

① 헤어 크림(Hair cream)

정상적인 건강한 모발은 두피에서 분비되는 피지로 인해 모발이 윤기가 있고 부드러우며 일정한 수분을 함유하고 있다. 그러나 샴푸한 직후나 퍼머넌트 웨이브, 헤어 다이즈 등이나 강한 햇빛에 노출 등으로 모발이 손상되었을 경우는 헤어 크림을 도포하여 모발을 부드럽고 윤기있게 보이도록 한다. 헤어 크림은 O／W 형과 W／O형이 있다.

② 헤어 리퀴드(Hair liquid)

모발과 같은 성분인 하이드로라이즈드 케라틴(Hydrolized keratin)을 액상으로 한 모발구조 보수제로서 케라틴 성분의 프로테인(protein)과 아미노산(amino acid)이 모발 내에 빠르게 침투되어 손상된 모발구조를 건강한 모발로 바꾸어 주며 끈적거림이 없고 광택을 부여한다

(3) 고분자 물질을 기제로 하는 정발료

스타일링 기법	사 용 법	사용제품
스타일링 기법	롤을 말아 드라이어로 건조시켜 마무리하는 방법. 옛날부터 사용되고 있는 방법	세트로션, 롤로션, 무스 등
브로우 마무리	핸드드라이어와 회전 브러시로 마무리하는 방법. 일반적으로 사용되고 있음.	브로우 로션, 무스, 젤 등
자연건조 마무리	드라이어 등을 그다지 사용하지 않고 건조 또는 젖은 상태에서 스타일을 유지시키는 마무리 방법. 최신기법	젤, 워터그레이즈, 무스 미스트, 헤어스크레이 등

(4) 퍼머넌트 웨이브제(Permanent wave lotion)

최초로 퍼머넌트웨이브 로션을 창시한 사람은 1905년 찰스 네슬러(Charles Nessler)에 의해서이다. 초기에는 붕사를 모발에 바르고 가열하여 웨이브를 만드는 방법을 고안하였으나 이 방법은 시간이 오래 걸리고 모발이 손상되는 결점이 있었

다.

그 후 방법이 개량되어 붕사 대신 탄산나트륨, 암모니아수, 트리에탄올아민 등이 열원으로는 전기를 이용하여 사용되었다. 1930년대에 콜드 퍼먼넌트웨이브(cold permanent wave)의 기초 이론이 만들어지고 1940년대부터 치오글리콜산을 이용한 현재의 웨이브 로션이 본격적으로 만들어지기 시작하였다.

오늘날 일반적으로 사용되는 퍼머넌트웨이브제는 치오글리콜산 또는 그 염(환원제)을 포함하는 제1제와 산화철을 포함하는 제2제로 구성된다.

제1제의 주성분은 환원제로 알칼리가 첨가되어 있고 모발 침투력을 높이기 위해 계면활성제와 안정제 등이 첨가된다. 제2제는 산화제로 모발의 제품 침투력을 높이기 위한 계면활성제가 첨가된다.

치오글리콜산($HSCH_2$ COOH)은 유기산으로 특이한 냄새가 있고 환원작용이 강하여 산화되기 쉽고 산소나 다른 산화제 등에 의해 빨리 산화되고 알칼리 산화를 촉진시킨다. 모발의 시스틴결합을 치오글리콜산의 환원작용으로 절단할 때의 화학변화는 다음과 같다.

시스틴($HSCH_2CH(NH_2)COOH$)은 백색 결정형 분말로 물, 에탄올, 암모니아수에 잘 녹고 치오글리콜산과 같이 알칼리성으로서 환원작용이 강하여 제1제의 주성분으로 사용된다.

치오글리콜산 및 시스틴의 작용을 강화하기 위해 주로 암모니아수와 알칸올아민의 알칼리가 사용된다. 유기 알칼리는 불휘발성으로서 모발이나 손가락에 잔유하기 쉬우며 무기알칼리 중에서도 불휘발성인 NaOH, KOH, Na_2CO_3 등은 시스틴 콜드퍼머 약제에는 사용할 수 없게 되어 있다. 또한 약액의 침투를 원활하게 하기 위하여 첨가되는 약제로서 액체의 표면을 작게 하는 역할을 하며 분자 중에 친수기와 친유기를 가지고 있으며 이온성을 띤다. 이온성에 따라 음이온(아니온)계면활성제, 양이온(카치온)계면활성제, 양성계면활성제, 비이온(논이온)계면활성제의 4종류로 나뉜다. 퍼머넌트웨이브제의 제1제의 성분으로는 비이온 계면활성제를 사용하여 유효성분이 모발에 잘 침투할 수 있도록 한다.

글리세린, 프로필렌글리콜, 솔비톨, 프로리돈칼본산나트륨 외에 동식물의 유출성분의 습윤작용이 있는 물질이나 동물의 피부나 근육 등에서 얻을 수 있는 콜라겐(collagen)을 가수분해해서 얻은 세라친, 가수분해시킨 프로테인(protein)을 사용한다. 모발의 손상 부위에 잘 흡착되는 성질이 있기 때문에 손상모의 진행을 막고 모발을 보호하기 위해서 사용한다. 최근에는 히알론산 같은 바이오 성분에 관심이 주목되고 있다.

① 안정제

치오글리콜산 및 시스틴의 산화를 방지하기 위하여 사용한다. 즉 산화촉진제인 금속이온(철, 구리, 망간 등)을 불활성화 시키기 때문에 이러한 원인을 제거하기 위해 킬레이트제(금속봉쇄제)를 많이 사용하고 있다.

② 유성 성분

모발을 약제에서 보호하기 위하여 모발에 유분이나 영양분을 보급할 수 있는 물에 용해되지 않는 액상 또는 밀납상의 물질로서 양모의 지방성분인 라놀린, 올리브 열매에서 얻어지는 올리브유 외에 피마자유, 면실류, 우지, 목납, 카카오 지방, 우지 등의 동식물류와 이것에서 얻어지는 스테알린산, 올레인산, 미리스친산, 세타놀스쿠알렌 알코올 등이 사용된다. 현재에는 호호바유, 밍크유, 아보카도르유도 사용되는데 동식물유의 대부분은 고급지방산이나 고급에스테르이다. 상어의 간유에서 추출한 스쿠알렌 알코올도 있다.

광물유의 천연 탄화수소인 세레신(seresine)이 이전부터 사용되고 있었지만 최근에는 합성 탄화수소류가 증가하고 있다.

③ 유화제, 가용화제

물에 녹지 않는 것이나 녹기 어려운 성분을 용해시키고 분해시키는 작용을 한다. 유화제로는 침투제인 계면활성제가 주 역할을 하며 기름의 입자 표면에 위치하여 친유기를 유상에, 친수기를 수상에 밀착되게 배열하여 기름과 물이 분리되는 것을 방지한다. 즉 유액상이나 크림상으로서의 에멀전의 투명한 용액상으로서 가용화 시키는 역할을 한다.

④ 착색제

사용되고 있는 법적 색소는 산, 알칼리, 산화제, 환원제, 빛, 열 등에 약한 것이 대부분이다. 퍼머 약제의 제1제나 제2제는 강한 환원과 산화를 위한 약제이기 때문에 변색되거나 퇴색되는 색소가 많다. 따라서 직사광선이나 온도가 높을 경우 또는 공기와 직접 접촉될 경우에 변색되거나 퇴색될 수 있으므로 주의해야 한다.

⑤ 향료

식물의 꽃이나 잎 등에서 얻어내는 천연의 향료인 정유나 동물의 분비물을 사용한다. 환원제나 산화제 등의 화학약품 또는 열에 약한 것이 많기 때문에 퍼머넌트 웨이브 약제용의 향료는 제한되어 있다.

제2제의 성분으로는 과붕산나트륨, 과산화수소, 브롬화칼륨, 브롬산나트륨 등이 있으나 대부분 브롬산나트륨을 사용하였으며 최근에는 과산화수소의 사용이 증가하는 추세이다. 브롬산 나트륨은 작용 시간을 초과할 시에 모발이 까칠까칠해지기 쉬우며 과산화수소는 산화속도가 빨라 짧은 시간에 충분한 산화효과는 얻을 수 있으나 불충분한 플레인 린스(plane rinse) 후 사용하면 모발 내에 잔류해 있는 제1제와 반응하여 필요 이상의 산화작용이 강해져서 탈색을 일으키기도 하며, 제2제의 효력을 저하시켜 모발 손상의 원인으로 작용할 수도 있기 때문에 플레인 린스를 철저히 한 후 사용해야 한다.

(5) 염모제(Hair dye)

최근에 가장 많이 사용되는 두발 미용제품인 염모제는 모발의 자연적인 색상을 화학물질에 의해 원하는 색상으로 변화시키기 위한 제품으로 제품 구성이 다양하다.

모발에는 갈색-흑색 멜라닌(melanin)과 철(Fe)을 함유하고 있는 적색색소가 포함되어 있다. 실제로 이들의 상대적인 양에 따라 모발의 색상이 결정된다. 진한 검정색의 모발은 멜라닌이 지배적이고 밝은 금발에서는 철색소가 지배적이다. 그리고 색깔의 깊이는 색소미립자의 크기에 따라 좌우된다.

염모제가 갖추어야 할 조건으로는 사용시 피부나 모발, 모근을 손상시키지 않아야 하며 염모제의 색조가 풍부해야 한다. 그리고 사용이 간편하고 최소한의 시간 내에 염색이 잘되며 염색 후 일광, 공기, 샴푸, 린스 등의 헤어제품 사용으로 변색 또는 탈색되지 않을 뿐만 아니라 특히 접촉성 피부염을 일으켜서는 안 된다.

염모제의 종류

㉠ 일시적 염모제(Temporary dyes)

스프레이 타입과 스틱 타입이 있으며 모발에 분사하거나 바르면 유색안료가 모발에 피막을 형성하여 일시적으로 염색되나 세발 후 원래 모발색을 되찾는다.

㉡ 반영구적 염모제(Semi-permanent dyes)

원래의 모발색을 바꾸지 않기 때문에 영구적인 염색을 꺼리는 고객에게 알맞은 염모제이다. 5~6회의 샴푸 후에는 자연스럽게 제거되며 흰머리를 커버하기 위해 많이 사용되고 있다. 또한 원래의 모발색을 강조하면서 원하는 색상을 나타내고자 할 때에도 사용된다.

㉢ 영구적 염모제(Permanent dyes)

모발섬유까지 침투되는 염모에 의한 착색법으로 모발이 자라난 부분을 잘라주어야 원래의 모발 색상으로 돌아온다.

· 식물성 염모제

대표적인 식물성 염모제로는 헤나(henna)를 들 수 있으며 사용 역사가 매우 오래되었다. 헤나는 북아프리카, 아랍, 인도 등 열대지방에서 자라는 관목으로 잎을 건조시킨 후 가루를 내어 열탕에서 잘 갠 후 유기산을 가하여 두발에 직접 바른다. 피부에 대한 안정성은 좋으나 색조는 적색으로 색상이 극히 제한되어 있다.

· 금속성 염모제

고대 로마시대부터 머리를 검게 하기 위하여 식초에 빗을 담구어 백발을 빗었다. 금속성 물질로 초산납 외에 비스무스, 구리, 은, 코발트 등을 사용하였다. 그러나 오늘날 철(F)은 독성이 없기 때문에 현재도 사용되고 있지만 인체에 유해하다 하여 사용을 금하고 있다. 구미에서는 철(F)외에도 금속성 염모제가 인정되어 사용하기도 한다.

· 산화 염모제

산화 염료를 포함하는 제1제와 산화제를 포함하는 제2제를 혼합하여 산화되면서 발색하는 것으로 산화염모제 또는 합성염모제라고도 한다.

(6) 탈색제(Bleach)

모발속의 멜라닌 색소를 파괴, 분해, 산화하여 녹여내는 것으로서 제1제인 과황산암모늄이나 과황산칼륨 등의 과황산류인 촉진제와 제2제인 과산화수소를 혼합하여 사용한다. 제1제는 알칼리로서 모발을 팽윤, 연화시키며 제2제인 과산화수소 등의 산화제를 분해하며 과산화수소는 산소를 발생하여 멜라닌 색소를 파괴할 뿐만 아니라 알칼리로서 강한 산화제이기 때문에 모발 단백질(hair keratin)까지도 많이 파괴시켜 모발 손상을 가져온다. 따라서 탈색제의 사용은 전문인에 의해 사용되어야 한다.

(7) 과산화수소(H_2O_2)

과산화수소는 모발염색에 가장 일반적으로 사용되는 산화제이다. 과산화수소의 함유율에 따라 3%(10 volume), 6%(20 volume), 9%(30 volume), 12%(40volume)로 나눠어지며 우리나라에서는 계속 6%만을 인정하다가 최근에 와서 9%까지는 인정되어 사용할 수 있게 되었다.

과산화수소는 때때로 모발이 손상되고 피부와 두피의 화학적 화상을 일으키므로 사용시 제조회사의 지시서에 반드시 따라야 한다. 과산화수소수는 산화제의 발생과정에 영향을 끼치며 염모제의 진행이 급속도로 이루어지기 쉬운 금속성 용기나 기구와의 접촉은 피해야 한다.

(8) 휠러(Fillers)

모발염색 적용시나 모발 손상으로 인한 퇴색에 사용하는 것으로 모발에 기본 색조를 침투시키거나 균등한 다공성을 조성하는 특별한 메뉴이다. 컬러 휠러(color fillers)와 컨디셔닝 휠러 (conditioning fillers)로 나눠어 지는데 스타일링과 헤어 케어(hair care)가 동시에 완성되는 아주 훌륭한 상품이다.

(9) 헤어 토닉 (Hair tonic)

헤어 토닉의 효과는 모발의 수분, 지방을 보충, 유지시키고 두피, 모발에 수분을 주어 두피와 모발을 건강하고 유연하게 하며 열모, 지모를 막는 작용을 할 뿐만 아니라 대전 방지와 비듬, 가려움을 억제하는 효과가 있다.

(10) 헤어 컨디셔너(Hair conditioner)

모발 조정제로 모발에 윤기와 광택, 탄력성을 주는 외에 손상모를 보호하거나 손상의 진행을 막는 작용을 한다. 형상은 크림상, 로션상 등의 몇개 타입이 있는데 폴리펩티드(PPT), 레시틴, 양성계면활성제 등이 포함되어 있다. 넓은 의미에서는 헤어 린스, 헤어 크림, 헤어 오일, 헤어 트리트먼트 등도 헤어 컨디셔너라고 할 수 있다.

(11) 헤어 크림(Hair cream)

헤어 오일을 유화한 스타일링제로서 상품화되었으나 모발의 건조를 막아 유분과 수분 조절효과도 있어 유력한 헤어 케어 상품으로서 대중성이 있는 상품이다. 타입으로는 크림상, 로션상으로 나눠지며 유화 상태에 따라 친수성과 친유성의 두 가지가 있는데, 친수 타입은 물에 잘 씻기고 촉촉한 윤기와 유연성이 특징이며, 친유 타입은 유성이기 때문에 모발에 광택을 주며 정발력도 좋지만 끈적거림의 단점이 있다.

(12) 호호바 오일(Jojoba oil)

주로 남아메리카나 멕시코의 사막지대에 자생하는 상록관목으로 물 없이 수개월 살아갈 수 있으며 학명은 ' 시몬지아 네친시아' 이다. 인간의 피지와 화학적 성질이 비슷하고 항염 성질이 있어 인디언은 옛날부터 두발의 상해나 피부병, 화상 등의 특효약으로 이용하였다. 멕시코의 유명한 피부병리학자 고메스 박사의 연구 발표에 의하면 70% 이상의 발모 효과가 있다고 하여 세계 발모 연구기관과 육모제 회사들의 주목의 대상이다.

(13) 헤어 메니큐어(Hair maniqure)

더 이상의 갈라짐이나 보풀거림을 방지하고 윤기와 광택을 주는 제품으로 잦은 퍼머넌트 웨이브나 헤어 염색 등으로 인하여 많이 손상된 모발에 최근 들어 가장 많이 사용되는 제품이다. 무색에서부터 다양한 색상이 있으며 흰머리 커버(cover)에도 매우 효과적이나 두피에 착색되는 기간이 길어서 미관상 보기 흉하고 퍼머넌트 웨이브의 시술시에 컬(curl)이 잘 형성되지 않는 단점이 있다.

(14) 제모제(Hair remove products)

주로 액와부, 팔, 다리 등의 털의 제거에 사용되며 송진에서 얻은 천연수지인로진(rosin)에 파라핀, 밀납, 와셀린을 배합한 왁스 타입과 치오글리콜산 칼슘((HS-CH_2-$CO)_2Ca$)을 이용해 군털을 팽윤, 연화시켜 차츰 용해하고 절단하는 크림 타입이 시판되고 있다.

모발관리 및 두피관리

5-1. 모발관리(Hair care)

모발미용의 가장 중요한 부분은 청결이며 아름다움의 차원에서는 개성, 의상, 용모와 참여 장소에 맞도록 헤어 스타일을 만드는 것이다. 디자인과 복식이 아무리 훌륭하다고 하더라도 소재로서의 모발이 손상되어 있거나 이상이 있다면 미용으로서의 적절한 상태로 만들기는 힘들다. 그렇기 때문에 평소에 모발 상태에 관심을 기울여 헤어 케어를 중요시하여야 하는 것은 말할 필요가 없다. 미용 전문가로서 특히 이 점에 주의하여 매일 고객을 접함에 있어서 지식과 기술을 최대한 발휘하여 손상 방지의 트리트먼트 시술에 유념하여야 한다.

5-1-1. 모발관리의 목적

모발은 자기 회복력이 없기 때문에 정상모는 손상되지 않도록 하고, 손상모는 더 이상 진행되지 않도록 끈임없이 관리하여 외부로부터 보호하는 것이 중요하며, 위와 같이 모발을 보호하기 위한 목적으로 시술되는 것이 트리트먼트이다.

모발관리는 손상 방지를 목적으로 하는 것과 그 외에 외관과 감촉이 좋지 않은 모발의 수정, 혹은 경모의 연화, 축모(곱슬머리)의 교정 등의 목적을 위한 것이 있다.

1) 손상 예방 관리(Conditioning care)

손상을 예방하기 위하여 주로 사용되는 모발화장품으로는 헤어 트리트먼트 크림이 있다. 이 제품을 사용할 때는 스티밍(steaming)을 병행하여 헤어 팩을 하는 것이 훨씬 효과적이며 최근에 셀프 트리트먼트가 많이 보급되어 가정에서도 샴푸 후 헤어 트리트먼트 크림을 골고루 도포한 다음 캡을 씌워 10~15분간 방치한 후 따뜻한 물로 린싱하는 방법으로 사용 빈도가 높아져 있다. 코텍스(cortex) 내에 다소의 유지분과 보습물질(NMF)을 침투시켜 모발 표면에 보호막을 만들기 위해서 아래와 같은 마사지의 기법으로 도포하여 스티밍하는 과정을 행하는 것이 헤어 케어의 적절한 방법이며 트리트먼트 크림 중의 유효 성분은 샴푸 3회까지는 잔존하고 있기 때문에 3회의 샴푸시마다 시술해야 언제나 아름답고 건강한 모발을 유지할 수 있다.

– 모발관리법 –

① 10 g 정도의 트리트먼트 크림이나 컨디셔너를 도포하여 플레이 린스한 뒤 타월로 충분히 닦아낸다.

② 모발을 적당하게 블로킹하여 트리트먼트 크림을 손바닥으로 골고루 비빈 후 도포하여 충분히 문질러 손가락으로 모발 다발을 잡아 교대로 모근에서부터 모선단쪽으로 훑어서 헤어 마사지를 한 다음 약 50℃의 스티머를 작동시킨다.

③ 스티밍이 끝난 상태에서 온수(42~43℃)로 플레인 린스한다.

2) 이완 마사지(Relaxation massage)

이완 마사지는 간단하면서도 효과적인 기법이다. 아무리 좋은 성분이 트리트먼트제에 포함되어 있더라도 고객이 기대하는 만큼의 효과를 얻기 위하여 고객 자신이 뭔가 특별한 서비스를 받고 있다는 느낌을 가지도록 해야 한다.

① 세정 샴푸 후 염색용 브러시 혹은 손가락을 이용하여 트리트먼트제를 두피를 중심으로 균일하게 도포하여 모발 끝쪽으로 훑어내린다

② 견갑상부에서부터 삼각근까지 엄지와 검지 사이를 이용해 완압법(완만하게 5초 가량 누른 후 손가락을 피부에 댄 채로 힘을 뺏다가 다시 같은 곳에 압력을 가한다)으로 2~3회 이상 실시한다.

③ 고객의 목을 자연스럽게 뒤로 젖히고 연수부 주위를 2~3회 잘 풀어준 다음 엄지를 이용해 완압법으로 2~3회 실시한다.

④ 왼손의 엄지와 중지로 이마를 받치고 오른손의 엄지로 정중선의 1번부터 6번까지 통상 압법(한 점을 2~3초 동안 눌렀다가 살며시 손을 뗀다) 좌, 우 동일한 방법으로 실시한다.

⑤ 왼손의 엄지와 중지로 후두부를 받치고 오른손의 엄지로 중간 부분을 중심으로 차례로 통상압법을 실시한다.

⑥ 엄지를 후두부에 고정시킨 후 중지를 이용해 전두부와 측두부를 통상압법 후 진동(vibration)을 주고 양 손바닥을 두피에 댄 후 머리를 고정하고 늘리듯 스트레칭(straching)한다.

⑦ 고객의 머리를 가볍게 뒤로 젖히고 양손의 엄지나 중지로 이마 중앙에서 양쪽 귀 앞까지 완압법을 실시한다.

⑧ 손을 고객의 몸에 가볍게 닿는 정도로 이마 중앙에서 귀, 목선, 견갑상부, 삼각근까지 2~3㎝ 정도 간격을 띄어주고 쓰다듬어 주는 듯한 동작을 3회 이상 실시한다.

⑨ 마사지가 끝나면 트리트먼트의 효과를 높이기 위해 약 10분간 스티밍한 후 모발 전 체를 플레인 린스 하여 cold drying한다.

5-1-2. 손상모 치료(Re-conditioning treatment)

1) 퍼머 후 손상모의 수정 트리트먼트

퍼머넌트 웨이브의 약제가 적절하지 않을 경우나 모발에 대한 약액의 과잉작용으로 표면이 쪼글쪼글한 감이 들고 외견상 보기 흉한 손상모(damage hair)가 된다. 이러한 경우에는 먼저 특수한 알칼리 액으로 큐티클을 연화한 뒤 충분히 빗질을 하면 큐티클이 매끈하게 된다. 그 뒤에 acid treatment로서 모발의 등전점을 돌려 놓는다.

이러한 기법을 2욕식 트리트먼트라고 하며 기법을 나열하면 다음과 같다.

① 샴푸한 뒤 모발을 건조시킨다.

② 폴리펩티드(PPT)액을 도포하고 흡수시키기 위하여 다시 적당히 건조시킨다.

③ 트리에탄올아민(3~5%)액을 충분히 도포하여 그 위에 트리트먼트 크림을 소량 도포한다.

④ 스티밍을 5~7분간 실시 후 빗질을 충분히 하여 큐티클을 매끄럽게 정리한다.

⑤ 그 뒤 트리트먼트 크림에 젓산, 구연산 혹은 레브린산 등의 약산을 크림에 5% 정도 혼합하여 모발 전체에 골고루 도포하여 빗질한 뒤 다시 스티밍을 10분 정도 실시한다.

⑥ 애시드 린스를 실시하여 온수(42~43℃)로 헹궈내고 세팅한다.

2) 극단적으로 약한 손상모의 트리트먼트

염색이나 탈색을 계속 반복하거나 퍼머의 횟수가 잦아지게 되면서 모발이 극단적으로 약하게 되어 강도나 탄력이 완전히 없어진 듯한 모발을 회복시키기 위하여 여지껏 폴리펩티드(PPT)에 의한 트리트먼트가 고작이었다. 그러나 상태가 나빠진 양모의 보강회복에 사용되고 있는 가교제(케라틴 분자의 곁사슬 잔기에 화학적 결합을 하여 폴리펩티드 주 사슬에 인공적으로 새로운 결합을 만드는 화학물질)중에 인체에 무해한 것를 사용하여 트리트먼트 크림에 섞어 사용하면 인모회복에 도움이 될 수도 있다.

3) 지모의 트리트먼트

지모의 예방과 치료에도 PPT의 트리트먼트가 효과적이다. 이미 지모가 되어 있는 부분은 커트해 버리는 것이 최선의 방법이겠지만 고객들의 요구에 따라 커트할 수 없는 경우에는 더 이상 진행되지 않도록 꾸준한 관리가 필요하다.

4) 염색모의 트리트먼트

흡착의 잔존량도 크며 색소 입자의 유출에 의한 퇴색을 방지하기 때문에 2중의 효과를 볼 수 있는 것이 PPT이다.

PPT의 사용은 모발이 건조한 상태에서 도포하는 것이 흡수력이 좋기 때문에 먼저 샴푸를 한 후 어느 정도 건조시킨 다음 afri care로 골고루 도포하여 빗질한 후 그 위에 트리트먼트 크림으로 마사지하여 스티밍한다.

5-1-3. 특수 치료 (모질 개량 트리트먼트)

딱딱한 강모로 세팅하기 힘들거나 또는 약하고 가는 모발로 세팅이 오래 지속되지 못하는 모발, 곱슬머리로 손질이 힘든 모발 등은 가급적이면 정상의 상태에 가깝도록 처리하는 약품이나 기술이 뒤따라야 하지만 아직은 이러한 약품이나 방법이 완전히 개발되어 있지는 않다.

1) 경모연화법

너무 굵고 감촉도 나쁘며 세팅하기 힘든 모발로서 다소 손상시키는 정도의 조작을 하지 않으면 목적한 결과를 얻을 수 없기 때문에 경모용의 콜드 웨이브 로션을 사용하여 전체적으로 제1액 도포 후 캡을 씌워 약10분 방치한 뒤 시술에 들어간다. 일반적인 프로세싱(processing) 후에는 애시드 린스인 젖산을 주제로 한 린스를 사용한 다음 유연효과가 뛰어난 트리트먼트 크림으로 마사지하여 스티밍한 후 세팅을 실시하는 방법이다,

2) 연모강화법

연모는 모량이 적게 보이며 세팅이 오래 지속되지 않기 때문에 샴푸시마다 모발을 수지로 확고히 하여 일시적으로 딱딱한 감이나 볼륨을 내어 세팅해야 하는 불편이 있다.

최근에는 양이온성, 양성수지의 합성수지가 세팅제로 사용되며 합성수지의 모노머(monomer)를 표피 중에 침투시켜 모발 내의 조건을 맞추거나 중합제를 부여하여 큐티클 중에 수지화시키면 모발이 팽팽해지지만 아직 실용화되어 있지는 않다.

3) 축모 교정 치료(Straighting treatment)

축모(곱슬머리)는 유전으로 발생하는 것으로 구조, 조직 성분이 전연 다르며 횡단면은 편평하거나 혹은 조금 삼각형을 하고 있고 피질세포도 O-cortex, P-cortex가 편재되어 있다.

콜드 웨이브 로션과 같은 처방으로 만들어진 교정제를 도포하여 모발 전체를 연화하고 이것을 빗으로 곱슬진 부분을 늘어뜨려 늘어난 단계에서 2액으로 산화 고정시키는 것으로 요즈음 메직 스트레이트(Magic straight)시술법이 보급되어 교정이 수월해졌다. 컬을 만들기 위해 rods에 감는 조작보다 똑바로 펴는 쪽이 기술적으로 어려운 것과 성분이 균일하지 않기 때문에 전체를 동일한 정도로 연화하는 것은 불가능하기 때문에 기술적인 숙련이 필요하다. 또 모질에 따라 약액 작용의 한계점이 다르기 때문에 액의 작용량 혹은 퍼머넌트 웨이브로 말하면 시험 컬 단계의 확인이 중요하다.

익숙해지지 않은 단계에서는 1회에 완전히 똑바로 한다고 생각하지 말고 시간을 두고 2, 3회에 나누어 시술하는 것이 보다 좋은 효과를 내며 또 시술 시에는 후처리의 트리트먼트를 충분히 실시하여야 한다.

- 축모 교정의 순서 -

① 샴푸시 모질의 진단을 충분히 한다. 발수성의 모발이 많기 때문에 미리 트리트먼트 크림을 충분히 바르고 두피에는 보호용 오일을 도포하여 스티머로 가열한다.

② 스티밍이 끝나면 그대로 축모교정 전용의 콜드 웨이브 로션에 증점제를 부여하여 충분히 도포하여 캡을 하고 10~15분간 방치하여 모발을 연화시킨다.

③ 캡을 벗겨 모발에 충분히 1액이 작용하여 부드럽게 되었으면 적당히 블로킹하여 빗질하고 아직 1액이 충분히 작용하지 않았으면 일단 물로 씻어내어 다시 1액을 도포하여 10분 정도 캡을 씌워 더 방치한다.

④ 블로킹한 모발을 손가락에 올려 잡아당기지 말고 뿌리 부분의 1cm정도에서 손가락을 넣어 손가락 끝에 놓고 각이 없는 꼬리빗 등으로 문지르듯이 하여 형을 수정한다. (전두부를 30분 이내에 처리하여야 하며 만일 충분히 펴지지 않았으면 다시 한번 1액을 도포하여 지금까지의 작업을 반복한다. 이때 모질이 너무 가늘거나 손상되어 있으면 무리하지 말고 2주 정도 후에 다시 시술하도록 한다.)

⑤ 펴진 듯하면 깨끗이 물로 씻어내고 타월 드라이 후 2액을 모발을 잘 빗질하면서 퍼머넌트 웨이브 조작 이상으로 충분히 도포하고(2~3회) 30분 정도 방치한다. 롤에 와인딩할 수 없을 정도로 짧은 모발이나 남성의 경우에는 크림상의 2액을 사용하여 두피 쪽으로 모든 모발을 붙여 방치하고 마지막으로 애시드 린스를 충분히 한다.

⑥ 곱슬기는 거의 없어졌어도 모발손상이 되었으므로 트리트먼트 크림을 모발 전체에 도포하여 10분간 세팅을 실시한다.10일 이내에 샴푸한 후의 모발을 관찰하여 한번 더 헤어 팩을 해준다.

5-2. 두피관리(Scalp esthetic)

모발의 성장과 건강은 모두 두피 속의 혈액에 의해 이루어지는 것으로 땀이나 먼지, 그리고 기타 오염의 원인으로부터 두피의 청결 유지를 주안으로 해가면서 발모나 탈모를 예방하는 것이다.

기본적인 시술 과정은 우선 세정제로 모공을 덮고 있는 피지를 들어올린 후 샴푸로 두피를 깨끗이 하고 육모제 등을 도포하는 것이 일반적이며 여기에 헤어 마사지나 스티밍 등을 이용하는 스캘프 에스테틱(scalp esthetic)이다.

5-2-1. 두피관리의 목적

두피관리는 두피를 청결히 하고 정상적인 각화작용을 하도록 조절하며 두피에 유분 및 수분을 공급함으로써 비듬을 제거하고 방지하며 두피의 혈액순환과 생리기능을 촉진시켜 모발의 발육을 원활하게 할 뿐 아니라 탈모를 방지한다.

5-2-2. 두피의 유형

두피관리를 위해서는 먼저 두피를 파악하여야 하는데 피부와 마찬가지로 두피도 정상 두피, 지성 두피, 건성두피로 나누어진다.

5-2-3. 두피 트리트먼트

두피는 비듬, 때, 먼지 등으로 불결하기 때문에 청결해야 하며 모발 성장에는 두피 상태가 건강해야 한다. 세안 후 피지 분비의 회복 시간은 약 2시간 전후이며 세발 후 피지 분비 회복 시간은 약 24시간 정도이다.

1) 물리적 방법

두피에 브러시, 빗을 이용한 방법과 스팀 타월, 스티머의 습열, 적외선의 온열을 이용하는 방법 및 두피 마사지(scalp manipulation) 등의 물리적인 자극으로 두피의 생리기능을 도와주는 방법이다.

2) 화학적 방법

헤어 로션, 헤어 토닉, 헤어 크림, 베이럼 등의 양모제를 이용해 두피의 생리기능을 유지하며 식물성 엑기스, 니코틴산 벤질로 혈행을 좋게 함으로서 육모를 촉진한다.

5-2-4. 두피 모발 관리 과정

1) 상담(consulting)

컨설턴트 단계로서 두피관리의 원인과 두피의 타입 및 관리 방법을 제시한다.

2) 진단(Diagnosis)

보다 정확한 진단을 통하여 정상적인 두피, 건성 두피, 지성 두피, 비듬성 두피, 예민성 두피 등 5가지 분류 상태에 따라 측정 결과를 종합해 고객의 트리트먼트 프로그램이 결정된다.

3) 세정(Scaling)

문제성 두피의 경우에는 먼저 충분한 수분공급을 위해 스티밍 후 혈액순환 및 모모세포의 분열이 잘 이루어지도록 특수 딥 클린저로(deep cleanser) 모공을 막고 있는 노폐물과 각질을 스케일링(scaling)해 깨끗한 상태로 만들어 준다.

4) 영양 공급(Nutrition Supply)

두피에 물리적 자극을 주어 두피 및 모발의 생리기능을 건강하게 유지시켜주는 단계로서 모모세포의 세포분열을 촉진할 수 있도록 육모제나 앰플을 투여해 영양공급을 해준다.

5) 특수관리 프로그램(Special Care)

이 단계는 두피의 재생 시스템으로서 지각신경을 자극시켜 헬액순환이 잘되도록 도와주며 근육과 분비선의 기능을 왕성하게 함으로써 두피의 탄성섬유의 퇴화를 방지시키고 탄력을 준다.

5-2-5. 관리실습

1) 브러싱(Brushing)

브러싱은 두피, 두발 시술시 최초로 행해지는 부분이다. 두피와 두발에 쌓인 노폐물을 제거하며 흐트러진 두발을 정리하여 모발에 윤기를 주며 두피의 신경을 자극하여 혈액순환 촉진으로 모발 성장에 도움을 줄 뿐만 아니라 샴푸의 효과를 극대화시키며 탈모 예방에도 도움을 준다.

모근에서 모선단으로, 머리의 둥근 모양에 따라 빗어주고 정수리에서 후두부로, 모류의 반대 방향으로(측두부→후두부→네이프) 두피의 상태를 파악하여 무리한 자극이 되지 않는 범위에서 브러싱한다.

2) 경찰법

경찰법은 손님의 기분을 가라앉혀 주는 듯한 느낌으로 양쪽 엄지손가락을 전두부에 합쳐지도록 양손을 세우고 엄지손가락을 제외한 네 손가락으로 가볍게 문지르듯이 양쪽 측두부까지 쓸어내린다. 그런 다음 중지로 관자놀이 부분을 가볍게 누르듯이 하여 손바닥을 펴면서 두부 정상에 양손을 바꾸어 놓고 후두부로 쓸어내려 경부의 경혈을 중지로 누르고 손바닥을 위로 향하게 뒤집어서 조용히 중지를 떼어줌을 5~6회 반복한다.

3) 강찰법

오른쪽 손을 우측 귀의 상부에 가져가 새끼손가락은 관자놀이, 왼손 엄지손가락은 경혈 '뇌호' 부분을 손가락 끝으로 강하게 두피를 누른다. 그런 다음 갑자기 손에서 힘을 빼면 그 힘으로 두피를 강하게 문지를 수 있게 되며 양손이 합쳐지는 곳까지 행하여 머리카락이 엉키지 않도록 부드럽게 손가락을 뺀다. 손의 위치를 바꿔서 동작을 반복한다.

4) 유날법

양손바닥이 각각 귀가 덮이도록 놓고 양쪽 엄지손가락은 바닥 면에 가볍게 힘을 넣고 시구(視丘)에, 양쪽 새끼손가락은 관자놀이에 오도록 하여 손가락 끝 전체로 다섯 손가락이 제각기 원을 그리듯이 머리 정상까지 비벼서 진동시켜가며 주무른다. 모발이 당기지 않도록 부드럽게 손가락을 두피에서 뺀다. 이것을 5~6회 되풀이한다.

엄지손가락을 두부 정상에서 오른쪽 귀의 앞부분까지 두피를 상하로 문지르듯이 조금씩 작게 같은 동작을 머리 정상에서 뒷머리 부분까지 반복해서 행한다. 같은 방법으로 머리 정상에서 왼쪽 귀 부분까지 주무른다.

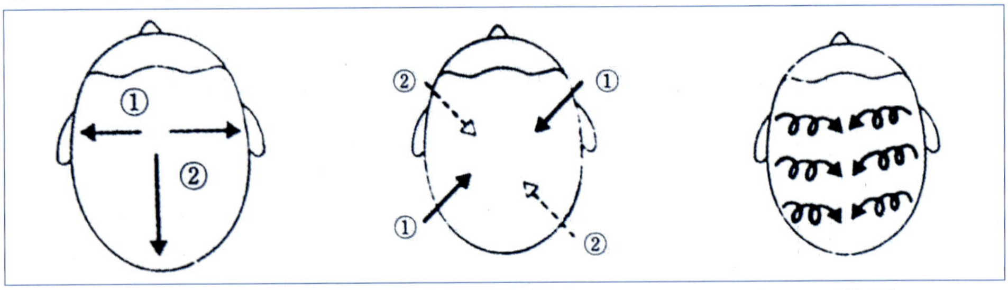

경찰법 강찰법 유날법

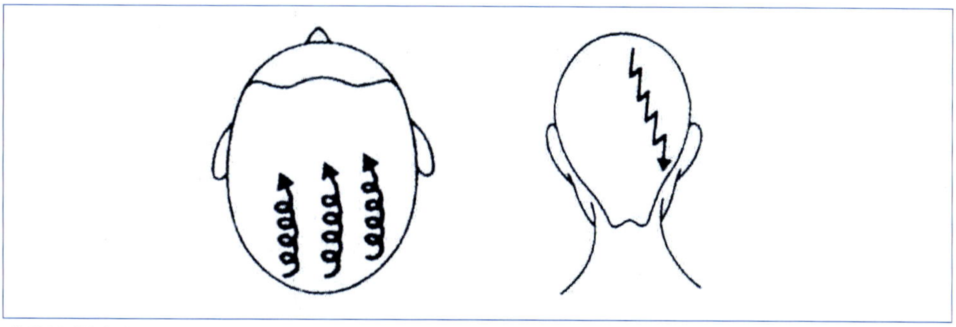

후두부 유날법

5) 진동법

오른쪽 손바닥을 우측 귀 위쪽 후방에, 왼손 손바닥을 좌측 귀 위쪽 전방에 대고 양쪽 손바닥으로 진동시키면서 압박하여 그 상태로 서서히 손가락이 붙은 곳에서부터 차례로 손가락 끝까지 손을 돌리듯이 머리 정상으로 붙여서 머리 정상까지 오면 손가락의 등을 세워서 조용히 뺀다. 이것을 5~6회 반복한다. 이어서 손의 자세를 반대로 바꾸고 같은 동작을 반복한다.

6) 고타법

양손바닥 새끼손가락의 측면을 이용해서 좌우 교차로 두드린다. 앞머리 중앙에서 뒷머리까지 내려가고, 또 앞머리까지 되돌아온다. 다음에 우측머리, 좌측머리를 지그재그로 옮겨가면서 앞머리에서 뒷머리까지 두드린 후 머리 정상으로 되돌아와서 둥글게 두드리고 끝낸다. 양손바닥을 짝지어서 탁탁 소리가 울리지 않게 손등으로 두드린 후 양손바닥을 합장하듯이 모으고 새끼손가락 측면으로 두드린다.

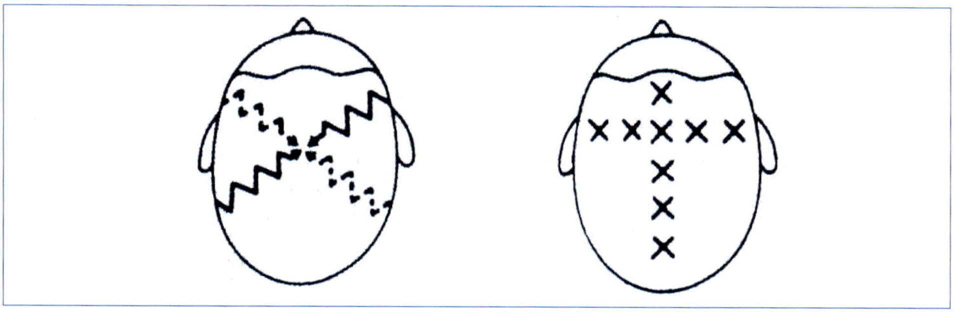

진동법　　　고타법

① 비팅(beating) : 주먹으로 두드린다.

② 컵핑(cupping) : 손바닥으로 컵 상태를 만들어 구부려서 두드린다.

③ 해킹(hacking) : 벌린 손바닥의 새끼손가락 측면으로 가볍게 두드린다.

④ 슬래핑(slapping) : 손바닥으로 두드린다.

⑤ 탭핑(tapping) : 손바닥의 바닥 부분을 이용하여 두드린다.

7) 두피 마사지(Scalp manipulation)

두피 마사지는 두피의 신경과 근육을 자극하여 림프 순환을 원활하게 함으로써 두피를 정화시키고 조직세포에 혈액순환을 원활하게 한다. 또한 피지선을 자극하여 모유두에서 분비된 영양분에 의해 두피의 건강 상태를 지키며, 비듬으로 인한 가려움증의 최소화와 스트레스와 누적된 피로를 풀어 다른 헤어 케어 제품의 흡수가 용이하도록 컨디션을 조절한다.

(1) 두피 마사지 시술

① 고객의 모발을 브러시→샴푸→타월 드라이 순서로 시술한 다음 4등분으로 섹션을 나눈다.

② 중심부에서부터 두피에 컨디셔너를 도포하여 왼손은 턱을 감싸고 오른손은 목 뒷부분을 받치면서 서서히 회전시킨다.

③ 양 측두부에 손가락으로 밀착시켜 위쪽을 향해 미끄러지듯이 올라가서 양손가락 끝이 탑 부분에서 만날 수 있도록 손가락 사이를 벌리고 손가락 끝을 두피에 밀착시켜 원을 그리듯이 두피를 움직이면서 미끄러지듯이 스쳐 올라간다.

④ 왼손으로 후두부를 받치고 오른손의 각 손가락을 이마에서 헤어라인 쪽을 향해 오른손을 천천히 밀어올려 양손의 손바닥을 두피에 밀착시켜 양쪽 귀 뒷부분부터 후두부와 전두부의 차례로 두피를 회전시킨다.

⑤ 양손의 손가락을 이마에 위치시키고 헤어라인의 둘레를 뒤로 당기듯이 나선형을 만들어서 손의 위치를 조금씩 뒤로 이동시켜가면서 반복 실시함으로써 전두부 두피 전체를 마사지한다.

⑥ 두부의 양 측면에 양손가락을 위치시키고 귀밑에서부터 크라운까지 엄지손가락으로 후두부의 중심을 향해 마사지한다.

(2) 7가지 두피 마사지 방법

① 마사지 준비 단계로 목 피부에 원을 그리듯이 마사지해 긴장을 풀어주고 두피에 혈액 공급을 활성화한다.

② 집중적인 로테이션 마사지 - 마사지 자체로서 두피의 긴장을 풀어주고 유연하게 해줌으로써 두피에 혈액 공급을 원활하게 한다.

③ 지그재그 마사지 - 가볍게 두드리듯이 하는 마사지는 두피를 자극하고 림프 순환이 잘되게 한다.

④ 핀칭 마사지 - 두피를 자극하여 핼액과 림프 순환이 더 잘되도록 하기 위해 엄지와 집게손가락을 사용하여 두피에 직접 실시한다.

⑤ 바이브레이션 마사지 - 머리 위를 향해 실시하는 마사지로 혈액 순환을 개선시킴으로써 두피 조직을 자극한다.

⑥ 드레이니지 마사지 - 손으로 머리를 감싸 정수리를 향해 계속하는 마사지로 두피 혈액 순환 활성화의 완성 단계이다.

⑦ 파이널 마사지 - 긴장을 풀어주는 마지막 단계로 고객이 아주 만족스런 편안함을 느끼게 된다.

5-2-6. 관리법

두피의 유형에 따라 사용되어지는 제품과 관리 방법, 시간, 관리 기기이다.

1) 정상 두피

① 어깨에 보를 두른 후 3분 정도 브러싱을 하고 샴푸하여 혈액 순환을 촉진시키고 각질을 부드럽게 하기 위해서 두피용 스티머를 씌운다.(10분)

② 두피 유형에 알맞은 트리트먼트 제품을 도포하여 5분 동안 적외선 등을 작동한 후 10~20분 동안 두피 마사지를 행한 다음 샴푸한 후 타월 드라이하여 적당히 수분을 제거한다.

③ 두피에 맞는 화장수와 로션을 도포하여 가온을 사용하지 않고 헤어스타일을 마무리한다.

2) 지성 두피(Oily Scalp)

피지분비가 과잉된 상태로서 만져보면 끈적거리고 상쾌한 기분을 느낄 수 없는 두피이다. 비듬이나 가려움증을 발생시키는 원인도 되며, 피지분비의 밸런스를 깨뜨려 발모에 지장을 줌으로써 모발의 성장을 방해하기도 할 뿐만 아니라 육모를 촉진하는 환경이 마련되지 않으면 탈모의 원인이 된다.

① 과잉 피지

피지가 두피 전체에 나와 있으며 모공 부분에도 여분의 피지가 가득 찬 상태이다. 피지는 하루 평균 1~2g 분비되나 개인차, 계절, 생활환경에 따라 다르므로 두피의 여분의 피지는 브러싱 및 세정력 있는 샴푸를 한 다음 두피용 로션의 흡수를 돕기 위해 모발을 적당히 말려 저자극성 로션을 면봉으로 바른 후 흡수를 위하여 스팀타월이나 스티머를 이용한 뒤 타월 드라이하여 아이 패드(eye pad)를 한 후 자외선 램프(2~3분)와 적외선 램프(5분) 후 마무리 스타일로 정리하되 빗이나 브러시로 두피를 자극해서는 안 된다.

② 피지루

과다하게 분비된 피지가 두피와 모발을 지성화시켜 지성 비듬, 두피 각화증, 탈모, 가려움증을 나타낸다. 원인으로는 호르몬, 유전, 사고, 쇼크, 병리, 과다한 마사지, 강력한 모발제품에 대한 중독 등이 있다.

③ 다한증

한선의 과잉 생산으로 분비된 땀, 두피 당김, 가려움증, 기름기 있는 모발, 악취 증상이다. 원인으로는 극도의 피로, 스트레스, 신경과민, 발열성 질병, 감정의 격화, 부족한 영양섭취, 약물중독, 기후, 운동 등이다. 관리 시에는 순한 샴푸와 테크닉으로 모발을 청결히하되 완벽한 보호를 위해 부드럽게 다루어야 하며 수렴작용에 의해 두피를 강화키고 두피의 염증을 가라앉히고 유연성과 생기를 주는 멘톨의 사용, 두피의 탄력과 부드러움을 향상시키는 알란토인을 사용한다.

3) 건성 두피(Dry Scalp)

피지분비가 부족한 상태로서 건조한 느낌과 함께 약간의 가려움을 호소하는 두피로서 각화작용이 원활하게 이루어지지 않는 상태이다. 건성 두피는 크게 외인성 원인과 내인성 원인으로 나눌 수 있다. 내인성은 일상적인 스트레스, 유전적인 현상, 노화과정, 호르몬의 이상, 비타민의 부족, 신진대사의 이상 등의 내부 원인으로 의사의 진단과 치료가 필요하다. 외인성은 가벼운 염증, 두피의 산성막이 일부분 혹은 전체적으로 파손되어 피부박리가 생길 수 있다. 따라서 두피에 혈액 순환과 산소 공급이 원활하도록 하며 두피에 헤어 크림을 사용하여 수분 유지, 모발 트리트먼트 및 각질층의 건조, 비듬, 염증을 예방하고 살균제품을 사용함으로써 두피와 모발의 위생을 관리하며 카모마일 성분의 제품을 사용하면 부드러움과 진정 효과를 한다.

– 건성 두피 관리 시술과정 –

① 두피 및 모발의 상태를 진단한 다음 브러싱한 후 전용 샴푸제로 샴푸한다.
② 헤어 스티머로 두피를 따뜻하게 한다.
③ 찬바람으로 드라이한다.
④ 스캘프 크림 또는 컨디셔너를 도포하고 잘 스며들도록 스캘프 마니플레이션을 하여 5~6 분간 적외선 램프를 쬐어준다.
⑤ 고주파 전류기의 전류를 사용하여 5~6분간 피부에 자극을 가한다.
⑥ 헤어스타일을 마무리한다.

4) 비듬 두피(Dandruff Scalp)

누구에게나 볼 수 있는 신진대사의 일종으로 두피의 각질이 벗겨지는 것이다. 유전, 탄수화물이나 지방의 지나친 섭취, 세균 등이 원인이며 초기의 처치가 중요하다. 각화 이상 현상으로 비듬의 양이 증가되기도 하며 오래되면 염증을 일으킬 수도 있고 탈모 현상이 일어날 수 있다. 따라서 두피의 청결함이 제일 중요하며 올바른 샴푸와 영양의 밸런스가 중요하다.

① 건성 비듬

희고 작은 비늘 형태를 띠고 두피의 원활하지 못한 기능에 의해 형성되며 저조한 신진대사, 적절하지 못한 다이어트, 두피의 불결한 관리로 인해 가려운 두피에 잘 발생된다. 모발로부터 수시로 떨어져나오기 때문에 미관상 적절하지 못하고 샴푸만으로는 잘 없어지지 않는다.

② 지성 비듬

모근 주위에 있는 비듬을 만져보면 미끈미끈하고 번들거리는 유분기가 있으며 사춘기 이후로부터 20대 초반에 이르기까지 과잉된 피지와 표피의 각질에 의해 형성된다.

– 비듬 두피 관리 시술과정 –

① 어깨에 보를 두른 후 5분 정도 브러싱 후 두피 상태에 따라 샴푸를 하고 충분히 건조시킨다.

② 두피의 상태에 따라 제품을 선정한 뒤에 면봉을 이용하여 꼼꼼히 도포해 헤어 스티머를 가한 뒤 완전히 말린다.

③ 자외선 램프를 2~6분간 쬐어준 후 비듬 제어용 제품을 발라 적외선 램프를 5분 정도 쬐어준다.

④ 간접적 고주파 전류를 이용하여 두피 마사지를 행하여 항 비듬용 제품으로 샴푸한 후 타월 드라이한다.

⑤ 고주파 전류를 3~5분 동안 사용 후 컨디셔너를 도포하여 헤어스타일을 마무리한다.

5) 두피의 염증

두피의 상처, 자극성 성분의 잔류, 과산화지질의 생성에 의한 피지의 변화 등에 의해 발생하며 알란토인을 원료로 한 순한 샴푸와 테크닉으로 모발을 청결히하되 완벽한 보호를 위해 두피에 유연성과 생기를 주며 소염의 효과가 있는 멘톨 등으로 부드럽게 다루어야 하고 샴푸 후는 컨디셔너로 두피를 조정한다.

제1부 chapter 6

헤어미용

헤어커트

6-1. 헤어커트의 기초

6-1-1. 헤어커트의 개념 · 목적

헤어커팅(hair cutting)은 헤어스타일(hair style)를 만들기 위한 기초 조형 기술이다. 퍼머넌트 웨이빙이나 헤어 세팅의 완성된 헤어스타일은 모두 커트 기술에 의해서 미리 형태가 만들어진 것이다. 헤어커팅을 헤어 세이핑(hair shaping)이라고도 하는데, 헤어 세이핑이란 '두발형을 만들다' 라는 의미이다.

헤어커트는 모발의 길이를 잘 맞추어 자르거나(cutting), 숱을 감소시키거나(thinning), 밀도(density), 볼륨(volume), 방향(direction) 등의 요소를 통해 머릿결의 움직임(movement), 가벼움(weight), 질감(texture) 등을 표현함으로써 머리 모양의 기초를 만드는 것이다.

헤어커팅은 퍼머넌트 웨이빙, 핀 컬 웨이빙, 블로우 드라이 스타일링 및 헤어 컬러링과 같은 몇몇 다른 시술에 영향을 미친다. 이러한 시술의 결과와 시술 순서 및 적용에 영향을 미치는 요소는 두발 끝의 커트와 두발 숱 및 길이이다. 또한 헤어커팅은 두발의 형태를 정돈함으로써 머리와 얼굴 형태의 장 단점을 보완시켜 준다. 정확한 커팅 시술을 하기 위해서는 끊임 없는 연구와 노력을 기울여야 할 것이며, 현대 감각에 맞는 이미지와 개성을 잘 파악하여 성공적인 헤어 디자인을 창조해낼 수 있는 능력을 쌓아 나가야 할 것이다.

6-1-2. 헤어커트에 사용되는 도구

헤어 디자이너가 미용 기술을 시술하기 위해 도구에 의존하게 된다.

그러나 실제로 머리형을 만들어 내는 것이 아니라 우리가 이용하는 기법이라는 것을 명심해야 한다. 디자인 결정 과정을 통해 커트할 형태와 사용할 기법을 결정한다. 특정한 도구를 선택하는 일은 특히 형태선에서 다양한 질감을 시술할 수 있게 해준다.

어떤 도구를 사용할 것인가는 도구에 대한 숙련의 정도와 어떤 결과를 원하는가에 따라 다르다. 여러 종류의 커트 도구를 사용하는 것에 익숙해지면 디자이너로서 무한한 가능성의 세계가 활짝 열리게 될 것이다. 그러므로 사용기구의 다양함과 품질, 적절한 사용법과 평소 관리가 대단히 중요하다.

1) 가위(Scissors)

모발을 자르는데 사용하는 전용가위로 길이는 4~7인치인 것, 직선형, R형 등 모양이 다양하며 사용하는 용도가 다르다. 가위의 길이가 짧을수록 섬세한 커트를 할 수 있고, 긴 가위는 싱글링에 강하며 짧은 시간에 신속하게 많은 양을 처리할 수 있는 장점을 가지고 있다. 그러나 가위는 자기 손바닥과 손에 알맞은 것을 선택하는 것이 중요하다.

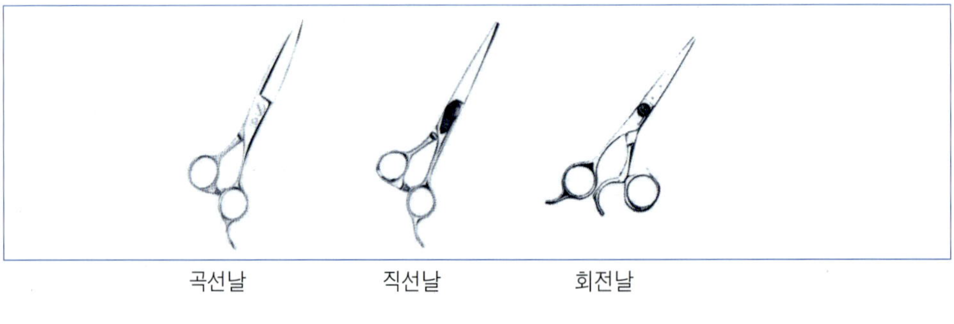

곡선날 직선날 회전날

2) 틴닝(Thinning)가위

두발의 길이를 짧게 하지 않으면서 전체적으로 두발 숱을 감소시키는 방법을 말한다. 일반 가위로 커트 후 디자인 형태와 두발의 모양, 숱의 많고 적음에 따라 볼륨의 높낮이를 조절하는데 사용하는 가위이다. 가위날이 한날 또는 양날에 요철모양의 날이 있고, 골이 좁은 것부터 넓은 것까지 다양하며 요철이 많을수록 숱을 쳐내는 양이 적다.

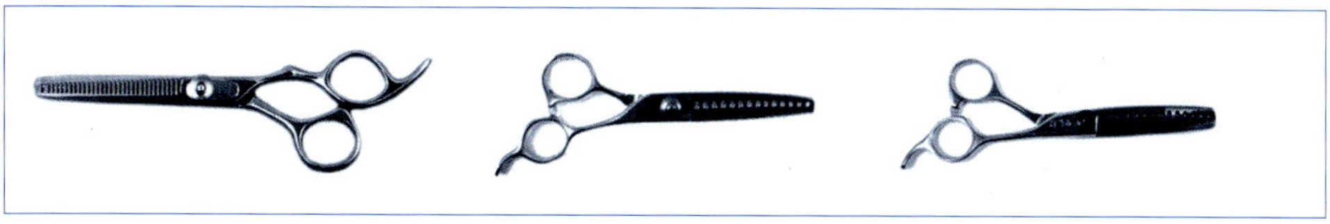

3) 레이저(Razor)

레이저를 사용하는 경우는 두발을 적신 후에 사용한다. 따라서 레이저에 의한 방법을 웨트커팅(wet cutting)라고도 한다.

커트를 하는 도구의 일종으로써 직선적이고, 뭉툭하고 딱딱한 기법이 아닌 자연스럽고 부드러운 질감을 표현하는데 사용한다. 가위로 표현해 낼 수 없는 부드럽고 경쾌하며 가벼운 율동감을 준다.

(1) 일상용 레이저(ordinary razor)

빠른 시간 내에 능률적이고 세밀한 시술이 용이하므로 숙련자에게 알맞으며 지나치게 모발을 커트할 수 있는 단점이 있다.

(2) 세이핑 레이저(shaping razor)

안전커버가 있어 커트되는 양이 제한되어 적으나 안전하게 커트할 수 있는 장점이 있어 초보자에게 적당하다.

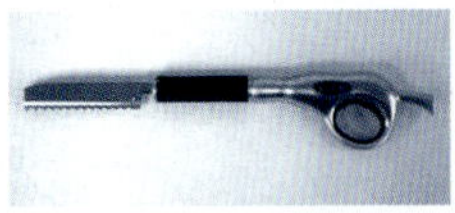

사이버 레이저

레이저 커트기

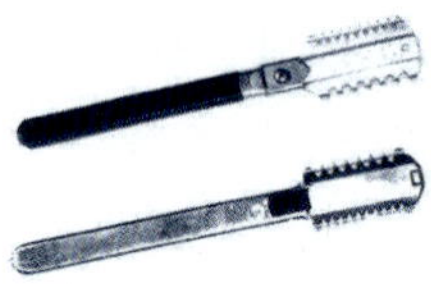

세이핑 레이저(A)

세이핑 레이저(B)

4) 클리퍼(Clipper)

남성커트나 쇼트커트(short cut)에 있어서 네이프(nape) 부분, 사이드(side) 부분을 짧게 커트할 때 사용하는 기구이다.

클리퍼는 모터의 원동력에 의해 움직이는 이동날(moving blade)이 모발을 절단하는 도구이다. 클리퍼는 전기적 유동체이므로 모발을 물로 적시면 모발이 부드럽게 연화되기 때문에 작동하기에 어렵다. 클리퍼마다 모발 길이를 설정하는 보조덮개(protector)로 3, 6, 9, 12mm 등이 있으므로 이것을 이용하면 쉽고 편리하게 커팅할 수 있다.

일반용　프로용 A형　프로용 B형　정리용　눈썹 및 면도

5) 빗(Comb)

빗은 커트 전 또는 커트 도중 모발을 분배하고 조절하기 위해 사용한다. 빗살의 간격은 용도에 가장 알맞은 빗을 결정하는데 매우 중요하다. 일반적으로, 빗살의 간격이 넓은 큰 빗은 많은 양의 모발을 조절하기 위해 사용되며, 테이프 가위와 함께 종종 이용하는 작은 빗은 섹션의 모발과 짧은 머리 커트 시 사용된다.

6) 기타 도구

(1) 클립(clip)

헤어클립도 헤어핀과 똑같은 목적으로 사용되나, 헤어핀의 기능을 다시 더 높이는 것이라고 할 수 있다. 헤어클립도 많은 종류가 있으나 크게 분류하면 사용 목적에 따라서 컬클립(curl clip), 웨이브클립(wave clip) 등으로 나눠진다.

컬클립은 주로 컬을 고정시킬 때 사용하며 웨이브클립은 주로 웨이브를 정착시키는 목적으로 사용된다. 헤어핀, 헤어클립의 소독은 비눗물로 한번 씻은 후에 자외선, 석탄산수, 크레졸수, 포르말린수, 에탄올, 역성비누 등을 사용한다.

(2) 워터 스프레이(Water Sprayer)

웨트커트(wet cut)에서 중요한 역할을 하는 것으로써 모발을 물로 적셔서 섹셔닝(sectioning)하기 좋은 상태로 만드는 역할과 큐티클(cuticle)에 손상이 가지 않게 하고 정확한 커트를 하는데 필요한 도구이다.

6-1-3. 헤어커트 기본용어

1) 두부 기본 포인트15

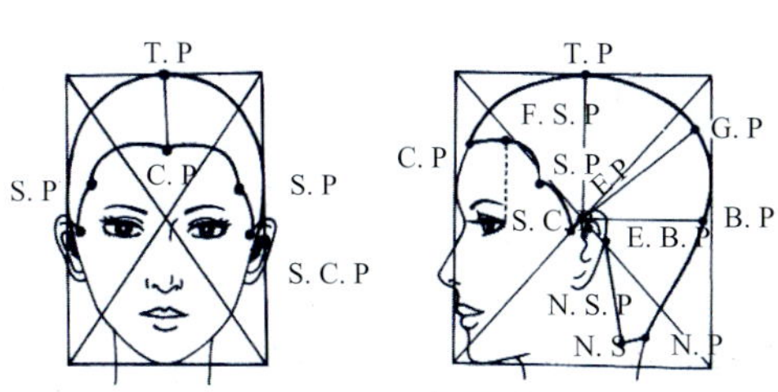

1. E.P(Ear Point)
2. C.P(Center Point)
3. T.P(Top Point)
4. G.P(Golden Point)
5. B.P(Back Point)
6. N.P(Nape Point)
7. F.S.P(Front Side Point)
8. S.P(Side Point)
9. S.C.P(Side Corner Point)
10. E.B.P(Ear Back Point)
11. N.S.P(Nape Side Point)
12. C.T.M.P(Center Top Medium Point)
13. T.G.M.P(Top Golden Medium Point)
14. G. B. M. P(Golden Back Medium Point)
15. B.N.M. P(Back Nape Medium Point)

2) 커트 절차(sculpting procedures)

(1) 섹셔닝(sectioning)

섹션 나누기는 조절을 위해 시술하기 쉽게 나누는 것을 의미한다.

섹션 나누기와 소섹션 나누기는 일반적으로 디자인 라인과 시술각, 그리고 분배의 변화에 의해 결정된다. 만약 혼합형이라면 한 형태와 비율 관계에 따라 섹션을 나눌 수 있다. 섹션 나누기는 의도하는 디자인과 관련이 있을 뿐만 아니라 각 고객의 두상과 모발의 자연 성장 패턴과 관련되어 있다.

◆ 섹션 나누기의 예

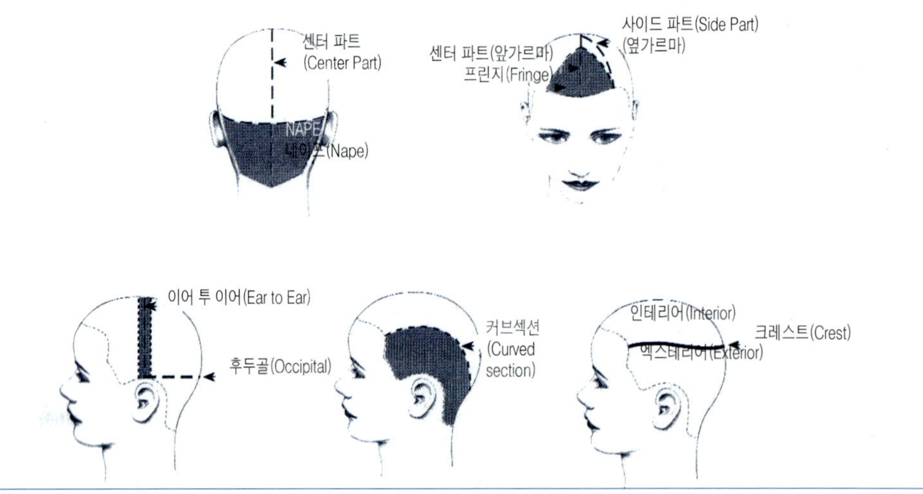

(2) 머리 위치(Head Position)

머리의 위치는 모발의 분배에 직접적으로 영향을 미치게 된다. 이것은 질감과 커트라인의 방향에 영향을 주게 되므로 머리 위치는 두상에 한 부분이 커트되는 동안 일정하게 유지시켜야 한다.

머리 위치는 두상을 앞쪽으로 숙이는 것과 똑바로 한 상태 또는 두상을 옆으로 기울여서 형태선을 마무리한다.

(3) 파팅(Parting)

커트하는 동안 모발을 분배하고 조절하기 위해 섹션을 더 작은 부분으로 나누는 선(line)이다.

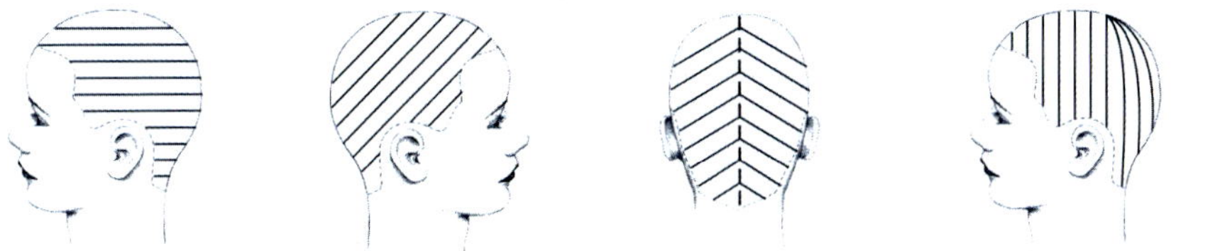

수평(Horizontal) 후대각(Diagonal) 전대각(Diagonal back) 수직(vertical/pivot lines)

① 호리존탈 라인(Horizontal lines) : 두상을 수평으로 가로지르며 평행하게 선을 긋는 것이며, 원랭스커트(one-length cut)의 길이를 조절 할 때 많이 쓰인다.

② 다이애거널 라인(Diagonal lines) : 두상을 대각으로 나누는 것으로 입체감과 방향성을 제시하는데 효과적이다.

③ 다이애거널 백 라인(Diagonal back lines) : 프론트 헤어라인에서부터 네이프까지 중앙선을 따라 그린 후 네이프에서 45° 전대각 라인을 양쪽으로 그린다.

④ 다이애거널 포워드 라인(Diagonal forward lines) : 두상에 프론트 헤어 라인에서 네이프 라인까지 센타 파팅 라인이다. 귀 앞쪽에서 약 45° 후대각 파팅을 양쪽으로 그린다.

⑤ 수직/피봇 파팅(vertical /pivot lines): 두상을 세로로 나누는 것으로 각도 조절이 용이하므로 모발의 부피 조절에 효과적이다. 중심점에서 방사형으로 두상의 곡면에 삼각 섹션이 생긴다. 크라운 둘레를 커트하는데 용이하다.

(4) 분배(Distribution)

① 자연분배(Natural Distribution) : 모발이 두상에서 자연스럽게 중력에 의한 방향으로 자연분배(natural distribution)되는 것을 의미한다. 자연분배는 후대각, 우대각 기본적으로 솔리드형과 그래쥬에이션형을 만드는데 사용한다.

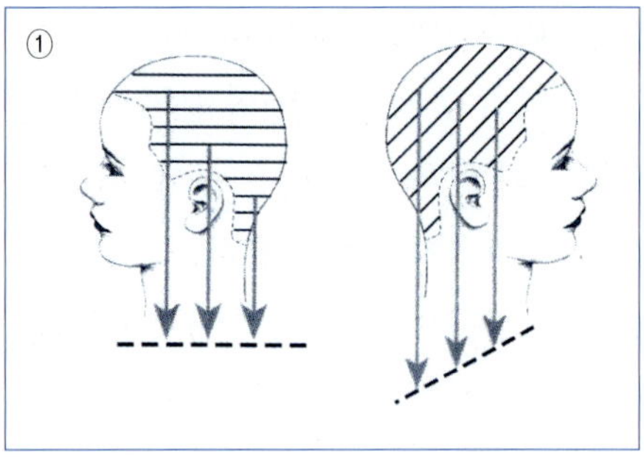

② 직각분배(Perpendicular Distribution) : 머리가 베이스 파팅에서 90° 또는 직각으로 빗어질 때의 방향을 말한다. 직각 분배는 모발이 자연 시술각 상태에서 벗어나게 되므로 기본적으로 그래쥬에이션형이나 레이어형에 사용된다.

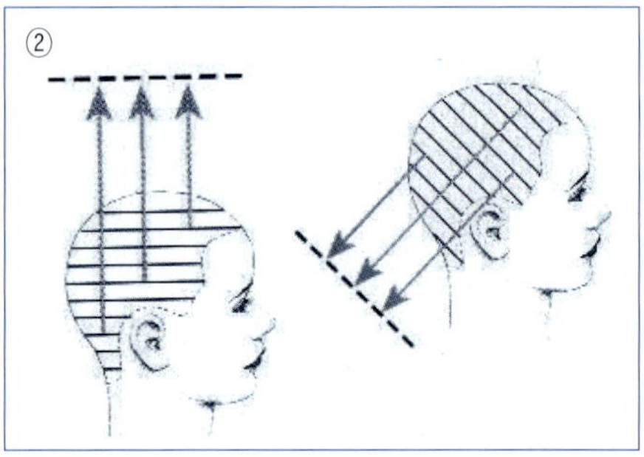

③ 변이분배(Shifted Distribution) : 모발이 베이스 파팅에서 직각분배나 자연분배 이외의 빗질될 때를 의미한다. 변이분배는 솔리드형을 제외한 대부분의 형에서 사용된다. 일반적으로 급격한 길이가 보여지거나 각 부분들 간의 길이를 연결할 때 사용한다.

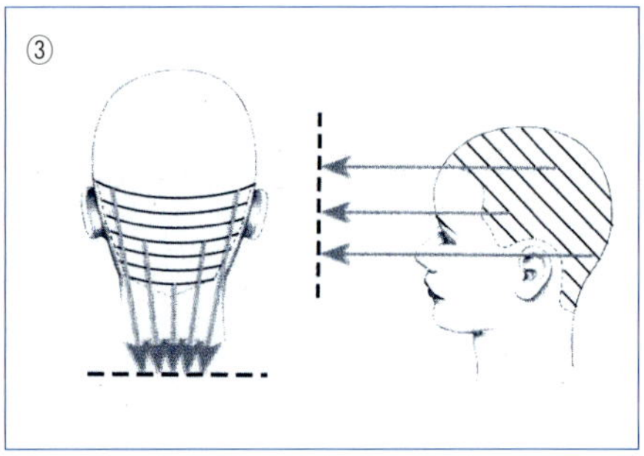

④ 방향분배(Directional Distribution) : 어떤 디자인을 만들어 내기 위해 선 베이스 파팅의 한 부분에서 다음으로 넘어갈 때 분배의 방향이 바뀔 수 있다. 일관성을 유지하기 위해 천체축의 선들이 분배 방향을 시각적으로 측정하는데 사용된다.

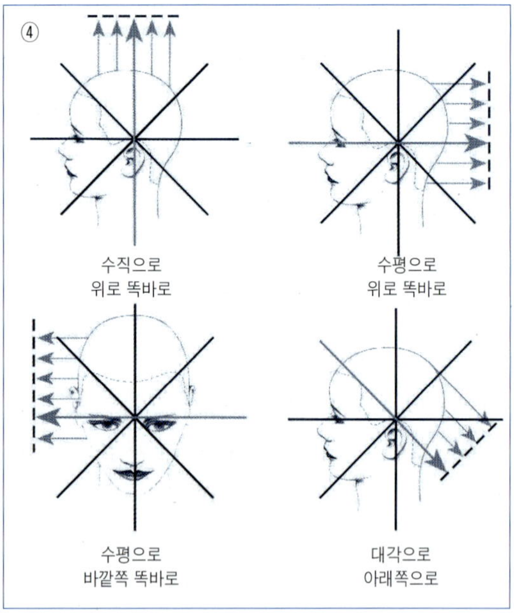

(5) 시술각(Projection)

시술각은 커트하는 동안 두상의 곡면으로부터 모발이 들려 올려지는 각도를 말한다.

① 솔리드형 커트에 사용되는 시술각

· 자연 시술각 : 모발이 중력의 힘의 의해 아래로 향하는 상태를 말한다.

· 0° 시술각 : 0° 는 모발이 두상의 표면에 편편하게 붙은 것을 의미한다(안마름형).

② 그래듀에이션형에 사용되는 시술각

자연 시술각과 90° 사이의 시술각은 그레쥬에이션형을 만들어낸다.

45° 는 중간 경사선을 만들기 위해 사용되는 표준 시술각이다.

③ 유니폼 레이어형에 사용되는 시술각

두상의 곡면에서 90° 이다. 이것은 일반 시술각이라고도 한다.

④ 인크리스 레이어형에 사용되는 시술각

0°, 45° 와 90° 가 일반적으로 인크리스 레이어형을 만드는데 사용된다. 시술각은 한 부분에서의 모든 길이가 집중되는 고정 디자인 라인이 되는 파팅에만 적용된다.

(6) 손가락 위치(Finger/Shear Poisition)

손가락 위치란 베이스 파팅에 대한 손가락의 위치를 말한다. 이 위치는 커트된 라인을 만드는데 사용된다. 손가락과 가위 위치에는 두 가지가 있는데 평행과 비평형이다.

(7) 디자인 라인(Design line)

디자인 라인은 커트하는 동안 사용되는 예술적 패턴이나 길이 가이드이다. 고정 디자인 라인과 이동 디자인 라인 두 형태가 있다.

(8) 슬라이스(Slice)

작은 부분을 나누는 것을 의미한다. 종종 블로킹한 것을 보다 작은 부분으로 나누는 섹셔닝과 같은 의미로 사용된다.

(9) 패널(Panel)

슬라이스했을 때 생기는 직사각형의 일정한 모양을 말한다.

(10) 베이스(Base)

스트랜드의 기본, 토대, 뿌리를 말한다.

① 온 더 베이스(On the Base) : 한 섹션의 폭을 1~1.5cm라 할 때 그 폭의 중심이 90°가 되는 것이다. 커트에서는 동일한 길이로 커트할 때 쓰인다.

② 사이드 베이스(Side Base) : 한 섹션의 폭에서 양쪽 끝점 중 어느 한 점에서 90°의 각을 이루는 베이스이다.

③ 오프 더 베이스(Off the Base) : 한 섹션의 폭에서 양쪽 끝점 중 어느 한 선에서 90° 이상의 각을 이루는 베이스이다.

6-2. 헤어커트의 종류

6-2-1. 원 랭스 폼(One-length form, Solid form)

동일 선상의 외측(exterior)과 내측(interior)에 단차를 주지 않고 모든 섹션을 아래로 자연스럽게 빗어내린 후 가로로, 일직선상으로 자른 단발머리 스타일로서 단차가 없는 모양(shape), 비활동적인(정적, inactivate) 헤어 텍스춰를 형성한다. 모발의 내측과 외측이 같은 영역(zone)에서 떨어지기 때문에 최대의 무게감(weight)은 아웃라인(out line), 즉 형태선에 생긴다.

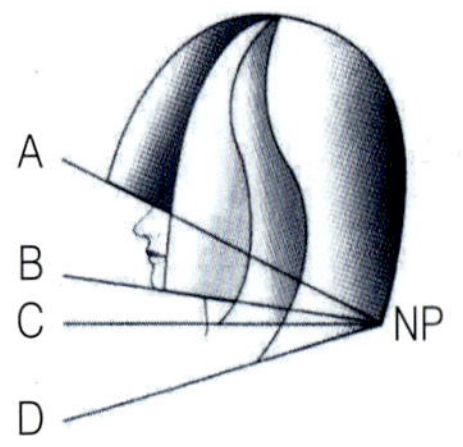

A~NP : 머쉬룸(Mushroom)
B~NP : 이사도라(Isadora)
C~NP : 평행보브(Parallel line)
D~NP : 스파니엘(Spaniel)

① 일자 평행형(Parallel line): 네이프 라인(nape line)의 머리끝을 기점으로 커트의 선이 수평으로 일직선인 스타일

② 앞 내림형 (Spaniel, A line: concave line): 네이프 라인에서 앞쪽으로 길어지는 스타일

③ 앞 올림형(isadora, V line: convex line): 네이프 라인에서 앞쪽으로 짧아지는 스타일

④ 양송이 버섯형(Mushroom): 양송이처럼 둥근 라인이 형성되며 일직선인 스타일

6-2-2. 그래쥬에이션 폼(Graduation form)

그래쥬에이션 커트는 머리결을 단계적으로 쌓아, 올림의 변화를 주어 스타일을 창조하는 기법이다. 볼륨을 만드는 커트 기법으로 무게감은 가장자리 머리 형태선 위에서 나타나며, 비활동적인 질감과 활동적인 질감의 경계 부분에서 이루어진다.

보통 두발을 두피로부터 15~45° 들어서 자르면 입체적인 스타일에 효과적이다.

에레베이션(elevation)되는 각도에 따라 로우(low), 미디움(medium), 하이그래쥬에이션(high graduation)으로 나눌 수 있다.

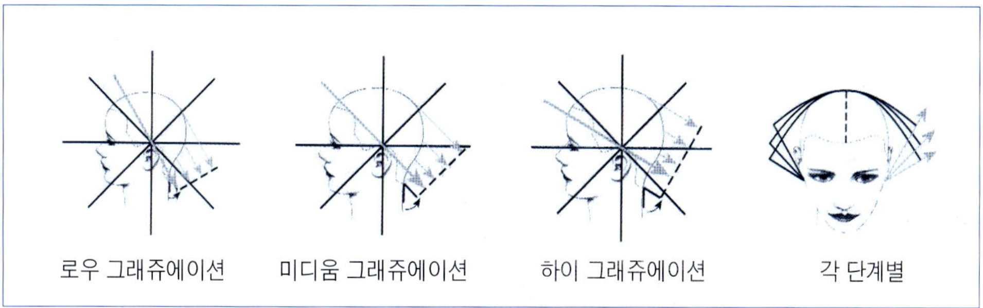

6-2-3. 레이어드 폼(Layered form)

상부에 두발이 짧고 하부로 갈수록 길게 되어져 두발에 단차를 표현할 때에 이용되는 기법으로 '쌓다, 겹쳐지다, 층이지다' 라는 뜻이다. 두피에 대해 90° 또는 그 이상의 각도를 들어서 자르는 커트를 말한다. 롱 헤어나 쇼트 헤어스타일(Short hair style)에 두루 이용되며 응용범위가 넓고 각 연령층에 폭넓게 적용된다. 세로 또는 가로로 슬라이스 커트하며 소재의 악조건을 커버할 뿐만 아니라 무게감을 없애준다.

(1) 유니폼 레이어드 폼[Uniform layered(Round line) form]

두상의 곡면과 평행한 둥근 곡선 모양으로 두상에 균등한 길이로 커트한다. 두상 곡면에 대하여 항상 90° 시술각을 유지하여 커트하기 때문에 모든 길이가 동일하며 무게선이 생기지 않는다.

(2) 스퀘어 레이어드 폼[Square layered(square line) form]

콤비네이션 스타일(combination style)로서 대부분의 커트 스타일은 두 가지 이상의 스타일이 복합되어 표현된다.

직선 또는 스퀘어 커트에서 많이 쓰이는 혼합형으로서 형태의 직선 및 무게의 집중은 남성적인 각진형의 모양을 만들어낸다.

(3) 인크리스 레이어드 폼[Increase layered(concave line) form]

인크리스 레이어드형은 머리의 길이는 짧게 하지 않으면서도 머리에 층을 줌으로써 볼륨감과 질감, 그리고 생동감을 살려주는 인기있고 다양한 변화가 기능하며 형태 전체 또는 일부분에 만들어 줄 수 있다.

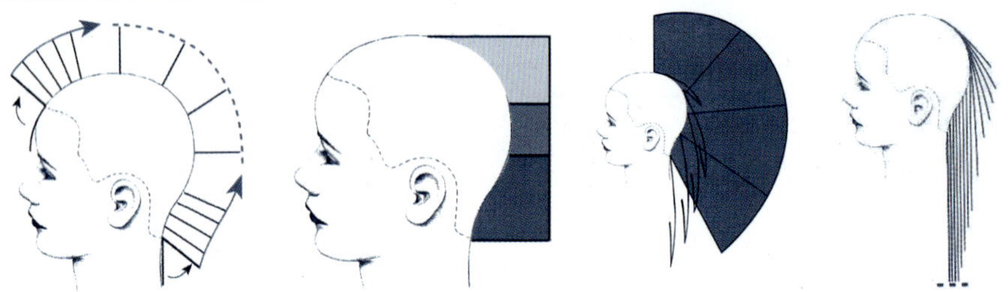

(Uniform layered form) (Square layered form) (Increase layered form)

6-2-4. 혼합형 [콤비네이션 형(Combination form)]

기본 커트형 중 한가지 종류의 커트 방법만을 이용하여 커트하는 것보다는 두 종류 이상의 커트형을 혼합하여 커트하여야 다양하고 세련된 헤어 디자인을 형성하는데 효과적이다. 형태를 혼합할 때는 반드시 각 형태의 특성이나 질감, 그리고 다른 형태나 질감과 혼합되었을 때 각 형태나 전체 디자인에 어떤 느낌을 더하게 되는지를 항상 생각해야 한다. 혼합형의 모양과 구조는 각 형의 비율과 커트되는 모발의 길이에 따라 달라진다.

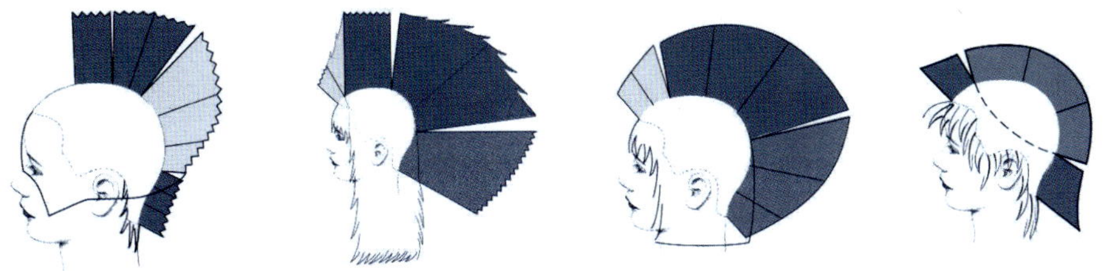

6-3. 질감 처리기법(Textuerizing technique)

커팅 기법과 컬 패턴에 따라 영향을 받을 수 있는 표면에 질감은 커트를 해서 얻어지는 모발 끝이 보이는 거친 표면(activated)과 커트한 끝이 보이지 않는 매끄러운 표면(inactivated), 또는 위의 두 질감이 혼합하여 만들어진 혼합형(combination form)이 있다.

1) 블런트 커트(Blunt cut=club cut)

모발을 직선적으로 커트하는 방법으로 모발 손상이 적고, 잘린 부분이 명확하며, 모발 끝이 뭉툭(blunt)하다. 입체감을 살리기 쉬우며, 기하학적인 윤곽을 연출하기 쉽다는 특징을 가지고 있다. 클럽커트(club cut)라고도 한다.

2) 틴닝(Thinning)

모발의 길이는 그대로 유지하면서 두발 숱을 감소시키는 것으로 지나치게 많은 양을 가볍게 할 때와 헤어스타일을 전체적으로 고르게 하기 위한 경우에 이용된다. 레이저 또는 커트 가위를 사용하는 경우도 있지만, 전용 틴닝 가위를 사용하는 경우가 많다.

① 슬리더링(slithering): 가위를 사용하여 모발을 틴닝하는 것

3) 테이퍼링(Tapering=Feathering)

두발 끝을 점점 가늘고 자연스러운 장단을 만들며 페더링(Feathering)이라고도 한다.

① 엔드 테이퍼링(end tapering) : 두발 끝의 1/3 이내의 두발을 테이퍼하는 경우이다.

② 노멀 테이퍼링(nomal tapering) : 두발 끝의 양이 보통인 경우에 스트랜드의 1/2 지점을 폭넓게 테이퍼하는 경우이다. 두발의 움직임이 가벼워진다.

③ 딥 테이퍼링(deep tapering) : 두발의 양이 유난히 많은 경우 두발의 양을 적게 보이도록 하려는 경우 스트랜드의 2/3 지점에서 두발을 많이 쳐냄으로써 적당한 탄력과 움직임을 주는 데에 이용된다.

4) 스트록 커트(stroke cut)

가위로 커트하는 기법의 하나로 가위를 모발 끝에서부터 모근 쪽으로 향해 미끄러뜨려서 자르는 커트로서 머리의 무게를 이용해서 움직이고 있는 순간에 가위를 스트록시켜 자르는 방법이다. 가위(scissor)에 의한 테이퍼 링을 스트록 커트라고 한다.

① Long stroke : 긴 모발에 가위가 들어가는 각도 45° ~90°

② Medium stroke : 중간 모발 길이에 가위가 들어가는 각도 10° ~45°

③ Short stroke : 롱 스트록과는 반대로 빠른 동작으로 테이퍼를 만드는 것으로 가윗날의 폭을 적게 움직여서 모발 숱을 적게 쳐내므로 인해 모발 끝부분에 무거운 감을 낼 수 있다. 짧은 모발에 대해서 가위가 들어가는 각도 0° ~10°

5) 슬라이드 커트(slide cut)

가위를 레이저와 같이 사용하여 장단의 차가 심하게 된 모발을 자연스럽게 연결하는 방법이다. 탑이나 사이드의 짧은 머리와 크라운이나 후두부의 긴 머리를 자연스럽게 연결시킬 때 많이 이용하며 C자형의 라인이 형성된다.

6) 슬라이싱(slicing)

생동감을 주기 위해 머리 표면을 따라서 가위를 벌려진 상태로 미끄러뜨리듯이 움직여 머리 질감을 만드는 기법이다.

7) 나칭(notching)

머리 길이를 불규칙하게 만들어내어 두껍게 떨어지는 질감을 만드는데 사용되는 기법으로서 가위, 레이저 또는 클립퍼를 사용하기도 한다.

8) 싱글링(shingling)

후두부를 짧게 하고 크라운에 갈수록 머리 길이를 길게 하는 것을 말한다.

9) 포인팅(pointing)

가위의 날 끝이 손가락에서 모발 끝을 향해서 움직이는 머리의 질감 만들기 기법이다. 중간 또는 모근 부분에 가윗날 끝이나 레자의 날(blade)을 사용하여 섬세하고 불규칙적인 머리 길이를 만들어 주는데 사용하는 기법이다.

10) 트리밍(trimming)

이미 형태가 만들어진 두발 선을 최종적으로 가볍게 정돈하고 손상모나 불필요한 두발 끝을 제거하기 위한 기법이다.

퍼머넌트 웨이브

7-1. 퍼머넌트 웨이브의 개요

7-1-1. 퍼머넌트 웨이브의 정의와 역사

퍼머넌트 웨이브(permanent wave)란 반영구적으로 지속되는 웨이브라는 뜻이다. 자연 상태의 모발에 물리적, 화학적 방법을 가하여 모발의 구조나 상태를 오래 지속하는 웨이브 상태로 아름답게 변화시키는 것을 의미하며, 헤어스타일을 완성시키기 위한 하나의 수단으로서 사용되고 있다.

퍼머넌트 웨이브의 역사는 고대 이집트인들이 모발을 막대에 브레이드(braid)로 감아 나일강 유역의 알카리 토양의 진흙을 바르고, 태양열을 이용하여 웨이브를 만들었는데, 이것이 알칼리의 진흙과 태양열을 이용한 퍼머넌트의 기원이라고 할 수 있다.

근대에 이르러 프랑스의 마셀 그라또우(Marcel Gurateau)가 1875년에 아이론(iron)을 이용한 웨이브를 발표하였으나 이것은 습기와 한 번의 샴푸잉에 의해 없어지는 일시적인 웨이브였다.

1905년 영국의 찰스 네슬러(Charles Nessler)는 처음으로 퍼머넌트 웨이브를 창안하였다. 긴 모발을 나선형(spiral)으로 감아 붕사를 바르고 뜨거운 금속관을 씌워서 따뜻하게 하는 방법으로 나선형 웨이브(spiral wave)를 얻었다. 이것이 열(heat)과 기계(machine)를 이용한 머신히트 웨이브인 스파이럴 법으로서 시술 방법상 미비한 점이 많았다. 1925년 조셉 메이어(Joseph Mayer)가 짧은 머리에도 와인딩이 가능한, 모발 끝에서 두피 쪽으로 감는 크로키놀식 웨이브(croquignole wave)를 고안하여 그 단점을 보완하였다.

그 이후 모발 케라틴의 화학구조와 열을 사용하지 않고 시스틴 결합을 끊는 연구가 완성되었다. 상온에서 환원, 산화반응을 이용해 웨이브를 얻어내는 콜드 웨이브(cold wave)방식이 1936년에 영국의 리즈대학 교수인 스피크먼(J.B. Speakman)에 의해 원리가 전해지고 있으며, 미용기술과 산업발전에도 큰 비중을 차지하며, 많은 미용전문가와 과학자에 의해 지속적인 연구가 이루어지고 있다.

7-1-2. 모발의 구조와 성질

퍼머넨트 웨이브의 원리를 이해하기 위해서는 모발의 구조와 성질을 알 필요가 있다. 모발의 주요부를 구성하고 있는 피질 부분은 주로 케라틴(keratin)이라고 하는 탄력성이 풍부한 섬유상의 경 단백질로 되어있다.

케라틴은 각종 아미노산이 펩타이드 결합(쇠사슬 구조)으로 이루어진 폴리펩타이드(polypeptide: 다수의 펩타이드)가 다시 여러 개 결합하여 만들어진 것이다. 케라틴은 다른 단백질에 비하여 유황(硫黃)의 함유량이 많은데, 이것은 케라틴을 이루고 있는 아미노산 중에서 가장 함유량이 많은 시스틴(cystine)분자에 황(S)분자가 함유되어 있기 때문이다.

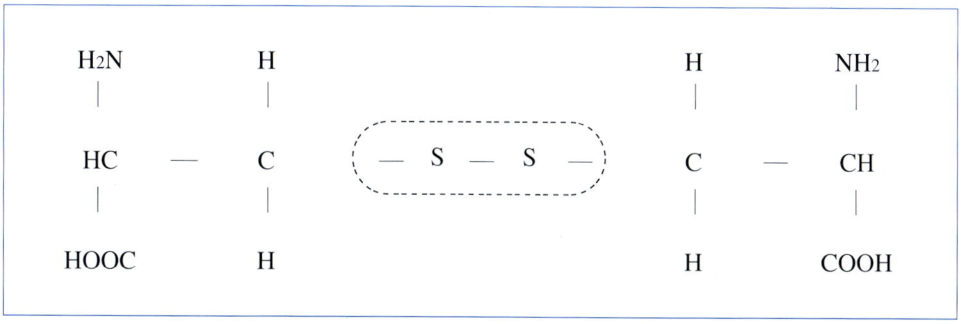

시스틴의 분자 구조

시스틴 분자의 -S-S- 부분은 각 폴리펩타이드 사이를 왕래해서 펩타이드쇄(쇠사슬 구조) 간에 접착제〔架橋〕 역할을 하는 S-S 결합을 형성한다. 이와 같은 펩타이드쇄 간 S-S 결합(시스틴 결합)은 매우 강해서 케라틴을 단단하게 하는 원인이 된다. 따라서 케라틴은 매우 안정된 상태이기 때문에 물, 알코올, 에테르, 그 밖의 약산(弱酸)이나 염류에 대해서 비교적 강한 저항력을 나타낸다.

그러나 알카리성 물질에 대해서는 다소 약하며, 작용을 받으면 팽윤(澎潤) 연화된다. 또 케라틴의 폴리펩타이드는 쇠사슬 구조로서 두발의 장축방향(長軸方向)으로 배열되어 있다.

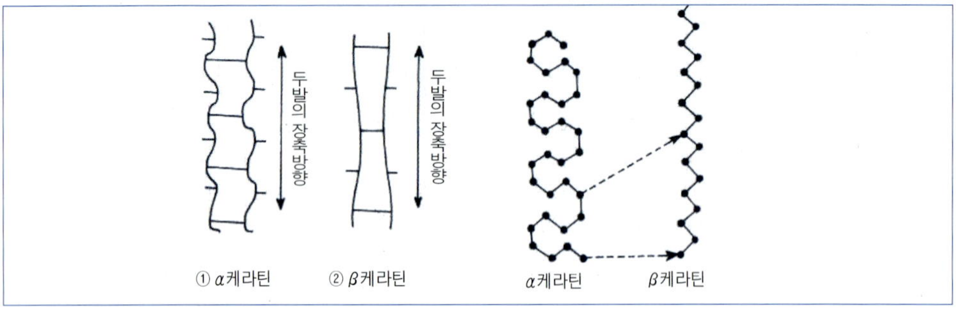

그림7-1 케라틴의 결합도

(그림7-1 ①). 여기에 힘을 가하여 잡아당기면 쇠사슬을 만들고 있는 결합의 일부가 잘라져서 각 폴리펩타이드가 장축방향으로 늘어나 지그재그 구조를 이루게 된다. (그림7-1 ②). 다시 가했던 힘을 빼면 원래의 쇠사슬 구조(자연 상태)를 이루게 된다. 이와 같이 모발은 잡아당겼다가 힘을 빼면 원래의 상태로 되돌아가는 성질이 있다.

케라틴의 각 폴리펩타이드가 쇠사슬 구조(자연 상태)로 되어 있을 때의 케라틴을 α케라틴이라 하며, 각 폴리펩타이드가 지그재그 구조(모발이 늘어난 상태)를 β케라틴이라고 한다.

α케라틴이 β케라틴으로 변하면 α케라틴의 시스틴 결합(S-S결합)이 부분적으로 결합되고 각 수소원자가 결합되어 2분자의 시스테인(cysteine)을 만들게 된다. 그러나 시스테인은 극히 불안정한 물질이기 때문에 대개는 공기 중의 산소 등에 의해서 산화되어 시스틴의 상태로 되돌아와 α케라틴으로 변화된다.

이와 같은 시스틴 결합은 α케라틴과 β케라틴 구조간의 상호변환에 관여하는 동시에 두발의 탄성현상(彈性現象)에도 기여하고 있다. 퍼머넨트 웨이브는 바로 이 점을 이용하여 모발을 웨이브 상태로 만들어 내는 것이다.

7-1-3. 퍼머넨트 웨이브의 원리

퍼머넨트 웨이브의 원리는 자연 상태의 모발을 물리적, 화학적인 방법을 가하여 모발의 구조와 형태를 반영구적으로 변화시키는 것을 의미한다. 근본적인 원리를 살펴보면 다음과 같다.

물로 적신 쪽의 모발은 잘 늘어나는 성질이 있다. 이것은 α케라틴에서 β케라틴으로 바뀔 때 폴리펩타이드의 쇠사슬 부분의 화학결합 작용에 의해 절단되기 쉽도록 만들기 때문이다.

그림 7-2와 같이 물로 적신 모발을 컬링 로드에 감으면 두발 바깥쪽인 a는 컬링로드의 안쪽 부분인 b보다 강하게 잡아당겨야 한다. 이것은 안쪽의 분자가 줄고 바깥쪽의 분자가 늘어나는 상태를 의미하며, 그대로 건조 시키면 컬을 이루게 된다. 그러나 이렇게 형성된 컬은 시간이 경과하거나 습기 및 샴푸잉에 의해서 바깥쪽 모발의 폴리펩타이드가 원래의 상태로 회복되어 오랫동안 그 형태를 유지 할 수가 없다. 이것은 케라틴의 각 폴리펩타이드 사이에 있는 시스틴 결합의 작용에 의한 것이다.

그러므로 자연적 상태에서는 쉽게 절단되지 않는 시스틴 결합을 화학적으로 절단해서(환원작용) 모발에 웨이브를 내고, 웨이브를 낸 그대로의 상태로 다시 시스틴을 결합시킴으로써(산화작용) 웨이브를 반영구적으로 안정시키는 것이 바로 퍼머넨트 웨이브의 근본 원리인 것이다.

웨이브를 쉽게 만들기 위해서는 모발에 알칼리성 약제를 사용하는 것이 효과적이다. 이것은 모발이 알칼리성에 의해서 팽윤하는 성질을 이용한 것이다. 이로 인해서 α케라틴에서 β케라틴으로의 변화가 용이하게 되며 웨이브를 만들기 쉽게 된다. 또한 시스틴 결합을 절단시키기 위해서는 시스틴을 환원시켜야 함으로 제1액인 환원제를 사용하는 것이 효과적이다.

1) 물리적인 작용에 의한 형태 변화

웨이브 형성을 위해 로드(Rod)라는 기구에 적당한 긴장감(tension)으로 물리적인 힘을 가해 모발을 감는다

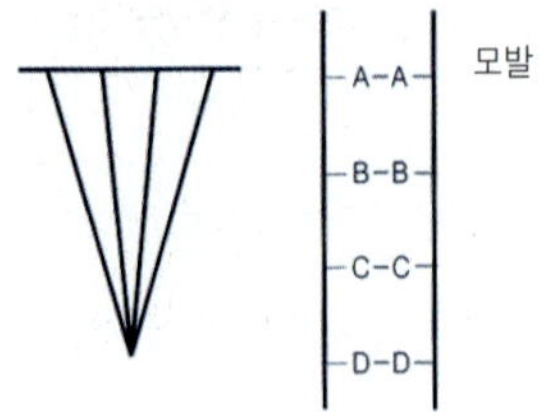

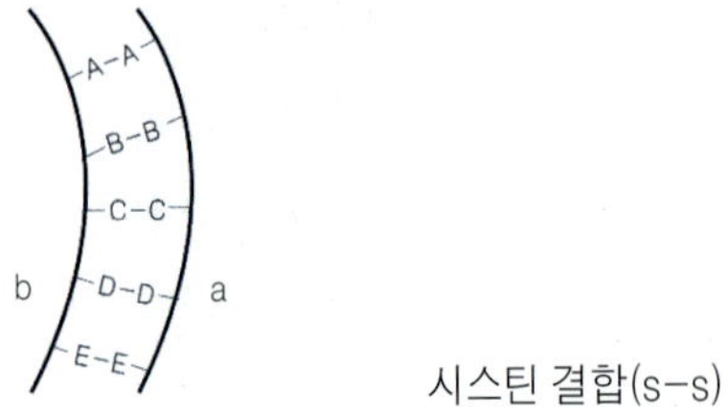

그림 7-2 알칼리성 용액에 의해 팽윤된 모발　　그림 7-3 로드에 의해 모발을 감은 상태

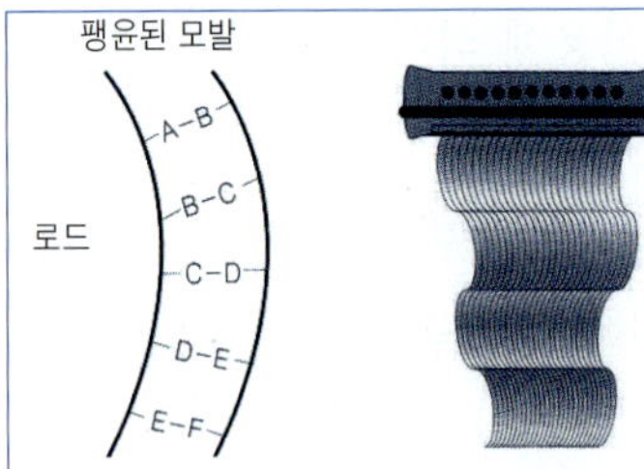

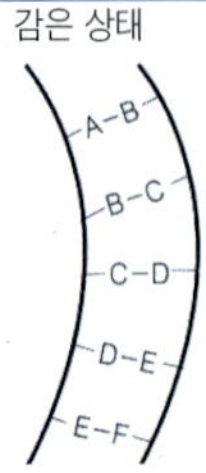

그림 7-4 티오글리콜산에 의해 절단된 시스틴 결합　　그림 7-5 시스틴 재결합

① 제1액 도포 : 1액의 구성 성분인 알칼리 용액은 모발을 팽윤시켜 웨이브를 형성하기 쉬운 상태로 만들어 준다(1액 중 치오글리콜산(thioglycolic acid)이 단단한 시스틴(S-S)상태로 만듦).

② 와인딩시 물리적인 힘에 의해 로드의 굴곡으로 안쪽과 바깥쪽에 늘어남의 차이가 생겨 일시적인 웨이브가 형성된다(시스틴의 위치가 옮겨짐).

③ 제2액 도포 : 2액의 산화작용에 의해서 시스테인이 재결합되어 새로운 시스틴이 됨으로써 웨이브가 고정되어 영구적인 웨이브가 형성된다.

2) 화학적인 작용

제1액의 환원작용에 의해 모발의 시스틴(cystine) 결합의 절단과 제2액의 산화작용에 의해 시스틴의 재결합으로 웨이브가 형성된다.

① 1액의 작용(환원작용 : 수소(H) 와 결합하는 반응)

$\vert -S-S- \vert$	$+\ 2HSCH_2COOH -$	$\vert -SH\ HS- \vert$	$+\ S - CH_2COOH$
시스틴 결합	치오글리콜산	시스테인	$S - CH_2COOH$
			디치오글리콜산

환원작용 화학식

1액은 pH 9~9.6의 알칼리 용액으로 모발의 구성물질을 환원시키는 환원제가 들어있다. 환원제는 치오글리콜산의 염(salt)이 많이 사용되고 2~7% 농도의 액을 주로 사용한다. 1액을 모발에 바르면 시스틴 구조에 있는 황 결합들 중 일부가 환원에 의해 시스테인(cysteine)으로 분리되므로 모발이 부드러워져 웨이브를 만들기 좋은 상태가 된다. 즉 1액은 웨이브를 형성하는 약품이 아니고 모발을 팽윤시켜 부드럽게 하는 약품이다.

② 2액의 작용(산화작용 : 산소(O)와 결합하는 반응인)

| - SH HS - | + O → | - S - S - | + H_2O
시스테인　　　　　　시스틴

산화작용 화학식

중화제(neutralizer)라고도 하는 2액에는 1액에 의하여 부드럽게 환원된 모발을 산화시키는 산화제가 들어있다. pH가 3~4인 산화제는 브롬산나트륨($NaBrO_3$)과 브롬산칼륨($KBrO_3$)의 3~5% 수용액, 또는 과산화수소(H_2O_2)를 사용하고 있다. 2액을 모발에 바르면 환원에 의해서 갈라져 있던 황과 황의 결합(시스테인)이 재결합을 일으켜 원래의 상태(시스틴)로 되어 탄력성을 가지는 웨이브가 형성된다.

+2H 환원작용(시스틴 결합절단) →
| - S - S - |　　　　| - SH HS - |
← +O 산화작용(시스테인 재결합)
시스틴　　　　　　시스테인

환원. 산화작용 화학식

다시 요약해 보면, 모발 케라틴의 시스틴 결합(-S-S-)은 퍼머넨트 웨이브의 형성에 직접 관여하는 결합으로 케라틴이 구조적으로 단단하고 안정된 구조를 이루는데 큰 역할을 하지만, 알칼리성 용액에는 약한 성질이 있어 퍼머넨트 제1액인 알카리 용액에 의해 모표피가 열리고, 모발이 팽윤, 연화되어 로드의 모양대로 웨이브를 형성하기 쉬운 상태가 된다. 즉 제1액의 치오글리콜산이 단단한 시스틴 결합을 환원, 절단(-SH…HS-)시킴으로써 모발이 구부러지기 쉽도록 도와주고, 로드의 모양과 크기에 따라 모발의 당겨짐이 달라져 웨이브가 형성된다. 여기에 제2액의 산화작용에 의해 구부러진 시스테인의 수소(H)와 산화제 중의 산소(O)가 만나 물(H_2O)을 만들고, 가까운 측쇄에 있는 시스테인끼리는 재결합하여 새로운 시스틴(-S-S-)을 형성함으로써 영구적인 웨이브를 형성하게 된다.

7-2. 퍼머넨트 웨이브 도구 및 기구

퍼머넨트 웨이브 시술의 준비물로는 퍼머넨트 웨이브 로션 1액, 2액, 로드(rod), 꼬리 빗, 앤드 페이퍼, 모발 보호제품, 고객 가운, 타월, 퍼머넨트용 어깨보(cape), 1, 2액 용기, 고무장갑, 비닐 캡, 고무줄, 스틱(stick), 타이머(timer), 이동식 정리대(wagon), 샴푸, 린스, 전열기구 등이 있다.

1) 로드(Rod)

적당한 퍼머넨트 로드 선택은 퍼머넨트 디자인을 하는데 있어서 성공적인 결과를 얻어 낼 수 있다. 로드의 형태는 크게 수평형(일자형, 원통형)과 오목형(원추형)이 있고, 재질은 대부분 플라스틱이나 세라믹, 나일론, 나무 등 점차 다양해지고 있는 추세이다.

퍼머넨트 로드의 형태에 따른 와인딩의 변화

웨이브 형성은 가벼운 'C' 자 컬(curl)의 연속으로, 퍼머넨트 로드를 선택할 때에는 모발 길이, 원하는 웨이브 정도와 디자인 또는 모발 질감(손상 모, 건강 모)에 따라서 달라진다. 강한 웨이브를 원할 경우에는 로드의 직경이 작은 것을 사용하고 자연스러운 웨이브를 원할 경우에는 큰 것을 사용한다.

여러 가지 퍼너넨트 로드의 형태에 따라 드라이 퍼머넨트, 스파이럴, 트위스트, 스트레이트, 다이렉트, 세팅 퍼머넨트, 디지털 퍼머넨트 등이 가능하다.

2) 꼬리 빗(Rat tail comb)

블로킹(blocking)과 슬라이싱(slicing)을 하기 편하도록 된 빗이다. 꼬리 빗의 재질은 부드럽고 표면이 매끈하여야 시술 시 두피에 자극을 주지 않으며, 빗살이 촘촘하여야 고른 빗질이 가능하다.

3) 엔드 페이퍼(End paper)

모발을 감싸서 모발 끝의 꺾임을 방지하고 모발이 로드에 직접 닿지 않도록 보호한다. 엔드 페이퍼는 한 장으로 사용하는 방법(single end paper wrap)과 한 장의 페이퍼를 반으로 접어서 사용하는 방법(book end paper wrap), 스트랜드 앞면, 뒷면에 한 장씩 덧붙여 두장을 사용하는 방법(double end paper wrap) 등이 있다.

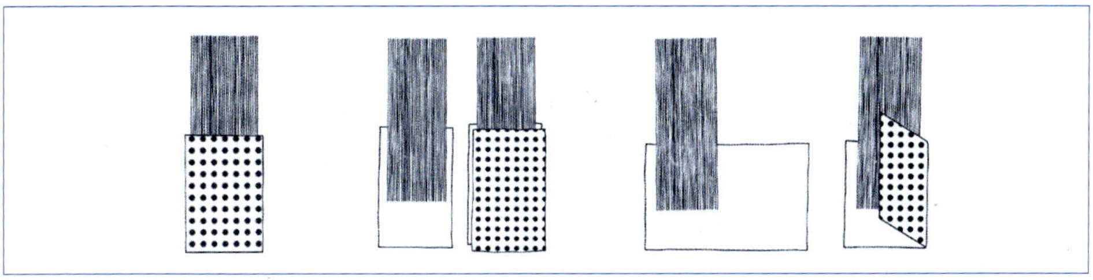

단면 사용 페이퍼　　양면 사용 페이퍼　　겹 사용 페이퍼

4) 모발 보호 제품(Hair treatment Cream, PPT, LPP)

웨이브의 형성력을 높여주기 위해 건조 모, 손상 모, 다공성 모에 도포한 후 스티

머(steamer)를 사용하면 퍼머넨트제의 흡수를 돕고 균일한 웨이브를 얻을 수 있다.

5) 퍼머넨트 웨이브 로션(Permanent wave lotion)

(1) 제1액 (환원제)

제1액은 치오글리콜산 또는 그 염류로 제조된 것, 시스테인을 주성분으로 제조된 것 등이 있다.

① 치오글리콜산(thioglycolic acid)제제

제1액의 중요 성분인 치오글리콜산과 그 염류가 이용되며 이것에 알칼리제를 가한 알칼리성 용액이다. 우선 알칼리성 성분은 모발 큐티클을 열어 치오글리콜산의 침투를 용이하게 하고 팽윤시킨다. 침투된 치오글리콜산은 시스틴 결합을 환원, 절단하는 역할을 한다. 시스테인 제제에 비해 환원력이 높고 웨이브 형성력이 강하다. 치오글리콜산의 농도는 약 2~7%이고, 1제의 pH는 4.5~9.6이 이용된다.

② 시스테인(Cysteine)제제

치오글리콜산 대신 모발과 동일한 아미노산인 시스테인을 이용하여 모발을 환원시키는 제제이다. 시스테인은 모발 중의 아미노산인 시스틴이 환원된 물질로 모발과 동일한 물질이므로 모발과 친화력이 있어 모발 손상을 줄일 수 있으며, 모발 중에 남아 있어도 모발이 손상되지 않는다는 장점을 가지고 있어서 손상된 모발에 특히 효과적이다.

그러나 치오글리콜산 제제에 비해 환원력이 떨어져 진행 시간이 길고 웨이브 형성력도 약하다. 또한 시스테인은 화학적으로 불안정해서 산화되어 시스틴이 되

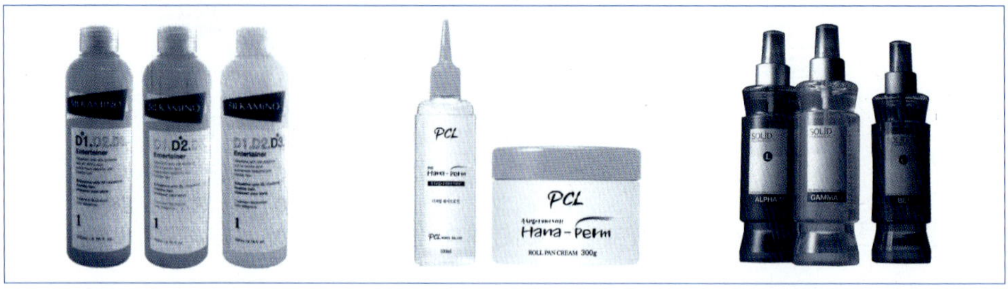

제1액 (환원제), 제2액(산화제)

기 쉬우며, 접착성이 강해서 시술자의 손에 묻으면 물로 씻어도 잘 빠지지 않으므로 피부를 거칠게 할 수 있다.

(2) 제2액(산화제, 중화제, 고정제 Neutralizer)

제2액에는 브롬산나트륨과 브롬산칼륨의 3~5% 수용액을 주로 사용하고, 과산화수소가 사용되기도 한다. 이때 농도는 2.5% 이하로서 pH 2.5~4.5가 사용된다. 제2액은 제1액의 환원작용에 의하여 절단되었던 시스틴 결합을 제2액의 산화작용에 의해서 다시 시스틴으로 재결합시켜 주므로 웨이브를 고정시켜 주는 역할을 한다.

6) 퍼머넨트 보조기구(전열기구)

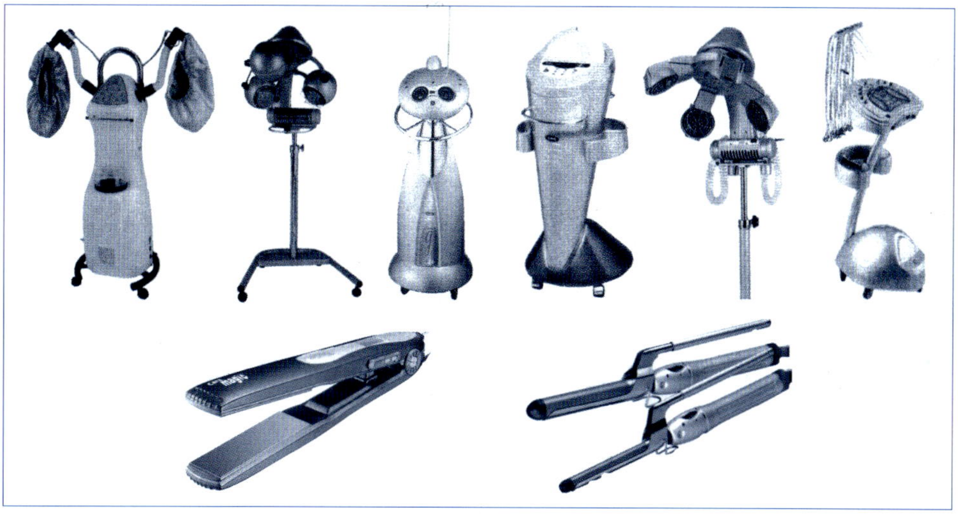

7-3. 퍼머넨트 웨이브 시술

7-3-1. 시술 전 두피 및 모발진단

1) 모발 및 두피진단

두피는 매우 자세히 검사를 해야 한다. 두피에 상처나 염증의 유무를 정확히 파악하여 두피에 이상이 있거나 두발의 손상도가 심할 경우에는 완전히 회복될 때까지 퍼머넨트 웨이브 시술을 하지 않는 것이 좋다. 다공성의 정도에 따라 프로세싱 타임과 웨이빙 용액의 강도가 좌우되므로 사전 진단의 필요성이 중요시되고 있다.

2) 두발의 다공성

다공성 모란 두발의 간충물질이 소실되어 두발조직 중에 빈 구멍이 많고 보습작용이 떨어져 두발이 건성모발이 되기 쉬운 손상 모를 말한다. 모발의 건강 정도는 강한 햇빛과 바람에 노출된 정도, 고객이 사는 지역의 기후, 고도, 습도 등의 자연적인 조건과 물리적, 화학적 미용시술 이력에 따라 달라진다.

두발의 다공성 정도가 클수록 프로세싱 타임을 짧게 하고, 오버 프로세싱에 의하여 극도로 손상된 모발은 건조하여 부스러지기 쉽기 때문에 모발은 커팅으로 제거되고 난 후 퍼머넨트 시술을 하도록 하는 것이 좋다. 굵고 건강한 저항성 모는 퍼머넨트 용액의 강도가 보다 높은 것을 사용하여 효과를 높이도록 하고, 건강도가 낮은 손상 모는 다공성 모이기 때문에 퍼머넨트 후 더욱 심한 손상을 일으키게 되므로, 손상된 모발용 약액을 선정하되, 적절한 프로세싱 타임(processing time)과 퍼머넨트 후의 지속적인 모발 관리(care)가 필요하다.

7-3-2. 시술 과정

화학약품의 작용에 의해서 두발조직을 변화시키는 방법이다. 제1액의 사용방법이 잘못되면 피부염 또는 탈모현상이 나타날 수 있으므로 솔루션의 올바른 선택과 신용 있는 제품을 선택하고 세심한 주의를 기울여서 시술할 필요가 있다. 시술 전 단계로 두피 및 모발을 관찰한 후, 저항성 모발인 경우는 물이나 퍼머넨트제가 잘 흡수되지 않으므로 흡수를 돕는 사전처리가 필요하다. 염색된 모발이나 화학적 처리가 된 모발은 흡수가 빠르기 때문에 프로세싱 타임을 짧게 하고, 퍼머넨트 웨이빙 후 컨디셔닝을 돕는 사후처리가 필요하다.

1) 사전 처리

사전 처리란 퍼머넨트 웨이브제를 사용하기 전 모발 손상 방지 및 모질을 개선하여 균일한 웨이브를 내기 위한 전반적인 시술과 전 처리를 의미한다. 강한 브러싱이나 두피 마사지 또는 지나친 자극을 주어 민감한 반응이 일어나지 않도록 해야 한다.

(1) 샴푸

모발의 더러움이나 헤어스타일링제(스프레이, 세팅 젤, 무스, 왁스) 등에 의해 입혀진 코팅막을 깨끗이 제거하여 퍼머넨트제의 흡수를 돕기 위해 실시된다. 퍼머넨트 시술 전 샴푸를 할 때는 중성샴푸를 사용하고, 두피를 자극하거나 모발을 지나치게 당기지 않도록 한다. 두피를 자극하는 강한 동작은 퍼머넨트제의 성분들로부터 두피를 민감하게 만든다.

(2) 모발 상태에 따른 제품 (헤어 트리트먼트 , PPT, 특수활성제) 도포

손상되어 있는 부분에는 영양크림으로 트리트먼트 후 시술한다. 탄력 없는 다공성 모에는 PPT를 흡수시키면 손상된 모발에 탄력을 줄 수 있다. 발수성 모는 모표피에 피지성분이 많고 모표피가 밀착되어 있어 틈새가 없기 때문에 특수 활성제를 도포하여 퍼머넨트 용액의 흡수를 도와 웨이브 형성이 용이하도록 연화과정을 거친다.

(3) 프리커팅(Pre-cutting)

헤어 디자인에 따라 와인딩에 들어가기 전에 커팅하는 것을 말한다. 모발 끝을 너무 지나치게 테이퍼(taper)하면 웨이브의 형태가 가늘게 되어 모발 끝이 자지러지는 경우가 있다. 프리커팅에서는 블런트 커트(blunt cut)하는 것이 좋다.

(4) 퍼머넨트 로드 선택

로드의 굵기는 최종적인 컬의 크기를 결정하므로 헤어디자이너는 고객이 원하는 웨이브 형태와 고객의 모발 탄력성, 굵기, 강도, 질감, 길이, 모발의 손상 유무 등을 참고하여 적절한 로드를 선택하는 것이 좋다. 그밖에 웨이브의 형태 및 크기, 모발의

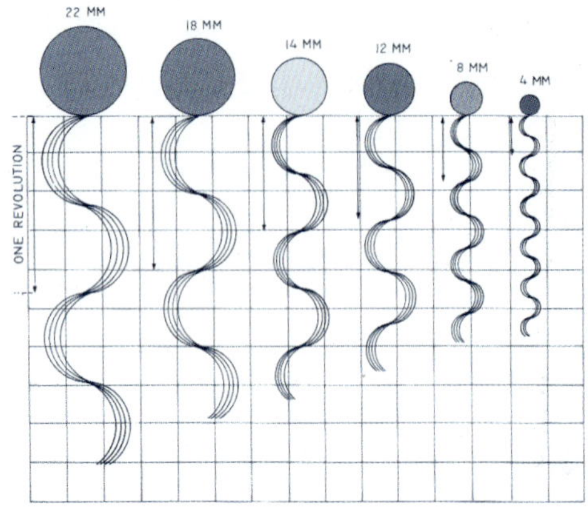

성질과 상태의 개인차 등에 따라 모발에 알맞은 약액 선정, 적절한 온도 및 시간, 와인딩 방법의 선택은 퍼머넌트 웨이브(permanent wave)를 성공적으로 완성시키는 직접적인 원인이 된다.

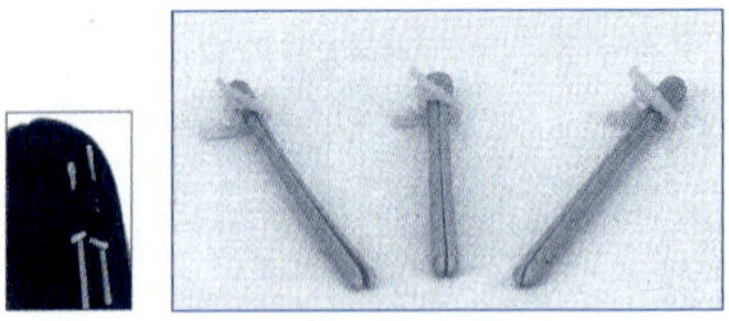
헤어닥터 퍼머넌트 웨이브 로드 R30

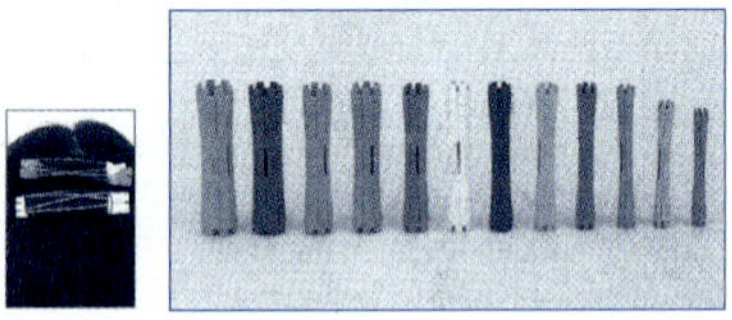
세라믹로드 B

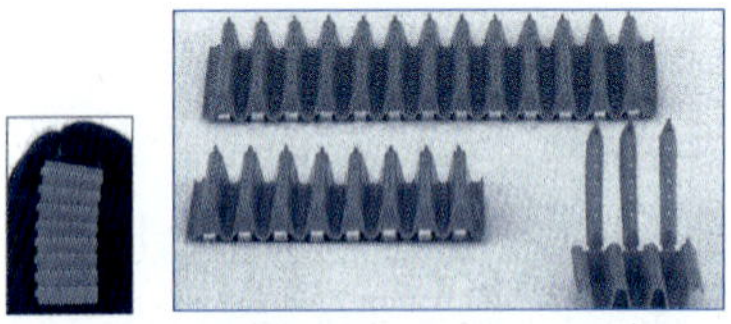
헤어닥터 퍼머넌트 웨이브 로드 R24

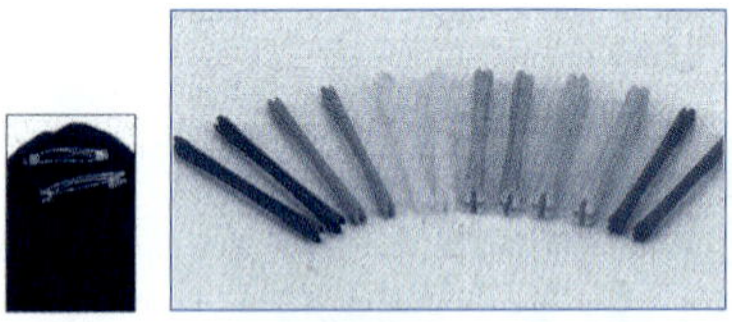
패션위밍 로드

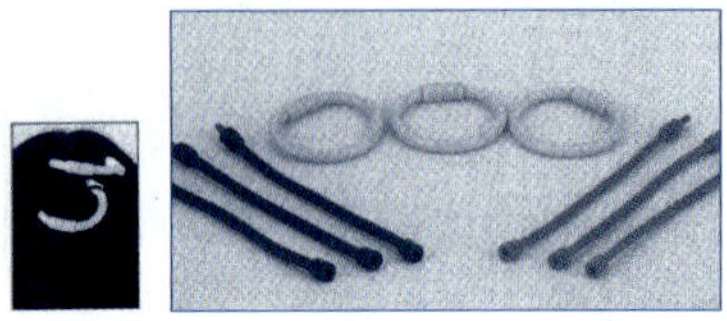
부메랑

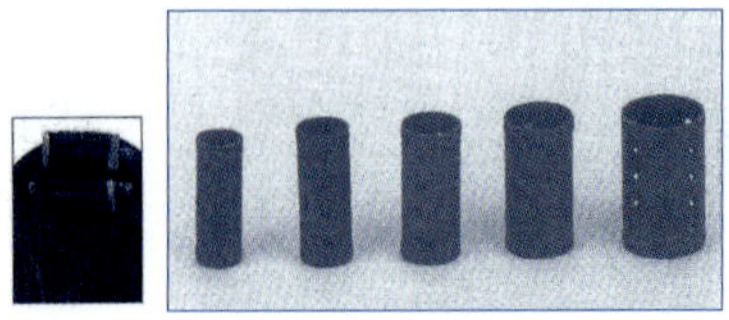
세팅롤

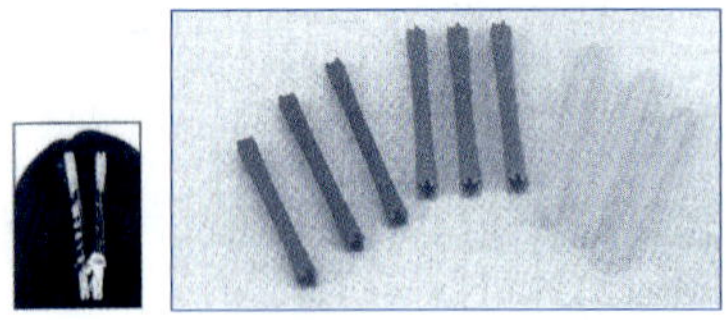
나이아가라

MVP 살짝 퍼머넌트 웨이브

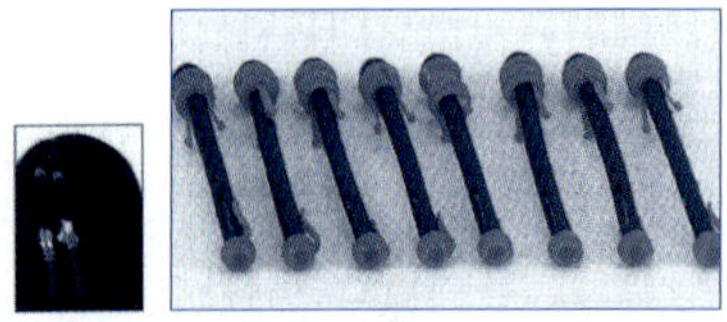
트위스트 퍼머넌트 웨이브

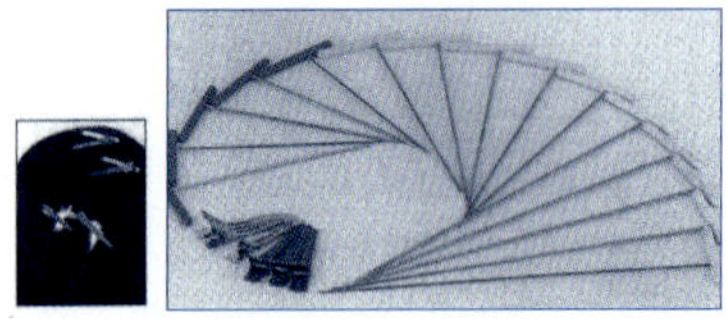
레게 퍼머넌트 웨이브 로드

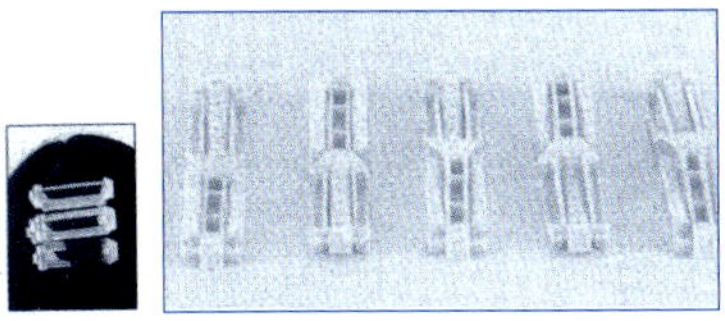

뿌리살짝 스트레이트(라운드)

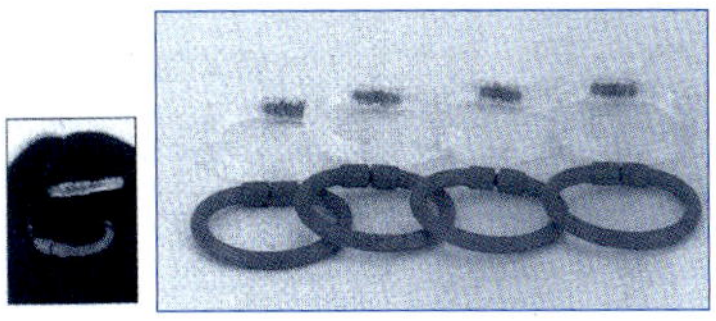

부메랑 퍼머넌트 웨이브

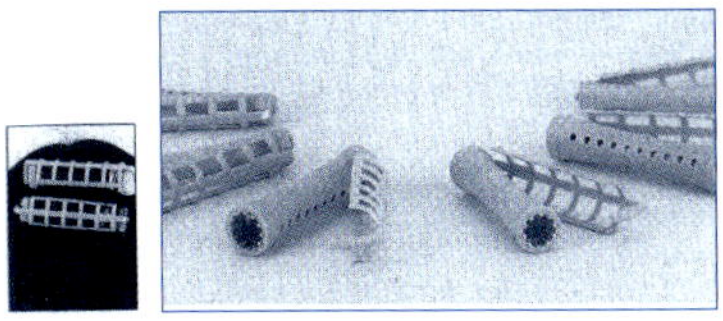

헤어닥터 퍼머넌트 웨이브 로드 R34

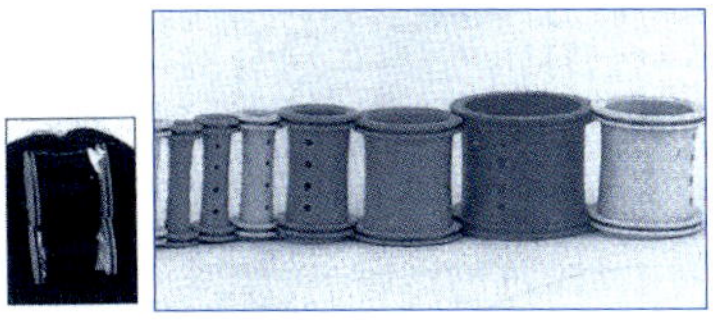

헤어닥터 퍼머넌트 웨이브 로드 R15

(5) 블로킹 (Blocking) 및 와인딩과 로드와 의 관계

기본적인 퍼머넌트 시술시 쇼트 헤어디자인은 블로킹을 퍼머넌트 디자인에 따라 모발을 로드에 정확하고 쉽게 와인딩하기 위해 두상에 구획을 나누는 것이다. 블로킹은 로드의 크기와 종류 및 퍼머넌트 디자인에 따라 달라진다.

섹션(section)은 퍼머넌트 디자인에 따라 수평, 세로, 사선, 삼각, 사각 등의 형태

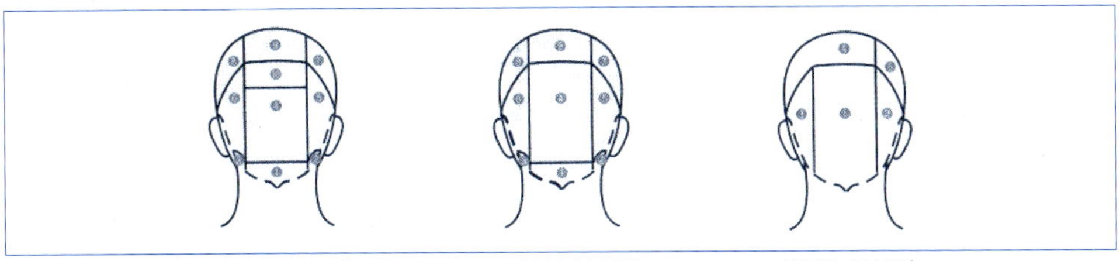

10등분 블로킹 9등분 블로킹 5등분 블로킹

로 와인딩의 방향을 설정하며 로드의 길이보다 작게 하는 것이 효과적이다. 짧은 머리이거나 모발 숱이 적은 고객은 지그재그 섹션(zigzag section)으로 와인딩하면 섹션 라인의 갈라짐을 방지할 수 있다.

2) 웨이브 프로세스(Wave Process)

(1) 제1액(환원제) 도포

제1액 도포 방법은 와인딩 시술 전에 미리 제1액을 도포한 후 와인딩이 끝나면 다시 제1액을 균일하게 도포해 주는 방법(솔루션 래핑, solution wrapping)이 일반적이며, 워터 래핑(water wrapping)은 모발에 적당히 수분을 가하여 와인딩한 후에 제

1액을 도포하는 방법을 말한다.

솔루션 래핑의 경우는 제1액이 모발에 작용하는 시간이 길어지는 단점이 있으나, 약액이 골고루 잘 도포되는 장점이 있으므로 건강 모나 버진 헤어(virgin hair)에 적당하다. 워터 래핑은 제1액이 와인딩한 모발의 끝 부분까지 고르게 스며들지 않아 모발 끝 부분의 웨이브 형성력이 떨어지는 단점이 있으나, 제1액의 작용시간이 균일하여 모발 손상이 적은 장점이 있으므로 손상 모, 흡수성 모 등에 적당하다.

(2) 와인딩 (winding)

디자인에 따라서 모발의 길이를 확인한 다음 로드의 굵기나 와인딩 방법을 달리한다. 와인딩은 로드에 모발을 감는 것으로 균일한 웨이브 형성을 위한 적당한 텐션(tension: 당김, 긴장감)을 주면서 모발 끝이 꺾이지 않도록 고르게 편 상태로 와인딩한다. 텐션이 강하며 모발에 약액 침투가 어려워 웨이브가 고르지 않다. 텐션이 적당하면 약제가 골고루 도포되어 균일한 웨이브를 얻을 수 있다.

와인딩 방법은 수평, 수직, 사선, 나선, 벽돌쌓기, 볏집쌓기 등 여러 와인딩 방법이

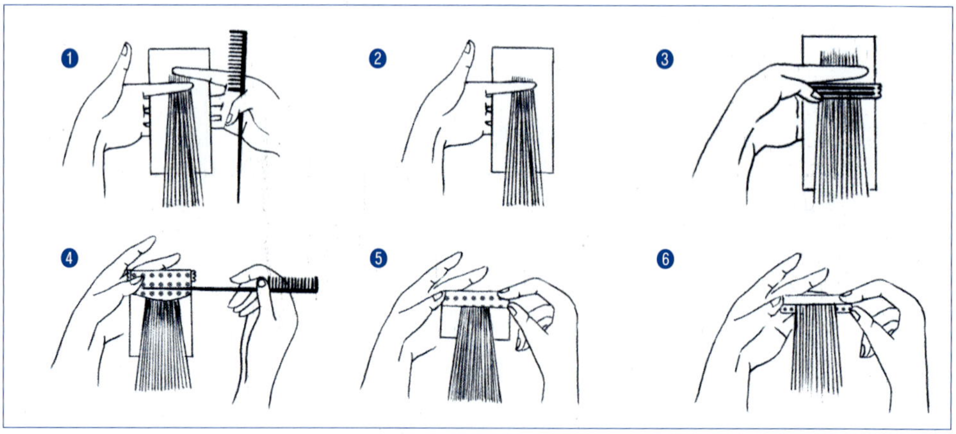

전두부의 와인딩 순서

있다. 고무밴드로 고정할 때 두피 쪽에 너무 바짝 붙여 고정시키게 되면 모발이 꺾이거나 고무줄에 부분적으로 눌려 모발이 손상되는 요인이 되므로 주의한다. 밴딩 방법에는 11자 고정과 X자 고정이 있는데, 자국이 생기는 것을 방지하기 위해서는 X자 고정을 많이 사용한다.

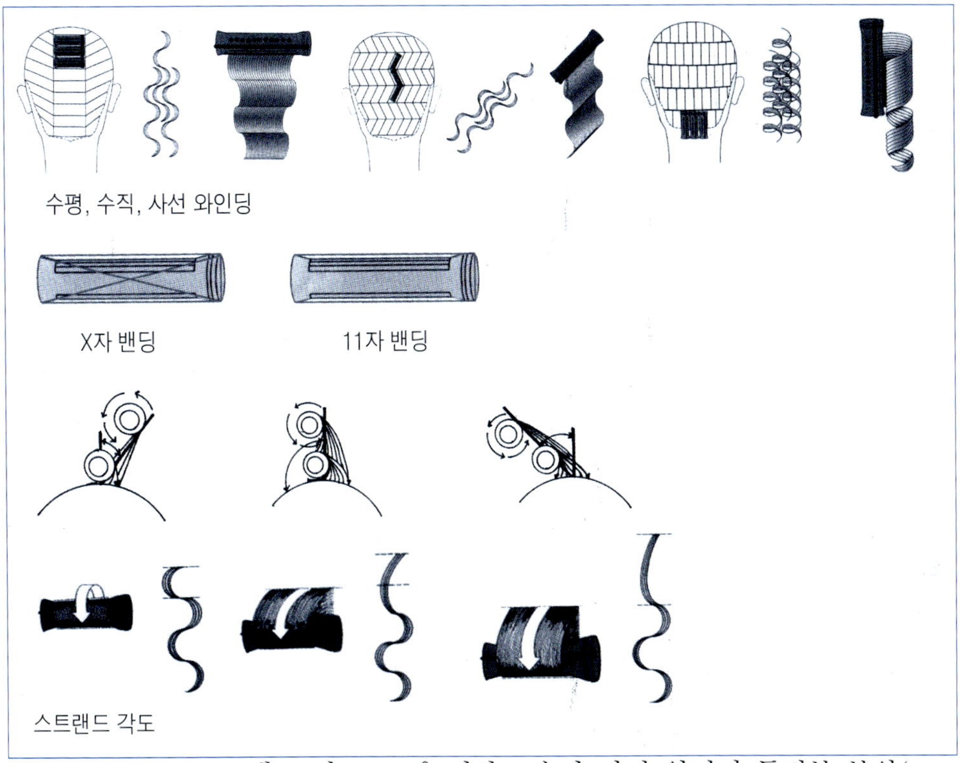

① ON BASE : 스트랜드 각도 135° 이상 : 숱이 많지 않거나 두정부 부위(top, crown)에 강한 볼륨

② HALF BASE : 스트랜드 각도 90° : 보통의 볼륨을 원하는 중간 부위(back)를 시술

③ OFF BASE : 스트랜드 각도 45° : 숱이 많거나 볼륨이 필요치 않은 백 네이프(back nape) 부위를 시술

(3) 스틱(stick)꽂기

모발에 고무줄 자국이 생기지 않도록 두피 가깝게 눌려진 부분을 스틱으로 꽂아 준다.

(4) 타월 및 코튼 두르기

퍼머넌트 용액이 흘러내리는 것을 방지하기 위해 헤어 라인(hair line)에 타월이나 코튼(cotton), 헤어밴드(hair band, neutralizing band)를 둘러준다.

(5) 제1액 재도포

와인딩된 로드 위에 제1액을 다시 도포한다.

(6) 비닐 캡(Vinyl cap, Processing cap) 씌우기

두피 열을 이용하여 환원제의 작용을 촉진시키고, 두발 전체에 열을 고르게 함과 동시에 휘발성 알칼리의 산화를 방지하기 위하여 비닐 캡을 씌운다.

(7) 프로세싱 타임(Processing time) 결정

프로세싱 타임은 제1액을 도포 후 비닐 캡을 씌우고 나서부터 제2액을 도포하기 전까지의 퍼머넨트 작용 시간을 말하며, 시간이 짧으면 웨이브 형성이 약하고(under processing), 시간이 너무 지체되면 과다 팽윤되어 본래의 모발로 회복이 되지 않아(over processing) 모발 손상의 큰 원인이 되므로 프로세싱 타임의 결정은 매우 중요하다.

캡을 씌운 후 대개 10~15분이 지나면 1차적으로 테스트 컬(test curl)을 하는 것이 적당하다. 퍼머넨트 촉진기의 전열기구는 시간 단축을 위해 보조적으로 사용할 수는 있지만 과도한 사용은 모질에 큰 손상을 줄 수 있다.

(8) 테스트 컬(test curl)

테스트 컬은 모발에 도포한 제1액의 프로세싱 타임을 결정하고, 웨이브의 형성 정도를 조사하는 것을 말한다. 테스트 컬 시술 방법은 백(back) 부분에서 테스트할 부분을 정하여 로드를 앞뒤로 살짝 움직여 완전히 풀리지 않은 상태에서 1~2회 정도 풀어보아 S자형의 풀 웨이브(full wave)가 되면 프로세싱을 끝내고, 부족한 경우에는 다시 와인딩한 후 제1액을 한번 더 도포하여 프로세싱함으로써 탄력성 있는 컬을 만들 수 있다.

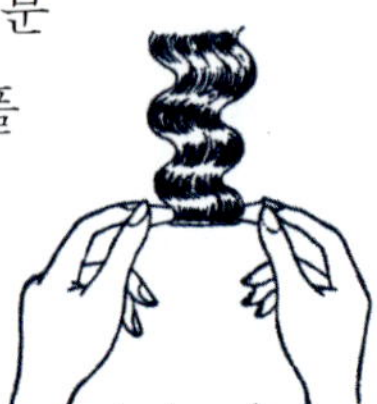
test curl

(9) 중간린스(plain rinse)

원하는 웨이브를 얻었을 때 제1액의 작용을 정지시키고, 제2액의 산화작용을 원활히 하기 위해 제1액을 물로 헹구어 내는 과정을 말한다. 만약 중간 린스의 단계를 거치지 않고 제2액을 적용했을 때는 모발에 남아있는 제1액과 제2액이 희석됨으로써 산화작용이 제대로 이루어지지 않아 웨이브 고정력이 떨어지고, 여분의 제1액에 의해 두피 및 모발 손상 요인이 될 수 있다. 중간 린스 후에는 솜(탈지면)이나 타월 등으로 모발과 로드의 물기를 제거해 줌으로써 산화작용 시간을 단축시켜 준다.

(10) 제 2액(산화제, 중화제, 고정제) 도포

제2액은 제1액에 의해서 형성된 웨이브를 풀어지지 않도록 고정시켜 주는 역할을 하므로 산화제를 도포할 때는 각각의 로드에 골고루 도포해야만 원하는 컬을 얻을 수 있다.

도포 방법은 아래에서 위쪽으로 해나간다. 제2액의 반응시간은 15~20분인데, 2회로 나누어 도포하는 것이 산화과정에 효과적이다.

(11) 로드 오프(Rod off)

컬이 완성된 후 로드를 제거하는 과정에서 시술자는 고객에 대한 상당한 배려가 필요하다. 퍼머넌트의 전 과정을 거치는 동안 고객은 두피의 긴장감, 퍼머넌트제에 의한 막연한 두려움, 긴 시술 시간 등에 의해 피로해지므로 보다 정성이 담긴 손길로 로드를 제거해 주도록 한다. 두피의 당김으로 예민해져 있을 때에 거친 손동작으로 인해 로드에 모발이 걸려 따갑다든지, 뜯기는 느낌을 받게 되면 불쾌해져서 전문성에 대한 신뢰감을 잃을 수 있다.

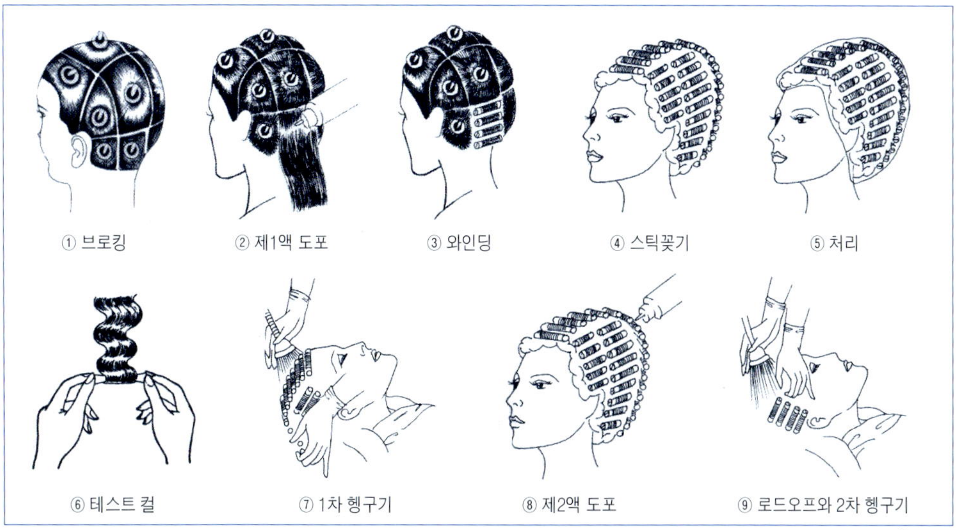

퍼머넌트 시술 순서

3) 사

후처리

(1) 산성린스(acid rinse)

로드를 제거한 후 퍼머넨트제를 완전히 헹구어 내고, 산성린스를 하여 모발이 정상 pH인 5.5 전후가 되도록 돕는다.

(2) 애프트 커트(after-cut)

퍼머넨트 후 체크 커트(check cut)한 후 부로우 드라이 한다. 다음 최종적으로 드라이 커트로 한번 더 체크하여 정돈한다.

(3) 제품 도포 및 두피 마사지

트리트먼트 제품을 사용하여 건조해진 모발에 수분과 영양분을 공급해 주고, 두피를 가볍게 눌러 혈액순환을 돕고, 긴장되었던 두피를 이완시켜준다.

(4) 올바른 스타일링(Styling) 제품 사용방법과 고객카드 작성

퍼머넨트 시술 직후에는 퍼머넨트 웨이브의 풀림 또는 모발 손상을 줄이기 위해 뜨거운 바람의 드라이어 사용을 피하고 세팅이나 저온으로 마무리하도록 한다. 손쉽게 스타일링하는 방법을 고객에게 알려주고, 적절한 제품 사용법과 아름다운 스타일을 유지할 수 있도록 하는 조언을 아끼지 않는다. 마지막으로 고객카드에 시술 날짜, 모발 진단, 원하는 컬 정도, 시술 방법, 약액 종류, 프로세싱 타임 등을 기록해 두고 다음 시술시 도움이 되도록 한다.

< 고 객 카 드 >

고객성명 ____________ (여/남)　　담당헤어드레서 ____________

전　　화 (직장.자택) ____________

(HP) ____________

헤어살롱을 찾게 된 동기

주　　소 ____________

□ 헤어살롱지명도 □ 잡지 □ 친구 □ 기타

____

주로 읽는 잡지명 ____________

생년월일 ____________

기타 특이사항 ____________

직　　업 □ 직장인 □ 주부 □ 학생

□ 자영업 □ 기타

❖ 모발 및 두피의 진단

모발 상태

시　　술 □ 염색모 □ 퍼머모 □ 버진헤어

굵　　기 □ 굵은모 □ 보통모 □ 가는모

길　　이 □ 길다 □ 중간 □ 짧다

유　　형 □ 건성 □ 중성 □ 지성

손상 정도

외부(큐티클)손상 □ 약손상 □ 손상 □ 극손상

내부 손상 □ 끊어짐 □ 늘어남

모발갈라짐 □ 있다 □ 없다

두피 상태

□ 건성 □ 중성 □ 지성

비　　듬 □ 부분 □ 전체

민감성두피 □ 붉은반점(전체/부분) □ 염증 □ 가려움증

□ 긴장두피 □ 따가움증 □ 갈질

탈　　모 □ 영구적 □ 일시적 □ 부분적

□ 초기 □ 진전

❖ 시술 기록표

월/일	시술종류	시술방법	시술제품	다음시술예약일	비고
/					
/					
/					

고객카드 작성방법의 일례

7-3-3. 주의사항

① 퍼머넨트 웨이브가 잘 나오지 않는 원인 : 모발이 저항성 모, 지방성 모, 경모인 경우, 모발에 금속염이 형성된 경우, 또는 오버 프로세싱으로 시스틴이 지나치게 파괴된 경우, 지나치게 굵은 로드를 사용했을 경우에는 웨이브가 잘 나오지 않을 수

있으므로 주의해야 한다.

② 두피에 대한 영향 : 치오글리콜산이라는 퍼머넨트 용액은 두피와 모발에 유해한 물질이 포함되어 있으므로 사용할 때 고객의 피부나 안면, 또는 옷 등에 묻지 않도록 주의한다. 피부가 약한 사람은 액이 묻은 부분이 빨갛게 부어오르거나 피부염증이 생길 수 있고 시술자가 오랫동안 약을 취급하다 보면 손이 갈라지거나 염증으로 피부병을 가져올 수도 있다. 헤어 라인과 네이프 라인 등의 부분에는 보호용 크림을 발라 피부를 보호하고 피부에 묻었을 경우 즉시 닦아내고 시술자는 보호용 장갑을 꼭 착용하도록 한다.

③ 모든 고객은 고객카드를 작성하여 고객을 관리하고 손질 및 관리법을 설명해 준다.

④ 퍼머넨트 용액은 공기와 광선, 열 등에 의해 화학적인 반응을 일으킬 수 있으므로 사용 후 남은 용액은 버리도록 하고 사용하지 않은 용액은 밀폐하여 냉암소에 보관하도록 한다.

헤어 컬러링

8-1. 헤어 컬러링 개요

8-1-1. 정의와 목적

헤어 컬러링은 착색이나 탈색에 의해 두발의 색을 원하는 색상으로 변화시키는 기술이며 아름다움을 추구하는 예술적 행위이다. 예전에는 단지 백모를 감추기 위해 사용되었으나 점차 자신의 개성을 표현하기 위해 염색을 하고 있으며, 커트나 펌처럼 정기적인 고객 유치가 가능해졌다.

헤어 컬러링의 궁극적인 목적은 개성적인 자기표현과 이미지 변신, 피부색 또는 의상과 메이크업의 조화, 헤어 디자인에 생명력과 활동감을 부여하고 컬러 문화의 발달과 더불어 자기 자신만의 이미지를 연출하는 토탈 패션의 한 장르가 된 것이다. 헤어 컬러링(hair coloring)은 크게 헤어 틴트(hair tint)와 헤어 블리치(hair bleach)로 나눌 수가 있다.

8-1-2. 모발 색과 멜라닌 색소

모발의 색은 모발에 함유된 멜라닌 색소에 의해 결정되지만 인종적 차이와 유전적 요인, 환경적인 요인의 영향을 받는다.

멜라닌 색소는 모근부에 있는 멜라노사이트(melanocyte)에서 만들어져 모발 속으로 스며들어 색을 띠게 된다. 모발 속에 포함되어 있는 멜라닌 색소의 양이나 종류에 의해서 흑색, 갈색, 금발이 된다. 모발의 색상을 크게 두 가지로 나누어 보면, 검은 모발에는 흑갈색의 유멜라닌(eumelanin) 색소가 다량 포함되어 있고, 금발과 같이 밝은 모발에는 황갈색의 페오멜라닌(pheomelanin)이 함유되어 있다.

① 유멜라닌(eumelanin) : 주로 갈색이나 검은색을 나타내는 색소, 흑인과 동양인들의 피부나 모발 색을 결정지으며 입자가 크다.

② 페오멜라닌(pheomelanin) : 노란색이나 빨간색을 나타내는 색소, 주로 서양인들의 피부나 모발색을 결정하며 유멜라닌에 비해 입자가 작다.

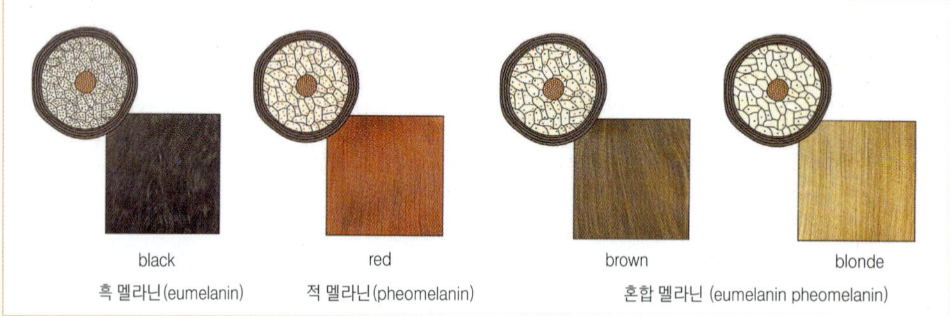

멜라닌 색소의 유형

8-2. 염색의 종류와 원리

염모제의 종류로는 모발에 침투도에 따라서 일시적인 것과 반영구 염모제, 영구적 염모제로 나누어진다.

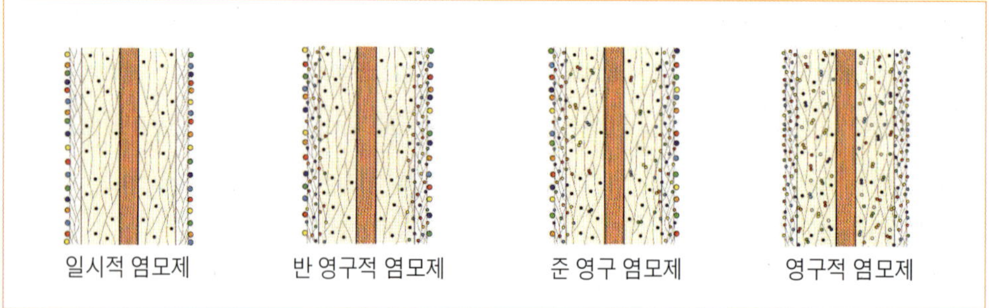

비산화 염모제와 산화 염모제

8-2-1. 비산화 염모제(Non-oxidative color)

산화제(2제)가 들어 있지 않은 헤어컬러 제품으로서 병째 이용된다. 색소를 더해주지만 자연 모발 색상을 밝게 해주지는 못하며, 주로 일시 염모제나 반영구 염모제가 이에 속한다.

1) 일시적 염모제(Temporary hair color)

일시성 염모제는 모발의 표면에 염모제가 입혀지는 것으로 한번의 샴푸에 의해 쉽게 제거되어 지속의 효과는 없지만, 모발 손상이 전혀 없이 짧은 시간에 간편하게 다양한 색상을 연출할 수 있는 염모제이다.

일시적 염모제를 도포하면 인공 색소가 모표피의 표면에 착색되어 있다가 한번의 샴푸로 제거되며 흰머리를 일시적으로 커버할 수 있어 현대인에게 선호도가 높아지고 있다. 종류로는 마스카라, 컬러 스프레이, 컬러 무스, 컬러 젤, 컬러 크레용, 위클리 린스 등이 있다. 커다란 염모분자로 모표피층을 코팅하며, 샴푸하면 색상이 씻겨 나간다.

2) 반영구 염모제(semi-permanent hair color)

인공 색소가 모표피층 안으로 침투하므로 한번의 샴푸에 의해 제거되지는 않고 샴푸할 때마다 색상이 점차적으로 빠지며 샴푸 횟수가 잦을수록 지속기간이 짧아진다. 종류로는 코팅의 효과가 있는 산성염모제, 산성컬러 등이 있고 최근에는 이 제품을 능가하는 염모제, 매니큐어 등이 있다. 헤어 글로스 혹은 컬러 강화제로 알려져 있다. 모표피층에 침투하여 모피질까지 들어가며, 샴푸 시 점차적으로 퇴색한다. 작고 큰 염모 분자를 포함하며 다공성 모에 열처리를 할 때는 더 오래 컬러가 유지되는 효과가 있다.

8-2-2. 산화 염모제(oxidative color)

산화제(2제)와 섞어 쓰는 헤어 컬러 제품으로 가장 많이 쓰이는 2제는 과산화수소수로 다양한 농도의 제품이 나와 있다. 지속력이 긴 반영구 염모제와 영구 염모제가 이에 속한다.

1) 지속력이 긴 반영구 염모제

암모니아가 들어 있지 않은 산화 염모제로 알려져 있다. 부드러운 산화제 또는 농도가 낮은 과산화수소수, 착색을 시키지만 자연 모발 색을 탈색하지는 못한다. 모표피층에 침투하여 모피질까지 들어가며 몇몇 작은 분자는 합쳐진다. 액상이나 크림, 젤 타입의 염모제가 있다.

2) 영구적 염모제(permanent hair color, 유기합성 염모제)

영구적 염모제에는 염모제의 성분에 따라 식물성 염모제(henna), 금속성, 광물성, 유기합성 염모제로 나눌 수 있는데, 현재 가장 많이 사용되고 있는 것은 유기합성 염모제이다. 염모제 제1제(알칼리제+색소+계면활성제+황산화제)와 제2제(산화제+과산화수소+물)로 구성되어 있으며 탈색과 발색이 동시에 이루어진다. 알칼리제(암모니아 또는 모노에탄올아민)는 모발을 팽창시켜, 제1제(염료)와 제2제(산화제)가 모발 안으로 침투하기 쉽도록 하며, 산소의 발생을 촉진한다. 제2제인 산화제는 자연색소 또는 인공색소를 탈색시키는 역할을 하고, 제1제인 염료와 결합하여 발색함으로써 점차적으로 모발의 염색을 진행시킨다.

암모니아를 함유한 산화 염모제로도 알려져 있다. 자연색소를 탈색시켜 착색시키며 모표피층을 뚫고 침투하여 모피질까지 들어간다. 작은 염모분자를 포함하여 모피질까지 들어가며 이 분자들이 합쳐져 밖으로 빠져나가지 못하게 된다. 대표적인 유기 색소로 파라페닐렌디아민(paraphenylenediamine, PPD)이 사용되고 있다. 염모제로는 액상, 크림, 젤 타입이 있다.

8-2-3. 염모제의 분류

염색의 지속 기간별 분류

구분	일시적 염모제	반영구적 염모제	준 영구적 염모제	영구적 염모제
지속 기간	일시적이어서 일회의 샴푸로 지워진다. 단 pH의 세기가 강할 경우 일회의 샴푸로 제거되지 않는다.	보통 2~4주간 지속되고 손상이 큰 모발일수록 모발 손상도가 크다. 샴푸횟수가 잦을수록 지속기간이 짧아진다.	보통 4~6주간 지속되고 모발의 손상도가 클수록 지속기간이 짧아진다.	거의 영구적이나 모발의 손상도가 클수록 빨리 퇴색된다.
제품 타입	컬러스프레이, 칼라무스, 컬러샴푸, 컬러린스, 컬러젤, 컬러 파우더등.	크림 타입, 액체 타입, 반영구적 염색제가 함유된 샴푸류	크림 타입, 액체 타입, 젤 타입.	크림 타입, 액체 타입.
주용도	순간적 백모 커버, 패션룩 연출, 퇴색한 모발을 일시적 커버, 색을 교정할 때	모발의 색이나 윤기를 부여할 때, 염색 후 2~4주 정도 지나면서 염색제가 자연히 제거되도록 할 때, 모발색을 어둡게 하거나 30% 정도의 백모 커버 시 컬러 체인지를 할 때 보정색으로 사용	모발 색을 어둡게, 50%정도의 백모를 커버, 모발의 색, 윤기 부여 염색 후 2~4주 정도 지나면서 염색제가 자연히 제거되도록 할 때, 모발의 색소가 부족할 때 프리피그멘테이션(Pre-pigmentation)	모발 색을 바꿀 때, 밝게 또는 어둡게 염색하고 싶을 때, 백모를 완전히 커버할 때, 염색 후 지속 기간이 영구적이기를 원할 때

염색제의 장단점

종류		장단점
일시적 염색	장점	· 모발의 손상이 없다. · 모발에 색상의 변화를 주기가 쉽다. · 다양하고 특이한 색상을 나타낼 수 있다. · 사용방법이 간편하다.
	단점	· 컬러 스프레이 또는 컬러 무스를 사용할 경우 건조된 후에는 모발이 딱딱해져 빗질이 어렵다. · 마찰에 의해 색소가 떨어질 수 있으며, 땀 또는 수분에 의해 지워질 수 있다.

구분		내용
반영구적 염색	장점	· 탈색과 병행하여 원색적인 색 및 다양한 색상을 나타낼 수 있다. · 시술시 두피 온도 차에 의한 영향을 받지 않으므로 시술시간에 대한 제약이 적다. · 처녀 모에 시술한 경우 약 2~4주가 지나면 모발 본래의 색으로 돌아가기 때문에 신생 모의 색상과 차이가 생기지 않는다. · 본래의 모발 색을 변화시키지 않으면서 윤기를 주고 다공성 모발의 손상된 부분을 일 정기간 메울 수 있다. · 두피와 피부이상을 일으키지 않는다.
	단점	· 장기간 반복하여 염색할 경우 모발이 뻣뻣해진다. · 색상 차이에 의한 명도 이외에 모발의 명도를 높이지 못한다. · 어두운 모발을 밝고 선명한 색으로 염색하기가 어렵다. · 피부에 염색제가 묻으면 잘 지워지지 않는다.
준영구적 염색	장점	· 약알칼리성이므로 알칼리성을 띄는 영구적 염모제에 비하여 모발의 손상이 적다. · 시술시 두피 온도 차에 의한 영향을 받지 않으므로 시술시간에 대한 제약이 적다.
	단점	. 모발의 명도를 크게 높이지 못한다. · 밝은 색과 선명한 색을 낼 수 없다. · 알러지 반응을 일으킬 수 있다.
영구적 염색	장점	· 탈색 및 착색의 효과가 있으므로 모든 블리치 레벨과 여러가지 색을 만들어낼 수 있다. · 100% 백모 커버가 가능하다.
	단점	· 모발의 손상이 크다. · 시술시 두피 온도 차에 의한 영향을 받으므로 얼룩이 생길 염려가 있다. · 시술시간에 제약이 따른다. · 알러지 반응을 일으킬 수 있다.

8-3. 탈색의 원리와 종류

8-3-1. 탈색의 정의와 원리

모발 탈색은 모발에 존재하는 멜라닌 색소를 산화시킴으로써 모발을 밝게 하는 것이다. 모발의 색을 밝게 하거나, 염색 상승, 얼룩진 모발 수정, 컬러체인지 등의 목적으로 탈색한다. 탈색시 제1제(알칼리제)는 모발을 팽창시키고, 제2제(과산화수소)는 산소를 발생시킬 수 있도록 촉매작용을 한다. 과산화수소가 분해되면서 발생된 산소는 모발의 멜라닌 색소를 산화시켜 밝게 함으로써 탈색이 이루어진다.

8-3-2. 탈색제의 종류와 장단점

탈색제의 장단점

구분	장 점	단 점
분말타입	· 빠른 속도로 탈색할 수 있다. · 높은 명도의 레벨까지 탈색할 수 있다.	· 모발 손상이 크다. · 시술 시간차에 의한 명도차가 크다. · 두피에 노출될 경우 접촉성 피부염 유발 등 두피에 문제가 발생할 수 있다. · 지나치게 탈색될 수 있다. · 탈색제가 빨리 건조되어 탈색 진행에 방해가 될 수 있다.
크림타입	· 시술 시간차에 의한 명도차가 적다. · 모발의 손상이 적다. · 약제가 흘러내리지 않아 시술하기가 쉽다. · 모발에 도포된 양을 쉽게 분간할 수 있으므로 반복해서 도포할 우려가 없다. · 탈색제가 잘 건조되지 않는다.	· 매우 높은 명도 레벨까지 탈색하기 어렵다. · 탈색이 진행되는 정도를 파악하기 어렵다.
오일타입	· 모발의 손상이 가장 적다. · 탈색시 두피를 자극하지 않는다. · 시술 시간차에 의한 명도차가 거의 없다. · 탈색이 진행되는 과정을 보면서 적당한 시기에 탈색을 종료할 수 있다. · 탈색제가 잘 건조되지 않는다.	· 탈색 속도가 느리다. · 높은 명도 레벨까지 탈색하기 어렵다. · 모발에 도포된 양을 쉽게 분간할 수 없으므로 반복해서 도포할 우려가 있다.

8-3-3. 탈색제의 성분 및 작용

분류		주성분	작용
제1제	과산화물	과황산나트륨, 과황산칼륨, 과황산암모늄, 과산화망간, 과산화바륨 등	· 강력하게 산소를 발생하여 모발을 탈색시킨다. · 모발을 손상시킨다.
	알칼리제	암모니아, 모노에탄올아민	· 모표피를 연화 · 팽창시켜 모피질에 산화제가 침투하는 것을 돕는다. · 산화제의 분해를 촉진하여 산소의 발생을 돕는다. · pH를 조절한다.
제1제	산화제	과산화수소수	· 멜라닌 색소를 분해하여 모발의 색을 보다 밝게 한다. · 모발 케라틴을 약화시킨다. · 암모니아에 의해 보다 빨리 산소를 발생한다.

8-3-4. 탈색의 원리

① 알칼리제에 의해 모표피가 열리고 모피질 내로 들어간 과산화수소로부터 발생되는 산소가 유색의 멜라닌 색소를 무색의 옥시-멜라닌으로 산화시키므로 모발의 탈색이 진행된다.

② 과산화수소의 농도에 따라서 산소의 발생량이 달라지는데 농도가 높을수록 많은 양의 산소를 발생시킨다.

③ 모발 염색 시에 사용되는 과산화수소의 농도는 보통 6%를 사용한다.

④ 과산화수소의 농도를 볼륨(Volume)으로도 나타내는데, 볼륨이란 기체를 측정하는 단위이다. 각 농도의 과산화수소로부터 발생되는 산소의 양을 측정한 결과는 다음과 같다.

농도	산소발생량
10볼륨(3%)	1ℓ의 과산화수소수는 10ℓ의 사소를 발생시킴
20볼륨(6%)	1ℓ의 과산화수소수는 20ℓ의 사소를 발생시킴
30볼륨(9%)	1ℓ의 과산화수소수는 30ℓ의 사소를 발생시킴
40볼륨(12%)	1ℓ의 과산화수소수는 40ℓ의 사소를 발생시킴
50볼륨(15%)	1ℓ의 과산화수소수는 50ℓ의 사소를 발생시킴

(1) 액상 탈색제

모발에 대한 탈색 작용이 빠르고 탈색된 정도를 알기 쉽다. 원하는 시간 내에 탈색을 완성할 수 있으나 지나치게 탈색될 우려가 있다.

(2) 호상 탈색제

탈색제 도포 시 양의 조절이 쉬우며, 시술 도중에 과산화수소수가 건조될 염려가 없어나 탈색 정도를 파악하기 힘들다.

(3) 분말 탈색제

탈색의 정도를 가장 밝게 할 수 있으며, 방치 시간이 짧으나 지나치게 탈색될 우려가 있고 잘못 도포했을 경우 얼룩이 생길 수 있으며 두피를 자극하고 모발을 건성화시킬 수 있다.

자연모발 레벨	블리치 레벨
10. 가장 밝은 황금색(lightest blonde)	10. 창백한 노랑(pale yellow)
9. 아주밝은 황금색(very light blonde)	9. 연한 노랑(light yellow)
8. 밝은 황금색(light blonde)	8. 노랑(yellow)
7. 황금색(blonde)	7. 오렌지 노랑(orange yellow)
6. 어두운 황금색(dark blonde)	6. 오렌지(orange)
5. 밝은 갈색(light brown)	5. 붉은 오렌지(red orange)
4. 갈색(brown)	4. 붉은색(red)
3. 어두운 갈색(dark brown)	3. 검붉은 색(dark red)
2. 아주 어두운 갈색(darkest brown)	2. 붉은보라(red violet)
1. 흑색(black)	1. 흑색(black)

자연모발과 블리치 레벨 명도 10단계

8-4. 헤어 컬러링 시술

8-4-1. 시술 도구

염색도구

헤어 컬러 시술의 준비물로는 염모제, 계량기, 염색 볼, 염색용 브러시, 고무장갑, 방수용 염색보(tint cape), 모발 보호제, 호일(foil), 산성 샴푸 및 린스, 꼬리 빗, 굵은 빗, 타이머, 전열기구, 타월, 이동식 정리대, 컬러 차트(color chart), 염색 기록카드 등이 있다.

8-4-2. 시술 과정

1) 염색 시술 전 과정

(1) 상담(Counseling)

새로운 컬러 디자인을 시술하기 위해 고객 상담을 한다. 두피 및 모발을 분석하고 고객의 자연 모발 및 기존 명도를 정확하게 확인한다. 고객이 원하는 결과를 얻기 위해 컬러서비스에 있어 매우 중요한 단계이다. 시술 전 대화를 통해 고객이 원하는 색상, 취향, 직업, 성격, 생활습관, 이미지 등을 파악하여 시술 대상자의 모발 상태, 희망 색, 권장 색 등의 정보 교환이 반드시 필요한 작업이다.

(2) 고객 분석(client analysis)

고객의 눈동자 색과 피부 톤을 평가해 본다. 피부 톤이 차가운 사람에게 차가운 색조의 컬러를 도포했을 때 차가운 느낌이 배가 될 수 있다는 것에 유의한다. 따뜻한 모발색은 따뜻한 피부 톤을 보완해 준다. 인공색소는 자연색소와는 다른 특징을 가지고 있어서 탈색이나 컬러링하기가 더 어렵다는 것도 유념한다.

(3) 고객 카드(Customer card)

고객 신상과 모질, 컬러링 작업 등의 내용을 기록해 둠으로써 성공적인 시술 결과를 가질 수 있고, 문제가 발생해도 다음에 시술할 때에는 피할 수 있어 실패율을 줄여 준다.

(4) 패치 테스트(Patch test, skin test, Allergy test)

염모제에 의한 알레르기성 피부염이나 접촉성 피부염 등의 유무를 알아보기 위하여 영구 염색 시술시 24~48시간 전에 실시하며, 피부 첨포 시험 또는, 스킨 테스트라고도 한다. 여기 사용되는 염모제는 실제로 사용할 염모제와 색조 및 성분의 배합이 동일한 것이어야 하며, 패치 테스트 결과 반응이 나타날 경우는 그 결과에 따라 염색시술의 가부를 결정한다.

귀 뒤 헤어라인이나 팔 안쪽 등 부드러운 부위를 시험 부위로 선택해 시험약액을 바르고 자연 방치한 후 반응을 관찰했을 때 붉은 반점, 수포, 호흡기 질환, 가려움증 등의 증상이 나타나면 시술하지 않는다.

(5) 모발 진단(hair diagnosis)

처녀 모(virgin hair) 염색이나, 재염색, 백모 염색에서는 모발 본래의 색과 염색 모발의 색에 대해 조사하고, 신생 모발의 길이, 모발 상태(손상 모, 건강모, 염색 모, 다공성 모, 지성 모), 백모량, 두피 상태 등을 조사한다.

모발 진단서

모델명 :　　　　　　　　　　　　성　별 : 남, 여
날　짜 :　　　년　　월　　일　　시 술 자 :

자연색 :

희망색 :

♣ 자연색과 희망색의 차이
- ·2정도 어둡다 □
- ·1정도 어둡다 □
- ·같다 □
- ·1정도 밝다 □
- ·기타 □

♣ 흰모발의 비유
- ·25%
- ·50% □
- ·75% □
- ·100% □
- ·기타 □

♣ 염색 분류

멋내기
- ·처음 염색 : short □
- 　　　　long □
- ·재염색 – 신생부 3cm 이하 □
- 　　　– 신생부 3cm 이상 □
- ·컬러바스 □
- ·탈색 □
- ·특수염색 □

흰머리커버
- ·자연스럽게 □
- ·검게 □
- ·기타 □

♣ 도포 방법
- ·한 번에(one touch) □
- ·두 번에(two touch) □
- ·세 번에(three touch) □
- ·기타 □

♣ 제품선택(제1제)

♣ 컬러선택 :

♣ 사용량(제1제) :

♣ 제2제

♣ 작용 시간
- ·자연 방치 □
- ·크리마존 □
- ·캡 □
- ·기타 □
- ·전체 시간 □

♣ 기염부 염색
- ·물스프레이 후 빗질 후 10분 □
- ·잔액 도포 후 10분 □
- ·기본색 첨가하여 도포 후 10분 □
- ·기타 □

♣ 염색 결과

♣ 후처치 및 홈케어

(6) 컬러 디자인 결정

디자인 결정은 디자인 요소를 계획하고 조합할 때 하게 되는 선택이다. 커트형에 따른 컬러 패턴을 만들어야 될 것이며, 주변의 자연에서 발견할 수 있는 다양한 컬러와 패턴에서 영감을 얻어 상담을 통해 고객의 취향과 요구를 파악하고 모발과 이미지 분석을 통해 시술 가능한 컬러 디자인 설정 후 고객 동의를 얻어 시술한다.

미용은 자유 예술이 아니므로 고객의 요구, 모발 상태, 디자이너의 독창성, 유행 등을 고려하여 디자인하고 사진 화보나 일러스트, 최신 유행잡지를 참고로 고객의 이해를 돕는다.

2) 염색 본 작업과정

(1) 제품선정

일시적, 반영구적인 염모제 중 시술 하고자 하는 헤어컬러 디자인에 합당한 제품 선정.

(2) 시술 작업

백모는 1제와 2제를 1:1로 혼합하고 컬러링은 1:1.5 정도로 혼합해서 신생모와 염색모를 구분해서 터치한다.

(3) 유화(emulsification)

컬러 연결 작업을 하고 착색이 불안정한 부분을 안정되게 착색시키고 두피에 묻은 염모제는 잘 지워지도록 한다. 샴푸 전에 미온수를 뿌려 두피를 문질러주고 두피 맛사지로 유화한 뒤 산성샴푸로 작업을 마무리한다.

3) 색소와 컬러의 법칙

(1) 색소

색소란 색을 만들어내는 물질로, 다른 재료에 컬러를 입히기 위해 쓰인다. 메이컵, 패션, 회화, 그리고 헤어 드레싱과 같은 다양한 예술 형태를 만들어내는 디자이너들은 모두 그들의 예술 작품을 만들어 내기 위해 인위적으로 색소를 배열한다.

(2) 컬러의 법칙

빨강, 노랑, 파랑색은 순수한 색으로 1차색(삼원색)으로 불려진다. 다양한 비율로 섞을 때, 이 색들은 여러 가지 다른 색을 만들어 낸다. 2차색은 두 가지의 1차색을 동일한 비율로 섞을 때 만들어 지는 색상이다. 3차색은 1차색과 2차색을 동일한 비율로 섞어 만드는 색상이다.

① 1차색(primary colors) : Red, Blue, Yellow

② 2차색(secondary colors) : Orange, Green, Violet

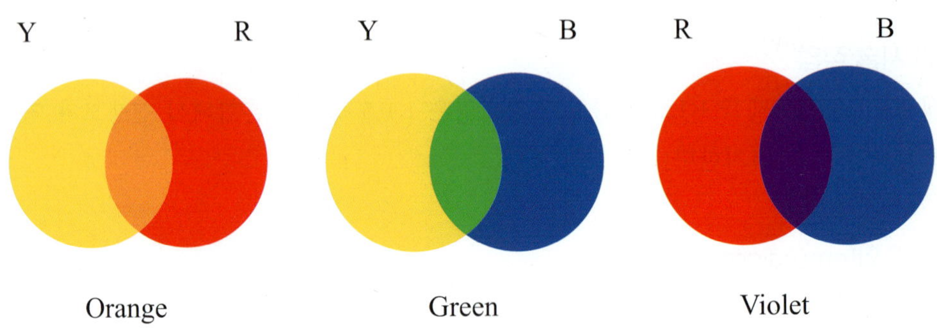

③ 3차색(tertiary colors) : Yellow Orange, Red Orange, Yellow Green, Blue Green, Red Violet, Blue Violet

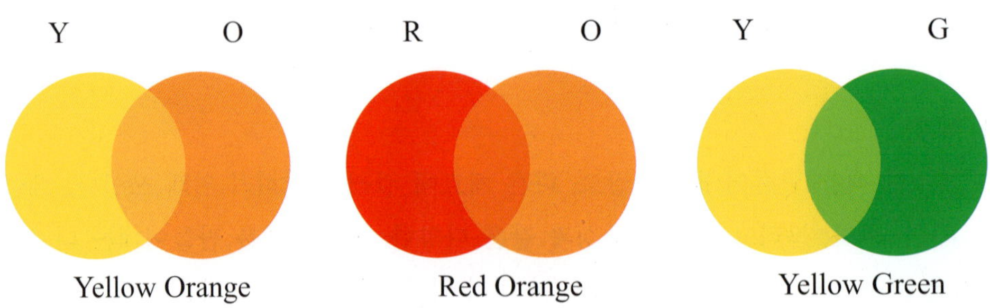

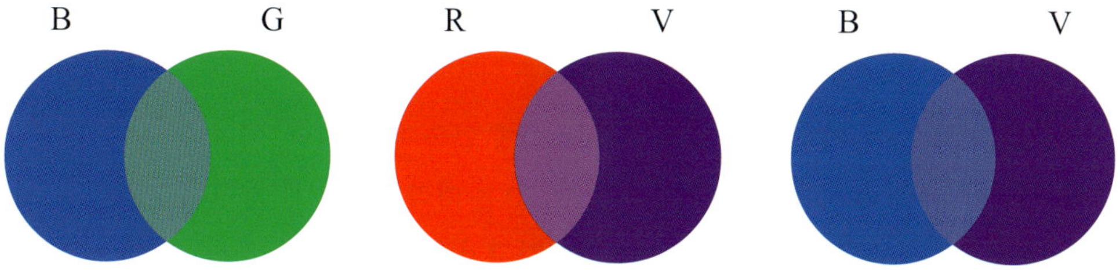

Blue Green　　Red Violet　　Blue Violet

4) 염색시술 후 과정

(1) 샴푸(Shampoo)

염, 탈색 샴푸 시 염색 전용 샴푸나 산성 샴푸를 사용하여 pH 밸런스를 조절해 준다. 염색은 미온수를 모발에 뿌려서 샴푸로 두피에 자극을 주지 않도록 부드러운 동작으로 마사지하면 염색이 얼룩이지지 않고 색상이 선명하게 오래 유지되므로 염색이 잘되지 않는 모발에 샴푸 마사지를 하면 도움이 된다.

(2) 헤어트리트먼트(Hair treatment)

염색으로 손실된 아미노산 단백질을 보충하며, 건조하고 거칠어진 모발에 윤기와 색상을 유지하는데 도움을 준다. 샴푸 후 적당량을 모발에 바르고 마사지 후 깨끗이 헹군다.

(3) 스타일링(Styling)

고객의 요구와 컬러링 구상 포인트를 살려서 마무리하고 알칼리성 염모제로 인해 손상된 모발이 더 이상 손실되지 않도록 스타일링한다.

(4) 홈 헤어 케어 어드바이스(Home hair care advice)

케어는 일회성에 불과하기 때문에 꾸준히 관리해 나가야 하며, 그러기 위해서는 홈 케어가 필요하다. 모질에 맞는 양질의 샴푸와 트리트먼트제로 모발을 관리해 나간다면 염색 주기도 길어지고 모발 결도 좋아져서 컬러와 디자인을 오래 지속할 수 있다.

8-5. 염색의 기술

염색을 처음하는 경우는 원하는 컬러를 쉽게 얻을 수 있지만, 이미 염색된 모발을 다른 컬러로 바꾸고자 할 때는 쉽게 얻기 어렵다. 따라서 컬러를 바꾸기 위해서는 색상의 보색대비, 모발의 바탕색, 백모를 염색하고자 할 때 백모의 비율을 정확히 알아야 한다.

1) 버진 헤어(Virgin hair)염색

① 모발을 4등분 한다.

② 네이프부터 섹션을 순서대로 나누고 폭 4cm, 두께 1cm 정도로 나눠서 염모제를 도포한다. 두피로부터 1~2cm 떨어진 부분에서 스트랜드의 양면에 골고루 도포한다. 두피에서 1~2cm 정도는 두피 체온에 의해서 발색이 빠르므로 염색 종료시간 10~15분전에 염색제를 도포한다.

③ 염모제를 바른 그대로 약 25분 동안 방치했다가 가장 염색이 잘되지 않는 부분의 모발을 컬러 테스트한다.

④ 원하는 컬러가 나오면 샴푸한다.

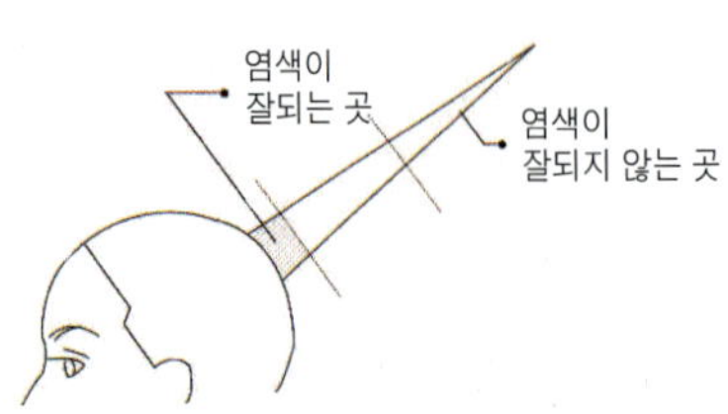

버진헤어 염색

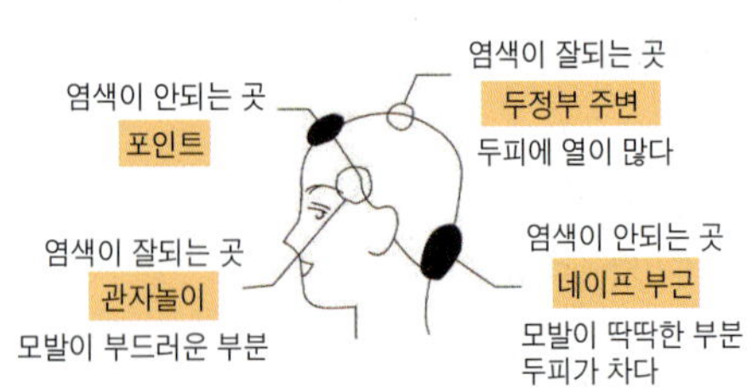

두피의 온도와 부위별 분류에 따른 염색성

2) 모발길이에 따른 염색

두부에 따라 온도 차이가 나므로 센터 포인트, 사이드 포인트 또는 네이프 부분은 염색이 잘되지 않으므로 주의한다. 모발이 짧은 경우는 원터치로 20~30분 정도 자연 방치하는 것이 좋고 중간 길이인 경우는 두피로부터 2~3cm 떨어진 부분부터 도포한 후(20~30분) 모근 부분에(10~15분) 도포한다. 긴 모발일 경우는 중간 부분부터 도포한 후(10분), 모선에 도포(20~30분)한다. 마지막으로 모근 부분에 도포(10~15분)한다.

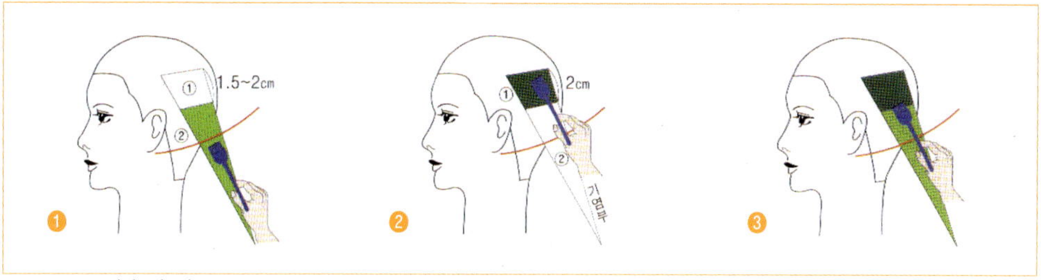

sohrt hair 시술 순서

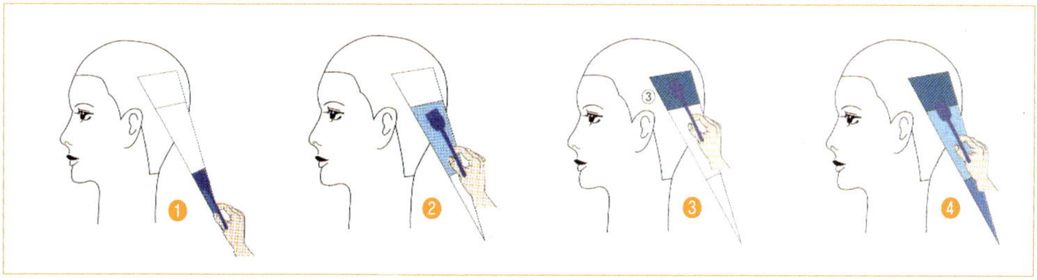

long hair 시술 순서

3) 탈색(Bleaching, Lightening)

모발을 정중선과 측중선으로 4등분하고, 탈색 제제 혼합은 시술 바로 전에 한다. 탈색제 도포는 탈색이 잘되지 않는 네이프 부분과 색상이 짙은 부분부터 먼저 시작한다. 신생 모발이 2cm 이하일 때는 신생부만 도포하지만 그 이상의 길이일 때는 2cm 떨어진 부분의 신생 모발에 도포한 다음 두피에 도포한다.

4) 재염색(retouch)

재염색을 하는 일반적인 두 가지 이유는 기여색소를 더 강화해 주기 위함과 기존의 기여 색소를 중화해 주기 위함이다. 어느 경우에나 컬러의 법칙을 참조하고 도포하는 컬러와 기여 색소가 혼합되어져 최종 컬러 결과를 만들어낸다. 새로 자란 신생부 3cm 이하에만 먼저 염색제를 도포한 후, 기염부의 희망 컬러 명도와 차이가 날 때 적용한다.

시술 방법

① 재염색시 신생부가 3cm 이하이고 약간만 퇴색된 경우

희망 컬러와 기염부의 색상 변화가 거의없고 윤기와 색조의 선명함을 원할 때 희망 컬 라를 모근에 도포하고 20~25분간 방치, 남은 약액과 미온수를 혼합하여 전체 도포 후 5~10분간 방치 후 세척한다.

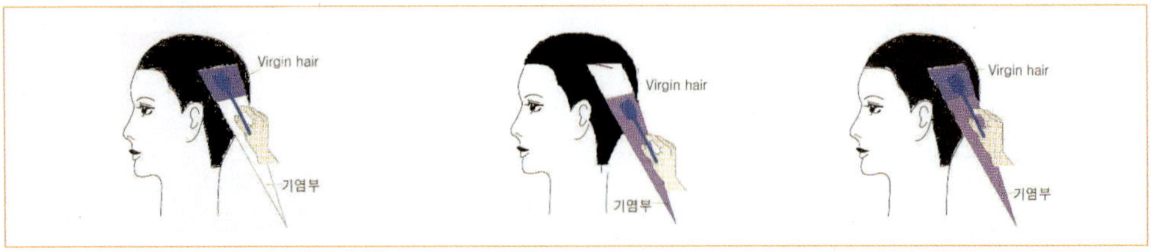

② 재염색시 신생부가 3cm 이상이고 많이 퇴색된 경우

희망 컬러를 모간에 도포하고 10~15분간 방치하고 모근과 모간에 one touch로 도포하고 20~25분간 방치 후 세척

5) 보색 중화

색상환 중에서 반대 측에 있는 색을 보색이라 하는데, 반대 색끼리는 성질이 정반대이지만 색을 바꾸고 싶을 때에는 서로 도와주는 관계가 된다. 살롱에서 활용하는 염색의 빛깔은 색체학적인 면에서의 응용이라고 볼 수 있다.

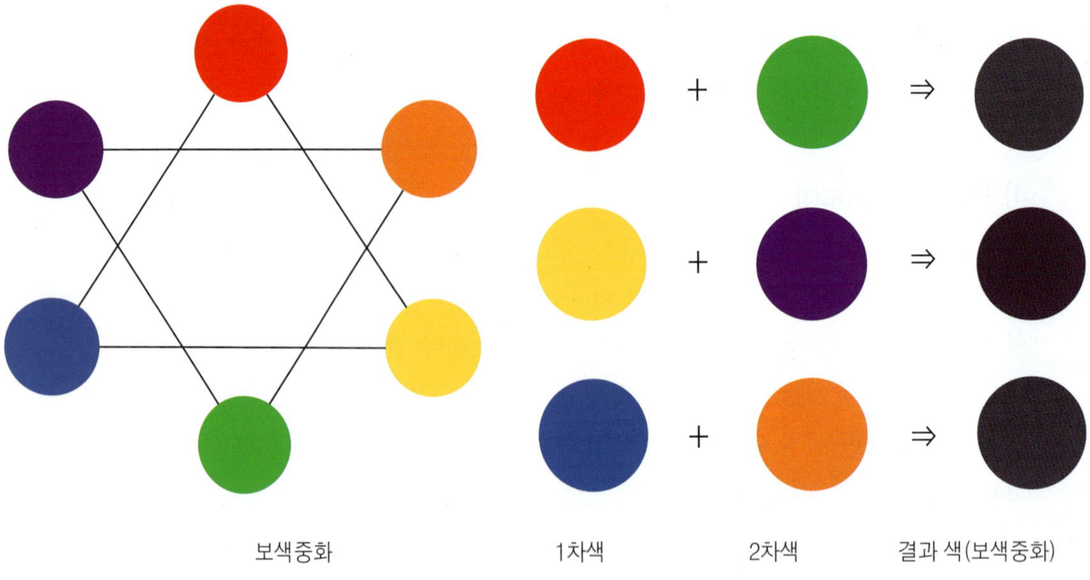

색상환에서 기본 색조인 삼원색(빨강, 파랑, 노랑)을 중심으로 2차색인 주황, 초록, 보라를 활용해 모발의 색을 바꿀 수 있다. 반대 색끼리 혼합하면 검은 색조를 띤 회색이 되지만, 모발 염색인 경우는 갈색이 된다. 예를 들어 노랑색을 중화시키기 위해서는 색상환 반대편에 있는 보라색을 선택한다. 모발의 붉은 계열을 커버하고 싶은 경우는 보색관계에 있는 녹색을 사용함으로써 붉은 계열을 중화할 수 있다.

6) 백모 염색

백모의 염색은 흰머리가 많은 부위부터 도포하는 것이 순서이고 백모 염색은 빗살을 사용하지 않는 것이 좋다. 제2제인 산화제는 3% 과산화수소를 사용하기도 한다. 흰머리의 양을 check(기본 색조의 비율은 흰머리의 양만큼 혼합)하고 작용 시간과 도포량은 충분히 한다.

(1) 시술 방법

① 50%(흰머리) = 기본색(1) : 희망색(1)

② 30%(흰머리) = 기본색(1) : 희망색(3)

③ 50% 이상 100%(흰머리) = 기본색 중 1액(애벌염색) 먼저 도포 방치 10분 → 희망 컬러 (1+2액) 재도포(30~40분) 방치

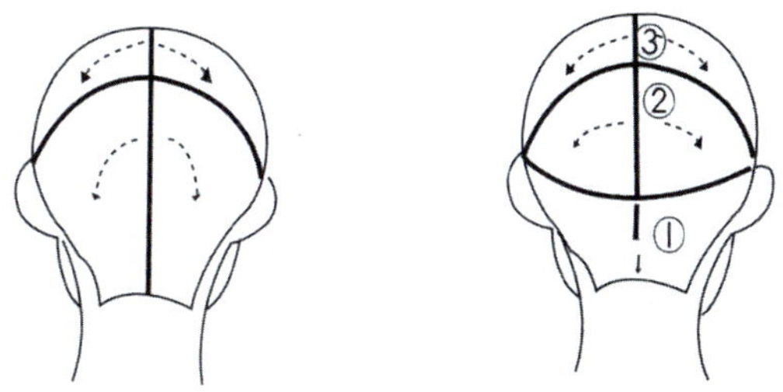

백모를 커버할 경우, 멋 내기 염색을 할 경우

7) 캡을 이용한 기법(Technique)

구멍이 있는 염색용 비닐 캡을 씌워 그 구멍을 통해 모발을 끌어낸 다음 비닐 캡 밖으로 나온 모발에만 염색제를 도포하는 방법이다. 비닐 캡 밖으로 나온 모발의 양이나 색상 정도에 따라 모발의 질감이 달라진다.

8) 위빙 테크닉(Technique)

하이라이트 빗을 이용해 모발의 스트랜드를 위빙(weaving, 가마니 짜는 기법)한 후 위빙된 모발에 염모제를 도포하는 방법이다. 모발과 사용할 염색약의 명도 및 채도 차이가 작은 경우는 전체적으로 자연스런 분위기를 만들 수 있고, 큰 경우에는 개성 있고 선명한 하이라이트로 독특한 작품을 연출할 수 있다.

제1부 chapter 9

헤어미용

블로우 드라이 및 업스타일

9-1. 블로우 드라이

9-1-1. 블로우 드라이의 정의

블로우 드라이 스타일은 두발에 열풍을 가함으로써 일시적인 변화를 주는 헤어스타일을 만드는 기술이다. 두발을 말리면서 빗이나 브러시로 손질하는 기술이므로 빠른 시간 안에 헤어 스타일을 완성할 수 있어 바쁜 현대인들에게 선호되고 있다.

블로우 드라이는 모발 건조, 볼륨 형성, 커트와 펌을 보완하는 방법에 적용되고 있다.

9-1-2. 블로우 드라이어 쥐는 방법

(1) 손잡이를 잡는 방법

드라이어의 손잡이를 잡는 방법은 손의 유동성으로 온도조절장치를 작동할 수 있고 각도 조절과 상하로의 움직임을 용이하게 할 수 있어야 한다. 주로 모발의 건조, 스트레트 스타일의 정리 등에 적용된다.

(2) 노즐을 잡는 방법

드라이어의 노즐 부분을 잡는 방법은 드라이어의 사용이 충분히 익숙해진 후에 사용하며 어깨와 손가락에 무리가 적어 대부분 선호한다.

9-1-3. 블로우 드라이어 사용시 주의할 점

① 블로우 드라이어의 바람이 나오는 출구는 직접적으로 고객의 두피, 얼굴, 목으로 향하지 않게 한다.
② 두발에 습기가 너무 많으면 블로우 드라이의 효과가 반감되므로 두발에 적당한 수분을 공급한 후에 드라이 시술한다.
③ 드라이어의 코드가 고객의 어깨나 얼굴에 닿아 고객에게 불쾌감을 주지 않도록 한다.
④ 브러시 회전시 각 섹션을 뜰 때마다 엉키지 않게 빗질하여 시술한다.

9-1-4. 브러시

블로우 드라이는 두발을 건조시키는 것과 동시에 브러시와 빗을 함께 사용해서 두발을 만져주는 것으로 실질적인 헤어스타일을 만드는 기초가 된다.

(1) 데멘 브러시 (denman brush)

열에 강하며 모발에 텐션과 볼륨감을 주는데 사용된다.

(2) 롤 브러시

빗살이 플라시틱과 돈모로 되어 롤의 크기가 다양하고 방향성 표현에 적합하다. 두께가 다른 것을 두세 자루 준비해서 볼륨을 만들거나 두발에 변화를 주는데 사용한다.

(3) 스켈톤 브러시(skeleton brush, nent brush)

빗살이 성기기 때문에 긴장력을 주기 어려우므로 윤기를 낼 수 없지만 주로 남성 스타일이나 쇼트 스타일에 사용한다. 모발을 건조시킴과 동시에 모근에 볼륨감을 형성하는 데 좋다.

(4) s형 브러시

방향성을 살린 헤어스타일의 정돈에 적합하다.

(5) 브러시를 쥐는 방법과 시술 각도

① 롤 브러시의 경우 자루 부분을 쥐고 엄지와 검지를 브러시의 등 부분에 걸쳐서 쥔다. 나머지 손가락은 작은 동작에 대응하기 위해서 힘을 빼고 적당히 걸친다. 브러시는 손목을 고정시키고 사용하는 경우와 브러시를 회전시켜 사용하는 경우가 있다.

② 브러시와 드라이의 시술 각도

고객의 두상과 커트 스타일에 따라 볼륨에 대한 각도가 달라진다.

- 0° ~90° : 스트랜드(strand)와 평행하게 바람 출구를 대고 모발이 흩어지는 것을 방지한다.
- 90° ~180° : 머리끝을 안정시켜 라인을 만든다.
- 180° ~270° : 머리끝을 안쪽으로 만든다.

9-1-5. 블로우 드라이 기초 기술

(1) 블로우 드라이 사전 처리

① 샴푸를 하고 난 후 타월로 적당히 물기를 닦아낸 다음 드라이를 한다.

② 모발에 수분이 너무 많으면 쉽게 모발이 늘어져 희망하는 헤어스타일을 만들기 어렵고, 바람을 과다하게 받으면 모발이 손상되기 쉬우므로 적절한 수분 상태로 시술한다. 대략 모발의 수분 상태는 30% 정도가 적당하다고 볼 수 있다.

③ 스타일링제나 컨디셔너 등 드라이 전에 모발 보호제를 사용하여 드라이할 때 모발 손상을 줄인다.

(2) 펴주기 (스트레트 기법)

브러시를 스트랜드(strand) 안쪽으로 넣어서 곧바로 펴낸다. 이때 모근에서부터 곧게 되도록 텐션을 가하며 반복해서 브러시한다. 스트레트 기법에서 제일 중요한 점은 모발의 윤기를 최대화하여 매끄러운 단면을 고객이 느낄 수 있도록 시술한다.

(3) 모근 세우기

모근을 강하게 일으켜 세울 때에는 브러시를 스트랜드 안쪽에서 넣고 각도 120°로 잡고 브러시를 두피에 따라서 회전시킨다. 짧은 머리일 경우 모근 부분을 세우는 각도에 따라 커트 윤곽선이 달라진다.

(4) 안말음

① 슬라이스한 판넬 안쪽에 롤을 넣어서 훑어 내려온다.

② 머리 끝부분에서 롤을 두 번 정도 말아서 5초 정도 바람을 쏘여준다.

③ 롤을 반 바퀴 돌려가며 뜨거운 바람을 쏘여준 후 약간의 텐션을 주기 위해 찬 바람을 쏘여준다.

(5) 바깥말음

일명 '소도마' 끼라고 한다. 볼륨감의 유무에 따라 중후한 느낌을 주는 한복 의상에 어울리기도 하고 그와 반대로 깜직한 바람머리 형태로 귀여운 느낌을 줄 수 있다.

① 모근 부분은 자연스러운 스트레트 형태로 하여 주고, 모선 끝 부분에는 롤의 방향을 바깥말음 형태로 돌려준다.

② 컬을 확실하게 하기 위해 브러시를 바깥 방향으로 한바퀴 감아준다.

③ 뜨거운 열을 가한 후 탄력을 주기 위해 찬바람을 쏘여준다.

④ 열이 식은 후 그대로 브러시 아웃한다.

(6) 웨이브 만들기

① 롤 브러시에 두발을 감고 3, 4초 뜨거운 바람을 앞뒤로 쏘여 건조시킨 후 브러시를 둥글리면서 빼낸다.

② 드라이어는 롤을 끝까지 쫓아가면서 마무리하며 컬의 형태를 고정시키고 열이 식을 때까지 유지하려면 핀을 이용한다.

③ 세워 말 때는 사선으로 컬을 만든다.

(7) 모발의 흐름을 바꿀 경우

① 나눠 잡은 두발의 표면 또는 브러시를 놓고 회전시켜 판넬을 잡아 올린다.
② 천천히 브러시를 돌려서 두발의 흐름을 바꾸려는 방향으로 끌어 나간다.
③ 두발의 흐름을 구부리고자 할 때 브러시의 등으로 텐션을 가해 커브라인을 주면서 두발끝으로 빼낸다.

9-2. 마셀 웨이브

프랑스의 마셀 그라또우(Marcel Gurateau)가 창안하여 서기 1875년에 발표했다. 마셀 웨이브란, 아이론의 열에 의해서 일시적으로 두발의 분자구조에 변화를 주어 웨이브를 형성하는 방법이다.

특징은 자연스럽고 부드러운 웨이브를 표현할 수 있지만 모발에 직접 열을 가하기 때문에 모발의 질을 손상시키거나 모블 끝을 꺾는 경우가 있어 각별한 주의가 필요하다.

1) 아이론의 각부 명칭

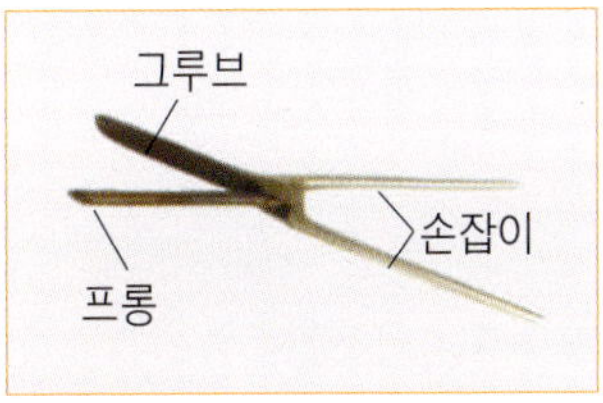

아이론

2) 전기 아이론의 종류

자동 온도조절장치가 있어서 원하는 온도로 맞추어 사용할 수 있고 이동이 간편하다.

(1) 바이오 세라믹 아이론(건형)

(2) 플랫 아이론

곱슬머리를 펼 때나 웨이브를 낼 때 사용하지만 모근 부분의 볼륨감을 형성할 수 없는 단점이 있다.

(3) 전기 아이론

모근 부분을 고객의 두상에 따라 볼륨감을 형성할 수 있고 아이론 웨이브 펌제 기구로도 사용할 수 있다.

(4) 크림퍼 아이론 (crimper iron)

두 개의 금속판으로 되어 있다. 일시적인 웨이브를 부분적으로 만들거나 특정 부위에 볼륨을 살리기 위해 사용된다.

3) 아이론 시술 방법

그루브를 아래로, 프롱을 위로 해서 그루브 핸들을 오른손의 엄지와 검지손가락 사이에 쥐고, 프롱 핸들을 약지와 새끼손가락의 제3관절에 끼워서 쥔다.

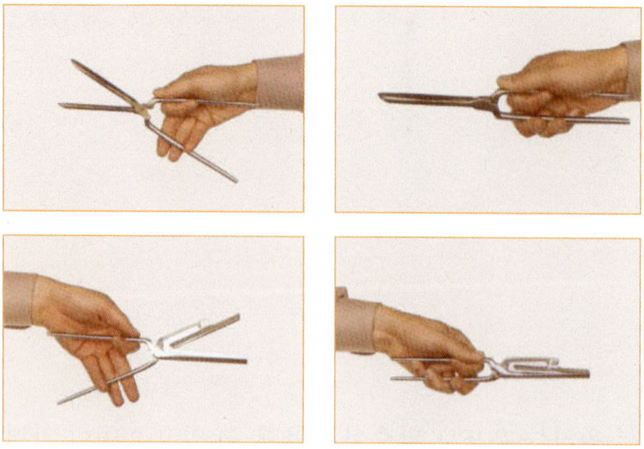

아이론 쥐는 법

(1) 회전 방법

① 손등을 수평하게 유지하면서 손바닥과 손가락으로 아이론의 회전과 아이론의 개폐를 동시에 하는 것이다. 특히 손등이 경사지게 기울어지지 않도록 주의한다.

② 아이론을 정확하게 쥐고 반대쪽에 45° 각도로 위치시킨다.

③ 미용사의 반대쪽 방향으로 1회전시킨다. 손가락만을 사용해서 다시 이것을 원상태로 되돌린다.

④ 미용사 쪽에 45° 각도로 위치시키고 미용사 쪽으로 동일하게 반회전시킨 다음 이것을 원상태로 되돌린다.

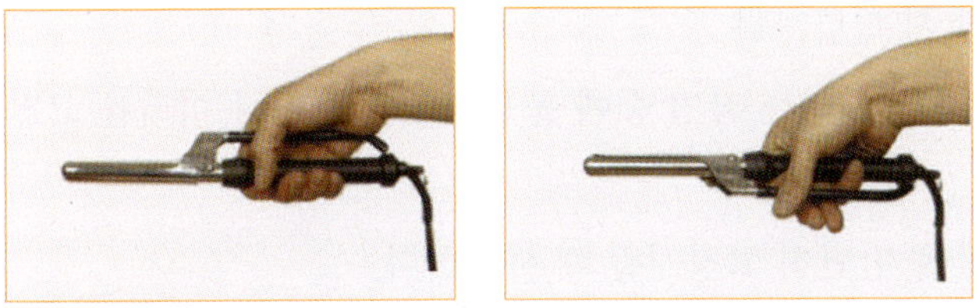

아이론 회전 방법

4) 아이론 시술시 주의할 점

① 아이론의 온도는 120℃~140℃가 적당하다. 적당한 아이론의 온도를 확인하기 위한 방법으로 흰종이나 신문지를 아이론에 끼우고 가열해서 온도를 조절하는 방법이 좋다. 이때 연기가 나는 것은 아이론의 온도가 과열된 경우이다.

② 아이론의 온도가 과열되었을 때에는 핸들의 한쪽을 쥐고 회전시켜서 적당한 온도로 식히는 것이 좋다.

9-3. 업스타일(Up-style)

업스타일은 주로 긴 머리를 모아 묶는 방법을 이용하여 올리는 형태의 머리형을 만든 것이 기초가 된다. 여기에 미적인 감각과 미용 기술의 향상으로 다양한 디자인을 연출할 수 있다.

업스타일은 우아하면서도 세련된 느낌, 귀여운 이미지 등 시놓의 형태에 따라 다양한 이미지를 연출할 수 있어 헤어 미용의 종합예술 분야라고 할 수 있다.

업스타일의 이상적인 머리는 단발보다는 레이어형이 적당한 층이 있는 것이 좋고, 생머리보다는 약간의 웨이브가 있는 것이 세팅, 핀 고정, 웨이브의 흐름을 표현할 수 있다.

9-3-1. 업스타일 기구

① 세팅롤 : 모발에 세팅롤을 말아서 웨이브를 형성할 때 사용한다. 컬이 형태를 살려 웨이브의 흐름 표현에 적합하다.

② 핀(pin), 클립(clip) : 머리를 올리는 작업 중에 볼륨을 조절하거나 머리를 고정할 때 사용한다.

③ 보비핀(boby pin) : 모발을 단단히 고정시킬 때 사용한다.

④ U자 핀(U-pin) : 큰 것과 작은 것으로 구분된다. 큰 것은 모발을 크게 고정시키거나 연결시킬 때 사용하는 U자형의 핀으로 꿰매듯이 사용하면 단단히 고정시킬 수 있다. 작은 핀은 머리에 꽂아도 눈에 잘 띄지 않기 때문에 세밀한 웨이브의 연결이나 고정시킬 때 사용한다.

⑤ 드라이어, 롤 브러시 : 웨이브를 형성 또는 펼 때 사용한다.

⑥ 아이론 : 세팅이나 드라이어 사용 후 세밀한 디자인이나 강한 볼륨, 웨이브를 만들 때 사용한다. 매끄러운 웨이브가 형성되기도 하고 모근 부분을 특별히 힘을 주기 위해 사용한다.

⑦ 업스타일용 브러시 : 백코밍을 한 모발, 흩어진 모발을 매끈하게 매만져 주는 역할을 한다.

⑧ 꼬비빗 : 파트를 나누거나 섬세하게 빗질할 때, 백코밍할 때 사용한다.

⑨ 헤어 스프레이(Hair sprayer) : 디자인한 스타일이 흩어지지 않도록 정리, 고정시키는 데 중요한 역할을 한다.

⑩ 헤어 망(Hair net) : 모발의 흩어짐을 방지하고 잔머리가 빠지는 것을 방지해 안정감을 주는 역할을 한다.

⑪ 싱 : 볼륨을 조절하거나 토대를 만들 때 사용한다.

⑫ 고무밴드 : 포니테일 스타일이나 땋는 과정에 사용된다.

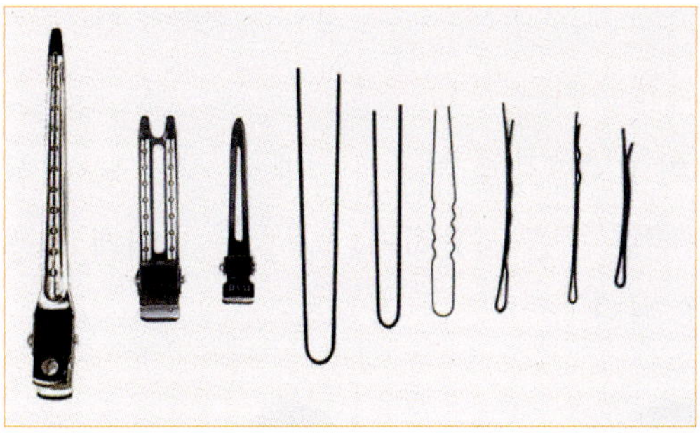
각종 핀 종류

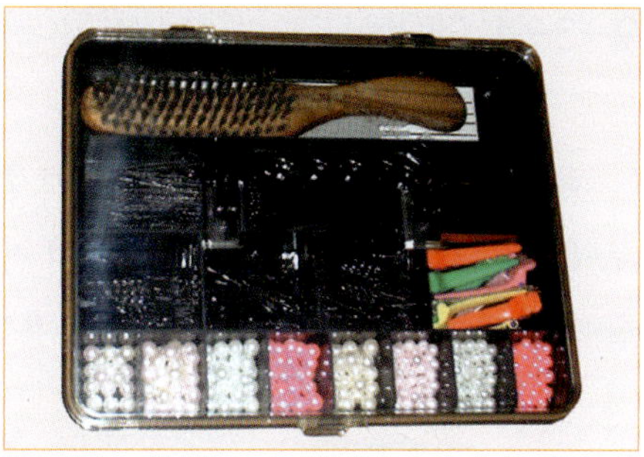
업스타일 기구

9-3-2. 세팅(Setting)

세팅의 기본 스타일

모발의 방향감을 주어 원하는 스타일로 자유롭게 변환이 가능하고 볼륨감을 형성하여 모발이 홍성하게 보이는 역할을 한다. 세팅을 하기 전에는 모발이 완전히 건조되어 있는 상태여야 하고, 강한 컬을 원할 경우에는 세팅을 말기 전 스프레이를 도포하여 탄력을 만든다.

9-3-3. 토대(Foundation)

모발의 양에 따라 사용도는 모발의 양을 가감을 조절할 수 있고 고정하는 데 토대가 필요하다. 모발의 높이를 자유롭게 조절하여 원하는 디자인을 얻을 수 있을 수 있고 디자인의 무게 중심을 실어서 안정감을 주는 역할을 한다.

묶는 모발의 토대

땋은 모발의 토대

9-3-4. 헤어싱

헤어싱은 부족한 모발의 양을 보충하며 B.C만으로 부족한 부분에 싱을 넣어 실루엣을 잡기 용이하게 한다. 모발의 색과 같은 색을 사용하거나 장식을 보이게 사용할 경우에는 다른 색의 헤어싱을 사용해도 된다.

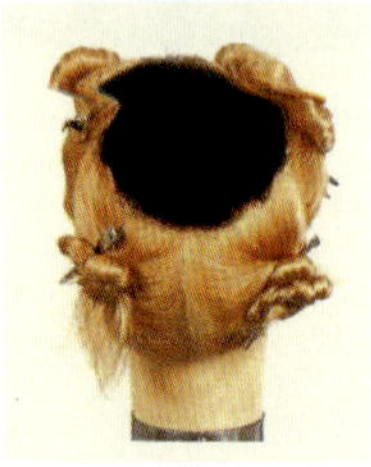

타원형 헤어싱

삼각형 헤어싱

원형 헤어싱

9-3-5. 헤어피스

헤어피스는 부족한 모발의 양을 보충, 헤어스타일에 따라 사용하며 모발의 색과 같은 색을 사용하거나 장식으로 사용할 경우에는 다른 색의 헤어피스를 사용해도 된다.

9-3-6. 업스타일의 종류

땋기

꼬기

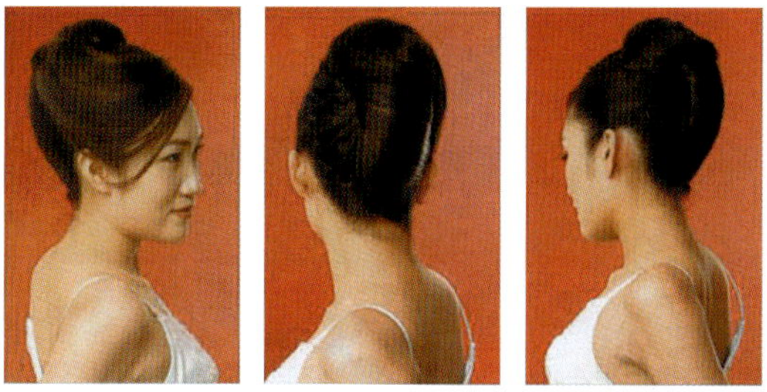

소라형

시뇽스타일

겹치기

part 2

에스테틱

1. 피부과학
2. 피부관리학
3. 화장품학
4. 아로마테라피
5. 경락마사지
6. 림프마사지
7. 발관리
8. 하이드로테라피

제2부

chapter 10

에스테틱

피부과학

10-1. 피부의 구조 및 부속기관(Structure and Appendage of the skin)

10-1-1. 피부의 구조

피부는 신체의 표면을 덮고 있는 하나의 조직으로 여러 가지 외부 환경의 자극으로부터 신체를 보호해주는 인체의 가장 큰 기관이다. 다른 기관에 비하여 새로운 세포의 생성과 소멸이 활발히 일어나며 크게 표피(Epidermis),진피(Dermis) 및 피하조직(Subcutaneous tissue)으로 구분된다.

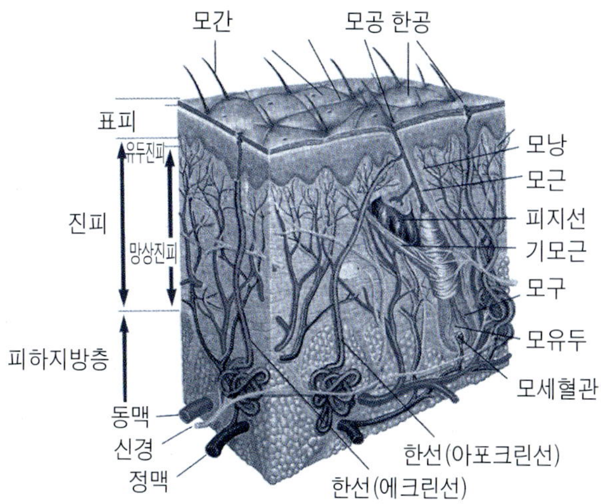

그림 10-1 피부의 구조

1) 표피(Epidermis)

표피(Epidermis)는 피부의 가장 외부에 위치하고 있으며, 살아있는 세포로 구성된 유핵층과 핵이 소실되어 편평하고 건조한 죽은 세포들로 이루어진 무핵층으로 이루어져 있다. 표피의 두께는 부위별로 차이가 있지만 약 0.03~1mm 정도이다. 표피를 구성하는 세포는 편평상피세포로 이루어진 각질형성세포(Keratinocyte)가 대다수를 차지하며 그 외에 멜라닌세포(Melanocyte), 랑게르한스세포(Langerhans cell) 및 머켈세포(Merkel cell)가 존재한다.

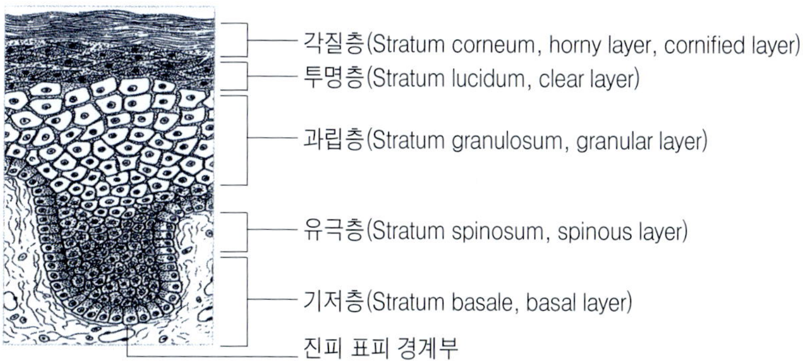

그림 10-2 표피층의 분류

(1) 각질층(Stratum corneum)

표피의 가장 바깥쪽에 위치하며 편평하고 건조한 얇은 껍질의 무핵세포층이 15~20개 층으로 겹겹이 쌓여있다. 각질층은 피부의 표면에 가까울수록 납작하고 길쭉한 모양을 하고 있으며, 일정 시간이 경과하면 세포간의 결합력이 약해져서 비늘 모양의 얇은 조각으로 되어 자연적으로 피부로부터 떨어져 나간다.

각질층에는 세포간 지질성분인 세라마이드가 존재하여 각질세포들이 단단하게 결합될 수 있도록 해준다. 이는 각질층 내의 수분손실을 억제해 피부탄력이나 유연성을 유지시킬 뿐 아니라 외부 환경으로부터 이물질이나 세균들의 침입을 방지하여 피부를 보호해 주는 역할을 한다. 각질층은 케라틴단백질(58%), 지질(11%), 천연보습인자(Natural moisturizing factor;NMF,38%)를 주성분으로 함유하고 있으며 특히 이들 성분 중 천연보습인자(NMF,38%)는 피부의 보습작용을 유지하는데 중요한 역할을 한다.

(2) 투명층(Stratum lucidum)

각질층 바로 아래에 있는 2~3층의 얇고 편평한 죽은 세포로 이루어져 있고 엘라이딘(Elaidin)이라는 반유동성 물질이 함유되어 있어 밝고 투명하게 보인다. 엘라이딘은 빛을 굴절시켜 빛을 차단하는 성질을 가지고 있으며 수분침투를 억제하고 피부를 윤기 있게 해준다. 주로 신체에서 피부층이 두꺼운 손바닥과 발바닥 등에 분포되어 있다.

(3) 과립층(Stratum granulosum))

투명층 아래에 위치한 2~5개 층의 방추상 형태의 과립 모양 세포층으로서 케라토히알린 과립(Keratohyalin granules)이 함유되어 있다. 케라틴 단백질이 뭉쳐서 만들어진 케라토히알린 과립은 세포질 내로의 수분침투와 수분증발을 저지함으로써 피부건조를 막아주는 역할을 한다.

(4) 유극층(Stratum spinosum)

표피의 대부분을 차지하는 층으로 약 5~10개 층으로 이루어져 있다. 세포의 표면에는 가시 모양의 돌기가 있어 이것이 서로 연결되어 있는 모양을 보고 가시층이라고도 부른다.

유극층은 살아있는 세포로 구성되어 세포재생이 가능하며 피부의 면역학적 기능을 담당하는 랑게르한스 세포가 이 층에 존재한다. 세포와 세포사이를 흐르는 림프액은 피부의 혈액순환과 세포내 물질대사를 용이하게 함으로써 피부관리에 매우 중요한 역할을 한다.

(5) 기저층(Stratum basale)

표피의 가장 깊은 곳에 위치하며 타원형의 핵을 갖는 세포층으로 진피와 경계를 이루는 물결 모양의 단층이다.

기저층은 진피층으로부터 산소와 각종 영양분을 공급받아 새로운 세포를 계속적으로 생산해내며 피부색을 좌우하는 멜라닌 색소형성세포인 멜라닌세포(Melanocyte)와 케라틴을 형성하는 각질형성세포(Keratinocyte) 및 피부의 촉감을 감지하는 머켈세포(Merkel cell)가 함께 존재한다.

2) 진피(Dermis)

진피(Dermis)는 표피와 피하조직 사이에 위치하고 있으며 표피 두께의 10~40배 정도로 실질적인 피부이다. 진피는 세포를 구성하는 성분인 비탄력적인 교원섬유(Collagen fiber)와 탄력적인 엘라스틴섬유(Elastin fiber) 및 뮤코다당류가 주성분인 기질로 구성되어 있으며 신체의 탄력적 균형 유지와 피부의 윤기 및 긴장도를 유지하는데 중요한 역할을 한다.

피부조직 이외에도 표피를 제외한 진피와 피하조직에 모세혈관, 신경관, 림프관, 한선, 피지선, 모발과 입모근 등의 부속기관이 그물처럼 얽혀져 있어 영양공급 및 분비, 감각 등의 중요한 기능을 담당한다.

(1) 유두층(Papillary layer)

유두층은 진피가 표피층 쪽으로 둥글게 돌출되어 접촉하는 부분으로서 돌출된 부분을 돌기, 즉 유두라 하여 유두층이라 부른다. 표피와 진피간의 결합 부분에서 형성되어지는 물결 모양의 파형은 피부의 팽창과 탄력에 관여하며 이들 조직의 신축성 정도는 피부노화의 진행 정도를 짐작할 수 있다. 또한 유두층에는 감각기관인 촉각과 통각이 다량 분포하고 있다.

(2) 망상층(Reticular layer)

가는 그물 모양의 결합조직으로서 그 조직의 모양에 따라서 피부가 넓게 혹은 길게 늘어날 수 있는 탄력적인 성질을 지니게 한다. 이 층은 교원섬유와 탄력섬유가 일정한 방향으로 채워져 이루어진 결합조직으로 피부가 과잉으로 늘어나거나 파열되지 않게 보호한다.

망상층에는 모세혈관은 거의 없으며 혈관, 피지선, 한선, 신경세포 등이 분포되어 있고 감각기관으로는 압각, 한각, 온각, 냉각이 있다.

3) 진피를 이루고 있는 구성성분

(1) 교원섬유(Collangen fiber)

진피 성분의 90%를 차지하는 섬유단백질로 섬유아세포에서 만들어지며 피부의 결합조직을 구성하는 주요 성분이다. 비탄력성인 교원섬유가 탄력섬유와 그물 모양으로 서로 엉키면서 피부에 탄력성과 신축성을 제공한다.

피부노화 물질이나 자외선의 영향으로 인한 교원섬유의 형태 변화는 진피의 수분함량을 감소시킴으로써 피부탄력 감소와 주름 형성의 원인이 된다.

(2) 탄력섬유(Elastin fiber)

탄력성이 강한 섬유단백질이다. 교원섬유와 가교결합을 형성함으로서 피부탄력을 결정 짓는 중요한 요소이며 피부의 파열을 방지하는 스프링 역할을 한다. 물에 가열해도 젤리화되지 않으며 각종 화학물질에도 탄력성을 잃지 않는다. 하지만 노령화가 진행되면 피부의 탄력성이 떨어지게 되고 탄력섬유의 기능도 상실되어 주름이 발생하게 된다.

(3) 기질(Ground substance;뮤코다당류의 고중합체)

진피와 결합섬유 사이를 채우고 있는 물질을 말하며 히아루론산과 콘드로이친황산 등으로 이루어져 있는 뮤코다당류가 주성분이다. 특히 히아루론산은 탄력섬유와 교원섬유 사이에 존재하는 고분자 화합물로 자기 무게의 80배의 수분을 흡수할 수 있는 능력을 가진 대표적인 보습제로 노화용 화장품 주원료로 사용되고 있다.

4) 피하조직(Subcutaneous tissue)

피부의 가장 아래층을 피하조직이라 부르며 진피와 근육, 뼈 사이에 위치한다. 이들은 섬유상의 망상조직으로 그 사이에 수많은 지방세포들이 자리 잡고 있으며 이 지방세포들이 생산한 피하지방은 체온 보호 , 신체의 물리적 보호 및 에너지 저장 기능을 담당한다.

운동 부족이나 영양섭취의 불균형으로 인하여 피하조직에 지방이 지나치게 축적되게 되면 진피, 표피가 위로 밀리면서 피부표면이 오렌지 껍질처럼 울퉁불퉁 튀어 올라오게 된다. 이로 인하여 조직 내의 혈관이 압박되어 혈액순환장애가 발생되는데 이러한 현상을 셀룰 라이트(Cellulite)라 한다.

10-1-2. 피부 부속기(Skin Appendage)

1) 피지선(sebaceous gland)

피지선은 모공을 통해 피부표면에 피지를 분비하는 피부 부속기관으로 손바닥, 발바닥을 제외한 전신에 분포되어 있으며 특히 안면과 두피에 가장 풍부하게 분포되어 있다. 피지선은 모낭의 중간 부분에 연결되어 있으며 3~5개의 작은 주머니가 그룹을 지어 있는 모양을 하고 있다. 입술 부위와 같은 얇은 점막피부에는 모낭이 존재하지 않기 때문에 피지선이 직접 피부표면으로 피지를 분비하게 되는데, 이러한 피

그림 10-3 피부부속기의 구조

지선을 독립피지선이라 한다.

피지선에서 분비된 피지는 각종 유해 인자로부터 피부를 보호하고 피부와 모발에는 윤기를 부여해 주며 또한 수분증발을 막아줌으로써 체온을 조절해 준다.

2) 한선(땀샘, Sweat gland)

한선은 피부표면에 땀을 분비시키는 기능을 하는 피부 부속기관으로 크기와 기능에 따라 에크린한선(소한선, Eccrine sweat gland)과 아포크린한선(대한선, Apocrine sweat gland)으로 나눌 수 있다.

(1) 에크린한선(소한선, Eccrine sweat gland)

신체의 모든 부분에 걸쳐 분포하고 있으며 특히 손바닥, 발바닥, 이마, 겨드랑이에서 가장 풍부하다. 에크린한선은 색깔과 냄새가 없으며 운동을 하거나 온도가 높을 때 저장된 체액을 독립된 땀구멍으로 분비, 배출하여 체온을 효과적으로 조절하는 기능을 한다.

(2) 아포크린한선(대한선, Apocrine sweat gland)

아포크린한선은 에크린한선보다 크며 에크린한선처럼 독립된 땀구멍을 가지고 있지 않으며 모낭과 연결되어 피부표면으로 연결되어 있다. 아포크린한선은 사춘기 이후에 주로 발달하며 겨드랑이, 생식기 주위, 유두 주변, 배꼽 주변에 주로 분포한다. 진피의 깊숙한 곳에 위치하므로 분비되는 땀의 농도가 짙고 개인 특유의 채취를 낸다. 액취증은 겨드랑이에서 땀 냄새가 심하게 나는 것을 일컫는데 흔히 암내라고도 한다. 이러한 냄새는 아포크린한선에서 분비된 땀이 세균에 의해 분해되어 생기는 것으로 카프론산, 페랄모산 및 메틸멜카프탄 등이 바로 냄새의 원인물질이 된다.

3) 조갑(손톱, 발톱 : Nail)

손톱과 발톱은 손가락, 발가락 끝의 표피에서 만들어졌으며 손가락과 발가락 끝을 보호해 주는 기능을 가진 피부의 부속기관이다. 손톱과 발톱은 딱딱한 반투명성의 케라틴 단백질로 구성되어 있으며 4~5개의 얇은 판상의 각질세포가 밀착되어 만들어져 있다.

손발톱의 탄력과 윤기, 그리고 색상과 형태는 전신의 건강 상태를 짐작할 수 있는 기준이 된다.

10-2. 피부의 작용(Function of the skin)

피부는 외부 환경에 직접적으로 노출되어 있기 때문에 각종 유해 인자들로부터 신체를 보호하고 신체의 작용을 주위의 변화에 순응시키는 역할을 한다. 또한 피부는 신체 내부의 대사 작용과 연결되어 있어 생명의 유지에 중요한 기능을 한다. 이러한 피부의 주요 작용에는 보호, 체온조절, 감각, 분비 · 배설, 비타민 D형성, 표정, 재생 및 면역작용 등이 있다.

(1) 보호 작용

피부의 최상층인 표피는 외부로부터 가해지는 물리화학적 유해인자(충격, 마찰, 화학물질 등)와 생물학적인 유해인자(미생물)로부터 신체 내부를 보호하는 기능을 한다. 또한 피지선에서 분비되어 피부표면에 형성되는 피지막은 약산성(pH 4.5~5.5)으로 피부표면에 보호막을 형성하여 세균의 발육을 억제하는 작용을 한다.

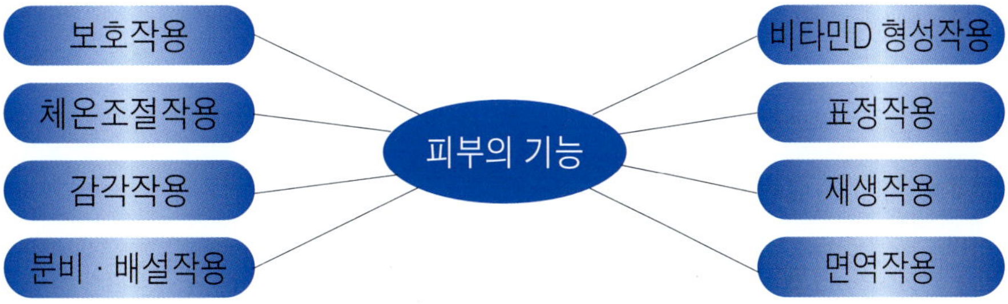

그림 10-4 피부의 작용

(2) 체온조절작용

피부에서는 자율신경계의 지배를 받아 주로 모세혈관과 한선에 의해서 체온조절이 이루어지는 것으로 모세혈관을 수축 또는 확장시키거나 한선에서 땀의 분비를 조절함으로써 체온조절의 중요한 역할을 해내고 있다.

(3) 감각작용

피부에 존재하는 여러 신경종말 수용기를 통해 온각, 냉각, 촉각, 통각, 압각의 감각을 느낀다. 감각점의 분포를 보면 피부 $1cm^2$당 압점 6~8개, 촉점 25개, 온점 1~2개, 냉점 12개, 통점 100~200개의 비율로 존재한다.

(4) 분비 · 배설작용

피부표면에는 피지선과 한선에서 분비된 피지와 땀이 적절히 융화되어 얇은 피지막을 형성하며 소량의 이물질과 노폐물은 이곳을 통하여 피부표면으로 배설된다. 성인의 경우 하루에 분비되는 피지분비량은 전체적으로 1~2g으로 피지분비 정도는 신체의 부위에 따라 다르며 얼굴, 두피, 가슴 등 부위에 잘 발달되어 있다.

(5) 비타민 D 형성작용

비타민 D는 표피 내에서 생성되어지는 프로비타민 D가 자외선에 노출되었을 때 피부 내에서 합성된다. 합성된 비타민 D는 태양광선으로부터 피부손상을 억제하고 칼슘의 흡수 촉진과 인의대사에 관여하여 뼈의 발육을 도와주는 역할을 한다.

(6) 표정작용

얼굴에 숨겨진 근육과 표면에 드러나 있는 30여 개 근육의 작용에 의해 감정 상태를 나타내며 이들 근육을 반복적으로 사용한 곳에는 주름이 형성되고 표정을 결정짓는다. 또한 화가 나거나 부끄러울 때 얼굴에 나타내는 피부의 색으로도 감정을 표시한다.

(7) 재생작용

외부 상처로 인한 피부조직의 상처는 일정 시간이 경과하면 피부의 재생작용에 의해 곧 원래의 모양으로 되돌아가는 특성을 가지고 있다. 하지만 상처의 깊이가 진피층까지 손상을 입었을 경우 재생이 힘들어 흉터를 남기게 된다.

(8) 면역작용

피부표피에는 면역학적 반응에 관여하는 세포들이 존재하고 있어 각종 유해 인자에 대한 공격으로부터 생체를 방어하는데 관여한다.

10-3. 피부의 생리

10-3-1. 각화(Keratinization)

표피의 기저층에서는 매일 수백만 개의 새로운 세포들이 형성되고 있으며, 이들은 한 장소에 머무르지 않고 유극층, 과립층, 그리고 표피의 가장 바깥쪽인 각질층으로 모양과 기능이 변화하면서 계속해서 밀려나오기 시작한다. 이때 밀려 올라오는 동안에 이 세포들은 점점 딱딱한 각질세포로 바뀌어 가게 되는데, 이러한 변환 과정을 각화(Keratinization)라고 부른다.

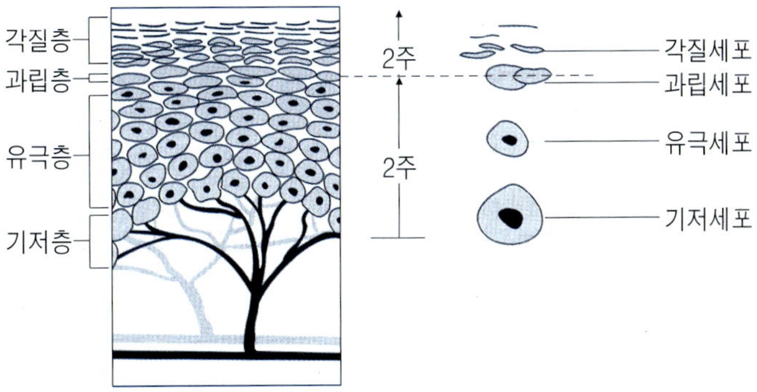

그림 10-5 각질형성세포의 분화 과정

10-3-2. 턴오버(Turnover)

기저층에서 형성된 각질세포는 끊임없는 세포분열을 통하여 각질층까지 밀려 올라오게 되고 일정 시간이 지난 후 표피에서 자연적으로 이탈되어진다. 이렇게 하나의 새로운 세포가 형성되어 표피에서 이탈되기까지의 소요되어지는 시간을 턴오버(Turnover)라고 부르며 정상적인 피부에서는 대략 28일이 걸린다.

건강한 피부에서는 턴오버 속도가 거의 일정하지만 각종 유해 인자로 인한 각질층의 손상이 발생했을 각질층의 복구를 위해 턴오버 속도가 빨라지기도 하고, 노화가 진행되면서 턴오버 진행속도가 늦어지기도 한다.

10-4. 피부와 자외선

10-4-1. 광선의 종류

태양광선은 모든 생물체가 생명 활동을 하는데 있어서 중요한 에너지의 근원으로서 인간의 생활에 크게 영향을 미치는 태양광선은 자외선(Ultra violet rays:200~400nm), 가시광선(Visible rays:400~800nm), 적외선(Infrared rays:800nm~1mm)으로 구분할 수 있다.

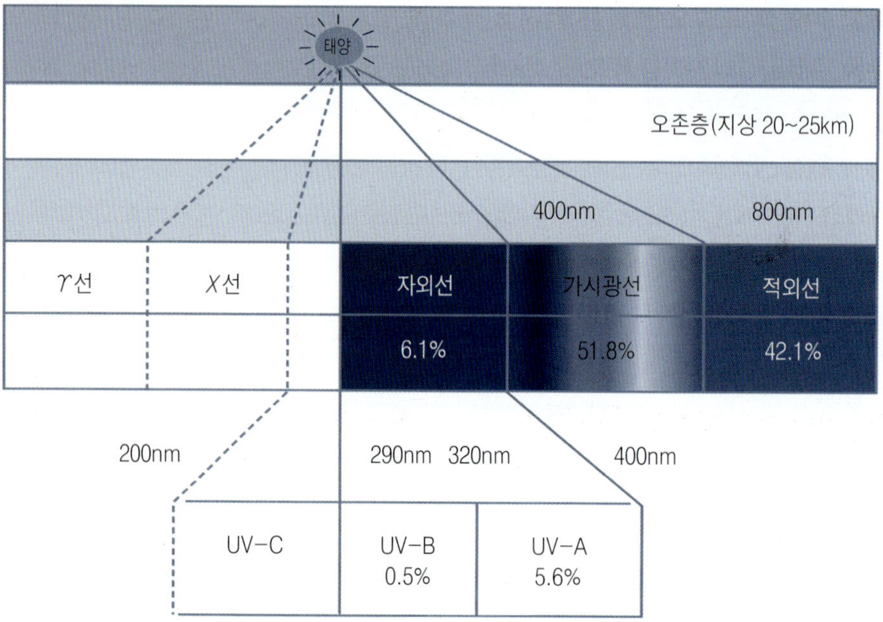

그림 10-6 태양광선의 스펙트럼

10-4-2. 파장에 따른 자외선의 분류

(1) UVA(장파장 자외선 : 320~400nm)

장파장으로 비교적 피부 깊숙이 진피층 까지 침투하여 교원섬유와 탄력섬유를 파괴하여 주름을 형성시키며 반복적인 노출을 통한 색소침착(sun tan)을 유발한다. 일상 생활에서 가장 쉽게 접하는 생활 광선이다.

(2) UVB(중파장 자외선 : 290~320nm)

중파장으로 표피의 기저층 또는 진피의 상부까지 도달하여 반복적인 노출시 색소침착과 피부암의 원인이 되며 피부가 붉어지거나 붓거나 물집이 생기는 일광화상(sun burn)을 유발한다.

(3) UVC(단파장 자외선 : 200~290nm)

단파장으로서 오존층에 의해 대다수가 흡수되어 지상에 거의 도달되지 않는 자외선이다. 미생물을 사멸시키는 힘을 가지고 있어서 각종 병원성세균, 바이러스 등을 사멸하는데 이용되고 있다. 하지만 근래에는 대기오염에 따른 오존층의 파괴로 인하여 생태계를 위협하는 위험 요소가 되고 있다.

10-4-3. 자외선이 피부에 미치는 영향

자외선은 태양에서 발산되는 전자기 파장으로 우리 신체에 많은 영향을 미친다. 자외선은 세균을 살균 · 소독하며 체내에서 만들어진 프로비타민 D를 비타민 D로 합성시켜 뼈속의 칼슘과 인의 대사를 촉진시킨다. 또한 노폐물 제거와 혈관 및 림프관의 순환을 자극하여 신진대사를 원활하게 해준다.

하지만 자외선에 오랜 시간 동안 지속적으로 노출되었을 때는 피부노화 촉진, 비정상적인 색소침착 유발, 홍반이나 부종, 피부암 등과 같은 피부장애를 유발시킨다.

10-5. 문제성 피부

10-5-1. 여드름 피부(Acne skin)

우리의 피부에는 땀을 분비하는 한선과 피지를 분비하는 피지선이 존재한다. 이들 부속기관에서 분비되어지는 땀과 피지는 서로 융화되어 약산성의 얇은 피지막을 형성하여 외부 환경으로부터 피부를 보호한다. 하지만 피지가 모공에서 과다하게 분비되고, 동시에 모공 입구에서 각질 형성이 증가하여 배출입구가 막혀 모공 내에서 염증을 일으키는 매우 흔한 피부트러블 현상이 일어나는데 이것을 여드름 피부라 한다. 여드름의 직접적인 원인은 남성호르몬 분비와 연관이 있으며, 그 외에 피부상재균인 여드름 간균(propionibacterium acnes), 포도상구균(Staphylococcus),유전, 음식물, 화장품, 스테로이드제제, 스트레스 등이 원인이 되기도 한다.

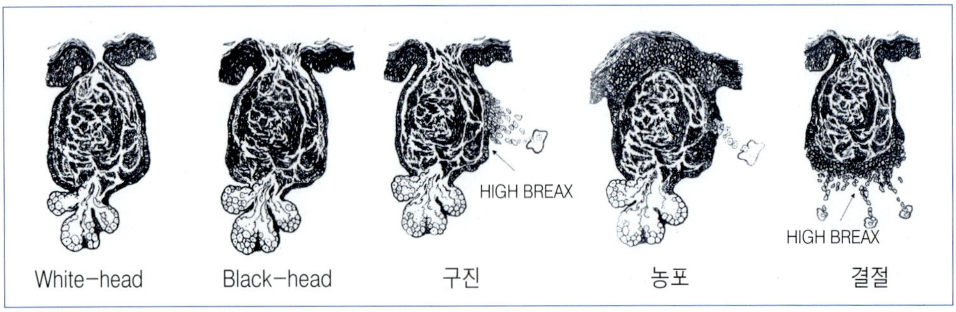

그림 10-7 여드름의 형태

10-5-2. 기미피부(Melasma,간반)

기미란 주로 얼굴부위에 연한갈색, 흑갈색, 암갈색의 다양한 크기의 색소침착반이 나타나는 과색소 침착증을 말한다. 색소침착반이 간의 색과 비슷하다해서 간반이라고도 부른다. 기미는 일상생활에서 발생되어지는 가장 흔한 문제성 피부로서 정확한 원인은 알려져 있지 않으나 일광노출은 절대적인 악화요인이며 임신기간이나 폐경기에 흔히 발생한다. 난소의 종양이나 내분비 질환외에 전신적인 건강상태에 영향을 미치는 스트레스, 각종질환과도 연관이 있으며 화장품등의 부작용에 의해서도 발생할 수 있다.

10-5-3. 노화피부

피부노화는 나이가 들어감에 따라 신체의 생리기능이 서서히 저하되어 나타나는 자연노화 (aging)와 외부 환경적 각종 유해인자인 자외선, 유해가스, 스모그, 음주, 흡연 등에 노출되어 나타나는 광노화(Photoaging)로 구분할 수 있다. 피부의 노화로 인한 외적인 변화로는 주름, 잔주름, 피부건조, 늘어짐, 색소침착 등의 징조가 눈에 띈다.

제2부

chapter 11

에스테틱

피부관리학

11-1. 피부관리의 이해

11-1-1. 피부관리의 정의

피부관리란 얼굴 및 전신에 물리적 또는 화학적 방법을 이용하여 피부의 생리적 기능을 유지하고, 외부의 장애 요인으로부터 보호하는 것을 의미한다. 또한 피부미용상 발생되는 문제점을 제거하고 예방함으로써 피부의 건강과 아름다움을 유지, 개선시키는 미용의 한 분야이다.

피부관리의 용어는 코스메틱(cosmetic), 에스테틱(esthetic), 스킨케어(skin care) 등으로 다양하게 사용되고 있다. 에스테틱은 프랑스어 'Esthetique' 에서 유래된 말로 '예술적인, 심미적인, 조화된' 이라는 사전적 의미를 내포하고 있다. 코스메틱은 그리스어의 'Kosmos' 에서 유래된 '우주 또는 조화, 질서' 를 의미하는 말로서 미용, 피부미용, 화장품 등의 의미로 사용되고 있다.

피부관리학은 인체해부생리학을 토대로 피부과학, 화장품학, 물리치료학, 기기관리학 등의 이론이 종합된 새로운 분야의 응용 학문이라 할 수 있으며, 육체적인 아름다움뿐만 아니라 정신적인 아름다움을 추구하는 한 분야이다.

11-1-2. 피부관리의 역사

피부관리는 고대 이집트에서 시작된 것으로 추정하고 있다. 고대 이집트 문화의 대부분이 그러하듯이 이 시기의 화장은 미적인 아름다움을 추구하기 위한 것 보다는 주로 종교적인 의식과 밀접한 관련이 있다.

이러한 피부관리는 고대 이집트에서 그리스, 로마인들에게 목욕제도가 전파되면서 발전되어 체계적인 피부관리가 이루어진 것으로 보인다. 그 당시 로마에서는 목욕할 때 아로마향을 첨가하였고, 아로마가 함유된 연고나 로션을 이용하여 피부를 매끄럽게 했다는 기록이 있다.

중세 봉건사회에서는 기독교의 금욕사상이 일상생활에까지 커다란 영향을 미쳤는데, 아름다움을 표시하기 위하여 얼굴에 화장을 하거나 가꾸는 것이 엄격히 금지되었다. 이로 인하여 일부 행실이 좋지 않은 여성이나 예능인, 연극인만이 화장을 하게 되었다.

르네상스시대 이후부터 다시 화장이 허용되어 화장수 및 향수의 사용이 일반화되었다. 19세기에 들어오면서 비누의 사용이 보편화되었으며, 왕족이나 귀족의 전유물이었던 크림이나 로션 등도 일반 사람들이 쉽게 접할 수 있었다.

20세기로 들어오면서 산업화와 과학 발전의 영향으로 다양한 화장품이 생산되었으며, 개인들의 미적 욕구에 따라 합리적이고 과학적인 피부관리를 하기 위한 전문적인 피부관리실이 생겨나서 최근에 피부미용이 한층 더 발전하게 되었다.

11-1-3. 피부관리의 영역

① 일반 피부관리 : 피부청결 및 보습

② 특수 피부관리 : 문제성 피부의 개선 및 기능성 제품 관리

③ 메이크업(make-up) : 피부의 결점 보완 및 포인트 메이크업

④ 눈썹관리 : 눈썹의 수정, 정리, 염색

⑤ 제모 및 탈모관리

⑥ 메니큐어(manicure) : 손관리, 네일아트(nail art)

⑦ 패디큐어(pedicure): 발관리, 티눈, 굳은살 제거
⑧ 기기관리 : 미용기기를 이용한 관리
⑨ 체형관리 : 비만관리, 가슴관리
⑩ 홈케어(home care) : 가정에서 고객 스스로 관리할 수 있는 방법 조언
⑪ 제품판매 : 홈케어 제품 판매

11-1-4. 피부관리의 기능

(1) 보호적 기능

외적인 환경으로부터 피부를 보호하고 피부의 생리적 기능을 도와 피부의 조기 노화를 예방하고 지연시킴으로써 건강하고 아름다운 피부를 유지한다.

(2) 심리적 기능

피부에 대한 상담 및 관리를 통해 고객에게 만족감을 주고 아름다움을 가꾸는 것에 대한 즐거움과 자신감을 심어줄 수 있다.

(3) 장식적 기능

피부관리를 통하여 피부를 개선시킴으로써 자연스런 피부 결점을 보완하기 위한 메이크업 효과를 높이고 외적인 아름다움과 개성을 추구하는데 도움이 된다.

11-2. 피부분석과 관리계획

11-2-1. 고객상담과 피부분석

효율적인 피부관리를 위해서는 정확한 피부상태의 분석과 그에 따른 적절한 화장품 사용 및 피부관리에 달려 있다. 따라서 피부관리는 피부상태를 정확히 분석하는 것이 가장 중요한 요인 중 하나이다. 몇 가지 피부상태 분석 방법은 다음과 같다.

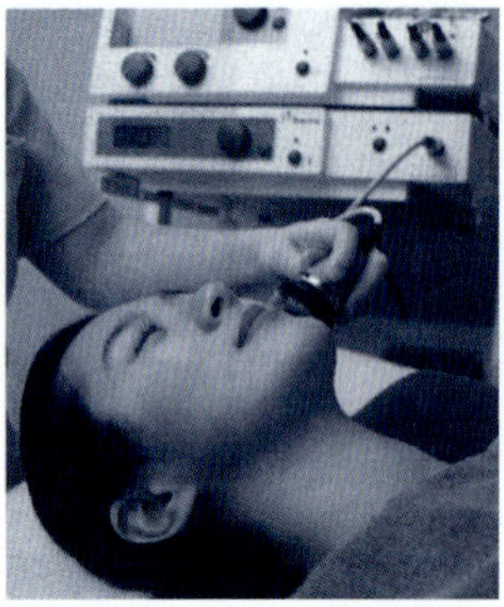

① 문진법 : 연령, 병력, 생활습관, 사용 화장품, 피부 트러블 등을 질문하고 기록하여 피부 상태를 분석하는 방법

② 촉진법 : 피부를 접촉하여 피부의 탄력, 유·수분 함량, 촉감 등을 파악하여 피부 상태를 분석하는 방법

③ 견진법 : 모공 크기, 여드름, 투명도, 모세혈관, 피부색 등을 확대경이나 육안으로 관찰하여 피부상태를 분석하는 방법

④ 기기사용 : 확대경이나 우드램프(wood lamp), 피부 표면의 pH, 각질층의 수분 및 피지 함량, 경피 수분 손실(TEWL), 피부의 멜라닌 분포량 등을 피부 분석기기를 이용하여 피부 상태를 분석하는 방법

11-2-2. 피부유형의 분류

① 정상피부 : 피지분비 및 땀샘의 기능이 원활한 정상적인 피부

② 건성피부 : 피지 및 땀샘 기능 저하로 인하여 정상피부에 비하여 각질이 많으며 표면이 거친 피부

③ 지성피부 : 피지분비 및 땀샘 기능 과다로 인해 표면이 번들거리고 지저분한 피부

④ 건지루성피부 : 피지는 과잉 분비되고, 땀샘 기능은 저하되어 수분이 부족한 피부

⑤ 여드름피부 : 피지의 과잉분비, 과각화 현상, 세균 등으로 여드름이 있는 피부

⑥ 민감성피부 : 각질층이 너무 얇고 피부조직이 섬세하며 피지가 부족한 피부

⑦ 모세혈관확장피부 : 일종의 민감성피부로 실핏줄이 보이는 피부

⑧ 복합성피부 : 두 가지 이상의 피부 유형이 부위별로 나타나는 피부

⑨ 노화피부 : 자연노화와 광노화에 의한 수분부족 및 탄력이 저하된 피부

⑩ 색소침착피부 : 멜라닌의 과다 분포로 인하여 피부 색소에 이상이 있는 피부

11-3. 피부관리의 실제

11-3-1. 피부관리 시 준비사항

(1) 피부관리 도구 및 소모품

미용 솜, 면봉, 티슈, 피부관리용 볼, 해면, 스팀 타월, 마른수건, 팩 브러시 및 팩 볼, 여드름 관리용 바늘, 거즈, 피부관리용 화장품(클렌징크림, 기능성 화장품, 팩, 마스크, 토너 등), 스파튤라(spatula), 랩(wrap), 호일, 피부관리 기기, 눈썹정리용 도구 및 왁스, 정리대(wagon) 등

(2) 피부관리 준비사항

① 베드 세팅, 사용기기, 사용 화장품 등 관리실 내의 정리정돈을 철저히 한다.
② 고객의 의류 및 귀중품을 잘 보관한다.
③ 콘텍트렌즈는 탈착한 후 보관한다.
④ 고객에게 마사지용 가운을 입힌다.
⑤ 조이는 옷은 느슨하게 하거나 벗게 한다.
⑥ 머리에 터번을 감싼다.
⑦ 고객의 불편사항이 없는지 확인한 후 피부관리를 시술한다.
⑧ 피부관리사는 손 등의 위생관리를 철저히 한 후 피부관리에 임한다.

11-3-2. 피부관리 순서

① 고객 상담
② 피부 분석
③ 고객카드 작성
④ 피부관리 계획 수립
⑤ 피부관리 과정 :
관리준비 → 세안(cleansing) → 피부분석에 따른 관리 시행 → 앰플(ampoule) → 마사지 → 팩, 마스크 도포 및 제거 → 보습 → 마무리
⑥ 홈케어 관리 방법 조언

11-3-3. 클렌징(cleansing)

1) 클렌징의 목적

현대사회에서는 환경오염이 심각하기 때문에 피부는 항상 외부 유해물질에 노출되어 있을 뿐만 아니라 메이크업 등의 각종 화장품으로 지쳐있다. '화장은 하는 것보다 지우는 것이 중요하다' 라는 말이 있듯이 환경오염이 심각한 현대사회에서 피부는 항상 외부의 유해물질과 각종 화장품 등으로 피부 자체의 생리기능이 저하되어 피부 노화 및 문제점이 발생할 수 있다. 그러므로 클렌징의 목적은 이러한 피부에 쌓인 각종 공해물질과 메이크업 잔여물, 피부 노폐물 등을 제거함으로써 피부를 청결하게 하고 피부 활력 및 혈액순환을 촉진시키는 것이다. 또한 심리적인 청량감으로 몸과 마음을 편안하게 안정시켜 준다.

2) 클렌징의 순서

(1) 포인트 메이크업 클렌징(point make-up cleansing)

눈썹 화장, 마스카라, 아이 섀도, 아이 라인, 립스틱 등의 포인트 메이크업을 철저하게 클렌징한다.

(2) 얼굴 클렌징(facial cleansing)

얼굴에 클렌징 제품을 도포하여 얼굴 전체를 깨끗하게 클렌징한다.

(3) 마무리

얼굴 클렌징이 끝나면 티슈를 이용해서 1차적으로 클렌징 제품을 닦아내고, 해면이나 습포를 이용해서 2차적으로 깨끗이 닦아낸다. 습포는 피부타입에 따라 적절하게 냉 · 온 습포를 병행하여 사용하면 효과적이다.

11-3-4. 필링(peeling)

1) 필링의 정의

피부 표면을 덮고 있는 각질을 '껍질을 벗기듯이' 제거함으로써 피부를 맑고 투명하게 하며, 피부에 유용한 성분의 침투효과를 높이는 것이다. 피부에의 필링은 19세기 유럽에서부터 시작되었는데, 피부관리 분야와 의료 분야에서 이용되어 왔다.

2) 필링의 대상

① 일반 여드름 및 기타 화농성 여드름 피부 및 여드름 흉터가 있는 피부
② 모공이 넓은 지성피부
③ 기미, 주근깨 등이 있는 색소침착피부
④ 주름이 많은 건성피부 및 노화피부
⑤ 피부재생을 촉진하고자 하는 피부

3) 필링할 때의 유의사항

① 민감성피부, 모세혈관확장피부, 상처 부위, 피부염 부위 등에는 시술하지 않는다.
② 눈밑이나 입술 등 예민한 부위에는 유의해서 시술한다.
③ 필링 후 물집이나 뾰루지가 발생할 수 있다.
④ 눈 점막에 필링 제품이 들어가지 않도록 주의한다.
⑤ 필링 후에는 자외선에 노출되지 않도록 주의하여야 하며, 반드시 자외선 차단 제품을 바르도록 한다.

4) 필링의 종류

(1) 물리적 필링

가장 기초적인 필링 형태이다. 고운 모래, 흑설탕, 소금, 녹두, 팥, 맥반석 같은 자연적인 재료뿐만 아니라 미세한 알갱이를 인공적으로 만들어 사용하기도 한다. 각질이 두꺼운 피부, 여드름이 진행 중인 피부, 모세혈관이 확장된 피부에는 사용해서는 안 되며 필링의 효과가 일시적이어서 규칙적으로 필링을 하여야 효과를 지속시킬 수 있다.

(2) 효소 필링

생물학적 필링이라고도 한다. 단백질을 흡수할 수 있도록 단백질 분해효소를 섞어서 만든 재료를 이용하여 시술하는 방법이다. 이 방법은 피부의 죽은 각질층만 제거하므로 피부에 부작용을 유발하지 않으며 피부재생을 촉진한다. 과각화된 피부, 두껍고 혈액순환이 잘 안 되는 피부, 모공이 넓은 피부, 여드름 상흔이 있는 피부에 적합하다.

(3) 화학적 필링

인위적으로 얼굴에 화상을 일으키게 하여 피부의 기저층까지 벗겨내는 방법으로 피부에 반흔이 생길 수 있다. 화학적 필링에 사용되는 제품은 대부분 의약품이므로 의사의 처방없이 사용해서는 안 된다. 시술 후에는 7~10일 정도 일상생활을 하기가 어려우므로 반드시 고객에게 이를 숙지시킨 후 시술해야 하며, 적절한 재생관리가 요구된다.

(4) AHA 필링

AHA(alpha hydroxy acid)는 천연과일유기산으로 과각화의 원인인 각질세포의 응집력을 약화시키며 자연 탈피를 유도시킨다. 또한 멜라닌을 형성시키는 티로시나아제 효소작용을 억제시켜 미백작용 효과도 있다.

(5) 크림 필링

크림 필링은 물리적 필링의 일종으로 관리실 또는 집에서 간편하게 사용할 수 있다. 모공세척과 죽은 각질제거가 주 목적이다.

11-3-5. 마사지(massage)

1) 마사지의 이해

마사지는 그리스어의 'masso'에서 유래된 말로서 '문지르다, 비비다, 쓰다듬다'의 뜻이다. 이 마사지는 먼 옛날부터 인간이 신체의 이상을 느끼면 해당 부위를 손으로 자극하여 누르고 주무르는 민간요법으로 실행하였던 행위이다. 전 세계적으로 오

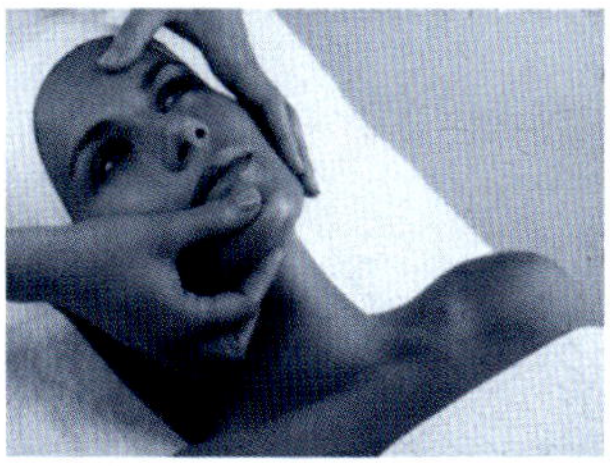

랜 역사를 갖고 있는 마사지는 그 종류가 많고 방법도 다양하다. 즉 유러피안 마사지, 스웨덴식 마사지, 웨스턴 마사지, 오리엔탈 마사지, 반사요법, 롤핑, 아유르베다, 추나요법, 홀리스틱 마사지, 경락 마사지, 스포츠 마사지, 베이비 마사지, 임산부 마사지, 림프 마사지, 신경근육 마사지 등이 있다.

2) 마사지의 효과

① 혈액순환 촉진 및 피지분비 촉진
② 근육의 이완 및 통증 감소
③ 심리 안정 및 스트레스 감소
④ 반사작용에 따른 신체기능 향상
⑤ 신체 면역기능 개선

3) 마사지의 기본동작

① 경찰법 : 손바닥과 손가락 끝의 도톰한 부분으로 길게 천천히 쓰다듬는 방법
② 강찰법 : 근육의 뭉친 부위를 가볍게 주무르거나 피부에 원을 그리듯 마사지하는 방법
③ 유연법 : 근육을 횡단하듯 쥐며 반죽하듯이 약간 들거나 누르는 방법
④ 진동법 : 빠르면서도 리듬있고 쓰다듬듯이 양손을 번갈아 가며 두드리는 방법
⑤ 고타법 : 손바닥이나 손가락으로 피부를 빠르게 두드려 주는 방법

4) 마사지를 삼가야 하는 경우

① 임산부의 가슴, 복부 마사지
② 외상, 염증, 악성종양, 피부염 등이 있는 경우
③ 전염성 질환이 있는 경우
④ 정맥류가 있는 경우

⑤ 식사 후 1시간 이내

11-3-6. 팩, 마스크 및 앰플

1) 팩과 마스크의 정의

팩(pack)은 영어의 'package'에서 유래된 용어로 '둘러싸다, 감싸다'라는 의미이다. 일반적으로 팩과 마스크를 혼용하고 있지만 팩은 사용할 때 부드러운 상태의 재료이고, 마스크(mask)는 적용 시 단단해져 외부와의 공기를 차단하는 재료를 말한다. 그러나 팩과 마스크는 사용 후 피부에 대한 효과나 피부에 미치는 영향 및 그 작용은 동일하다.

2) 팩과 마스크의 효과

① 피부의 혈액순환 촉진 및 보습작용
② 피부 청정작용
③ 피부 경피 흡수촉진
④ 각질 제거
⑤ 기능성 효과(제품 기능별 진정, 보습, 수렴, 세포재생, 염증완화 등 작용)

3) 팩의 제거방법에 따른 분류

① 필 오프 타입(peel-off type) : 팩제의 건조 후 피막을 벗겨내는 타입
② 워시 오프 타입(wash-off type) : 팩제의 사용 후 미온수로 닦아내는 타입
③ 티슈 오프 타입(tissue-off type) : 팩제의 사용 후 티슈로 닦아내는 타입

4) 특수 마스크의 종류

① 벨벳 마스크(collagen velvet) : 콜라겐을 주성분으로 한 종이 형태의 마스크

② 왁스 마스크(wax mask) : 파라핀 마스크라고도 하며, 고형의 왁스를 녹여 액상으로 사용 하는 마스크

③ 알고 마스크(algo mask) : 해초에서 추출한 알긴산을 주성분으로 하는 마스크

④ 석고 마스크(modelling mask) : 분말의 석고를 증류수에 희석한 후 피부에 도포하여 사용 하는 마스크

5) 앰플

앰플(ampoule)이란 천연 동식물에서 추출한 활성 성분을 방부제 없이 진공상태로 일회용 유리병에 담아 놓은 제품이다. 거의 모든 종류의 앰플은 초미립 상태로 이온화되어 있어 필요한 경우 직류전기(갈바닉)를 이용하여 사용하기도 한다.

앰플의 종류는 보습 앰플, 민감 앰플, 모공축소 앰플, 노화피부용 앰플, 색소침착 방지용 앰플 등이 있다.

제2부 chapter 12

화장품학

12-1. 화장품의 이해

12-1-1. 화장품의 역사

화장품이 언제부터 사용되었는지에 대해 역사적으로 그 시기를 단정하기는 어렵다. 다만 알타미아 동굴 벽화나 토우 등의 유물 및 여러 문헌 등의 기록을 통해서 볼 때 구석기 무렵부터 인류는 화장을 시작한 것으로 추정되며, 인류 역사와 함께 화장의 역사가 시작되었음을 알 수 있다. 화장은 그 시대에 따라 사용 목적을 달리하였다. 구석기시대부터 인류는 피부에 색을 칠하기 시작했는데, 이는 자연이나 외부의 공격으로부터 신체를 보호 또는 위장하기 위해 사용되었다. 또한 신분, 계급, 종족, 성별의 구분을 위해 사용되었을 것으로 추정된다. 그리고 주술적인 목적으로 신체에 화장을 하는 경우도 있었다.

12-1-2. 화장품의 정의

화장품법 제2조 1항에 "화장품이란 인체를 청결, 미화하여 매력을 더하고 용모를 밝게 변화시키거나 피부, 모발의 건강을 유지 또는 증진하기 위하여 인체에 사용되는 물품으로써, 인체에 대한 작용이 경미한 것을 말한다."라고 정의되어 있다. 화장품은 사용대상, 사용목적, 사용기간, 인허가 조건 등 여러 가지 측면에서 의약품 또는 의약부외품과 다르다. 주요한 차이점은 화장품과 의약부외품은 일반적으로 정상인이 사용하며 매일 장기간 동안 사용하므로 부작용이 없어야 한다. 반면에 의약품의 경우에는 질환 치료를 목적으로 환자가 사용하며, 약간의 부작용을 일으킬 수 있는 양면성이 있다. 의약부외품으로는 육모제, 구강청정제, 치약, 염모제 등이 있다.

12-2. 화장품의 주요 성분

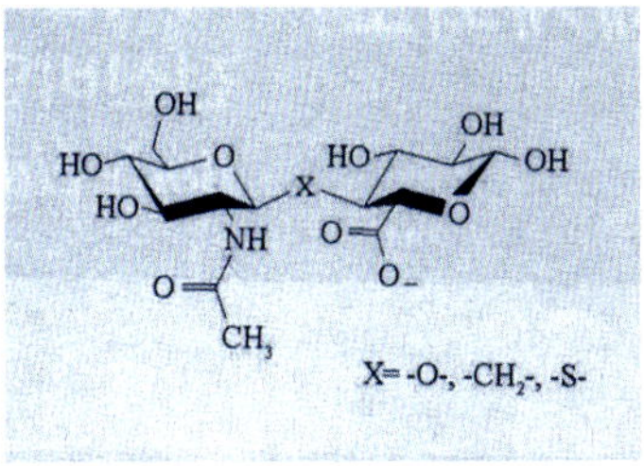

과학의 발달과 함께 화장품의 성분도 다양하게 개발되었다. 과거의 경우 피부 보습이나 단순한 색조 화장품에서 이제는 노화방지, 미백, 자외선 차단 등의 기능성이 뛰어난 제품들이 연구, 개발되고 있다. 이러한 기능성 화장품은 피부 과학의 발전과 생리학적 메커니즘이 밝혀지고 이에 따른 새로운 화장품 성분들이 개발되기 때문에 가능한 일이다. 화장품에 사용되는 원료들은 대부분 유기화합물과 무기화합물로 구성되어 있다.

1) 정제수

물은 경도에 따라 경수와 연수로 분류된다. 일반적으로 지하수는 경수로서 칼슘염, 세균 등의 불순물을 함유하고 있기 때문에 화장품 원료로 사용하지 못한다. 경수는 이러한 불순물로 인하여 화장품의 안정도와 색상을 변화 그리고 내용물을 쉽게 부패시키는 등의 문제가 있다. 따라서 지하수를 여과 혹은 이온교환수지를 통하여 정제수로 만들어 사용한다.

2) 에탄올(ethanol)

에탄올은 에틸알코올(ethyl alcohol)이라고도 하며 화장품에 많이 사용되고 있다. 에탄올은 휘발성이 있기 때문에 피부에 시원한 청량감과 가벼운 수렴효과를 부여하며 살균작용과 향수를 녹이는 용매로 사용된다. 따라서 화장수, 아스트린젠트, 헤어토닉, 향수 등에 주로 사용된다.

3) 오일(oils)

화장품에 사용되는 오일은 피부에 유분막을 형성하여 각질층의 수분 발산을 억제하는 효과를 가지고 있으며 천연 오일과 합성 오일이 있다.

천연 오일에는 식물성 오일, 동물성 오일, 광물성 오일로 구분된다. 식물성 오일에는 호호바 오일(jojoba oil), 올리브 오일(olive oil), 아몬드 오일(almond oil) 등이 있으며, 동물성 오일에는 스쿠알렌(squalene), 밍크 오일(mink oil) 등이 대표적이다. 광물성오일은 대부분 석유에서 추출되는데, 그중에서 화장품에 주로 사용되는 것은 유동파라핀(liquid paraffin), 바셀린(vaseline) 등을 들 수 있다.

합성 오일은 주로 고급 지방산과 저급 알코올 간의 에스테르화 반응을 통하여 얻어지며 천연 오일에 비해 사용성과 화학적 안정성이 뛰어난다. 그중에서 특히 실리콘 오일(silicone oil)은 최근 화장품의 원료로 사용량이 크게 증가하고 있다.

4) 왁스(wax esters)

고급 지방산과 고급 알코올의 에스테르 화합물로서 화장품의 경화를 증가시켜 주며 기초 화장품이나 메이크업 화장품에 널리 사용된다. 왁스는 식물성 왁스와 동물성 왁스로 나누어진다. 식물성 왁스는 열대식물의 잎이나 종자에서 추출하여 얻어지며 카르나우바 왁스(carnauba wax), 칸델리나 왁스(candelilla wax) 등이 있다. 동물성 왁스는 벌집과 양모 등에서 얻어진 밀납(bees wax), 라놀린(lanolin) 등이 있다.

5) 계면활성제(surfactants)

계면활성제란 한 분자 내에 친수성기(hydrophilic group)와 친유성기(lipophilic group)를 함께 가지는 분자를 말한다. 계면활성제는 크림이나 로션 등을 제조할 때 사용하면 유화제로 작용하고, 비누와 샴푸 등을 제조할 때 사용하면 세정제로서 역할을 한다. 또한 립스틱에서는 색소가 지방 성분에 잘 분산할 수 있도록 하는 분산제로 사용된다.

6) 보습제(humectants)

보습제란 피부의 건조를 막아 피부를 부드럽고 촉촉하게 하는 피부 보습의 중요한 물질이다. 화장품에 사용되는 보습제는 글리세린, 프로필렌글리콜, 솔비톨 등의 다가알코올이 가장 많고, 피롤리돈카르본산염이나 젖산염 등의 천연 보습인자(NMF)의 성분이 있다. 또한 고분자 보습제 중에서 대표적인 히아루론산의 경우 과거에는 닭 벼슬에서 추출하였으나 현재는 미생물발효에 의해 대량 생산된다.

7) 방부제(preservatives)

방부제는 화장품에 첨가하여 외부로부터 화장품을 오염시키는 미생물의 증식을 억제하며 시간이 지남에 따라 사멸시켜 제품의 변화를 방지하기 위하여 사용된다. 화장품에 첨가되는 대표적인 방부제로는 파라벤이 있으며, 안전성이 높아서 식품에도 널리 이용된다.

8) 색소(colorants)

화장품에는 기초 화장품은 물론 메이크업 화장품에 이르기까지 다양한 색소를 사용하고 있다. 화장품에 사용되는 색소는 크게 염료, 레이크, 유기안료인 유기합성 색소, 동식물에서 유래된 것과 미생물로부터 유래된 천연색소, 광물성 안료인 무기안료로 구분된다. 일반적으로 염료는 물 또는 오일에 녹는 색소를 말하며, 안료는 물과 오일에 모두 녹지 않는 것을 말한다. 염료는 기초 화장품과 모발 화장품에 주로 사용되고 안료는 메이크업 화장품에 주로 사용된다.

9) 비타민(vitamines)

비타민은 우리 인체의 에너지원이나 신체의 구성 성분으로는 사용되지 않지만 정상적인 생리 기능을 하기 위해 꼭 필요한 생리활성 물질이다. 화장품에 배합되는 비타민은 사용되는 종류에 따라 피부 영양공급, 피부보습, 노화방지 등의 피부 보호를 목적으로 사용한다.

10) 미백제(whitening agents)

미백제란 피부의 멜라닌 생성을 억제함으로써 맑고 투명한 피부색을 유지하기 위해 사용되고 있으며 대표적인 것으로는 알부틴과 코직산이 있다. 이 성분들은 멜라닌을 생성하는데 관여하는 티로시나제의 활성을 억제하는 작용을 한다. 또한 멜라닌 생합성 경로에서 환원제로 작용할 수 있는 비타민 C와 그 유도체도 널리 사용되고 있다.

12-3. 화장품의 제형

화장품 산업에 계면화학의 응용 영역은 광범위하다. 그중에서도 가용화, 유화, 분산의 3가지 작용은 화장품 연구 개발, 제조 기술면에서 가장 중요한 3대 계면활성 작용이다. 화장품의 제형은 다양하고 사용 목적에 따라 복잡한 기능을 가지고 있지만 화장품의 제형을 특징적으로 분류해 보면 다음과 같이 크게 세 가지로 분류할 수 있다.

12-3-1. 가용화 제품

가용화란 불용성 또는 난용성인 물질이 계면활성제의 수용액 중에서 투명하게 용해되는 현상이다. 가용화 제품이란 물에 소량의 오일 성분이 계면활성제에 의해 투명하게 용해되어 있는 상태의 제품을 말한다. 과거에는 화장품에 있어서 가용화의 응용은 화장수류에서 향수의 용해가 대부분이었지만 그 후 계면화학 기술의 발달과 계면활성제의 발달에 의해 현재에는 대부분의 제품에서 응용되고 있다. 가용화 제품으로는 화장수, 에센스, 헤어토닉, 헤어리퀴드, 향수 등이 있으며 투명한 상태를 나타낸다.

12-3-2. 유화 제품

유화란 물과 기름처럼 서로 혼합되지 않는 두 가지 액체의 한쪽을 작은 입자로서 다른 쪽의 액체 중에 안정한 상태로 분산시키는 것을 말한다. 유화는 화장품뿐만 아니라 의약품, 식품, 농약, 도료, 접착제 등 여러 분야에서 응용되고 있다. 유화 제품이란 오일 성분이 계면활성제에 의해 우유 빛으로 백탁화된 상태인 제품을 말하며 대표적인 유화 제품으로는 로션과 크림이 있다.

12-3-3. 분산 제품

분산 현상도 유화 및 가용화와 함께 화장품 연구 및 제조에서 계면활성제의 3대 작용의 하나로서 중요하다. 일반적으로 분산이란 기체, 액체, 고체 등의 하나의 상에 다른 상이 미세한 상태로 퍼져있는 것을 말한다. 화장품에서의 분산 제품이란 물 또는 오일 성분에 미세한 고체 입자가 계면활성제에 의해 균일하게 혼합된 상태의 제품을 말하며 대표적인 제품으로는 마스카라와 파운데이션이 있다.

12-4. 기초 화장품

12-4-1. 기초 화장품의 개요

기초 화장품은 기본적으로 피부를 청결히 하고, 각질층의 보습을 유지하기 위해 사용된다. 기초 화장품의 사용 목적은 세안, 피부 정돈, 피부 보호로써 크게 3가지로 나눌 수 있다. 각질층에는 아미노산을 주성분으로 하는 NMF(Natural Moisturizing

Factor, 천연보습인자)와 피지 성분이 있으며, 진피층에는 히아루론산염, 콜라겐, 엘라스틴 등의 고분자 물질이 기질로 존재하고 있다. 이러한 성분들이 나이가 들고 자연 환경에 노출됨에 따라 균형이 깨짐으로써 피부는 건조해지고 거칠어진다. 따라서 기초 화장품에는 수분과 보습제 및 피지의 기능을 대신할 수 있는 유분을 적절히 배합함으로써 모이스처 밸런스를 유지할 수 있도록 하고 이를 통해 피부상태를 개선시킬 수 있다.

1) 세안 화장품

피부에 쌓인 각종 화장품 성분 및 노폐물만 제거하고 피부 표면에 있는 천연보호막은 제거하지 않아야 한다. 세안 화장품의 종류에는 클렌징 폼(cleansing foam), 페이셜 스크럽(facial scrub), 클렌징 크림(cleansing cream), 클렌징 로션(cleansing lotion), 클렌징 워터(cleansing water), 클렌징 젤(cleansing gel) 등이 있다.

2) 화장수(skin lotion)

세안 후 피부에 충분한 수분을 공급하기 위해 사용된다. 화장수는 크게 유연화장수와 수렴화장수로 나뉜다. 두 가지 모두 피부에 보습 효과를 주는 것은 동일하지만 유연화장수는 피부를 약산성으로 회복시켜 피부를 부드럽게 해주는 효과가 있다. 수렴화장수는 피부를 약산성으로 정돈할 뿐만 아니라 피지를 녹이고, 소독하고, 모공과 피부를 수렴하는 효과가 있으며 흔히 아스트린젠트(astringent)라고 부르기도 한다.

3) 로션(lotion, milk lotion)

화장수와 크림의 중간적 성격을 가지는 것으로 크림에 비해 비교적 유동성을 가지고 있다. 피부가 원하는 충분한 수분을 공급하기 위해서는 세안 후 화장수로 충분히 수분을 공급하고, 로션으로 수분과 영양분을 공급해 주어야 한다.

4) 크림(cream)

크림의 사용 목적은 피부를 외부 환경으로부터 보호하고, 피부의 생리기능을 도와주며, 피부의 문제점을 개선하는 것이다. 크림은 데이 크림, 나이트 크림, 영양 크림 등이 있다. 또한 사용 부위나 대상에 따라 아이 크림, 핸드 크림, 베이비 크림으로 구분될 수 있으며 사용 효과나 함유 성분에 따라 모이스쳐 크림, 에몰리언트 크림, 화이트닝 크림 등이 있다.

5) 에센스(essence, serum)

피부의 보습작용, 노화 억제 작용을 갖는 성분을 고농축한 제품으로써 보습효과가 우수하고 영양물질을 피부에 공급하여 피부를 가볍고 매끄러운 상태로 유지시킨다. 일반적으로 에센스는 크게 스킨 타입, 로션 타입, 크림 타입, 젤 타입으로 나눌 수 있으며, 이들 중 다량의 보습제를 함유할 수 있는 스킨 타입이 가장 많이 사용되고 있다.

6) 팩(pack)

피부 표면에 도포하여 수분 증발을 방지하고 보습효과를 부여하며 노화 각질의 제거 및 모공 등의 노폐물을 제거하는 기능을 가지고 있다. 팩의 종류에는 필오프(peel-off) 타입, 워시오프(wash-off) 타입, 티슈오프(tissue-off) 타입, 패치(patch) 타입, 분말 타입 등이 있다. 각질 제거나 모공의 노폐물 제거에는 필오프 타입이 좋으며, 민감성피부에 손쉽게 사용하기에는 워시오프 타입이 좋다.

12-4-2. 기능성 화장품

피부를 개선시키고 보호하는 기능을 강화한 기능성 화장품에는 기미, 주근깨 등의 색소침착 악화를 예방해 주는 미백화장품, 원활한 피지 조절 및 세균 억제를 해주는 여드름용 화장품, AHA(alpha hydroxy acid, 과일산) 등을 함유해서 각질을 제거해주는 화장품, 주로 여름철에 유해 자외선으로부터 피부를 보호해 주는 자외선 차단용 화장품, 그리고 리포좀 화장품, 레티노이드 화장품 등이 다양하게 개발되어지고 있다.

12-5. 메이크업 화장품

12-5-1. 메이크업 화장품의 이해

메이크업의 역사는 기원전 7000년전 고대 이집트 유적에서 찾아볼 수 있다. 그 당시에는 자연 환경으로부터 신체의 보호 및 종교적인 목적으로 메이크업을 하였다. 이에 반해 현대의 메이크업은 피부를 채색하여 아름답게 보이는 동시에 매력을 증가시키고 자신만의 이미지를 연출하며, 환경오염으로부터 신체를 보호하는 목적으로 이용되고 있다. 최근 칼라테라피처럼 색을 이용한 치료의 목적으로도 이용되고 있다.

1) 메이크업 베이스(make-up base)

기초화장 후 색조화장을 하기 전에 이용되며 파운데이션이 피부에 직접 접촉되는 것을 방지하며 화장 효과를 높여주고, 피부색을 균일하게 조정해 주는 제품이다. 메이크업 베이스는 로션 타입과 크림 타입 두 가지 종류가 있다.

2) 파운데이션(foundation)

피부의 결점을 감추고 피부색을 정돈하여 매끈하게 보이도록 하는 제품으로 주로 포인트 메이크업을 하기 전에 얼굴색의 변화, 피부 결점을 보완하기 위해서 사용된다. 파운데이션의 종류에는 안료가 균일하게 분산되어 있는 리퀴드 파운데이션, 크림에 안료가 균일하게 분산된 형태의 크림 파운데이션, 안료에 오일을 스프레이하여 흡착시킨 후 압축시켜 고형화한 파우더 파운데이션과 트윈케이크(twin cake), 스킨커버(skin cover) 등이 있다.

3) 파우더(powder)

땀과 피지에 의해 화장이 번지거나 지워지는 것을 막고 빛을 사방으로 난반사시켜서 얼굴을 밝고 화사하게 보이도록 하는 메이크업 화장품이다. 파우더의 종류에는 페이스 파우더(face powder), 콤팩트 파우더(compact powder)가 있다.

4) 아이 메이크업(eye make-up)

눈의 포인트를 주는 포인트 메이크업 화장품으로 눈의 결점을 커버하면서 눈을 더욱 생동감 있게 하고, 눈썹 모양을 입체적으로 보이도록 한다. 아이 메이크업 화장품의 종류에는 아이 섀도(eye shadow), 아이 브라우 펜슬(eye-brow pencil), 아이 라이너(eye liner), 마스카라(mascara) 등이 있다.

5) 립스틱(lipstick)

화장품을 입술에 도포하여 색채와 광택을 줄 목적으로 사용되며 추위와 건조 등으로부터 입술을 보호하는 역할도 한다. 립스틱은 입술에 사용하는 제품이므로 자극이 있어서는 안 되고, 먹었을 때도 인체에 해가 없어야 하며 불쾌한 냄새나 맛이 나지 않아야 한다. 그리고 기능적으로는 번짐이 없어야 하며 부착성이 좋고 부드러우며 매끄럽게 바를 수 있어야 한다. 또한 적절한 강도를 유지하여 부러지지 않아야 한다.

6) 블러셔(blusher)

볼 부위에 도포하여 얼굴색을 건강하고 밝게 보이게 하며 윤곽에 음양을 주어 얼굴을 입체적으로 나타내게 하는 메이크업의 마무리 단계에 사용하는 제품이다. 블러셔는 제형에 따라 케이크 타입과 크림 타입이 있으나 일반적으로 사용되는 것은 케이크 타입이다.

7) 네일 에나멜(nail enamel)

손톱에 광택성 피막을 형성하고 아름답게 착색하기 위해 사용되는 제품으로 흔히 메니큐어(manicure)라고 한다. 네일 에나멜 리무버는 네일 에나멜의 피막을 제거하는 목적으로 사용된다. 용해력이 크고 빠르게 건조되며 냄새나 피부에 대한 자극이 적은 것이 좋으며 손톱을 보호할 목적으로 유분과 보습제 등이 함유된 것이 많다.

12-6. 모발 화장품

모발 화장품에는 두피나 모발에 존재하는 피지, 땀, 비듬, 각질, 먼지 등의 각종 노폐물과 오염물을 세정하는 기능과 모발 보호 및 영양 공급 등의 트리트먼트 기능이 있다. 이처럼 모발 화장품은 피부의 기초 화장품과 같은 성격을 갖고 있으며 반면에 메이크업 화장품의 성격으로는 헤어스타일링, 염색, 퍼머넌트 웨이브 등의 기능이 있다.

1) 세발용 화장품

두피 또는 모발에 있는 노폐물 및 오염물을 제거하여 청결한 상태로 유지하기 위해 사용된다. 대표적인 것으로 샴푸(shampoo)와 헤어 린스(hair rinse)가 있다.

2) 정발제

모발을 원하는 형태로 만드는 스타일링(styling)의 기능과 모발의 형태를 고정시켜주는 세팅(setting)의 기능을 하는 제품이다. 정발제의 종류에는 헤어 오일(hair oil), 포마드(pomade), 헤어 크림(hair cream), 헤어 로션(hair lotion), 세트 로션(set lotion), 헤어 무스(hair mousse), 헤어 스프레이(hair spray), 헤어 젤(hair gel), 헤어 리퀴드(hair liquid) 등이 있다.

3) 헤어 트리트먼트(hair treatment)

손상된 모발에 유분과 수분을 공급하여 모발을 보호하고 정상적으로 복구하기 위해 사용하는 제품이다. 헤어 트리트먼트의 종류로는 헤어트리트먼트 크림(hair treatment cream), 헤어 팩(hair pack), 헤어 블로우(hair blow), 헤어 코트(hair coat) 등이 있다.

4) 헤어 토닉(hair tonic)

살균력이 있어 두피나 모발을 청결히 하고 시원한 느낌과 쾌적함을 주어 두피에 발라 마사지할 때 혈액 순환을 좋게 한다. 배합성분이 두피에 작용하여 비듬과 가려움을 제거하며 모근을 튼튼하게 하는 제품이다.

5) 퍼머넌트 웨이브 로션(permanent wave lotion)

과거 열퍼머로 인한 심각한 모발 손상의 문제점을 해소하기 위해 열을 가하지 않고도 웨이브를 만들 수 있는 콜드 웨이브액이 시초가 되었다. 퍼머넌트 웨이브 로션은 티오글리콜산(thioglycolate acid)과 시스테인(cysteine)을 주성분으로 하는 두 가지 종류가 주류를 이루고 있다. 시스테인은 티오글리콜산에 비해 냄새가 적고 모발을 적게 손상시키는 장점이 있으나 웨이브 효과가 20~30% 정도 약한 것이 단점이다.

6) 염모제

염모제는 염색 효과의 차이에 따라 영구 염모제, 반영구 염모제, 일시 염모제로 구분할 수 있다. 영구 염모제는 색소 형성물질이 모발 내부의 모피질(cortex) 또는 모수질(medula) 층까지 침투하여 염색 효과가 장기간 지속되며, 반영구 염모제는 모피질이나 큐티클 층에 침투하여 샴푸시마다 색소가 조금씩 빠져나와 영구 염모제에 비해 염색 효과가 낮다. 또한 일시 염모제는 큐티클 층에만 흡착시킨 것으로 대개 일회용으로 사용된다.

제2부

chapter 13

에스테틱

아로마테라피

13-1. 아로마테라피의 개요

13-1-1. 아로마테라피의 정의

아로마테라피(aromatherapy)는 향 또는 향기를 의미하는 'aroma'와 치료를 의미하는 'therapy'의 합성어이다. 프랑스의 화학자 르네 모리스 가테포스(Rene-Maurice Gattefose)가 1928년에서 쓴 《Aromatherapie》라는 저서에서 처음으로 사용되었다. 즉 아로마테라피란 향기 나는 식물에서 추출한 방향성 물질을 이용하여 심신을 건강하게 하는 방향요법 또는 향기요법이라고도 한다.

13- 1-2. 아로마테라피의 역사

고대사회에서 향료 등은 종교의식의 재료로 사용되었다. 고대 문명에서 향을 가장 다양하게 사용한 문명은 이집트 문명이다. 이러한 사실은 기원전 2000년 전에 기록된 문헌에서 확인할 수 있다. 또한 이러한 종교적인 사용 외에도 질병의 치료나 미이라에 방부제로 사용되기도 하였다. 그 후 이집트에서 그리스로 전파되었으며, 기원전 4세기경 히포크라테스에 이르러 체계적인 기틀이 마련되었다. 그는 각종 질병의 치료에 사용될 수 있는 많은 식물들을 체계적으로 기술하였다.

중세 사회에서는 전염병과 질병의 예방을 목적으로 사용되었는데 르네상스 이후 에센셜 오일에 대한 연구와 실험 결과들이 기록되기 시작하였다. 아로마테라피는 1920년 후반 유럽, 특히 프랑스에서 발전하여 오늘날과 같은 이론이 성립되었으며 과학의 발전으로 1차 추출한 정유에서 보다 더 다양하고 정밀한 새로운 물질을 만들어 내었다. 20세기 중반 이후 에센셜 오일의 용도는 아로마테라피의 재료뿐만이 아니라 향수, 화장품, 식료품 등 그 사용이 점점 다양화되고 일반화되고 있다.

13-2. 에센셜 오일과 캐리어 오일

13-2-1. 에센셜 오일의 정의

에센셜 오일(essential oil)은 약효 성분이 있는 식물의 꽃, 잎, 뿌리, 열매, 줄기 등에서 추출한 100% 순수한 천연 오일로서 휘발성이 강하고 특유의 향과 효능을 가지고 있다.

13-2-2. 에센셜 오일의 화학적 분류

아로마 오일이 가지는 특징적인 향기나 효능은 그 오일을 구성하고 있는 화학적인 성분들이 모여서 나타나게 되는 것이다. 그중 가장 중요한 성분은 탄화수소와 산소가 포함되어 있는 화합물들을 들 수 있다. 에센셜 오일을 화학적으로 분류하여 [표 13-1]에 나타내었다.

구분	효능	대표적인 오일
탄화수소계	항균, 진통억제 및 체온 상승, 살균	베르가못, 그레이프 프룻, 레몬, 네롤리, 펜넬, 카모마일
알코올계	항염, 항균, 면역 강화	라벤더, 네롤리, 일랑일랑, 로즈우드, 제라늄, 티트리, 샌달우드, 카모마일
페놀계	강력한 살균, 면역 강화	타임, 클로브, 신나몬
알데히드계	항염, 진정효과, 혈압강하, 해열	레몬, 제라늄, 유칼립투스, 멜리사, 신나몬, 벤조인
케톤	항응고, 진정, 점액질 제거, 독성이 강함	측백엽, 페니로얄
에스테르계	과일향	라벤더, 유칼립투스, 베르가못, 클라리세이지, 재스민
옥사이드계	거담작용	유칼립투스, 티트리, 로즈마리
유기산계	항염, 진통, 해열 작용	네롤리, 벤조인, 일랑일랑

[표13-1] 에센셜 오일의 화학적 분류

13-2-3. 에센셜 오일의 추출 방법

에센셜 오일의 경우 처음 추출한 오일을 버진(virgin)이라고 하며, 1차 추출된 에센셜 오일을 다시 한번 정제시켜 알코올 성분을 제거한 것을 앱솔루트(absolute), 오랫동안 보관이 필요하여 에센셜 오일과 식물성 왁스, 엽록소를 혼합하여 부드러운 고체 상태로 된 것을 콘크리트(concrete)라고 한다.

에센셜 오일의 추출 방법은 다음과 같다.

(1) 수증기 증류법(steam distillation)

뜨거운 물이나 수증기를 이용하여 에센셜 오일을 추출하는 방법이다. 이 방법은 가장 경제적이고 짧은 시간에 많은 양을 추출할 수 있는 장점이 있는 반면에 고온에 일부 성분이 파괴되는 단점이 있다. 일반적인 아로마테라피 용도의 오일들은 대부분 수증기 증류법을 이용하여 추출된다.

(2) 압착법(expression)

식물의 과실에 직접 압착하여 에센셜 오일을 추출하는 방법으로 주로 과일류의 향기 성분을 얻는데 이용된다. 매우 강한 압력으로 재료로부터 직접 에센셜 오일을 추출하는 방법이다.

(3) 용매추출법(solvent extraction)

휘발성 혹은 비휘발성 용매를 사용하여 비교적 낮은 온도에서 아로마 오일을 추출하는데 이용되는 방법이다. 휘발성 용매추출법은 휘발성 유기용매에 식물의 꽃을 일정 기간 냉암소에 침적시킨 후 향기 성분을 녹여내는 방법으로 솔벤트(solvent)법이라고도 한다. 이 추출 방법을 사용하면 꽃을 훼손시키지 않고도 순도 높은 오일을 추출할 수 있다.

(4) 액체 이산화탄소 추출법

액체 상태의 이산화탄소를 용매로 이용하여 에센셜 오일을 추출하는 방법이다. 저온에서 추출이 가능하기 때문에 열에 약한 향기 성분을 파괴시키지 않고 그대로 추출할 수 있어서 고순도의 에센셜 오일을 추출하는데 사용된다. 그러나 경제적으로 비용이 많이 드는 단점이 있다.

13-2-4. 에센셜 오일의 일반적인 효능

① 항균작용 : 소독 및 상처 치유효과, 박테리아와 병원균에 대한 항균, 방부, 항발효 효과
② 생리작용 : 인체 내의 각 조직과 기관에 직접 작용하여 생리기능 활성화
③ 방향작용 : 주위 공기를 정화하고, 악취에 대한 방취작용
④ 심리작용 : 뇌의 자율신경계를 자극하여 심리적인 변화를 유발

13-2-5. 에센셜 오일 사용 시 주의사항

① 원액의 사용을 피하고 반드시 희석하여 사용한다.
② 임신 중인 경우 반드시 사용 가능한 오일만 선택해서 정량을 준수하여 사용한다.
③ 눈 점막에 직접적인 접촉을 금하고 흡입 시에는 눈을 감고 흡입한다.
④ 중환자에게 사용할 경우에는 반드시 의사와 상의를 거친다.

13-2-6. 에센셜 오일의 보관법

① 변질 방지를 위해 반드시 전용 용기에 보관한다(플라스틱, 합성수지류 금지).
② 아이들의 손이 닿지 않는 곳에 보관한다.
③ 용기를 세척할 경우 반드시 알코올을 이용한다.
④ 개봉 후 보존기간은 6개월에서 1년이다(캐리어 오일과 혼합시는 1~2주일).
⑤ 휘발성이 강하므로 사용 후 반드시 마개를 씌운다.

13-2-7. 주요 에센셜 오일의 효능 및 주의점

에센셜 오일	주요 효능	주의점
베르가못 (Bergamot)	근육이완, 모공수축, 피지제거, 우울증 해소, 심리적 진정 작용	햇빛 노출시 알러지 가능

유칼립투스 (Eucalyptus)	소염, 살균, 방부, 방취 작용 항바리러스로 감기, 기침, 천식에 탁월	
그레이프프룻 (Grapefruit)	살균, 소독 작용 셀룰라이트 분해, 체내 독소 제거	햇빛 노출시 알러지 가능
레몬 (lemon)	살균, 미백, 각질 제거, 여드름에 효과적 혈관 강화 및 혈액 순환에 좋다	햇빛 노출시 알러지 가능
레몬그라스 (lemongrass)	모공 수축, 피지 분비 조절 근육통 완화, 머리를 맑게 해줌	
오렌지 (Orange)	콜라겐 생성, 촉진 및 노화 방지 셀룰라이트 분해, 체내 독소 제거	자주 흡입시 두통 유발 햇빛 노출시 알러지 가능
티 트리 (Tea-tree)	살균, 소독, 여드름 치료 우울증 해소	민감성 피부 사용금지
클라리세이지 (Clary sage)	살균, 피부재생, 주름완화 심신 안정, 성욕 강화, 피지 조절	운전중 사용금지(졸음) 임산부 사용에 주의
펜넬 (Fennel)	근육이완, 모공수축, 피지제거, 우울증 해소, 심리적 진정 작용	임산부, 민감성 사용금지 1% 이상의 농도 사용금지
제라늄 (Geranium)	소염, 살균, 방부, 방취 작용 항바리러스로 감기, 기침, 천식에 탁월	알레르기 유발 가능 민감성 피부에 사용 주의
라벤더 (Lanvnder)	소염, 항박테리아, 상처 치유, 피부마사지 불면증, 우울증, 스트레스, 긴장 해소	
페퍼민트 (Peppermint)	피로회복, 항염, 피지조절, 여드름치료 순환촉진, 호흡기질환, 두통, 근육통완화	임산부, 간질, 발열 사용금지 2% 이상의 농도 사용금지
타임 (Thyme)	방부작용, 소독, 살균, 항염증 성욕강화, 배뇨촉진, 두통, 신경성질환	민감성, 고혈압, 임산부 금지 1% 이상의 농도 사용금지
사이프러스 (Cypress)	수렴, 피지조절, 셀룰라이트 분해 스트레스 해소, 발한억제, 순환촉진	
쥬니퍼 (Juniper)	체내 독소배출, 지방분해 여드름, 피부염, 각질제거, 청량감	신장장애, 염증에 사용금지 임산부 사용금지(초기5개월)
네롤리 (Neroli)	불안감해소, 진정, 불면증 피부재생, 흉터, 임신선 제거	
로즈마리 (Rosdmary)	세포재생, 림프순환, 성욕강화 치매, 소화촉진, 항균, 방부, 소염	간질, 고혈압, 임산부 금지

파인 (Pine)	냄새 제거, 감기, 근육통, 피로회복	민감성 피부 자극 가능
로즈 (Rose)	피부재생, 숙취해소, 성욕강화, 배뇨촉진 스트레스, 소염, 월경장애	알러지 유발 가능 임산부 사용금지
시더우드 (Cedarwood)	순환촉진, 셀룰라이트분해, 배뇨촉진 긴장완화, 살균, 여드름, 탈모예방	임산부 사용금지
재스민 (Jasmin)	호르몬조절, 성욕강화, 긴장완화 임신선 회복, 모유분비 촉진	알러지 유발 가능 임산부 사용주의
샌달우드 (Sandalwood)	이완, 회복작용, 건성피부, 성욕강화 살균, 소염, 방부, 노화피부	우울증 사용주의
일랑일랑	스트레스, 최음, 성욕강화, 긴장완화 피부정화, 피지조절	민감성 피부 사용금지

[표13-2] 주요 에센셜 오일의 효능 및 주의점

13-2-7. 캐리어 오일(carrier oil, base oil)

에센셜 오일을 피부에 효과적으로 침투시키기 위해 사용하는 식물성 오일이다. 캐리어 오일은 에센셜 오일의 효능을 높이고 또한 강한 에센셜 오일의 성분을 희석시켜 사용을 원활하게 하기 위해 사용된다. 아로마테라피에 사용되는 캐리어 오일은 매우 다양하고 각각의 오일의 형태와 효능이 다르기 때문에 사용목적에 따라 알맞은 것을 선택하는 것이 중요하다.

캐리어 오일	특징 및 효능
아몬드 오일 Sweet almond	모든 피부에 좋으며 습진 치료에 효과 - 가려움증, 자극, 염증 해소, 건성피부 - 윤활 효과, 피부 표면 보호
살구씨 오일 Apricot kernel oil	저양분이 풍부하여 민감성, 건성피부 보호에 좋다.

포도씨 오일 Grapeseed oil	가볍고 냄새가 적으며 피부에 쉽게 흡수된다. - 모든 피부에 사용할 수 있으며, 스킨과 바디오일로 좋다. - 방부 효능이 있어 여드름 피부에 사용하면 안 된다.
호호바 오일 Jojoba oil	호호바 식물의 열매에서 추출한 것으로 오일이 아니고 화학구조상 왁스류에 속한다. - 피부염 치료에 효과적 - 항산화 효능이 있어 다른 오일과 브랜딩하면 산화방지 역할 - 향유, 스킨 및 바디마사지 오일, 모발 치료에 사용
올리브 오일 Olive oil	모발과 피부의 질환을 치료하는데 매우 효능이 좋다. - 피부 재생, 부서지는 모발에 효과적 - 강한 냄새를 가지고 있어 향이 강한 에센셜 오일에 적합 - 다른 캐리어 오일과 50% 비율로 섞어서 사용
로즈힙 오일 Rose hip seed oil	Rosa mosqueta oil 을 부르는 명칭이다. - 켈로이드나 흉터를 부드럽게 하고 화상치료 및 피부재생 촉진 - 여드름과 상처난 피부는 상태를 악화시키므로 사용 금지 - 다른 캐리어 오일을 10% 섞어 사용하면 효과적

[표13-3] 캐리어 오일의 특징 및 효능

13-3. 아로마테라피의 실제

13-3-1. 에센셜 오일의 체내 유입 경로

① 구강 : 입으로 섭취하는 경우, 전문 지식이 없는 경우 절대 금지

② 호흡 : 가습기, 사우나 또는 직접 코를 대고 흡입하는 경우

③ 피부 : 마사지, 목욕, 좌욕 등을 통해 피부 내로 흡수되는 경우

13-3-2. 에센셜 오일의 사용법

1) 확산법(vaporization)

아로마 램프, 스프레이, 가습기 등을 이용해서 실내에 에센셜 오일을 분자 상태로

확산시켜서 흡입하는 방법이다. 이러한 방법은 호흡기관의 감염에 효과적이고 심리적인 안정이나 피로회복에 좋다. 그리고 가벼운 전염병의 확산을 막기 위해 예전부터 일상생활에서 많이 사용하는 방법으로 실내 감염의 차단뿐만 아니라 악취 제거에도 효과가 뛰어나다.

2) 목욕법(bath)

욕조에 에센셜 오일을 몇 방울 첨가하여 이용하는 방법으로 신진대사를 원활하게 하고 혈액순환을 도와 심신의 기능을 완화시켜 준다. 또한 목욕법을 이용하면 피부와 폐를 통해 동시에 흡수되어 더욱 좋은 효과를 거둘 수 있는 장점이 있다. 이와 유사한 방법으로 좌욕법과 족욕법 등이 있는데 이는 목욕법의 한 형태이다.

3) 마사지법(massage)

마사지를 할 경우에는 캐리어 오일과 에센셜 오일을 일정 비율로 브랜딩하여 사용한다. 브랜딩된 오일은 서서히 피부에 스며들고 피부의 각질층을 통과하여 림프관과 혈액 속으로 침투하게 된다. 그리고 마사지를 할 경우에는 에센셜 오일의 분자가 피부 속으로 스며드는 것과 동시에 공기 중에 퍼져 있는 향을 후각을 통해 인체 내로 유입되므로 목욕법과 동일한 효과를 볼 수 있다.

4) 흡입법(inhalation)

에센셜 오일을 입과 코를 통해 흡입하는 방법으로 심신의 안정 집중력 향상 등에 효과적이며 단시간 내에 빠른 효과를 낼 수 있다. 또한 통증을 완화시키고 진정 작용과 거담 작용을 한다. 흡입법에는 건식 호흡법과 습식 호흡법이 있다.

5) 습포법(compress)

흔히 찜질이라고 하는데 타박상, 근육통, 부어 오른 곳 등에 효과적이다. 이는 물 자체의 효과와 함께 에센셜 오일의 효과가 상승적으로 작용하기 때문이다. 습포법에는 더운 물을 사용하는 온 습포법과 차가운 물을 사용하는 냉 습포법이 있는데 피부의 상태에 따라 적절하게 선택해서 사용하면 된다.

13-3-3. 아로마 마사지

에센셜 오일과 상호 보완 관계를 가진 마사지로서 부드럽고 천천히, 그리고 가볍게 문질러야 한다. 아로마 마사지는 일반 마사지처럼 테크닉으로 효과를 얻는 것보다 에센셜 오일이 갖고 있는 특성을 이용하는 것이므로 피부에 잘 흡수가 되도록 마사지하는 것이 우선이기 때문이다.

1) 아로마 마사지의 기본 동작

(1) 쓰다듬기(effleurage)

피부를 가볍게 쓰다듬는 동작으로 상대방에게 편안하고 심신의 안정과 진정 효과를 준다. 이는 아로마 마사지 테크닉 중에서 가장 유용한 방법이다. 오일과 손이 약간 따뜻하게 한 후 관리에 들어가는 것이 좋다.

(2) 주무르기(petrissage)

근육을 쥐었다가 가볍게 주무르거나 혹은 집어주거나 롤링(rolling)하는 방법으로 어깨나 목처럼 근육이 긴장 또는 경직되었을 때 유용한 방법이다. 이 동작은 쓰다듬기에 의해 마사지하고 있는 부위가 완전히 완화되어진 후에 실행하는 것이 좋다. 근육을 풀거나 순환을 촉진시키고 지방과 섬유조직을 분해하는데 효과적이다.

(3) 비비기(friction)

손바닥의 편평한 부위를 이용해서 압박 후 돌리듯 강하게 피부를 문질러 손바닥의 압력으로 표피가 손과 함께 움직일 수 있게 하는 방법으로 체온상승 및 자극 효과, 차고 저린 곳, 순환이 잘 안 되는 부위 등에 효과적이다. 압력은 정확하고 강해야 하지만 피부 밑의 조직에 손상을 입게 해서는 안 된다.

2) 아로마 마사지의 예

등에는 자율신경이 있고 척수를 중심으로 근육과 신경이 몰려있어서 매우 중요한 곳이다. 또한 등은 피부가 두껍기 때문에 에센셜 오일이 골고루 유입될 수 있다. 다음은 아로마를 이용해서 등 마사지를 하는 예제이다.

① 오일을 도포하여 등 전체를 쓸어준다.
② 양손의 엄지와 검지로 옆구리 근육을 집어 올린다.
③ 양 엄지에 힘을 실어 척추 기립근을 따라 원을 그리듯 문지르면 경추까지 올라간다.
④ 엄지와 검지로 목을 위로 집어 올린다.
⑤ 대추혈에 손바닥을 겹쳐 몇 초간 누른다.
⑥ 손가락 전체로 어깨 부위를 집어 당긴다.
⑦ 손바닥을 겹쳐 견갑골을 8자 모양이 되게 반죽하듯이 주무른다.
⑧ 양 엄지에 힘을 실어 견갑골 라인을 따라 원을 그리듯 문지른다.
⑨ 견갑골에서 허리선까지 3등분하여 엄지와 검지로 살을 강하게 집어 올린다.
⑩ 등 전체를 쓸어주면서 마무리한다.

3) 아로마 마사지를 금하는 경우

① 열이 심한 경우(바이러스에 의한 감염으로) : 림프계를 통한 전파가 촉진될 수 있다.
② 뜨거운 목욕이나 사우나 직후
③ 생리 전후
④ 심장 질환 및 암에 걸렸을 경우
⑤ 각종 전염성 질환에 걸린 경우
⑥ 등에 심한 통증이 있는 경우
⑦ 임신 초기(3개월)의 전신이나 복부마사지는 주의를 요한다.

경락 마사지

14-1. 경락의 이해

14-1-1. 경락의 개념

경락은 전신의 기혈을 운행하고 장부와 사지, 관절을 연결하며 상하, 내외를 연결시키는 통로이다. 경락은 경맥과 낙맥의 총칭으로 경맥은 신체를 종으로 주행하는 중심이 되는 라인이며, 낙맥은 횡으로 주행하며 경맥을 연락하는 라인이다.

현대 의학에서도 몸의 조직이나 내장에 이상이 있으면 그 조직이나 내장과 직접 관련이 있는 피부나 근육에 점 모양, 덩어리 모양, 줄 모양의 통증이나 결림, 응어리, 냉증, 그리고 달아오름 등이 나타난다는 것이 증명되어 있다. 이 현상은 마치 몸에 띠를 감은 것과 같이 고리 모양과 마디 모양으로 나타나며, 이 띠를 따라서 반응이 강하고 이곳과 경혈이 일치하는 경우가 많다.

경혈이나 경락을 실제로 응용하는 경우에 단지 경혈을 자로 재면서 찾아내는 것이 아니라 병과 관계가 있는 경락을 잘 문질러 그 경락 위에 통증이나 패인 곳, 결림, 응어리, 냉증, 달아오름, 작은 점이나 피부진 등이 생긴 곳을 대상으로 하여 수기로 관리한다. 또한 경혈과 경락은 누구에게나 똑같이 규칙적으로 몸의 표면이나 근육에 경혈이 배열되는 것은 아니다. 경락에 따라 가볍게 문지르고 누르면 특히 아픔을 느끼거나 결리는 곳이 있는데, 그 부분이 바로 경혈이 있는 곳과 일치한다.

14-1-2. 경락계통의 구성

1) 정경맥

① 십이경맥이라 하며 기혈을 운행하는 주요한 통로이다.

② 일정한 시작과 끝점이 있고, 일정한 순행 부위와 접하는 순서가 있으며, 체내의 장부와 직접적인 낙속(絡屬) 관계가 있다.

(1) 정경맥의 구성

① 수삼음경 : 수태음폐경, 수궐음심포경, 수소음심경

② 수삼양경 : 수양명대장경, 수소양삼초경, 수태양소장경

③ 족삼양경 : 족양명위경, 족소양담경, 족태양방광경

④ 족삼음경 : 족태음비경, 족궐음간경, 족소음신경

(2) 정경맥의 유주 순서

수태음폐경 → 수양명대장경 → 족양명위경 → 족태음비경 →
수소음심경 → 수태양소장경 → 족태양방광경 → 족소음신경 →
수궐음심포경 → 수소양삼초경 → 족소양담경 → 족궐음간경

2) 기경맥

① 기경팔맥 : 충맥, 임맥, 독맥, 대맥, 음유맥, 음교맥, 양교맥, 십이경맥을 통솔하고 연락하는 작용을 한다.

② 십이경별 : 십이경맥에서 갈라져나온 경맥으로 십이경맥이 운행하지 못하는 기관과 형체 부위에 순행하여 정경맥의 부족점을 보충해 준다.

3) 낙맥

① 별락 : 비교적 크고 중요한 낙맥으로 15별락이라 한다.
상호 표리관계인 두 경맥의 체표에서의 연계를 강화하는 기능을 한다.
② 부락 : 인체의 옅은 부위를 순행하고 흔히 드러나는 낙맥
③ 손락 : 제일 가늘고 작은 낙맥으로 사기를 몰아내고 영위를 통하는 작용이 있다.
④ 십이경근 : 십이경맥이 순행하는 부위에 분포한 근육계통
⑤ 십이피부 : 전신의 피부를 12부분으로 나누고 분별하여 십이경맥에 소속시킨 것

14-2. 십이경맥

14-2-1. 수태음폐경

(1) 개요

① 폐는 순환계의 기능에 중요한 역할을 하며 기(氣)의 근본이다.
② 폐는 오행상 금에 속하며 그에 배속하는 기관 중 피부가 이에 속한다.

(2) 이상 증후

① 피부가 거칠고 윤기가 없다.
② 피부가 민감해지고 실핏줄이 확장된다.
③ 팔의 상부부터 손목까지 아프거나 저린다.

14-2-2. 수양명대장경

(1) 개요

대장은 영양흡수와 배설 기능을 담당한다.

(2) 이상 증후

① 변비가 있거나 아랫배가 비대해진다.

② 피부가 거칠고 누렇게 변한다.

③ 입이 마르며 코 안이 막힌다.

14-2-3. 족양명위경

(1) 개요

위는 음식물의 보관과 소화기능을 갖는다.

(2) 이상 증후

① 피부에 윤기가 없으며 입술이 마르고 자주 트며 입안에서 구취가 난다.

② 코에 피지가 많으며 모공이 넓다.

③ 허벅지가 비대해진다.

14-2-4. 족태음비경

(1) 개요

① 비장은 대출혈과 위급시를 대비하여 적혈구를 저장하며 오래된 적혈구를 파괴한다.

② 비장은 영양과 수분을 흡수하고 전신에 공급하며 비만에 중요한 작용을 한다.

(2) 이상 증후

① 식욕 조절 이상으로 과식하며 기운이 없고 피로감을 느낀다.

② 혀가 뻣뻣하고 명치 아래에서 위 부위까지 둔탁한 아픔을 느낀다.

③ 피부색이 고르지 않고 황색을 띤다.

14-2-5. 수소음심경

(1) 개요

① 심장은 혈액을 전신에 순환시키는 기능을 한다.

② 수소음심경은 심장질환 및 정신질환에 효과적

(2) 이상 증후

① 눈이 충혈되고 가슴이 두근거리고 답답해진다.

② 손발이 차면서 손바닥이 화끈거린다.

③ 얼굴이 화끈거리고 붉은색을 띠며 여드름이 발생한다.

14-2-6. 수태양소장경

(1) 개요

소장은 위에서 소화된 음식물을 받아 영양분을 흡수하고 나머지는 방광이나 대장으로 보내서 배출시킨다.

(2) 이상 증후

① 눈이 황색을 띠며 귀가 잘 들리지 않는다.

② 변비나 설사 등이 발생하며 목이 아프고 편도선이 붓는다.

③ 비화농성 여드름이 발생하며 얼굴 라인에 피부 트러블이 생긴다.

14-2-7. 족태양방광경

(1) 개요

① 방광은 신장에서 보낸 소변을 일시적으로 저장하는 장기로 근육성 기관이다.

② 족태양방광경은 십이경맥중 가장 길며, 경혈점이 가장 많으며 중요한 경락이다.

(2) 이상 증후

① 피부가 검고 거칠고 윤기가 없으며 공포심을 느낀다.

② 난청, 귀울림이 있고 정력 감퇴, 관절 및 뼈마디가 아프다.

14-2-8. 족소음신경

(1) 개요

신장은 수분 균형을 유지하고 노폐물을 내보내는 기관이다.

(2) 이상 증후

- 체력이 약하고 입안이 마르고 입맛이 없다.
- 허리나 무릎이 시리고 신경이 예민해지며 건망증이 있다.
- 입주위가 지저분하며 입 아랫부분에 단단한 여드름이 발생한다.

14-2-9. 수궐음심포경

(1) 개요

심포는 심장을 보호하는 기능을 하며 순환기계통 및 정신적인 문제에 관여한다.

(2) 이상 증후

① 수소음심경과 이상 증후가 비슷하며 열증에 의한 변이로 나타난다.
② 얼굴색이 붉어지고 눈이 피로하고 충열되며 탁해진다.
③ 가슴이 두근거리고 숨이차고 답답해진다.

14-2-10. 수소양삼초경

(1) 개요

① 삼초는 상초, 중초, 하초로 나뉜다.
② 상초는 목에서 명치까지로 받아들이는 것을 주관하여 기를 온몸에 보낸다.
③ 중초는 명치에서 배꼽까지로 음식물을 운화하고 전신을 자양한다.
④ 하초는 배꼽에서 치부까지로 배출을 주관한다.

(2) 이상 증후

① 눈이 피로하고 귀가 잘 들리지 않는다.
② 복부가 팽창하고 아프며 설사를 한다.
③ 피부가 가렵고 예민해지고 땀이 많이 난다.

14-2-11. 족소양담경

(1) 개요

담은 쓸개라고도 하며 간에 붙어있고 담즙을 저장 농축하고 소화에 간여한다.

(2) 이상 증후

① 담력이 없고 불면증이 있으며, 피부 윤기가 없고 기미가 생기며 피지가 많아진다.

② 목이 두껍고 통증이 있으며 어깨가 위축되고 옆구리, 겨드랑이 등에 통증을 느낀다.

14-2-12. 족궐음간경

(1) 개요

① 방광은 신장에서 보낸 소변을 일시적으로 저장하는 장기로 근육성 기관이다.

② 족태양방광경은 십이경맥 중 가장 길며, 경혈점이 가장 많으며 중요한 경락이다.

(2) 이상 증후

① 방광경은 척추를 따라 전신으로 흐르므로 증후도 다양하게 나타난다.

② 난청, 귀울림이 있고 정력 감퇴, 관절 및 뼈마디가 아프다.

③ 피부가 검고 거칠고 윤기가 없다.

14-3. 경락마사지의 실제

14-3-1. 미용경락의 개념

전통 경락은 한의학에서 경락과 경혈에 침이나 뜸을 이용하여 치료의 목적으로 이용되지만 미용 경락은 침이나 뜸 등을 이용하지 않고 지압이나 마사지를 통해 미용상 나타난 문제점을 해소하기 위한 것이다. 마사지를 이용한 경락관리는 순환을 촉진시키고 경락계통의 순행을 도우며 장부의 허실을 개선시켜서 지속적인 미용적 효과를 얻을 수 있다.

14-3-2. 경락마사지의 효과

① 혈액순환을 촉진하고 내분비계 호르몬의 분비를 조절해 준다.
② 내부 장기의 기능을 활성화시켜 신진대사를 촉진시킨다.
③ 뭉친 근육을 이완시키고 골격의 이상을 교정해준다.
④ 심신을 안정시키고 스트레스 해소에 도움을 준다.
⑤ 기혈 조절 및 세포의 활성화 작용을 촉진시킨다.
⑥ 노화를 지연시키고 피부에 탄력을 준다.

14-3-3. 기본원칙 및 주의사항

① 압의 세기는 약하게 시작하여 점차 압을 늘리다가 처음과 같은 압으로 끝낸다.
② 시술자 및 피술자는 기의 흐름을 막는 귀금속의 착용을 하지 않는다.
③ 경락마사지는 기를 전달하는 과정이므로 시술 중 불필요한 말은 하지 않는다.
④ 압은 수직압을 주어서 신체 이상 및 기의 분산을 예방한다.
⑤ 일반 지압과 달리 경혈 사이에 있는 경락의 흐름에 따라 자연스럽게 수기 관리 한다.

14-3-4. 등 경락마사지

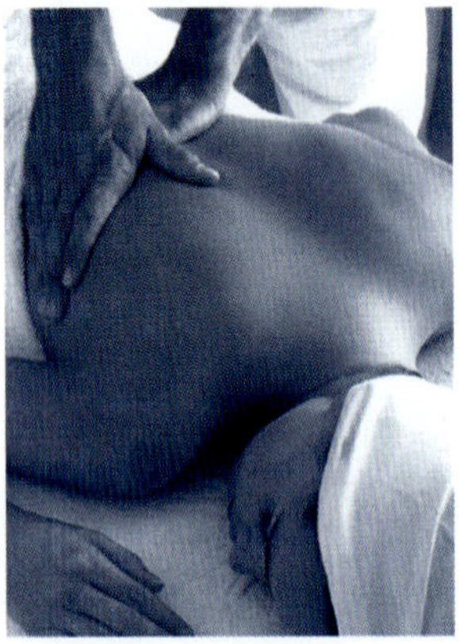

(1) 의의

등 부위에는 가장 길고 중요한 방광경이 흐르고 있다. 방광경에는 십이경락의 수혈이 모두 분포되어 있어서 전신의 기혈을 조절한다.

(2) 주요 관리경락 및 관리수혈

① 경락 : 방광경, 독맥
② 수혈 : 모든 경맥의 배수혈

(3) 마사지 방법

① 수직압으로 백회를 지압한 후 목선을 따라 경추 부분을 쓸어내린다.

② 오일을 도포한 후 몸에 힘을 실어 양어깨를 풀어준다.

③ 방광1선에서 둔부로 쓸어내린 후 옆구리를 따라 올라온 후 양팔을 쓸어내린다.

④ 독맥에서 둔부로 쓸어내리며 장강을 지압한 후 옆구리에서 양팔로 쓸어내린다.

⑤ 양 엄지로 독맥을 지그재그로 쓸어내린 후 장강 지압 후 양팔로 쓸어내린다.

⑥ 방광1선에서 둔부로 쓸어내린 후 회양 지압 후 옆구리에서 양팔로 쓸어내린다.

⑦ 방광1선에서 옆구리 쪽으로 늑골 사이를 사선으로 쓸어내린다.

⑧ 어깨를 밀어준 후 견갑골을 쓸어주고 양팔을 쓸어내린 후 손바닥을 누른다.

⑨ 견갑골 부위를 회전하듯 훑어준다.

⑩ 견갑골 부위를 수직 압으로 누르지 말고 굴려주면서 눌러준다.

⑪ 소장경락(견정, 노유, 천종, 병풍, 곡원혈)을 약하게 지압한 후 목을 따라 쓸어올린다.

⑫ 견갑골 부위에 누른 후 팔을 꺾어 올린다.

⑬ 주먹을 쥐어서 방광1선에서 옆구리 쪽으로 쓸어내린다.

⑭ 손바닥으로 몸에 힘을 실어서 방광1선을 비벼준다.

⑮ 양손을 겹쳐서 방광1선을 따라 척추까지 지압한다.

⑯ 오른손의 척부를 이용해서 방광1선을 역으로 쓸어올린 후 둔부로 밀어내린다.

⑰ 오른손의 척부를 이용해서 방광1선을 역으로 쓸어올린 후 척부로 쓸어내린다.

⑱ 양팔의 척부를 이용해서 교차하며 둔부 방향으로 늘리며 내려간다.

⑲ 양 엄지를 환도 부위에 고정한 후 후상장골릉을 따라 굴려준다.

⑳ 요안 부위를 양 엄지로 굴려준다.

㉑ 손바닥을 세운 후 팔료혈 부위를 강하게 마찰한다.

㉒ 엄지와 검지를 이용해서 방광1선을 따라 집어주듯 올라간 후 손바닥으로 쓸어내린다.

㉓ 양손을 겹친 후 등 전체를 쓸어준다.

14-3-5. 복부 경락마사지

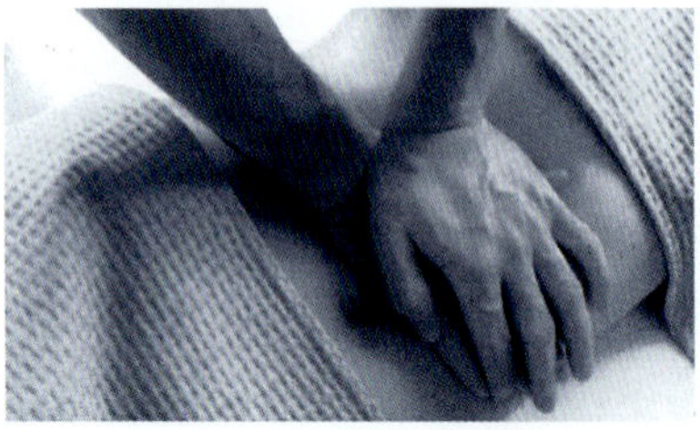

(1) 의의

복부에는 오장육부가 들어있는데 미용상의 문제점이 장부의 부조화에 의한 것이라고 볼 때 복부관리를 통해 이를 예방 및 개선시킬 수 있다.

(2) 주요 관리경락 및 관리수혈

① 경락 : 임맥, 신경, 위경, 비경, 간경

② 수혈 : 거궐, 기문, 일월, 장문, 경문, 명문, 중완, 관원, 중극, 기충, 천추, 대횡, 복결

(3) 마사지 방법

① 오일을 전체적으로 도포 후 양손을 포개어 복식호흡을 시킨다.

② 복부에 힘을 줘서 크게 원을 그리며 복식호흡을 시킨다.

③ 복부를 쓸어올린 후 승장을 지압한다.

④ 양손가락을 번갈아가며 단중, 거궐, 중완, 관원의 순서로 지압한다.

⑤ 배꼽을 중심으로 손가락을 이용해서 굴리면서 크게 원을 그린다.

⑥ 손바닥으로 양 옆구리와 치골 방향으로 삼각형을 그리듯 쓸어준다.

⑦ 상복부에서 왼쪽 옆구리 밑의 S자 결장을 향해 작은 원을 그리며 굴려준다.

⑧ 양 손바닥을 이용해서 복부 주위를 크게 원을 그린다.

⑨ 배꼽을 중심으로 밖으로 집어주면서 이동한다.

⑩ 상복부 및 하복부에서 배꼽을 향해 임맥, 신경, 위경, 비경을 쓸어준다.

⑪ 왼쪽 옆구리, 하복부, 오른쪽 옆구리, 상복부 순으로 비틀어주면서 집어준다.

⑫ 명문에서 배꼽으로 쓸어준 후 명문에서 기충으로 쓸어내린다.

⑬ 손바닥을 세워서 거궐에서 대맥, 대맥에서 기충까지 강하게 마찰한다.

⑭ 양 손바닥을 이용해서 복부 주위를 크게 원을 그린다.

⑮ 복식호흡을 한 후 ⑬ 단계를 반복 실시한다.

⑯ 임맥을 쓸어올린 후 천돌을 압하고 잠시 머문다.

⑰ 천돌에서 노궁으로 쓸어올린 후 노궁을 압하고 양팔을 쓸어내린 후 마무리한다.

림프 마사지

15-1. 림프의 이해

15-1-1. 림프계의 구성

림프계(lympathatic system)는 여러 가지 항원 자극에 대해서 면역 반응을 나타내어 생체를 방어하는 계통으로 혈액에서 유래된 이동성 액체(림프액 및 조직액)와 이들 유동액을 혈액으로 반환하는 림프관으로 구성된다. 림프계는 신체 내로 들어오는 이물질을 탐식하는 대식세포의 활동으로 이물질을 제거하고 감염으로부터 보호하며 신체를 방어한다. 또한 림프계는 조직액을 정맥 내로 운반하여 혈액을 되돌려주며 혈장 내의 단백질과 체액을 유지하는 기능을 한다.

1) 림프액

조직세포 간극에 존재하는 액체를 조직액이라 하는데, 이것이 림프관에 들어가면 림프(lymph)라고 한다. 원래 조직액은 혈장성분이 모세혈관을 통해 배어 나온 것이며, 조직액이 과잉한 경우 조직 간극에 분포해 있는 림프관에 들어가 조직에서 제거되는 구조로 되어 있다. 림프액은 조직액이 여과된 것으로 투명하고 물과 같은 액체로서 림프액이 위치한 조직에 따라 미네랄, 지방, 단백질의 농도가 다르며, 림프구(lymphocyte)가 존재한다.

2) 림프구

림프구(lymphocyte)는 골수에서 생성되어 혈행성으로 림프기관(흉선, 비장, 편도, 림프절)으로 운반되어 인체 내에 침투할 수 있는 외부 물질에 대한 방어 체제 역할을 수행한다. 최근 연구에 의하면 면역 반응에서 주로 기능을 발휘하는 것은 림프구이다. 혈액림프구의 약 15%가 B림프구이며, 이것은 체액성 면역에 관여한다.

3) 림프관

림프관(lymphatic vessel)은 모세 림프관(lymphatic capillaries)으로부터 시작된다. 모세림프관은 끝이 막힌 관으로서 이들 작은 모세림프관은 서로 합병하여 약간 큰 림프관을 형성하며, 합병된 약간 큰 림프관들이 다시 합병하여 림프관의 주간인 우측림프관(right lymphatic duct)과 흉관(thoracic duct)을 형성한다.

림프관은 혈관에 비해 벽이 얇고 역류를 막는 판막을 다수 가지고 있다. 관의 내면은 내피세포로 덮여 있으며, 굵은 것은 염주 모양으로 관찰된다. 평활근 층이 잘 발달되지 않아서 능동적으로 림프를 이동시키는 능력은 미약하다.

4) 림프절

림프절(lymph node)은 림프선이라고도 하며 대략 작은 완두콩 크기(직경 2~30 ㎜)이고, 림프관의 경로 중간에 존재하며 전신에 폭넓게 분포되어 있으나 중추신경계의 조직에는 존재하지 않는다. 림프절은 림프 속의 유해 물질을 거르고 림프구를 생성하며 대식작용이 왕성한 방어장치이다.

인체에는 약 600개 정도의 림프절이 있다. 비교적 소수인 단일 림프절을 제외하고 대부분의 림프절은 일정 부위에 집단적으로 무리지어 존재하는데, 약 160개는 목 부위에 분포되어 있다. 그밖에도 서혜부, 겨드랑이, 무릎 안쪽, 팔 안쪽 등에 주로 분포되어 있다. 림프절의 기능은 크게 방어기능과 조혈작용을 들 수 있다. 유해물질이 인체 내로 유입되면 그 유해물질들은 림프액에 의해 운반되어 림프절로 들어오면 세망세포에 의해 포식되어 제거된다. 또한 림프절의 림프 조직은 림프구와 단핵구 및 형질세포를 생산한다. 림프구의 어떤 것은 항체 또는 조직거절 항체를 합성하며 또 어떤 것은 형질세포로 변형되어 순환 항체를 형성하는데 림프관을 통해 혈액 속으로 보내는 기능을 수행한다.

15-1-2. 림프계의 주요 기관

1) 편도

편도(tonsils)는 림프 조직의 집단으로 되어 있으며, 소화기계와 호흡기계의 입구에 위치하여 박테리아의 침범으로부터 인체를 지켜준다. 편도는 인두 주위의 조직액을 걸러주며 박테리아의 침범으로부터 인체를 지키기 위해 림프구와 항체를 생성한다.

편도는 위치에 따라 구개편도(palatine tonsil), 인두편도(pharyngeal tonsil), 설편도(lingual tonsil)로 나뉜다. 구개편도는 소위 편도선으로 잘 알려져 있으며, 입안의 편도 동 속에 들어 있는 타원형의 림프 조직으로 어른에서 보다 어린이에서 비교적 크다. 인두편도는 인두의 비부 천정에 있는 림프 조직으로서, 어릴 때는 천정에서 연구개의 유리연까지 걸쳐 있다. 설편도는 혀의 점막에 있는 림프 조직으로서, 혀의 유곽유두에서 후두개까지 걸쳐 있다. 편도선염이 있으면 편도가 붓고 빨개지며 복근림프절이 커져서 만져지기도 하고 경정맥이 압통을 느낄 수 있으며 고름으로 덮인다. 따라서 편도에 염증이 자주 재발하거나 감염이 있으면 수술로서 제거하는 것이 일반적이다.

2) 비장

비장(spleen)은 약 170g으로 인체에서 가장 큰 림프기관이며 복강 좌상부의 위장 뒤쪽에 위치하고, 위저부와 횡격막 바로 밑에 접하고 있으며 늑골의 보호를 받고 있다. 비장에는 적색수질과 백색수질이라는 두 가지 조직이 있는데, 적색수질은 수명이 다한 적혈구 파괴와 이물질 제거 역할을 하며 응급 상황에서 적혈구, 백혈구와 혈소판을 공급한다. 백색수질은 림프구를 생성하는 역할을 한다. 비장은 크게 다섯 가지의 주된 기능을 가지고 있다. 혈구 파괴, 혈구 생산, 면역 기능, 혈액 저장, 혈액 여과의 기능이 그것이다.

사람의 몸에서 비장을 제거해도 특별한 장애 없이 살 수 있으나 비장에서 발생하는 질병은 인체의 중요한 기능에 심각한 영향을 미칠 수 있다.

3) 흉선

흉선(thymus)은 좌우 2개의 엽으로 구성되어 있으며, 심막으로 싸여 있는 심장의 앞, 흉골 바로 뒤쪽에 위치하며 태생기에 인두의 상피로부터 발생한다. 상피는 뒤에 세망조직 모양으로 변해서 그의 그물눈 속에 골수유래의 림프구를 다수 비축해서 림프조직과 유사한 구조를 나타내게 된다. 소아기에는 무게가 약 25~30g 정도 되지만 연령이 증가할수록 크기가 점점 줄어드는 경향이 있어서 60세 정도가 되면 무게가 10~15g으로 퇴축된다. 사춘기 이후에는 점차 퇴축되어 주로 지방조직으로 대체된다.

흉선에서는 혈관벽에 항원성을 갖는 물질의 통과를 방어하는 기구가 작용하고 있는데 이를 혈액-흉선장벽(blood-thymus barrier)이라 한다. 이로 인해서 흉선 내에서는 면역 응답이 일어나지 않는다.

흉선의 내부구조는 다량의 림프구와 세망섬유로 된 피질과 약간의 림프가 포함된 수질로 이루어져 있다. 흉선은 림프구와 항체생산을 담당하는 면역계의 중요한 기관이며, 특히 어린이 면역을 위해 매우 중요한 기관이다.

15-2. 림프 마사지의 이해

15-2-1. 림프 마사지의 유래

림프 마사지는 1930년대 프랑스 내과의사인 Dr. Emil Vodder에 의해 개발되었으며, 스웨디쉬 마사지(Swedish Massage)에서 유래되었다. 그는 감기로 림프절이 부은 사람과 목의 편도에 전염된 사람 등 환자 치료에 림프 마사지가 효능이 있다는 것을 알게 되었고 그의 부인인 덴마크 생물학자 Estrid에 의해 마사지가 창안되었다. 이를 1936년 파리에서 처음으로 발표하였고, 1957년 비엔나 CIDESCO 세계대회에 소개된 이후 전 세계 피부미용계에 널리 알려지게 되었다.

15-2-2. 림프 마사지의 효과

① 림프액의 순환을 촉진시켜서 면역기능을 강화시킨다.
② 림프세포의 생성을 활발하게 하고 체내 독소 및 노폐물을 배출시킨다.
③ 부신의 작용을 활성화시켜 긴장감을 풀어주고 스트레스 해소에 도움을 준다.
④ 림프 계통의 질환 후 회복력을 증가시킨다.
⑤ 모세혈관 확장, 피부 발진, 여드름에 효과가 있다.
⑥ 체액의 재흡수를 도와 조직간 액의 일부를 정맥계나 림프계로 흡수되게 한다.

15-2-3. 림프 마사지의 적용증과 비적용증

1) 적용증

① 민감한 피부
② 여드름이 있는 피부
③ 부종
④ 수술 후 상처 회복
⑤ 홍반
⑥ 알러지 피부
⑦ 셀룰라이트

2) 비적용증

① 급성 혈전증

② 심장 부종
③ 만성 염증질환
④ 갑상선 장애
⑤ 악성 종양
⑥ 천식
⑦ 급성전염병
⑧ 임산부(최초 3개월까지는 절대 금지)
⑨ 림프절이 과대해져 있을 경우

15-3. 림프 마사지의 실제

15-3-1. 림프 마사지의 준비

1) 주위 환경

① 차분한 분위기를 느낄 수 있도록 조명은 너무 밝지 않게 한다.
② 실내 온도는 아늑한 느낌이 들도록 적당히 따뜻하게 유지한다.
③ 가급적 음악도 틀지 말고 소음이 최소화되도록 한다.
④ 침대는 편안하고 부드러운 촉감으로 몸의 긴장을 풀 수 있는 것으로 준비한다.

2) 림프 마사지시 주의사항

① 시술자는 손과 팔의 긴장을 푼다.
② 피술자의 안면 근육이 수축되면 림프순환이 방해되므로 대화를 삼간다.
③ 피술자의 자세는 모든 근육이 이완될 수 있도록 편안하게 앉거나 눕힌다.
④ 피술자는 흡연 및 음주를 삼가도록 하고 충분한 수분을 섭취하도록 한다.

3) 림프 마사지의 기본 원칙

① 말초 부위보다 중앙 부위를 먼저 시행한다.
② 시행시 일정한 속도를 유지한다.
③ 피술자가 통증을 느끼지 않도록 누르는 압력은 30mm/Hg 정도로 약하게 시행한다.
④ 얼굴과 목의 림프 마사지 시간은 약 30분 정도가 적당하다.
⑤ 힘의 방향은 림프의 순환 경로와 일치하게 시행한다.
⑥ 매 동작 시행시에는 한 부위에 5~7회 정도 반복적으로 시행한다.
⑦ 시행시 압력기를 이완기보다 길게 시행한다.

15-3-2. 림프 마사지의 기본 기법

1) 제자리 원운동(Stationary Circle)

동일한 위치에서 정지 상태의 원을 그리는 듯한 동작을 하며, 이때 시행 방향은 림프 배출 방향으로 흘러가게 하고 시행 주기는 천천히 일정한 주기로 연속적으로 시행하여야 한다. 또한 압력은 조직에 가하는 압력을 서서히 높여주거나 서서히 내려주어야 한다. 이 기법은 주로 목과 얼굴 림프절 관리에 사용된다.

2) 펌프 기법(Pump Technique)

손바닥을 아래로 향하게 하여 펌프질하듯이 퍼 올리는 동작으로 손가락 끝은 아무런 역할을 하지 않고 손목은 부드럽게 움직인다.

3) 퍼올리기 기법(Scoop Technique)

손바닥을 위로 향하게 하고 손목관절을 회전시키며 나선형으로 퍼올리는 듯한 동작으로 안쪽 부분을 쓰다듬을 때 압력을 가하고, 밖으로 쓰다듬을 때는 압력을 주지 않는다.

4) 회전 기법(Rotary Technique)

손바닥 전체 또는 엄지손가락을 피부 위에 올려놓고 앞으로 나선형으로 밀어내는 동작으로 몸의 평평한 부분에 시행되고 개인적으로 다양하게 이루어진다.

15-3-3. 목 림프 마사지 절차

① 흉골에서 겨드랑이까지 쓰다듬기
② Profundus, Middle, Terminus 각 부위 제자리 원운동
③ 두개골의 기저부에서 Termunus까지 제자리 원운동
④ 턱 중앙에서 턱 끝선까지 제자리 원운동
⑤ 턱 아랫부분 3지점에 제자리 원운동
⑥ Profundus, Middle, Terminus 각 부위 제자리 원운동
⑦ 귀의 앞, 뒤를 2, 3번째 손가락으로 끼우고 제자리 원운동
⑧ 견봉 부위를 손으로 감싸고 제자리 원운동
⑨ 승모근 부위 제자리 원운동 후 Terminus까지 제자리 원운동
⑩ 견봉 부위를 손으로 감싸고 제자리 원운동
⑪ 쇄골 끝점의 승모근 부위 제자리 원운동 후 Terminus까지 제자리 원운동
⑫ Profundus, Middle, Terminus 각 부위 제자리 원운동
⑬ 쇄골선을 따라 쇄골 끝점까지 쓰다듬기

15-3-4. 안면 림프 마사지 절차

① 입술 아랫부분, 입술 윗부분, 코, 뺨, 이마를 평행하게 쓰다듬기
② 아랫입술 밑의 중간선에서 양 입가, 그리고 각 지점에 제자리 원운동
③ 코밑에서 귀 중간 지점까지 제자리 원운동
④ 양 입가 부위에 Angulus를 지나 제자리 원운동
⑤ 아랫입술 부위에 제자리 원운동
⑥ 턱끝 부위에서 턱의 모서리까지 회전운동
⑦ 코끝, 코 중간, 코 뿌리 부위에 제자리 원운동

⑧ 코 뿌리에서 콧방울까지 제자리 원운동
⑨ 하안검 중간 부위에 제자리 원운동
⑩ 코의 뿌리에서 청명으로 쓰다듬기
⑪ 코 선을 따라 쓸어올린 후 눈썹 집어주기
⑫ 양미간 부위 쓸어올린 후 Temporalis를 감싼 상태에서 가볍게 누른 후 손떼기
⑬ 눈썹 위에서 손가락으로 제자리 원운동
⑭ 이마 중간과 Temporalis 제자리 원운동
⑮ 관자놀이 위, 뺨의 측면, 턱의 모서리 부위에 제자리 원운동
⑯ Profundus 20회 이상 순환
⑰ Profundus, Middle, Terminus 제자리 원운동
⑱ 미간에서 관자놀이까지 쓰다듬기
⑲ 눈밑에 엄지손가락을 두고 뺨 옆을 교차하여 가볍게 쓰다듬기
⑳ 손을 느슨하게 대고 옆면 쓰다듬기
㉑ 뺨 위에서 턱의 모서리까지 쓰다듬기

15-3-5. 팔 림프 마사지 절차

① 팔목에서 상박 부위까지 길게 쓰다듬기
② 상박 부위에 양 손바닥으로 번갈아가며 펴올리기
③ 삼각근 위를 한 손으로 펌프하기
④ 삼각근 전・후면에 손바닥을 밀착시켜 압력주기
⑤ 팔꿈치 상단에서 액와절 부위까지 제자리 원운동
⑥ 팔의 측면을 따라 펌프-밀기 동작 반복
⑦ 팔꿈치를 손바닥으로 감싸고 제자리 원운동
⑧ 팔꿈치의 측면 부위를 회전하기
⑨ 팔꿈치의 전면을 안쪽에서 바깥쪽으로 회전하기
⑩ 손목에서 팔꿈치까지 펴올리기
⑪ 팔을 뒤집어 손목에서 팔꿈치까지 펴올리기
⑫ 손목 부위에 회전하기
⑬ 손등의 중수골 사이 회전하기

⑭ 양손으로 손가락을 나선형 동작으로 돌려주기
⑮ 손바닥 부위를 아래에서 위로 회전하기
⑯ 긴 쓰다듬기

15-3-6. 발 림프 마사지 절차

① 발목에서 무릎 위쪽으로 긴 쓰다듬기
② 대퇴부 전면에서 위쪽으로 펌프하기
③ 대퇴부 부위의 내측, 전면, 측면 부분을 펌프 및 밀기
④ 서혜부 위쪽으로 제자리 원운동
⑤ 무릎 위에서 서혜부 쪽으로 쓰다듬기
⑥ 무릎 부위 펌프 및 밀기
⑦ 무릎 뒤쪽 퍼올리기 및 슬개골 옆면 회전하기
⑧ 무릎 위쪽 부위 펌프하기 및 슬개골 안쪽 회전하기
⑨ 발목에서 무릎까지 앞쪽 펌프하기 및 뒤쪽 퍼올리기
⑩ 발목에서 무릎까지 앞쪽 퍼올리기
⑪ 아킬레스건 부위 나선형 운동
⑫ 발목 부위 회전하기
⑬ 발등 부위 회전하기
⑭ 발가락 끝부분 눌러주기
⑮ 발등 림프 바다 부위 나선형 운동
⑯ 발목에서 무릎 위쪽까지 긴 쓰다듬기

15-3-7. 머리 림프 마사지 절차

① 흉추부에서 경추까지 회전기법으로 쓰다듬기
② Profundus, Middle, Terminus 제자리 원운동
③ 후두부(Occiput), Middle, Terminus 제자리 원운동
④ 머리 뒤쪽 귀선을 따라 중앙에서 귀쪽으로 제자리 원운동
⑤ Occiput, Middle, Terminus 제자리 원운동

⑥ 목덜미 라인에서 후두부까지 흔들어주기

⑦ 어깨에서 Terminus까지 펌프하기

⑧ 목 부위 펌프 및 밀기

⑨ 등 아래에서 위쪽으로 회전하기

⑩ 등 부위 제자리 원운동

⑪ 목덜미 흔들어주며 쓰다듬기 및 등 부위 긴 쓰다듬기

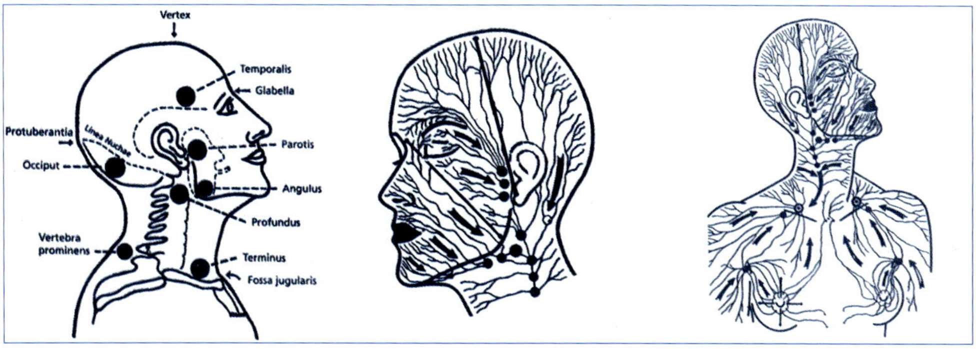

림프 배농의 주요 트리트먼트 포인트

발관리

16-1. 발관리 개요

16-1-1. 발관리 개요

인간은 두 개의 발에 신체의 모든 체중을 지탱하면서 살기 때문에 발에 가해지는 스트레스는 신체의 어느 부위보다도 크다. 또한 발은 우리의 몸을 지탱시켜 줄 뿐만 아니라 전신의 기관에도 영향을 미친다. 이는 발에 있는 반사구(foot reflex zone)가 우리 몸의 내장 기관과 밀접한 관계가 있기 때문이다. 이러한 반사구에 대한 연구는 유럽에서는 100여 년 전부터 연구되고 관리되어 온 근거 있는 요법이다. '발은 제 2의 심장' 으로 불리울 정도로 그 중요성이 널리 알려져 있다. 동양에서는 이와 같은 인식이 아주 오랜 역사를 갖고 있으며 중국 최초의 의서《황제내경》이나《중의경전》등에서도 주요 경락과 경혈이 모여 있는 발을 매우 중요시하였다.

16-1-2. 발관리 기원

발관리의 기원은 5000년 전으로 중국 일부 지역에서는 '관지법(觀趾法)' 이라는 반사구의 원리를 이용하여 발의 혈도를 자극함으로써 효과를 얻는 방법을 사용했다는 기록이 있다. 이를 2000년 전 한나라의 화타가 다시 연구하여《화타비지》라는 저서에 '족심도(足心道)' 라는 발관리에 대한 이론적인 치료법의 체계를 세웠다. 당시 중국의 의원들은 침술 이외에 발바닥의 혈에 안마요법을 대응시켜 인체의 질병을 다스렸다고 한다.

서양에서는 B.C. 2330년경 고대 이집트의 벽화에 발관리하는 모습이 남겨져 있는 것으로 보아 그 당시에도 발관리를 통한 건강법이 있었던 것을 알 수 있다. 고대 인도, 러시아, 이집트 사람들이 사용해 왔던 발 반사 마사지는 동양의 경혈 마사지, 인도의 이완 마사지, 구미식 반사구학 등으로 발달하였다.

이렇듯 인류 역사상 계속 전해내려온 발관리 요법이 20세기 초로 들어오면서 반사구에 대한 연구와 응용이 활발하게 이루어지고 있다. 그 결과 발관리는 하나의 대체요법으로 이론적 체계를 정립하였다.

16-1-3. 발관리의 영역

1) 발 위생 관리

발의 위생이나 미용적 측면에서 행하는 관리로서 다음과 같은 관리를 말한다.

① 미용적 측면 : 인조발톱 만들기, 패티큐어, 발톱 예술(art)

② 위생적 측면 : 발톱 무좀, 파고드는 발톱, 티눈 제거, 굳은살 제거 등

2) 정맥마사지

죽은 각질세포 및 노폐물을 제거하고 종아리 위쪽으로 정체된 혈액을 올려줘서 순환작용이 원활해지게 하는 마사지로서 임산부, 부은 발, 시리고 저린 발, 열나는 발 등에 효과적이다.

3) 발 반사 요법

발바닥에 위치하는 반사구를 손가락이나 지압봉 등을 이용하여 자극시켜서 발에 쌓인 노폐물을 체외로 배출시키고, 각 반사구에 대응하는 장기의 기능을 활성화 시키고 혈액 정화 및 면연력을 증강시켜주는 요법이다.

16-2. 발의 해부생리학

16-2-1. 골격계

인체는 206개의 뼈로 구성되어 있는데 그중 1/4에 해당하는 뼈가 양발에 구성되어 있다. 발가락 뼈인 지골 총14개, 발 중간부 위에 중족골 5개, 발뒤꿈치에 설상골 3개, 입방골, 주상골, 거골, 종골 등 7개로 한 발에 26개씩 총 52개의 뼈가 있다.

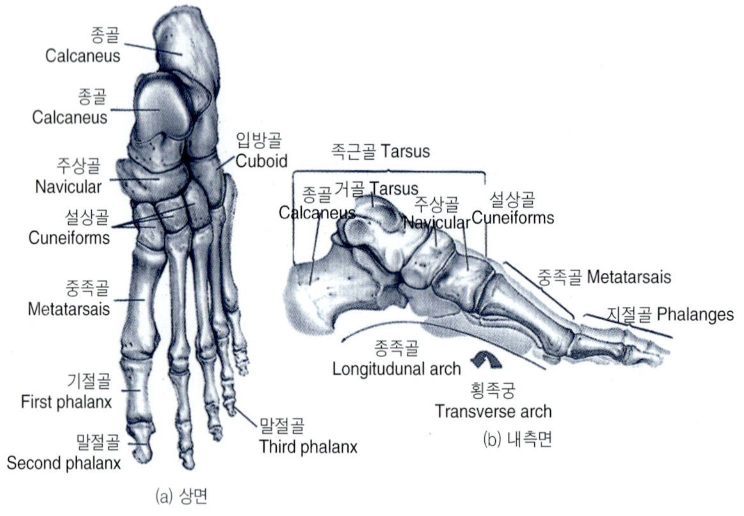

16-2-2. 근육계

발의 근육은 신체 중에서 가장 강하고 굵은 구조로 되어 있으며 인대와 함께 외부 압력에 대하여 신체를 보호하는 완충작용을 하고 있다. 발에 있는 주요 근육으로는 전하퇴근, 외측하퇴근, 후하퇴근, 족배근, 족척근 등이 있다.

16-2-3. 관절과 인대

관절이란 2개 이상의 뼈가 서로 연결되는 부분을 말하며, 연결 방식에 따라 운동이 가능한 것과 불가능한 것이 있다. 인대는 주로 견인에 잘 견디는 결합조직의 섬유다발로 되어 있으며 가장 중요한 역할은 관절의 운동을 일정한 범위 내에서 제어하는 것이다. 인대는 신축성이 없지만 강한 힘을 가하며 어느 정도 늘어나지만 결국에는 끊어지며 한번 끊어진 인대는 재생이 불가능하다. 발에 있는 주요 관절은 고관절, 슬관절, 경비관절, 발목관절, 족근간관절, 족근중족관절, 중족간관절, 중족지절관절, 지절간관절 등이 있으며, 주요 인대에는 발바닥근막, 긴발바닥인대, 내측인대, 외측인대, 발굽발대인대, 종주인대 등이 있다.

16-2-4. 순환계

혈관계는 심장과 혈관으로 나뉘어 지며 혈관은 다시 동맥, 정맥, 모세혈관으로 구분된다.

하지에 분포하는 동맥은 대퇴동맥으로부터 시작하여 슬와동맥, 전후경골동맥, 비골동맥, 족배동맥 및 족척동맥으로 이어진다.

하지의 정맥은 발바닥의 족척정맥 궁에서 내측과 외측 족척정맥이 기시하여 후경골정맥으로 들어가고 발등의 족배정맥 망에서 전경골 정맥이 시작되어 후경골 정맥과 합쳐져 슬와정맥이 되며 대퇴정맥을 거쳐 서혜인대 밑을 지나 외장골정맥으로 변한다. 이것은 심정맥(Deep Vein)이라 한다.

16-2-5. 신경계

발의 신경은 천골신경총에서 시작된다. 천골신경총은 상둔신경, 하둔신경, 후대퇴피신경, 좌골신경으로 나뉘어져 근육과 피부에 분포하여 운동과 감각을 지배한다. 발에 도달하는 신경은 좌골신경의 분지이다. 좌골신경은 인체에서 가장 큰 신경이며 총비골신경과 경골신경이 함께 들어 있으며 오금 윗부분에서 이들이 분리된다. 발의 주요 신경에는 총비골신경, 경골신경 등이 있다.

16-2-6. 발톱

발톱은 피부의 부속기관 중 하나로 발의 표피가 각화된 삽 모양을 한 엷은 반투명의 각질판으로서 발가락 끝을 보호한다. 주성분은 케라틴, 즉 각질이다. 발톱은 손톱에 비해 비교적 성장이 느리며 하루 평균 0.1㎜ 정도 성장한다.

16-3. 발의 변형 및 질환

발은 2%의 발바닥 면적으로 인체의 체중을 지탱하며 평생 동안 활동해야 하므로 다른 부위보다 피부가 많을 뿐만 아니라 그에 따른 문제도 많이 발생한다. 이러한 과도한 피로로 인해 선천적인 변형뿐만이 아니라 후천적으로도 여러 유형의 변형과 질환을 가져올 수 있다. 이로 인해 변형과 질환으로 인해 발의 피곤함과 통증으로 나타날 수 있으며 전반적인 인체의 건강에 많은 영향을 가져올 수 있다.

발의 변형 및 질환 요인으로는 여러 가지를 들 수 있겠지만 대표적인 것으로는 유전, 발육 장애, 급격한 체중 증가, 운동 부족, 혈행 장애, 관절염 등의 질환, 볼이 좁고 뾰족한 신발의 착용, 불결한 발 위생관리 등을 들 수 있다.

발의 주요 변형 및 질환으로는 내향성 발톱, 굳은살, 갈라지는 발, 티눈, 족부백선(무좀), 발톱무좀, 평발, 정맥류, 부종 등이 있다.

16-4. 발 건강관리

16-4-1. 건강한 발의 조건

① 발의 무게 중심이 잘 나누어 있어야 한다.

② 족공 형성이 잘되어 있어야 한다.

③ 관절이 잘 움직여야 하며 발의 통증이 없어야 한다.
④ 발가락 모양이 곧고 바르게 놓여 있어야 한다.
⑤ 발가락 사이의 틈이 있어야 하며 변형이 없어야 한다.

16-4-2. 발 건강관리에 사용되는 도구

① 족문기 : 발도장을 찍어 발의 변형이나 하중 상태를 알아보는 기구
② 족저관칠기 : 발의 압력을 알아보는 기구
③ 발세척용기 : 각탕기, 족탕기, 스파 등이 있으며 물을 이용하여 발을 세척하는 기구
④ 버퍼 : 각질이나 굳은 살을 제거하기 위해 간편하고 가장 안전하게 사용되는 기구
⑤ 크레도 : 각질이나 굳은 살 등을 잘라내어 제거하는데 사용
⑥ 니퍼 : 발톱니퍼, 큐티클니퍼 등이 있으며 발톱을 자르거나 큐티클을 정리할 때 사용
⑦ 그라인더 : 전기를 이용하여 발톱을 매끈하게 해주는 기구
⑧ 소독제 : 스프레이 형태로 발의 세균을 없애주는 제품
⑨ 윤활제 : 아로마, 크림류 등이 있으며 원활한 마사지 및 피부 보호를 위해 사용

16-4-3. 발 건강관리 목적

① 발을 청결히 하여 분비된 땀과 냄새를 없애준다.
② 굳은살, 티눈 등 발의 문제 부분을 제거한다.
③ 혈액순환을 원활히 한다.
④ 정신적, 육체적 스트레스를 완화시켜 준다.

16-4-4. 발 건강관리 순서

① 발을 비누와 솔 등을 이용하여 깨끗이 세척한다.
② 살균제 등을 첨가하여 족탕기에서 15분 정도 발을 담근 후 깨끗이 말린다.

③ 관리사의 손과 대상자의 발에 소독제를 뿌린다.

④ 발톱을 일직선으로 자르고 양 모서리 부분을 다듬는다.

⑤ 큐티클 부분을 정리한다.

⑥ 대상자의 발을 관찰하여 문제점을 면밀히 파악하여 대상자에 맞는 관리를 선택한다.

⑦ 버퍼 및 크레도, 그라인더 등을 이용하여 각질을 제거하고 수시로 소독제를 뿌린다.

⑧ 발바닥 굳은살 제거 후에는 자극을 흡수하는 패드를 붙여 통증을 완화시킨다.

16-5. 발 마사지

16-5-1. 마사지의 개념

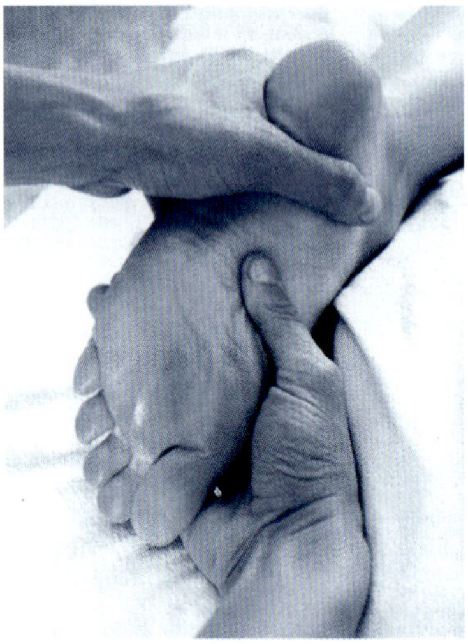

마사지(Massage)의 어원은 그리스어의 'Masso' 와 'Massein' 이 변형되어 된 것으로 원래의 뜻은 '반죽하다', '비비다', '쓰다듬다' 의 의미로서, 인체를 주무르고 누르고 두드리는 행동을 뜻한다.

마사지는 인체의 신경계, 근육계, 그리고 호흡기계통의 조직에 자극을 주어 혈액 및 림프의 순환을 촉진시키고 신진대사를 원활하게 하며 유연효과를 가져오게 하는데 그 목적이 있다. 이러한 마사지는 인간의 질병 치료에 가장 오래된 자연요법으로 손으로 만져서 통증을 경감시키는 치료행위에서 시작되어 오늘날 미용 마사지 형태로 발전되었다.

16-5-2. 마사지의 효과

① 피부를 자극함으로써 피부를 활력있게 하여 피부 온도를 높여 준다.

② 혈액순환과 림프순환을 촉진시키며 조직으로 영양물질 공급을 원활하게 한다.
③ 노폐물이나 독소의 배출을 돕는다.
④ 근육과 관절 등을 유연하게 하고 피로를 회복시켜 준다.
⑤ 정신적, 육체적 긴장을 이완시켜 스트레스를 감소시킨다.

16-5-3. 발 마사지의 기본 동작

① 경찰법 : 손바닥과 손가락 끝의 도톰한 부분으로 길게 천천히 쓰다듬는 방법
② 강찰법 : 근육의 뭉친 부위를 가볍게 주무르거나 피부에 원을 그리듯 마사지하는 방법
③ 유연법 : 근육을 횡단하듯 쥐며 반죽하듯이 약간 들거나 누르는 방법
④ 진동법 : 빠르면서도 리듬있고 쓰다듬듯이 양손을 번갈아 가며 두드리는 방법
⑤ 고타법 : 손바닥이나 손가락으로 피부를 빠르게 두드려 주는 방법

16-5-4. 발 마사지시 유의점

① 식사 후 1시간 이내에는 하지 않는다.
② 노폐물 배출을 촉진하기 위해 관리 후 30분 내에 충분한 수분을 섭취한다.
③ 생리 중이거나 몸에 출혈이 있을 경우에는 마사지를 하지 않는다.
④ 염증, 발진, 정맥류 등이 있는 부위에는 마사지를 하지 않는다.
⑤ 청결한 발관리를 위해 반드시 발 전용 소독제를 이용하여 소독 후 관리한다.

16-5-5. 발 마사지 순서

① 양손으로 발등과 발바닥 부위 쓸어올리기
② 양손 맞잡고 발 안쪽, 바깥쪽 쓸어내리기
③ 복사뼈 주위 원을 그리듯이 마사지
④ 발바닥의 용천 부위 누르기
⑤ 발등의 중족골 누르듯이 문지르기
⑥ 복사뼈 주위 원을 그리듯이 마사지

⑦ 발목 가운데 부위(서혜부 림프 부위)를 밑에서 위로 누르듯이 문지르기

⑧ 발등 횡경막 부위 엇갈리듯 문지르기

⑨ 발목에서 무릎까지 쓸어올리기

⑩ 발목에서 무릎까지 맞잡듯이 풀어주기

⑪ 복사뼈 뒤에서 종아리 뒤끝까지 쓸어올리기

⑫ 하지의 경골을 따라 발목에서 종아리 쪽으로 올려주기

⑬ 종아리 안쪽을 밑에서 위로 주무르듯 풀어주기

16-6. 발 반사요법

16-6-1. 발 반사요법의 원리

1) 반사의 원리

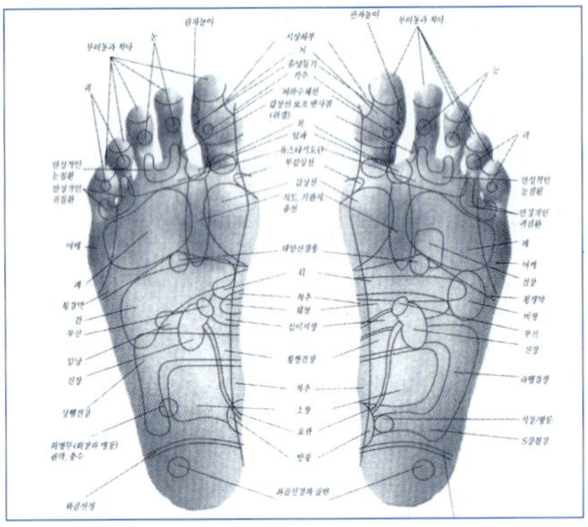

인체는 어떠한 자극을 감지했을 때 이에 대해 반응을 하게 되는데 이를 반사라 한다. 특히 발바닥에는 인체의 각 기관과 상응된 반사신경이 밀집되어 있는데 이를 반사구(Reflex zone)라 한다. 반사구는 온몸에 분포되어 있지만 유난히 전신을 반사구로 잘 반영하는 곳이 손바닥, 발바닥, 귀, 눈이다. 이와 같은 원리에 의해 신체 기관이나 조직 기능에 이상이 있을 때 발의 반사구를 누르면 통증을 느끼게 되는 것이다.

반사구에 대한 체계를 정립한 미국의 물리학자 Fitzgerald에 의하면 손의 반사구는 인체의 관련 기관에 직접 이르지 않고 먼저 뇌부에 반사된 후 다시 뇌부에서 관련 기관에 이르기 때문에 발의 반사구보다 민감하지 않은 것으로 나타났다. 이는 발반사요법이 손의 반사구요법 보다 더 중요시되는 이론적 근거이다.

2) 순환의 원리

인체의 순환계는 온몸에 그물망처럼 퍼져 있는데, 가장 밑에 있는 발끝에서 다시 심장으로 혈액을 순환시키는 것은 힘든 일이다. 발은 심장과 가장 멀리 떨어져 있어서 혈액순환이 가장 느리며 또한 중력의 작용으로 인해 혈액 중에 포함된 각종 노폐물들이 발바닥에 침전되기가 쉽다. 이러한 노폐물들이 쌓이게 되면 상관반사구가 자극되어 관련 기관에 이상을 초래할 수 있다.

따라서 발의 반사구를 자극함으로써 혈관을 확장시키고 순환을 원활하게 하여 불필요한 노폐물을 체외로 배출시키고 신진대사를 촉진하며 세포의 활력을 증가시킨다.

3) 음양의 원리

동양에서는 만물의 근간은 음과 양으로 되어 있으며 이 음양이 조화롭게 이루어졌을 때 인체도 건강하게 유지된다고 하였다. 동양의학은 서양의학과 달리 신체를 오장육부로 구분하며 이 오장육부는 각각 음과 양의 기운으로 구분된다. 이러한 음양이 평형을 이루지 못하고 조화가 깨져 있을 때는 우리 몸의 저항력이 약해져 각종 질병에 걸릴 수가 있다.

따라서 발의 반사구를 자극함으로써 음양의 평형을 유지하고 조절해 나가면 우리 몸은 저항력을 되찾고 병을 이길 수 있게 된다. 발 반사요법은 이러한 음양의 평형을 유지시켜주는 것이 자연치료법이다.

16-6-2. 발 반사요법시 유의점

① 관리 후 30분 이내에 수분을 많이 섭취해서 순환작용 및 노폐물 배설을 돕는다.
② 식후 1시간 이내에는 관리를 피한다.
③ 뼈나 피부를 너무 자극하지 않으며 피술자의 반응을 항상 살핀다.
④ 중증의 질환이 있는지 확인 후 관리 여부를 판단한다.
⑤ 관리 후 차가운 것은 피한다.

16-6-3. 발 반사요법의 순서

① 왼발부터 시행하며 시작과 마무리는 기본 반사구(비뇨기계)를 시행한다.

- 신체의 이상은 오른발(陰)부터 시작되지만 관리는 왼발(陽)부터 시작하는게 효과적이다.
- 기본 반사구(비뇨기계)를 시작과 끝에 하는 것이 노폐물 배설에 용이하다.

② 시작(기본 반사구)

신장 → 요관 → 방광 → 요도

③ 내측반사구

경추 → 흉추 → 요추 → 천골 → 미골

④ 외측반사구

견관절 → 어깨관절 → 팔꿈치관절 → 무릎관절 → 고관절 → 하복부

⑤ 발바닥에 분포된 반사구

뇌, 눈, 코, 갑상선, 폐, 기관지, 승모근, 간, 심장, 수뇨관, 소화기계, 생식기계

⑥ 발등에 분포된 반사구

상반신 림프선, 하반신 림프선, 흉부림프선, 흉부, 횡경막, 편도선, 아래턱, 위턱, 목기관, 서혜부, 늑골, 좌골신경

⑦ 마무리(기본 반사구)

신장 → 요관 → 방광 → 요도

16-6-4. 발 반사요법 후의 변화

① 대소변의 양이 많아지고 색이 진하며 냄새가 많아진다(노폐물 배설).

② 혈액순환이 좋아져서 정맥이 파랗게 드러난다.

③ 림프계통에 문제가 있는 사람은 발목이 부어 오른다.

④ 림프계통을 자극하므로 항균작용이 활발하게 진행되어 일시적으로 체온이 상승한다.

⑤ 노폐물이 빠져나가므로 땀이 나고 갈증이 생긴다.

⑥ 자극한 부위에 통증이 있을 수 있다.

하이드로테라피

17-1. 하이드로테라피의 이해

17-1-1. 하이드로테라피의 정의

하이드로테라피(hydrotherapy)란 물, 얼음, 증기 등을 이용하여 저온 또는 고온으로 사람의 건강을 유지하거나 회복시켜 주는 것이다. 질병을 치료하거나 건강을 유지하는데 물을 이용한 인류의 역사는 고대로부터 시작되었다. 고대 그리스에서는 악성종양, 신경활성에 물을 사용하였고, 로마시대에는 황제를 비롯해 일반시민에 이르기까지 물을 이용한 치료를 널리 활용했다. 이와 같이 물을 이용한 질병치료는 근대에 까지 이어져 왔으며, 1950년대에 이르러 각종 질병에 물을 사용하는 것이 매우 효과적이라는 것에 관심을 갖기 시작했다. 1960년대부터 유럽을 중심으로 치료 위주의 물 사용이 더욱 발전해 특정 질병의 치료와 더불어 건강증진을 위해 물을 사용하는 하이드로테라피가 미국에서 본격적으로 발전하기 시작하였다. 최근 하이드로테라피는 단순히 몸을 물에 담그는 것에서 벗어나 다양한 수압 및 수류를 이용한 건강증진, 의료적 처치의 병행 요법, 비만 완화 및 스트레스 해소에 이르기까지 광범위한 분야에 적용되고 있다.

17-1-2. 물의 생리적 작용

하이드로테라피는 인체에 대한 물의 마사지 효과를 기대할 수 있으며, 그 외에 열적 효과, 기계적 효과, 생화학적 효과, 그리고 정수압 등의 중요한 4가지 효과를 기대할 수 있다.

1) 열적 효과(온도)

전체 인체에 물을 적용할 때 나타나는 중요한 생리학적 효과는 체온의 변화이다. 물은 피부의 온도를 빠르게 변화시킬 수 있다. 옷을 입지 않은 상태에서 25℃의 공기와 물속에 있을 때를 비교해 보면 동일한 온도의 공기 속에서보다 물속에 있을 때 추운 느낌이 더 빨리 나타남을 알 수 있다. 목욕물이 체온 이상이라면 체온이 떨어지는 경향이 있다. 샤워와 관주욕은 이러한 효과를 증진시킨다. 샤워는 혈관확장을 촉진시켜 열 손실을 증가시킨다. 찬물을 짧게 인체에 적용하면 근육조직과 운동근육 조직이 강화되며 뒤이어 신진대사 활동과 체열 생산이 증가된다. 이러한 신진대사 활동의 증가는 '반응' 이라는 변화의 일부이다. 이러한 반응은 열적, 기계적 자극에 의해서는 물론 화학적 자극에 의해서도 발생된다. 피부 온도가 변할 때 다음과 같은 효과가 나타난다.

① 자극 : 차가운 물은 인체를 자극하여 긴장시킨다.
② 안정 : 일반적으로 37.8 ~ 38.9℃의 목욕물에서 안정을 느낀다.
③ 강장 : 식욕과 소화가 증진되어 강장 효과가 나타난다.

2) 기계적 효과(압력)

물의 기계적 작용이라 함은 이완 및 자극 효과를 위해 수압 차이를 이용함을 의미한다. 예를 들어 하이드로 베스의 치료가 있다.

① 혈액 순환이 촉진된다.

② 림프구 순환이 촉진된다.

③ 지방 콜라겐의 분해가 국부적인 제트 마사지에 의해 촉진된다.

④ 국부적인 수중 마사지에 의해 유독물질 배출이 촉진된다.

3) 생화학적 효과

해수요법은 생화학적 작용을 이용한 것이다. 해수는 칼슘, 마그네슘, 나트륨이온, 황, 칼륨 등과 같은 살아있는 미네랄을 많이 포함한다. 모든 살아있는 세포는 그 바깥쪽 삼투막을 분자들이 통과함으로써 영양분을 공급받는다. 따라서 해수 요법에서는 해수 내의 이온들이 피부를 관통하여 세포 내의 결합 있는 이온들을 대체한다. 이러한 긍정적인 효과는 수온의 증가에 의해 증진된다. 열은 말초혈관과 기공을 팽창시켜 피부 조직의 통과성을 강화하기 때문이다. 이를 위해 해수를 체온 (37℃) 수준으로 높이고 적절한 물 순환을 위한 하이드로테라피의 한 방법을 사용하면 된다.

4) 정수압(물속에서의 체중)

아르키메데스의 원리에 따르면 액체에 잠긴 인체는 그 인체에 의해 밀려난 액체의 무게와 동일한 부력을 받는다. 인체가 물에 잠기면 그 실제 체중의 일부만이 작용한다. 해수는 인체 밀도와 유사한 밀도를 가진다. 즉 해수의 비중은 1.020이고 인체의 비중은 1.030이다. 이 때문에 해수에서 부력은 더 커진다.

17-1-3. 하이드로테라피의 효과

(1) 혈액순환 촉진 효과

찬물이 인체 표면에 적용되면 말초혈관이 수축하면서 혈액이 보다 깊숙이 침투되는데, 특히 골 근조직에 깊이 침투된다.

(2) 심장에 대한 효과

찬물을 몸 전체에 적용하면 맥박이 떨어진다. 즉 심장 근육 활동이 강화된다. 따뜻한 물을 적용하면 맥박이 올라간다. 왜냐하면 말초혈관이 팽창되기 때문이다.

(3) 혈압에 대한 효과

찬물을 적용하면 혈압이 올라간다. 곧 이어 '반응' 이 발생하면 혈압이 부분적으로 떨어지나 말초혈관이 강화되므로 이전 수준으로 급격히 떨어지지는 않는다. 찬물을 적용하는 동안 마찰이나 관주욕으로 피부를 기계적으로 자극하면 혈압이 올라가는 경향이 있다. 따뜻한 물이 사용되면 대개 처음에는 혈압이 약간 올라가다가 곧 떨어진다.

(4) 호흡에 대한 효과

처음에 찬물로 목욕하면 호흡이 빨라지게 된다. 그 후 호흡 속도는 계속 증가하고 호흡의 깊이도 보통 때보다 더 커진다. 뜨거운 물로 목욕하여도 유사하게 호흡이 가빠진 다음 호흡 속도와 깊이가 커진다. 그러나 뜨거운 물로 목욕하는 것은 찬물로 목욕하는 것만큼 반응이 크지 않다. 따뜻한 물로 목욕하면 호흡 속도는 빨라지나 호흡의 깊이가 깊지 않은 경향이 있다.

(5) 피부에 대한 효과

냉수로 목욕하면 피부가 창백해지고 연섬유조직이 수축되어 cutis anserina, 즉 닭살이 돋으며 나중에는 피부가 붉어진다. 또한 촉각과 반사 활동이 감소된다. 뜨거운 물로 목욕하여도 유사한 반응이 나타나나 과도적인 닭살이 덜 돋고 피부가 창백해진 후에 나타나는 붉은 피부가 덜하다. 따뜻한 물로 목욕하면 피부가 창백해지지는 않으나 점차적으로 붉어진다. 뜨거운 물로 목욕하면 촉각을 감소시키나 약간 따뜻한 물로 목욕하면 오히려 촉각을 증진시킨다. 물론 열은 땀샘의 작용을 촉진하며 뜨거운 물로 30 ~ 60분 정도 복용하는 동안 땀이 2 ~ 3리터 정도 배출된다.

(6) 신진대사에 대한 효과

냉수 목욕은 기능적, 기초적 신진대사를 촉진하고 산소 호흡량을 증가시킨다. 냉수 목욕과 기계적 자극을 병행하면 효과가 더 증진된다. 수온이 낮고 냉수 목욕 기간이 길수록 기초 신진대사 속도가 더 빨라진다. 온수욕은 체온을 높일 수 있을 만큼 충분히 뜨겁고 오래 적용될 경우 신진대사 속도를 증진시킨다. 그러나 산소 흡입과 이산화탄소 배출이 줄어들고, 다만 질소의 산화가 촉진된다. 목욕을 하면 이뇨 분비가 촉진되고 혈압이 올라간다.

(7) 근육에 대한 효과

냉수욕을 짧게 하면 자율 근육과 비 자율 근육의 힘, 에너지 및 기능적 능력이 강화된다. 또한 열의 생산과 산화가 촉진되다. 냉수욕을 오래하면 근육의 기능적 능력이 감소되면서 근육이 빳빳해지고 떨리게 된다. 오랜 냉수욕과 기계적 자극을 병행할 경우 이러한 효과가 감소되는 경향이 있다. 짧은 뜨거운 온수욕은 짧은 냉수욕과 동일한 근육 효과가 있으나 그 정도는 냉수욕만 못하다. 온수욕은 피로와 스트레스를 완화시켜 주며 근육의 힘과 기능적 능력 측면에서 근육을 이완시키는 경형이 있다. 온수 목욕을 오래하면 에너지 충전 효과가 있다.

(8) 신경계에 대한 효과

온수욕을 짧게 하면 감각 신경계에 효과가 크다. 매우 차가운 냉수욕이나 뜨거운 온수욕을 하면 피부의 말단 신경계의 감각이 증진된다. 냉수욕과 온수욕을 길게 하면 감각 능력이 떨어지고 통증이 완화된다. 뜨거운 물로 오래 목욕하면 찬물로 오래 목욕하는 것보다 통증 감소 효과가 더 크다. 목욕은 중추 신경계에 결정적인 영향을 미친다. 냉수 샤워의 기분전환 효과와 온수 목욕의 이완 효과는 잘 알려져 있다. 중립적인 목욕과 습윤 팩은 진정 효과가 있다. 뜨거운 물로 오래 목욕해도 진정 효과가 있을 수 있다. 감기에 잘 걸리는 사람은 때때로 찬물 목욕으로 대처해야 한다. 그러나 기술적으로 세심하게 해야 할 필요가 있다.

17-1-4. 하이드로테라피의 유의사항

하이드로테라피는 비교적 건강상태가 좋은 사람들에게 유도한다. 열을 제공하는 이러한 방법이 적절하게 제공되지 않는다면 화상과 같은 나쁜 효과가 생길 수 있다. 또한 매우 뜨거운 관리는 나이든 사람들과 어린이들에게 탈진이나 현기증을 유발할 수 있다.

17-2. 하이드로테라피의 실제

17-2-1. 목욕법

1) 전신욕

몸을 따뜻하게 하고 머리를 차갑게 유지시켜 주는 것이 건강 유지의 기본이다. 몸 전체를 물에 담금으로써 피부에 수분과 영양을 공급하고 혈액순환을 원활히 하며 노폐물을 제거하고 수압을 이용하여 전신 근육의 이완효과를 높이는 것이다. 목욕 후 수분과 소금 그리고 비타민 C 등을 보충해 주면 좋다.

전신욕은 세 가지 종류로 나눌 수 있다.

(1) 온욕

① 과잉된 지방 및 당분, 알코올 등을 연소시킬 수 있다.
② 혈액순환, 피로회복, 신진대사 활성화시킨다.
③ 너무 오래 있으면 오히려 피로감이 생길 수 있다.
④ 심혈관질환자 및 급성염증환자는 위험할 수 있다.

(2) 냉욕

과잉된 당분과 노폐물을 제거하기에 가장 적당한 방법이다.

(3) 냉온욕

냉탕을 하면 체액이 산성으로 기울고 온탕을 하면 알칼리성으로 기울어, 냉온욕을 거듭하면 체액이 중성 내지 약알칼리성으로 개선된다. 피부의 호흡작용 기능을 강화하고, 체액을 중성으로 만들어서 질병에 대한 신체의 저항력을 길러주며, 감기 등을 예방하는 특수요법이다. 또한 림프액의 순환을 촉진하여 몸의 저항력을 높임으로서 피로회복을 촉진시켜 주고, 피부의 노화가 방지되므로 젊음이 유지된다. 또한 이 냉온욕을 계속하면 비누를 사용하지 않아도 피부가 매끄러워진다.

2) 반신욕

양팔을 욕조 밖으로 내놓고 명치 아랫부분만 물에 담그는 방법이다. 인체는 상반신의 체온이 높고 하반신은 낮아 특히 발목 근처는 31℃ 이하이다. 이와 같이 하반신, 특히 발목 부근이 저온이고 거기에 비해 상반신이 따뜻한 상태를 냉기라고 한다. 냉기가 바로 병의 본질적인 원인이다. 반신욕은 고혈압, 저혈압, 내장의 혈액순환 증진, 감기예방 및 치료, 견비통, 요통, 치질로 인한 통증감소, 생리불순, 심장에 부담이 있는 사람에게 도움이 된다.

3) 좌욕

물을 채운 욕조에 상체와 다리를 내놓은 채 배꼽 아랫부분만 담그는 방법으로 방광염, 생리통, 치질 등에 효과가 있다.

4) 각탕법

눕거나 의자에 앉아 발을 무릎 아래 부분까지 담그는 방법으로 냉해지기 쉬운 하지 혈액의 알칼리성을 높이고 동시에 발한을 촉진한다. 고열이나 미열 등의 열이 나는 병 일체와 신장병, 부종, 불면증, 당뇨병, 기침이나 감기 등에 효과가 있다. 그중에서도 축농증, 코감기, 피부병, 무좀, 요독증, 방광염, 복막염, 자궁내막염 등에 큰 효과가 있다.

5) 족탕법

뜨거운 물에 발목까지 담그는 족탕법은 시간이 없을 때 간단하게 할 수 있는 방법으로 상반신은 가급적 얇은 옷을 입는 것이 좋다. 설사, 복통, 두통, 생리통, 초기 감기증세 등 몸의 건강상태가 좋지 않을 때 좋다. 또한 몸에 상처가 있어서 전신욕을 하기 어려울 때 이용한다.

6) 물맞이욕

찬물의 자극과 떨어지는 물줄기의 압력으로 피부 혈관을 단련시키고 심장, 혈관 계통의 기능을 강화시켜 피부와 피하조직, 근육과 관절 부위의 영양 과정을 좋게 해 기능을 높여준다. 물맞이욕은 몸의 대사 과정을 전반적으로 높여 위와 장의 기능을 강화해 주어 소화, 흡수를 돕는다.

7) 한증요법

한증요법은 원적외선의 원리를 이용한 것으로 원적외선은 인체나 물질의 깊숙한 곳에 도달하여 흡수되는 특성이 있어 피하심층의 온도상승, 미세혈관의 확장, 혈액 순환의 촉진, 신진대사의 강화, 조직 재생능력의 증가 등으로 각종 질병치료 및 건강 증진에 이용된다. 또한 한증을 할 때 높은 온도의 영향으로 혈관이 확장되고 표재성 근육과 폐의 혈류량이 많아진다. 이와 함께 뇌수와 전신에 혈류가 좋아지고 심장활동이 강화되고 체온이 높아지고 조직과 장기들에게 물질대사에 강화된다. 이와 함께 땀샘의 분비기능이 강화되면서 몸 안에 축적된 열과 중간 대사 산물인 해로운 중금속 이온을 배출시키게 된다. 이런 변화는 근육의 피로를 쉽게 풀어주며 근력을 높이고 감각기능을 높이는데 좋은 영향을 준다. 한증탕의 종류에는 건열 한증탕, 습열 한증탕, 약증 한증탕 등이 있다. 출혈성 질병, 심장 질환자, 급성감염성 질환자 및 전신 쇠약자 등은 금한다.

8) 월풀욕

월풀(whirl pool)욕은 특수 제작된 월풀 욕조를 이용하는 것으로 이것의 원리는 높은 압력의 물이 욕조 안쪽에서 뿜어져 나오거나 빙빙 돌면서 물속에 있는 신체를 자극하여 마사지하게 되는 것이다. 통증을 줄이고 근육을 이완시키고 말초혈관의 확장이 나타난다.

17-2-2. 스파

스파(SPA)는 로마시대부터 광천 온천으로 유명한 리조트인 스파우(SPAU)라는 벨기에의 리게 근처 마을 이름으로서, 현재는 물을 이용한 시설이란 넓은 의미로 사용되고 있다. 오늘날의 하이드로테라피는 단순히 물에 몸을 담그는 것에서 벗어나 다양한 수압 및 수류를 만드는 각종 장비를 사용한 건강증진, 의료적 처치의 병행요법, 비만 완화 및 스트레스 해소에 이르기까지 광범위한 분야에 적용되고 있다.

1) 원리

스파는 물의 열, 부력 및 마사지를 이용해 인체의 혈을 자극, 몸의 평온과 스트레스를 해소시키고 질병 예방 및 신체 컨디션을 재조정하는 선진 하이드로테라피 시설로 최첨단 시설과 더불어 각종 테라피 등이 접목될 수 있다.

① 일반적 스파(General spa) : 스트레스 해소
② 치료적 스파(Therapeutic spa) : 비만 관리
③ 미용적 스파(Esthetic spa) : 피부 미용

하이드로테라피는 물의 성질과 목욕을 통해 얻을 수 있는 최대한의 유익함을 목적으로 하고 있는 치료이다. 딸라소 테라피(해양요법)와 온천요법의 인기가 날로 더해가고 있는 이유가 이 때문이다. 이러한 하이드로테라피는 수천 개의 기포에 의한 바디 마사지를 말하며 부드럽게 또는 힘있게 뿜어 나오는 물이 혈액순환을 자극하는 방법이다. 릴랙스 효과와 에너지 흐름을 개선하여 심장 순환, 근육, 호흡기, 소화기계의 회복 등을 포함한 예방 건강과 독소배출을 돕는 방법으로 건강한 세포 재생을 촉진하고 피부 조직에 활력을 준다. 즉 스파의 효과는 비만 관리, 면역 강화, 혈액 순환 촉진, 물질 대사 촉진, 스트레스 해소, 피부 재생 및 노화 방지 등을 들 수 있다.

2) 스파의 피부에 대한 효과

목욕을 하고 나면 피부는 약알칼리성이 되며 모공이 열린다. 즉 화장품이나 약품을 잘 흡수할 수 있는 상태가 되기 때문에 피부 손질을 하기에는 절호의 기회라 할 수 있다. 그래서 화장수나 올리브 유, 크림 등 자신의 피부에 맞는 화장품으로 곧 손

질을 해야 할 필요성이 있는 것이다. 일반적으로 피부의 미용, 피부의 건강과 목욕은 끊을 수 없는 관계가 있다. '땀 냄새가 나는 미인' 이라든가 '때 투성이의 미인' 은 상상할 수 없으며, 청결은 미인으로서의 첫 번째 조건이 된다. 그러나 표면상의 더러움을 씻어내는 것만이 목적이라면 아름다워지는 목욕이란 의미는 없어진다. 목욕의 효과는 뭐니뭐니해도 신진대사를 촉진시켜 호르몬의 분비를 원활하게 하고, 건강한 피부의 아름다움을 만드는 데에 있다. 수건이나 목욕 타월로 몸을 씻으면 전신의 피부를 튼튼히 한다. 특히 여성이 목욕을 하면 호르몬이 순조롭게 혈중에서 피부로 전달되면서 피부를 희게 하고, 피하의 지방도 균등하게 펴져서 신선하고 부드러운 피부를 유지시켜 준다. 또한 목욕 후의 피부 손질로 미용 효과를 올리는 데 커다란 도움이 된다. 이러한 목욕으로 인한 피부의 건강과 미용 효과를 극대화시키는 것이 스파이다.

3) 스파와 진흙욕

진흙은 높은 비열과 낮은 전도율로 수천 년부터 이용된 것이며, 광물 진흙, 광물 바다 진흙, 유기 토탄이 쓰이며 피부의 삼투성 변화를 유도하여 병적 산물의 용해나 연화 또는 흡수에 의한 제거 효과의 증가 작용이 있다고 한다. 최근 여성들의 미용을 위한 전신 마사지에 진흙을 사용하는 진흙욕이 많이 행해지고 있다. 우리나라에는 천연적인 진흙 욕탕은 없지만, 유럽의 온천 휴양소에서는 일반적인 온천요법의 보조요법으로서 많이 이용되고 있다. 진흙 욕에 사용하는 진흙은 광니라고 한다. 피부에 광니를 바르면, 일시적으로 외기를 차단하게 되어 털구멍이 열리며, 피부 표면에서 발산되는 수분은 진흙과 피막과 피부 사이에 고이게 된다. 이 수분이 피부의 표면을 촉촉하고 윤택하게 하여 진흙 속에 들어있는 유효 성분을 흡수하기 좋게 하는 것이다. 따라서 여성들의 미용을 위해 진흙욕을 시행하는 곳에서는 속에 여러 가지 피부 미용에 도움이 되는 성분들을 첨가하고 있다.

17-2-3. 아로마를 이용한 하이드로테라피

아로마테라피(aromatherapy)는 식물에서 추출한 에센셜 오일을 이용하여 특유의 치유적 작용을 통해 인간의 건강을 유지하고 질환에서 심신의 안정 및 치유를 하는 요법이다. 이러한 아로마를 하이드로테라피에 적용한 것을 아로마베스(aromabath)라고 한다.

아로마베스 이용 시 다음 사항을 용도에 맞게 선택해야 한다.

① 에센셜 오일의 선택 : 2~5개 내에서 선택

② 물의 온도 선택 : 열탕, 뜨거운 물, 미지근한 물, 냉탕

③ 에센셜 오일을 혼합할 중간제 선택 : 식물성 오일, 꿀, 크림, 우유 또는 직접첨가

아로마베스에서 온도 설정은 매우 중요한 요인이다. 왜냐하면 아로마베스를 통하여 우리 몸의 자율신경과 교감신경, 그리고 부교감신경을 조절할 수 있기 때문이다. 일반적으로 물의 온도가 40℃를 넘으면 교감신경이 활발해지고 38℃ 정도면 부교감신경이 활발하게 활동한다. 따라서 아로마베스를 할 때 목적에 따라 물의 온도를 조절하면 치료 효과를 높일 수 있다.

part 3

메이크업과 네일아트

1. 메이크업의 개요
2. 색체이론과 컬러진단
3. 기초 메이크업
4. 네일의 개요
5. 손톱 구조학
6. 네일케어
7. 네일아트

제3부 chapter 18

메이크업

메이크업의 개요

18-1. 메이크업의 정의

메이크업(Make-up)이란 사전적 의미로는 '완성시킨다. 보완하다' 라는 의미를 가지고 있다. 결점을 커버하고 더욱 아름답게 보이고자 표현하는 것이며 미를 창출하는 행위이다. '꾸민다' 라는 의미로 화장(化粧), 분장(扮裝), 의상(衣裳), 모발(毛髮) 등에 공통적으로 광범위하게 적용할 수 있고 폭넓은 의미를 뜻한다. 즉 자신의 신체나 그 일부분을 아름답게 수정하거나 가꿈으로서 단점을 커버하고 장점을 미화시키는 데 있다. 내면적 아름다움과 외면적 부분을 조화롭게 상호 작용시켜 자신만이 가지는 독특한 개성을 연출하여 미적 감각을 극대화시키는 데 그 목적이 있다.

18-2. 메이크업의 필요성

메이크업은 미화, 보호, 심리 등 크게 세 가지 필요성에 의해서 화장을 하게 되는데, 어느 점에 중점을 두느냐 하는 것은 개인의 취향과 직업, 환경, 가치관에 따라 달

라진다.

우선 얼굴의 장점을 살리고 결점을 감춰주면서 피부색 등을 수정, 보완하여 아름답게 보여주기 위해서이고 환경적 측면에서는 외부의 공기, 온도, 습도, 자외선, 먼지 등으로부터 피부를 보호하기 위해서이다. 특히 최근에는 오존층 파괴와 환경 파괴 등으로 인해 피부를 손상시킬 수 있는 원인들이 급격히 늘어나고 있다. 이에 따른 피부보호와 관리에 적극적으로 대처할 필요성이 증가되고 있다. 메이크업을 함으로써 사회 생활을 자신감 있고 적극적인 자세로 활동하도록 도와준다.

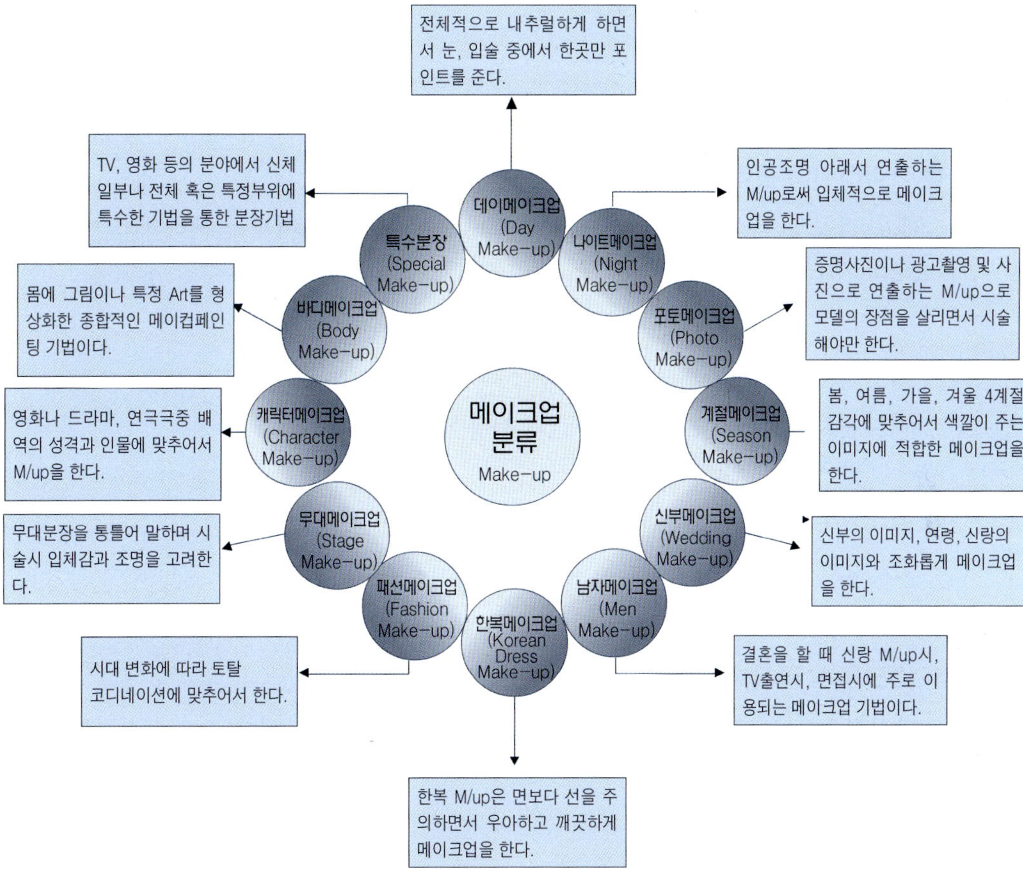

그림 18-1 메이크업의 분류

18-3. 메이크업 도구 및 관리 방법

메이크업 시술시에는 여러 가지 화장품과 도구가 필요하다. 시술 전에 해야 할 일은 먼저 화장에 필요한 도구들이 완전하게 갖추어져 있는지를 확인하며 사용하기 편리하도록 정리 되었는지를 확인한 후 시술에 임한다. 시술 후 오래 사용할 수 있도록 관리 방법과 선택 방법에 대하여 알아본다.

18-3-1. 브러시 (Brushes)

1) 브러시의 종류

(1) 아이라이너 브러시

매우 가는 브러시이고 액체나 케이크 타입의 아이라이너를 섬세하게 그릴 때 사용한다.

(2) 팁브러시

주로 눈화장시 포인트(accent) 컬러 사용할 때 사용한다.

(3) 베이스 아이섀도 브러시

눈두덩이 전체에 베이스를 펴거나 그라데이션할 때 사용한다.

(4) 스크루 브러시 (마스카라 브러시)

나선형으로 된 브러시로 속눈썹이 뭉치는 것을 고르게 펴주고 마스카라액을 스크루 브러시에 묻혀서 사용한다.

(5) 아이브라우 브러시 & 콤

아이브라우 브러시는 눈썹의 결을 자연스럽게 빗어 눈썹을 정리할 때 쓰고 콤은 마스카라가 뭉친 곳을 빗어 주는데 사용한다.

(6) 컨실러 브러시

탄력이 있어야 좋으며 눈 주위나 잡티 커버시 또는 음영을 만들 때나 보완 효과를 나타낼 경우에 선택 사용한다.

(7) 립 브러시

짧은 털로 모양이 만들어져 있고 탄력이 뛰어난 브러시로 입술 윤곽 및 모양을 그릴 때 사용한다.

(8) 팬 브러시

얼굴에 남아 있는 여분을 털어 주거나 화장을 마무리할 때 사용한다.

(9) 볼 터치 브러시

볼 터치를 할 때 사용하는 브러시. 털의 각도에 따라 색감이 전혀 다르게 표현된다. 직경 2~3cm 정도의 둥근 모양이 사용에 적합하다.

(10) 파우더 브러시

파우더의 잔여물을 털어내거나 얼굴에 파우더를 바를 때 사용한다.

♠ 관리 방법

메이크업을 시술 후 티슈나 잔여물을 털어낸다. 완전 세척하는 방법으로는 전문용 브러시 리무버를 사용해서 세척하거나 미지근한 물에 중성세제를 한두 방울 떨어뜨린 후 깨끗이 씻어낸다. 그리고 마지막 헹굴 때는 린스(Rinse)를 한두 방울 떨어뜨려 헹구어낸 후 마르기 전에 형태를 바로잡아준다.

18-3-2. 스펀지 (Sponges)

스펀지는 파운데이션을 펴 바를 때 사용하는 것이다. 얼굴 부위에 따라 적합한 스펀지를 사용하면 피부 표현이 깨끗하게 파운데이션을 잘 스며들게 할 뿐만 아니라 뭉치지 않게 고루 펴주는 역할을 하게 된다. 코 측면, 얼굴라인, 눈밑 등 좁은 부위는 삼각형 또는 사각형 스펀지를 사용한다.

♠ 관리 방법

전용클리너 또는 세제로 미지근한 물에 한두 방울을 떨어뜨린 다음 손으로 여러 번 깨끗이 헹구어 낸다. 또 다른 방법으로는 가위로 사용 부위를 절단(cut)해서 사용하는 방법이 있다.

18-3-3. 파우더 퍼프 (Powder Puff)

파운데이션을 바르고 유수분 성분을 없애기 위해서 사용하는 도구이다. 소재로는 순면이 가장 적합하다. 퍼프를 이용해 파우더를 바를 경우에는 한 개 보다 두 개를 이용해서 파우더를 적당량 묻혀서 사용한다. 단 너무 힘주어서 누르지 말고 가볍게 발라 준다. 넓은 부위인 볼부터 시작해서 턱, 이마, 코, 눈가, 코밑, 눈밑 등의 순서로 눌러준다. 좁은 부위를 지나칠 수 있으므로 꼼꼼하게 발라준다.

♠ 관리 방법

분첩도 언제나 깨끗한 느낌, 뽀송뽀송한 느낌이 들도록 자주 세척해서 사용한다. 세척시에는 중성세제를 이용하여 한두 방울 떨어뜨린 다음 잘 문질러서 세척 후 마르기 전에 형태를 바르게 잡아 건조한다.

18-3-4. 가위 (Scissors)

눈썹 수정 또는 인조속눈썹을 자를 때나 길이를 자를 때 필요한 기구이다.

18-3-5. 스파츄라 (Spaturas)

크림 또는 파운데이션, 립스틱 등을 덜어낼 때 사용한다.

18-3-6. 아이래시 컬러 (Eyelash Curlers)

아이래시 컬러 도구는 눈썹이 처져 있거나 마스카라를 바르고 난 후 더 아름답게 보이고자 할 때 사용하는 도구이다. 주의할 사항은 눈썹을 집어 낼 때 한꺼번에 힘주어서 사용하지 말고 3번 정도 나누어서 사용한다. 만약 너무 힘이 강하게 주었을 때 눈썹이 빠지거나 부서지는 경향이 있기 때문에 각별한 주의가 요망된다.

18-3-7. 샤프너 (Sharpner)

일명 연필깎이라 하며 립라이너 연필 깎을 때나 기타 눈썹 그릴 때 사용하는 연필 등을 깍을 때 사용하는 도구이다.

18-3-8. 면봉

면봉은 아이메이크업 수정과 입술 수정시 주로 사용한다.

18-3-9. 인조속눈썹

인조속눈썹은 여러 종류의 컬러로 나뉘어져 있다. 모델의 눈의 형태, 또는 메이크업의 특성에 맞게 골라 사용한다.

18-3-10. 속눈썹 풀

인조속눈썹을 붙일 때 또는 인조속눈썹을 한올한올 붙일 때 사용한다. 검정색과 무색으로 나눈다.

18-3-11. 화장솜, 티슈

화장을 지울 때는 브러시 아이섀도를 털어낼 때 티슈를 사용하고 화장솜은 스킨 종류를 바를 때 사용한다.

제3부 chapter 19

메이크업

색채 이론과 컬러 진단

19-1. 색의 분류

색채체계(色彩體系)를 분류하기 시작한 것은 《색채의 문법》이라는 저서를 편 먼셀(Albert H. Munsell;1858~1918)에 의해서이다. 그는 색채 나무(혹은 색채 구체 : Color Tree or Sphere)를 창안하여 무수히 많은 색들을 일목요연하게 배열 상태로 정열하였으며 표기법에 따른 여러 가지 색들을 구분하여 식별이 가능하도록 하였다. 또한 색상, 명도, 채도를 측정하기 위한 조직적인 도표를 완성하기도 하였다. 그의 연구는 현재까지 색채도표 및 미술학 분야에 이용되고 있다.

그는 색상은 단순히 일상적으로 부르는 색채가 아니라 색에 있는 가변적인 속성 중의 하나라고 하였다. 즉 색은 고정적이거나 독립적인 색의 본질로서가 아니라 시간, 공간, 환경에 따른 무수히 많은 형태와 속성을 가지는 불멸의 순환성이라 한다. 색을 표준적으로 정의하면 '빛의 분광 조성의 차에 의하여 성질의 차가 인정되는 시감각의 특성' 혹은 '감각을 일으키는 광자극의 특성, 이를테면 붉은 빛의 빨강, 흰빛의 흰색, 광자극을 일으키는 물체의 특성, 가령 붉은 종이의 빨강, 검은 천의 검정 등' 이라고 할 수 있다. 일반적으로 색채는 무채색(Achromatic Color)과 유채색

(Chromatic color)으로 나눌 수 있다. 여기서 무채색이라 함은 흰색, 회색, 검정색 등과 같이 순수의 색(色)이 없는 것을 말하며, 유채색은 무채색을 제외한 모든 색으로. 즉 스펙트럼의 단색에 의한 모든 색을 의미한다. 여기서 무채색은 채도가 없는 색을 말하며 유채색을 채도가 있는 것으로 회색은 엄밀히 말해서 채도가 낮은 유채색으로 구분 할 수 있다. 즉 무채색은 채도가 0(zero)인 것을 말한다.

1) 무채색 (無彩色)

흰색과 여러 층의 회색, 흰색, 검정 계열의 색을 통틀어 말한다. 무채색의 구별은 밝고 어두운 정도의 차이로서 되는 것이며 흰색은 가장 밝고 검정색은 가장 어둡다. 흰색(White Color)은 어떤 물체를 볼 수 있는 것은 광원에서 나온 빛이 물체에 투사가 되어 보인 것이다. 이때 투사된 빛을 산광(散光)이라 하며 이 산광이 완전히 반사될 때 백색이 발생한다. 회색(Gray Color)은 반사광의 일부를 분해하지 않고 흡수하여 나머지 빛을 반사하는 것이다.

2) 유채색 (有彩色)

무채색을 제외한 모든 색을 유채색이라 한다. 즉 빨강, 주황, 노랑, 초록, 파랑, 보라 등과 그 사이의 모든 색은 물론 색감을 조금이라도 포함하고 있는 색을 유채색이라 한다. 유채색은 대략 750만 종이나 된다. 그러나 실제 식별할 수 있는 색은 300여 종에 불과하며, 일상생활에 필요한 색은 불과 50여종에 한한다.

19-2. 색의 3속성(屬性)

1) 색상 (色相, Hue-H)

색명으로 구별되는 모든 색들은 모두 감각으로 느낄 수 있고 명도, 채도에 관계없이 다른 색들과 구분되는 색의 속성을 색상(色相)이라 한다.

2) 명도 (明度, Value, Lightness-V)

무채색과 유채색의 공통점은 밝음과 어두움을 가지고 있다는 점이다. 밝음과 어두움이 존재하는 것, 이 밝기의 정도(degree)가 명도이다. 이처럼 빛이 반사하는 양에 따라 색의 밝고 어두운 정도를 느끼는 것이 명도이다.

3) 채도 (彩度, Chroma, Saturation-C)

색의 순도(純度), 포화도(飽和度)라고도 하며 색의 선명도(鮮明度)라고도 한다. 즉 색채의 강하고 약한 정도를 말한다.

19-3. 색상환

색상환은 1660년 뉴턴(Isaac Newton, 영국)이 최초로 색상환을 고안하였다. 뉴턴은 백색광(白色光)을 원칙으로 한 프리즘의 스펙트럼에 의하여 과학적이며 신비한 색상환을 만들고 음악의 전 음계에 일곱 음에 관련하여 짓게 되었다. 20 기본 색상은 먼셀의 컬러 시스템에 의한다. 오스왈드의 색상환은 24색을 성질과 색감이 서로 닮은 종류끼리 모아서 연접해 놓으면 처음에 시작했던 색으로 환원된다. 즉 유채색에는 순환성이 있기 때문이다. 유사한 색상의 두 색 중 상호 연결됨으로써 환(環)을 이루고 이를 색상환 혹은 색환이라 부른다. 먼셀 휴(Munsell H)라고 부르는 색상(H)에서는 최초의 기준으로 적(R), 황(Y), 청(B), 자(P), 녹(G)의 5색을 같은 간격으로 배치시켜 그 중간에 주황(YR), 황록(GY), 청록(BG), 청자(PB), 적자(RP)가 배치되어 10색으로 분할시키고 있다.

19-4. 컬러 진단 방법

1) 컬러 진단의 개념

색채 진단 혹은 색상 조언(Color&face Color Styling)이라고 부르기도 한다. 우리 인간은 태어날 때부터 이미 결정된 피부 바탕색을 가지고 있다. 다시 말하면 머리색, 피부, 눈썹, 손바닥 등의 신체 부위와 잘 어울리고 조화를 이루는 본질의 색을 가지고 있다. 따라서 그 고유의 색을 찾아서 자신과 가장 조화롭게 구성시켜 주는 것이 컬러 진단의 궁극적인 목적이다. 피부색은 멜라닌 색소(갈색기), 카로틴(노랑기), 헤모글로빈(붉은기) 등의 색소로 이루어져 각각의 색소가 어느 정도 존재하느냐에 따라 피부 톤이 붉은기가 돌기도 하고 누런기가 돌기도 한다. 그중에서 봄 색감, 가을 색감인가, 아니면 차가운 색감을 가지고 태어났는가, 그리고 여름 색감인가 겨울 색감인가, 즉 다시 말해서 봄 타입의 사람, 여름 타입, 가을 타입, 겨울 타입의 4가지 타입으로 나눠진다. 즉 봄 타입과 가을 타입은 노란기가 많이 가미되어 따뜻한 톤으로 분류되고(난색), 여름 타입과 겨울 타입은 붉은기가 혼입되어 차가운 톤으로 분류된다(한색).

2) 진단 방법

자연광에 가장 가까운 인공조명 밑에서 모델이 메이크업을 하지 않고 이와 동시에 귀걸이, 목걸이 등의 액세서리도 착용하지 않거나 혹은 모발 염색을 하지 않는 상태가 적합하다.

① 야외에서 손바닥을 위로 향하고 햇볕에 타지 않는 손목에서 팔꿈치까지 팔의 안쪽을 살펴 피부색이 핑크빛을 띄는지 노란 빛을 지니는지 잘보고 판단한다.
② 금색, 은색 천이나 귀걸이 등 액세서리를 이용해서 얼굴에 가까이 비교해 보고 어떤 빛이 더 잘 어울리는지 살펴본다.
③ 평소 즐겨 입는 의상 컬러가 검정, 흰색, 회색, 파랑, 핑크 계열이 어울리면 한색, 즉 여름-겨울타입이고 반대로 갈색, 오렌지, 아이보리, 카키, 그린 등이 적절하게 균형미를 이루게 되면 봄-가을 타입이다.

어울리는 컬러를 입었을 때	어울리지 않는 컬러를 입었을 때
피부가 탄력 있고 주름이 없어 보인다.	얼굴이 차갑고 핼쑥해 보인다.
얼굴이 생기 있고 젊어 보인다.	어두워 보이며 윤기가 없다.

표 19-1 컬러진단 리스트

3) 컬러 진단 후 계절에 따른 제안(proposal)

(1) 봄형(Spring Type)

① 기본 색 - 베이지, 따뜻한 노란색과 배색이 된 회색, 오렌지, 황금
② 주의 색 - 파란색, 회색
③ 모발 색 - 자연 그대로의 모발, 골드브라운
④ 스타킹 색 - 골드브라운, 베이지
⑤ 보석 색 - 황금, 진주

(2) 여름형(Summer Type)

① 기본 색 - 은회색, 부드러운 청색
② 주의 색 - 따뜻한 노랑이나 오렌지
③ 모발 색 - 회색
④ 스타킹 색 - 회색을 띤 브라운, 회색
⑤ 보석 색 - 실버, 백금, 자수정, 다이아몬드, 사파이어

(3) 가을형(Autumn Type)

① 기본 색 - 카키, 브라운, 오렌지, 살구빛 색상
② 주의 색 - 푸른 계통, 은색, 검정
③ 모발 색 - 브라운계
④ 스타킹 색 - 골드브라운
⑤ 보석 색 - 골드, 호박색

(4) 겨울형(Winter Type)

① 기본 색 - 흰색, 검정, 회색, 보라색

② 주의 색 - 오렌지, 금색

③ 모발 색 - 푸른검정, 실버

④ 스타킹 색 - 검정, 회색

⑤ 보석 색 - 백금, 은, 루비, 다이아몬드

그림 19-1 사계절에 따른 컬러

제3부

chapter 20

메이크업

기초 메이크업

20-1. 베이스 메이크업(Base Make-up)

20-1-1. 베이스 메이크업

메이크업 베이스는 파운데이션 전에 바르는 제품으로 다양한 얼굴의 피부 톤을 한 가지 톤으로 정리해 주고 파운데이션과 파우더의 피부색 보정효과를 더욱 높여주고 피부의 막을 형성해 파운데이션이 피부에 주는 부담을 감소시켜 주는 효과도 있다. 또한 파운데이션의 밀착감과 화장을 오래 지속시켜 준다.

1) 목적

① 색조화장으로부터 피부를 보호한다.

② 피부색을 조절 보완한다.

③ 파운데이션의 밀착감과 화장을 오래 지속시켜 준다.

2) 메이크업 베이스의 종류

(1) 리퀴드 타입(Liquid Type)

일반적으로 가장 많이 사용하고 있으며 수분을 많이 함유하고 있어 중성, 지성 피부에 적합하다.

(2) 크림 타입(Cream Type)

크림 타입은 리퀴드 타입보다 커버력이 강해서 기미나 주근깨가 많은 모델에 적합하다.

3) 메이크업 베이스의 색상에 따른 컬러 선택과 효과

(1) 그린(Green)

피부색이 붉거나 여드름, 흉터를 보완하기 위한 색상이다. 컨트롤 효과가 높지만 자칫 피부가 들떠 보일 수 있으므로 주의해야 한다.

(2) 핑크(Pink)

피부색이 창백한 경우 혈색을 보완하기 위한 색상이다.

(3) 옐로우(Yellow)

특히 여름 메이크업시 검은 피부를 노르스름하게 표현해 주기 위한 색상이다.

(4) 오렌지(Orange)

신선한 느낌으로 표현하고자 할 때 적합한 색상이다.

(5) 청색(Blue)

기미, 주근깨, 잡티가 많은 피부에 적합하다. 효과로는 피부를 희게 표현해 준다.

(6) 화이트(White)

피부결이 전체적으로 깨끗하지 못한(어두운 톤) 피부에 적합하다.

(7) 보라(Violet)

동양인과 같은 노란기가 많은 피부에 사용해 밝고 화사한 피부 표현에 사용한다.

20-1-2. 파운데이션(Foundation)

메이크업 베이스를 바르고 난 후 다음 순서로는 메이크업 시술시 전체적인 효과가 60~70%를 차지한다. 아무리 색조화장(Eye M/up, Lip M/up)이 잘되었다 해도 피부 표현이 깨끗하지 못하면 좋은 효과를 볼 수 없다.

파운데이션이란 사전적 의미로는 '기초(토대) 또는 속옷' 이란 뜻으로 얼굴 위에 하나의 속옷을 입히는 작업이다. 파운데이션의 종류 선택시 모델의 피부 상태와 메이크업 이미지에 맞추어서 제품을 선택해야 한다.

1) 사용 목적

① 본래의 피부톤은 일정하지 않으므로 본래의 피부를 일정하게 피부색을 조절하기 위해 사용한다.

② 피부의 결점인 기미, 주근깨, 잡티, 작은 흉터, 여드름 등을 커버해 주기 위해 사용한다.

③ 외부의 유해 환경인 공해, 먼지, 바람(온랭, 한랭 기타) 자외선 등으로부터 피부를 보호해 주는 목적으로 사용한다.

④ 얼굴의 윤곽을 수정하고 색조화장을 돋보이게 한다.

2) 종류

(1) 리퀴드 파운데이션(Liquid Foundation)

수분 함량이 로션 타입으로 자연스럽고 부드러운 느낌이 있다. 커버력은 떨어지나 피부에 부담감은 적게 주므로 모든 피부에 적합하고 주로 수분이 부족한 봄철(Spring)에 많이 사용하고 있다. 화장을 처음 시작하는 사회 초년생이 사용하면 효과적이다.

(2) 크림 파운데이션(Cream Foundation)

수분보다는 유분 함량이 높은 것이 특징이다. 사용 느낌은 리퀴드 타입보다 무겁지만 커버력은 리퀴드 타입보다 우수하여 건조한 가을이나 겨울철에 사용하는 것이 좋다. 건성피부나 중년 여성이 사용하면 효과적이다.

(3) 케이크 파운데이션(Cake Foundation)

케이크 파운데이션은 스킨커버를 반 건조시켜 특수 처방한 제품으로 내수성이 강해 물이나 땀에 쉽게 지워지지 않는다. 지성피부와 하절기에 특히 효과가 있으나 건성피부는 피하는 것이 좋다. 장점으로 속도를 요하는 화장으로 적합하며 휴대가 간편해서 직장 여성들이 비교적 선호하는 제품이다.

(4) 스틱 파운데이션(Stick Foundation)

스킨커버보다 커버력이 우수하여 결점을 커버할 수 있고 지속력이 우수해서 텔레비전 방송화장이나 신부화장에 주로 쓰인다.

(5) 팬케이크(Pan Cake)

방수성과 내수성 및 지속이 케이크 파운데이션보다 우수하여 장시간 흐트러짐이 없는 제품으로 장시간 조명을 받은 패션쇼 등에 적합하다.

(6) 컨실러(Concealer)

피부의 잡티나 붉은 점, 주근깨 부위를 가려주는 전문 커버용이다. 투명 메이크업 시 파운데이션을 얇게 바르고 점이나 주근깨, 잡티 등이 있을 시 부분적으로 바르면 효과적이다. 종류로는 크림 타입과 스틱 타입, 연필 타입이 있다.

3) 파운데이션을 바르는 방법

얼굴에 파운데이션을 바르기 전에 가장 먼저 해야 할 과제는 모델 얼굴의 장단점을 파악한다. 얼굴형이 타원형인가, 장방형인가, 둥근형인가, 역삼각형인가, 다이아몬드형인가, 긴형인가를 생각하고 가장 이상적인 타원형에 가깝게 시술해 간다. 파운데이션을 바를 때에는 손가락보다 스펀지가 여러 가지 면에서 좋은 점이 있다. 파운데이션 시술시 가장 주의해야 할 것은 많은 양을 한꺼번에 사용하기 보다는 소량씩 여러 번 나누어서 펴 바르는 것이 기본이며, 넓은 부분에서 좁은 부분으로 바른다(볼 · 이마 · 눈 주위 · 입 주위 · 코 順) 특히 헤어라인, 입가, 턱, 목 주위 부분도 섬세하게 바르되 경계가 생기지 않게 한다.

※ 파운데이션 시술시 주의점

파운데이션 시술하는 스폰지(라덱스)는 언제나 청결하게 관리한다.

파운데이션 사용시 너무 많은 양을 사용하는 것보다 소량씩 여러 번 나누어서 바른다.

입체적인 화장 표현을 할 경우 2~3가지 (Base Color[1)], Shadow Color[2)], High-light Color[3)]) 파운데이션으로 혼합하여 사용할 수 있다.

4) 얼굴형에 따른 수정

(1) 타원형(Oval Face)

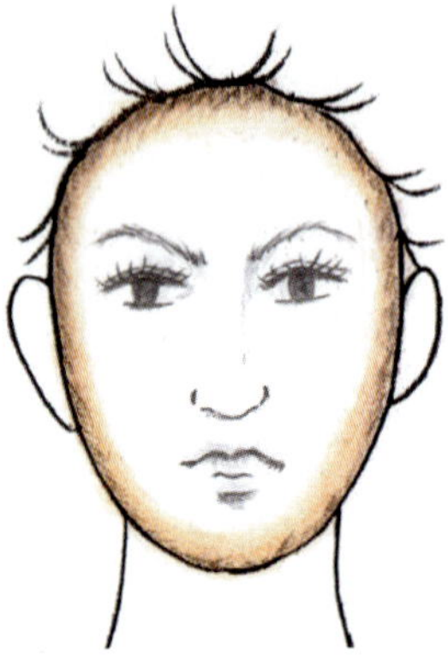

해설 : 균형잡힌 얼굴이지만 약간의 입체감을 주기 위해서는 T-Zone에 하이라이트와 노우즈 섀도 및 얼굴의 외곽에 섀도 컬러를 발라주면 입체감이 생긴다.

그림 20-1 타원형 얼굴

1) Base Color : 기본이 되는 컬러로서 모델의 피부색과 같거나 한 톤 밝은 색으로 피부 전체에 도포하는 컬러이다.

2)Shadow Color : 베이스 컬러보다 2~3단계 어두운 톤으로 수축시켜 보이고 싶은 부위에 바른다. 주로 턱, 이마, 광대뼈에 바른다.

3)High-light Color : 베이스 컬러보다 2~3단계 밝은 색을 선택해서 돌출되어 보이고 싶은 곳에서 바른다. 주로 T-zone, 눈밑, 턱에 바른다.

(2) 둥근형(Round Face)

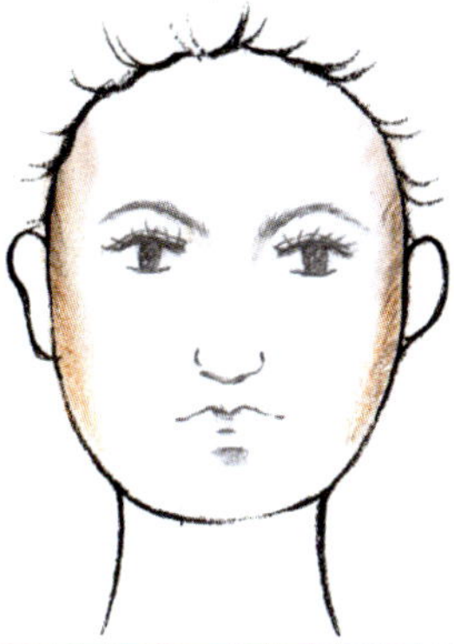

해설 : 하이라이트 컬러는 T-Zone에 길게 넣어 준다. 얼굴의 길이가 길어 보이게 하기 위해서 넣어주며 섀도 컬러는 관자놀이에서 시작하여 볼(check)의 측면에 길게 발라주면 둥근 얼굴이 좀 더 길게 보인다.

그림 20-2 둥근형 얼굴

(3) 긴 얼굴형(Long Face)

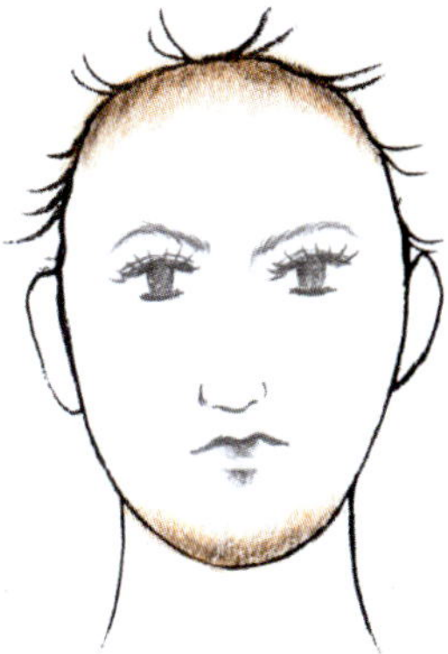

해설 : 베이스 컬러는 자신의 피부색보다 밝은 색이 좋으며 하이라이트 컬러는 콧등 위에 조그만 길이를 짧게 넣고 만약 너무 길게 넣었을 경우 얼굴이 길어 보일 수 있다. 섀도 컬러는 이마와 턱에 바르면 길어 보이는 얼굴이 짧게 보일 수가 있다.

그림 20-3 긴얼굴형 얼굴

(4) 사각형 얼굴(Square Face)

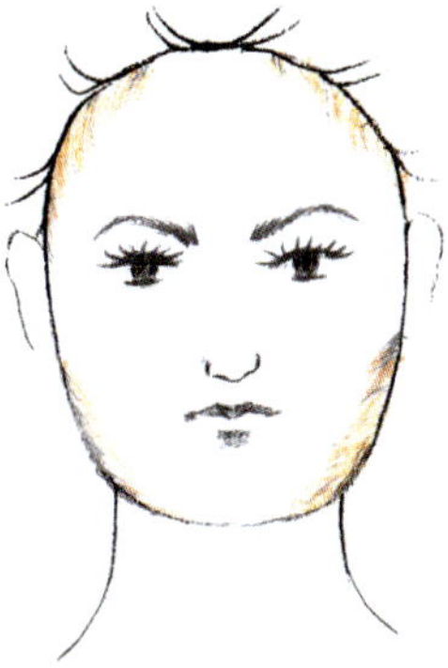

해설 : 각진 부분 이마 양쪽, 양쪽 턱을 부드럽게 보이도록 쉐도우 컬러를 넣고 하이라이트 컬러는 T-Zone에 넣어 준다.

그림 20-4 사각형의 얼굴

(6) 역삼각형 얼굴(Inverted-Triangular Face)

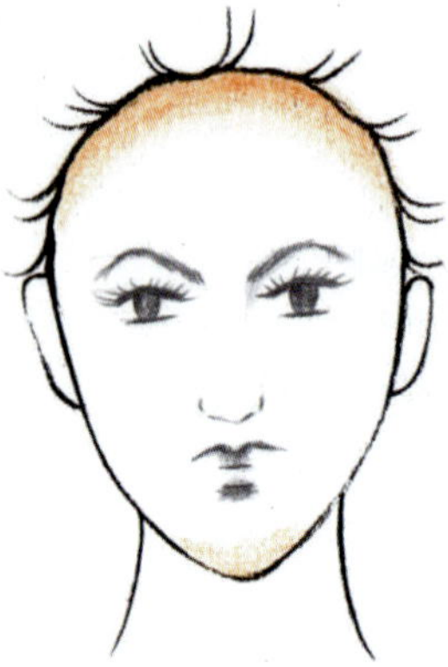

해설 : 이마 양쪽, 턱 끝에 섀도 컬러를 넣고 턱 아래 하이라이트 컬러를 넣어 두툼하게 보이도록 넣어준다.

그림 20-5 역삼각형 얼굴

(6) 다이아몬드형 얼굴(Diamond Face)

해설 : 이마 양측면과 T-Zone 부위에 하이라이트 컬러를 넣어 주고 이마와 턱 부위에는 섀도 컬러를 넣어준다.

그림 20-6 다이아몬드형 얼굴

20-2. 코 메이크업(Nose Make-up)

1) 목 적

코의 음영을 주는 것은 코를 높여 보이려는데 그 기본 목적이 있다. 밝은 색 계열에 어두운 색을 두면 더 밝아 보이고 어두운 색을 더욱더 어둡게 보이려는 명도대비(明度對比)를 이용하여 코 화장술에 응용한다.

2) 재 료

주 재료는 중간색 크림 타입 파운데이션 또는 케익 타입인 아이섀도로 코 벽을 따라 코 길이의 1/3 정도를 차지하게 자연스럽게 음영(Shading)을 넣어준다. 코의 수정 화장시에는 코의 높이와 길이, 전체적인 모양 또는 얼굴형과의 균형을 고려해서 수정 보완이 되도록 해야만 한다.

콧방울이 긴 형태의 코	코끝이 긴 형태의 코

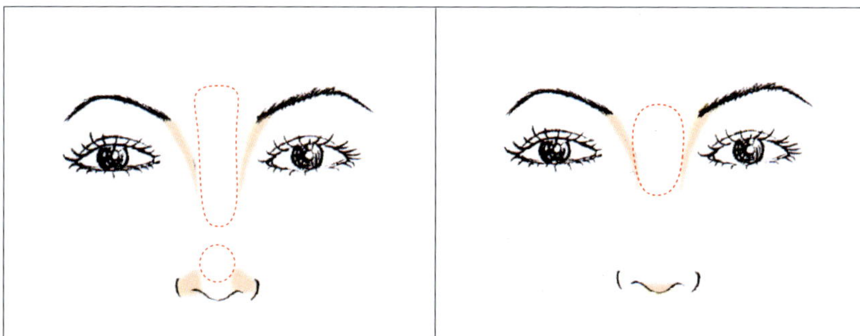

콧벽을 따라서 섀도를 넣고 콧방울에 중간톤의 갈색 섀도를 양쪽에 바르고 콧방울 가운데는 하이라이트를 넣는다.	콧벽을 따라서 섀도를 넣고 코끝에 따라 중간톤의 갈색 섀도를 끝에다 바른다.

그림 20-7 긴 형태의 코 메이크업 수정

코 길이가 짧은 형태의 코	코 길이가 긴 형태의 코

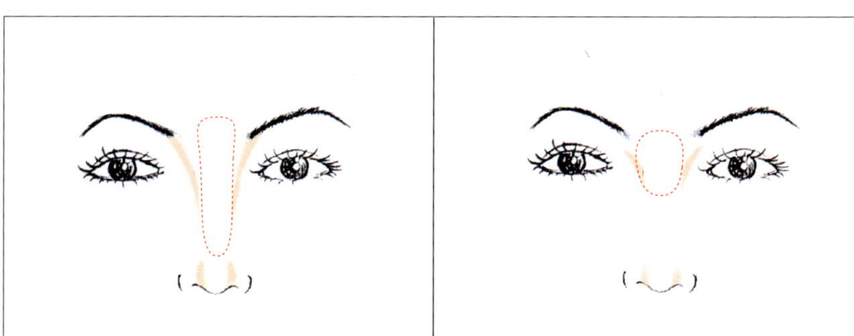

코 길이가 짧은 코를 길게 보이게 하는 방법은 중간통의 섀도를 코 길이의 2/3 되는 지점까지 길게 섀도를 바른다.	코 길이가 너무 길면 얼굴 길이가 길게 보일 수 있으므로 짧게 보이도록 수정해야만 한다. 연한 갈색 섀도를 양쪽에 콧벽을 따라 짧게 해준 뒤 콧방울을 가볍게 길이를 터치해 준다.

그림 20-8 긴 형태의 코 메이크업 수정

20-2-1. 파우더(Powder)

파우더는 파운데이션을 바르고 메이크업을 고정시키는 역할과 먼지나 공기 중의 오염 물질이 피부에 달라붙는 것을 방지해 줄 뿐만 아니라 파운데이션이 오래 지속될 수 있도록 도와준다.

1) 목 적

① 파운데이션의 유분을 제거하고 메이크업을 오래 고정시켜 준다.
② 외부 자극으로부터 피부를 보호해준다.

2) 종 류

(1) 루즈 파우더(Loose Powder)

가루분 자체를 루즈 파우더라 한다. 색상이 다양하므로 피부톤을 조절하고 싶을 때, 파운데이션의 색상을 그대로 표현하고 싶을 때에는 투명 파우더를 사용하고 창백한 피부톤일 경우에는 핑크 파우더를 선택해서 사용한다. 일반적으로 메이크업시 사용하고 루즈 파우더는 입자가 고와서 얇게 발라지는 장점이 있는 반면 단점으로는 가루분이 날릴 수 있으므로 휴대하기가 불편하다.

(2) 프레스트 파우더(Pressed Powder)

루즈 파우더를 고형 상태로 압축한 것으로 휴대하기가 간편하다.

3) 파우더 바르는 방법

(1) 퍼프 사용법

가장 일반적으로 많이 사용하고 있다. 2장의 퍼프(Puff)를 가지고 먼저 한 장에는 파우더를 덜어서 나머지 한 장의 퍼프와 서로 맞대어 가볍게 비비면 파우더가 퍼프에 골고루 묻혀진다. 묻힌 퍼프를 넓은 볼 부위로부터 시작해서 꼼꼼하게 발라준다. 시술시 너무 누르면서 바르지 말고 가볍게 눌러준 후 부드러운 페이스 브러시로 파우더의 여분을 털어준다.

(2) 브러시 사용법

주름이 심한 건성 피부나 내추럴한 화장을 원할 때 페이스 브러시로 바르게 되면 퍼프 사용할 때보다 얇게 발라지는 장점이 있다. 부드러운 페이스 브러시로 파우더를 충분히 바른 다음 페이스 브러시로 털어준다.

20-3. 아이 메이크업(Eye Make-up)

'눈이 마음의 창' 이라는 말이 있듯이 눈은 자신의 감정을 잘 나타내 주는 부분이다. 눈 화장 시술시 컬러 선정할 때 주의할 점은 색이 지닌 이미지를 이용해서 눈화장을 해야만 한다. 눈화장 시에는 목적과 제품의 종류를 잘 파악해서 선택한다. 눈화장 종류에는 아이섀도, 아이라인, 마스카라, 아이브러우가 눈화장에 속한다.

20-3-1. 아이섀도(Eye Shadow)

1) 사용 목적

아이섀도를 사용하므로 눈의 음영을 표현하며 깊이감과 입체감을 주고 눈 모양의 수정과 보완을 한다. 컬러를 이용하여 이미지 연출을 다양하게 데먼스트레이션(Demonstration) 해주며 눈화장 시술시에는 피부화장과 입술화장의 조화를 이루어 메이크업을 해야만 한다.

2) 아이 섀도 제품의 종류

(1) 케익 타입(Cake Type)

가장 일반적으로 많이 사용하고 있는 제품이며 사용이 편리하고 그라데이션이 용이하다. 색상 또한 다양하지만 단점으로는 시간이 지남에 따라 지워지거나 가루가 떨어질 수 있다.

(2) 크림 타입(Cream Type)

주로 전문가용으로 사진이나, 영화, 신부화장, 경극, 피에로화장, 바보화장 등에 많이 쓰인다. 사용 감촉은 매끄럽고 피부에 밀착감, 발색 지속력이 우수하다. 단점으로는 쌍겹 부분에 몰리기 쉬우므로 주의하고 크림 타입 후에는 케익 타입으로 같은 색을 덧발라주며 색의 지속력이 오래간다.

(3) 펜슬 타입(Pencil Type)

빠른 시간 내에 메이크업을 할 때 편리하다. 선적인 느낌을 줄 때 용이하다.

(4) 파우더 타입(Powder Type)

펄 타입이 많고 주로 전문가용으로 많이 사용한다. 단점으로 눈밑에 잔여물이 떨어져 얼룩이 질 수 있기 때문에 깨끗하게 표현하는데 조정을 해야 한다.

(5) 스틱 타입(Stick Type)

전문가용으로 색감이나 표현력이 가장 강하다.

3) 아이섀도(Eye Shadow) 기본 테크닉

(1) 베이스 컬러(Base Color)

눈두덩에 도포하는 컬러이다. 너무 진한 컬러보다 중간 톤을 선택해서 바른다.

(2) 포인트 컬러(Point Color 또는 Accent Color)

주로 눈꼬리 쪽에 바르며 가장 진하게 강조하고 싶은 컬러 선택은 주로 의복 색에 맞춘다.

(3) 하이라이트 컬러(High-light Color)

눈썹뼈 부분이 돌출되어 보이도록 바르는 색상. 주로 흰색, 상아색이 사용된다.

(4) 언더컬러(Under Color)

아래 눈밑에는 포인트 컬러 연결, 선적인 느낌으로 깨끗하게 발라준다.

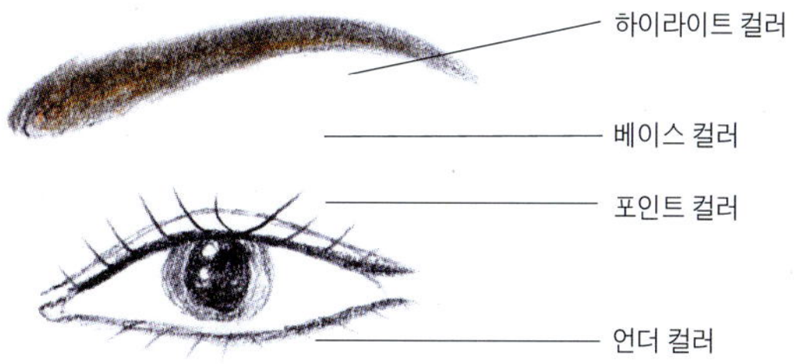

그림 20-9 눈의 각 부위별 명칭

4) 아이섀도 실기시 컬러의 선택

① 의복 색에 맞춘다.(Dress Harmony)

② 피부색에 맞춘다(베이스 표현 색상도 계절에 맞추어서 메이크업한다).

③ 각각의 색이 갖고 있는 효과에 따라 선택한다. 색이 지닌 이미지를 이용해서 메이크업을 활용한다. 예를 들어 온화해 보이기 위해서는 컬러 선정시 따뜻한 계열인 Red, Orange, Yellow, Brown 등을 선정한다. 차가운 인상을 주기 위해서는 Blue, Green, Violet 등을 선정한다.

④ 눈의 형태를 감안하여 단점을 커버하고 장점을 부각시킬 수 있는 색상을 선정한다.

⑤ 유형 색에 맞춘다.

⑥ 사계절에 따라 맞추어서 한다. 예를 들어 봄은 Green, Orange, Yellow, Pink 여름은 Blue, Orange, Gold, White color 가을은 Brown, Green, Gold Color 겨울은 Red Wine 등

5) 눈의 형태에 따른 아이섀도 수정 테크닉

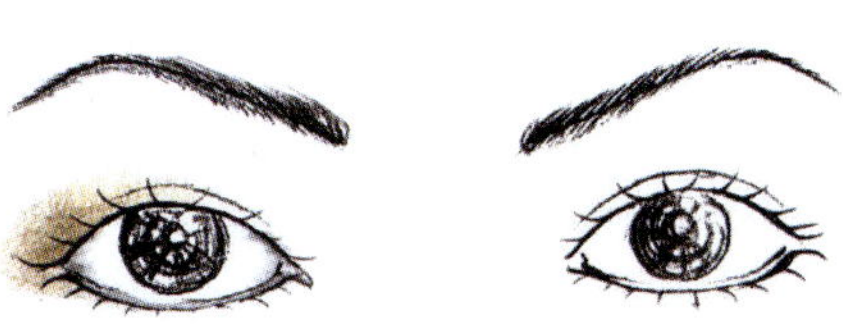

쌍겹이 있는 형태의 큰 눈

연한 색으로 전체 바르고 쌍겹 부위 2~3mm 정도 포인트 컬러로 발라준다. 그라데이션 시켜줄 때 위로 보다 꼬리 쪽으로 펴준다.

그림 20-10 쌍겹 형태의 큰 눈

작은 형태의 눈
밝은 색으로 전체 펴 바르고 포인트를 크게 잡아준다.

그림 20-11 작은 형태의 눈

눈두덩이 돌출된 형태의 눈
지방이 많아서 부어 보이는 눈으로 여러 색을 사용하면 오히려 부어 보인다. 선적인 느낌으로 깔끔하게 포인트 화장을 하는 것이 좋다. 연한 브라운이나 중간 색상을 눈두덩에 펴 바르고 펄이나 붉은기가 가미되지 않는 다크 브라운(Dark Brown) 또는 회색 색상으로 눈을 폈을 때 1~2mm 정도까지 일자형으로 길게 포인트를 강조한다.

그림 20-12 눈두덩이 돌출된 형태의 눈

눈두덩이 들어간 형태의 눈
눈두덩이 전체에 밝은 색을 바르고 눈머리에서 눈꼬리 쪽으로 속눈썹이 나있는 부분에 짙은 색을 칠해 준다. 특히 아이라인, 마스카라는 약하게 하는 것이 좋다.

그림 20-13 눈두덩이 들어간 형태의 눈

눈꼬리가 올라간 형태의 눈
눈 앞머리에 포인트를 주고 눈꼬리 쪽으로 엷게 바른다.

그림 20-14 눈꼬리가 올라간 형태의 눈

눈꼬리가 내려간 형태의 눈
눈초리가 올라가 보이도록 눈 앞머리를 가늘고 엷게 눈초리 쪽으로는 끌어올리듯이 넓게 펴 바른다.

그림 20-15 눈꼬리가 내려간 형태의 눈

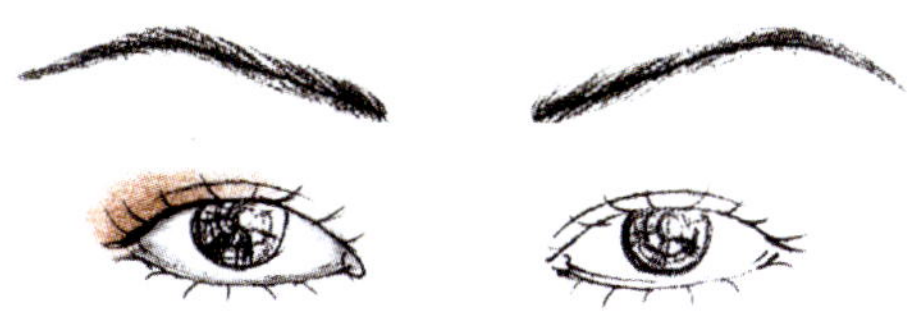

양쪽 눈 간격이 좁은 형태의 눈
눈의 앞머리 쪽에 엷은 색 섀도를 선택해서 바르고 꼬리 쪽에 포인트 색상을 사용한다. 마스카라는 윗눈썹의 꼬리 부분만 한다.

그림 20-16 양쪽 눈 간격이 좁은 형태의 눈

양쪽 눈 간격이 넓은 형태의 눈
눈과 눈 사이가 넓을 경우 뚜렷한 인상을 주지 못하므로 눈 머리에서 노우즈 섀도(Nose Shadow)를 연결시켜 안쪽으로 올리도록 유도하고 앞쪽에 포인트를 준다.

그림 20-17 양쪽 눈 간격이 넓은 형태의 눈

양쪽 눈 크기가 다른 형태의 눈
한쪽에만 쌍꺼풀이 있어 좌우 크기가 다른 눈은 쌍꺼풀이 있는 눈에 맞추어 홑겹 눈쪽을 짙은 포인트 색상을 바른다.

그림 20-18 양쪽 눈 크기가 다른 형태의 눈

20-3-2. 아이 라이너(Eye Liner)

1) 사용 목적

눈매를 보다 선명하고 뚜렷하게 연출하기 위해서 아이라이너를 그리고 눈 모양을 수정한다. 마스카라 역할을 상승시키는 데 목적으로 한다.

2) 제품의 종류

(1) 리퀴드 타입(Liquid Type)

액상 타입으로 선명하고 가늘게 라인을 그릴 수 있고 지속성이 높다.

(2) 펜슬 타입(Pencil Type)

가장 많이 사용하고 있다. 선을 잘못 그렸을 때 수정이 용이하다. 단점으로는 소량의 유분기만 있어도 잘 그려지지 않으며 자주 깎아서 사용해야만 하는 불편함이 있다.

(3) 케익 타입(Cake Type)

속눈썹이 나있는 위치에 선을 그린다. 눈동자 위 중앙에서 눈꼬리까지 그리는 방법과 눈 머리에서 눈꼬리까지, 언더라인을 바깥쪽에서 안쪽으로 눈동자 앞쪽으로 오지 않게 한다.

(4) 크림 타입(Cream Type)

케익 타입의 단점을 보완한 제품으로 사용하기는 간편하나 단점으로는 오일이 들어 있어 바른 즉시 건조되는 불편함이 있다.

3) 눈의 형태에 따른 아이라인 수정 테크닉

크고 둥근 눈

큰 눈은 아이라인을 그다지 강조할 필요가 없는 눈 모양으로 눈앞머리와 꼬리부분만 강조한다. 특히 꼬리를 길게 그려 준다.

그림 20-19 크고 둥근 눈

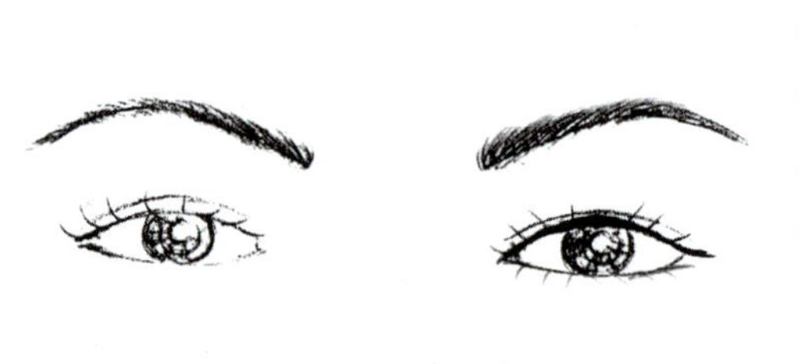

작고 가는 눈

작은 눈에 아리라인을 그릴 때 위아래 아이라인은 눈꼬리 끝 부분에서 만나게 그리면 눈의 길이가 더 짧아 보인다. 그러므로 눈꼬리 부분이 서로 만나지 않도록 눈초리 부분을 약간 띄워서 흐르듯이 그린다. 특히 중앙 부분에는 두껍게 그린다.

그림 20-20 작고 가는 눈

쌍겹이 있는 눈
눈 머리, 꼬리 쪽만 아주 가늘게 그려주며 최대한 속눈썹 뿌리가 나있는 부분에 그린다.

그림 20-21 쌍겹이 있는 눈

눈꼬리가 올라간 눈
라인을 내려가게 그려준다. 언더라인을 강조해서 그리고 눈 머리는 강조하지 않는다.

그림 20-22 눈꼬리가 올라간 눈

눈꼬리가 내려간 눈
언더라인을 그릴 때 올려서 그리고 위 라인을 올려서 그린다.

그림 20-23 눈꼬리가 내려간 눈

부어 보이는 눈
전체적으로 라인을 그리고 특히 눈꼬리 부분을 굵게 그린다.

그림 20-24 부어 보이는 눈

눈과 눈 사이가 좁은 눈
눈 머리는 그리지 않고 눈꼬리 쪽만 그린다.

그림 20-25 양미간이 좁은 눈

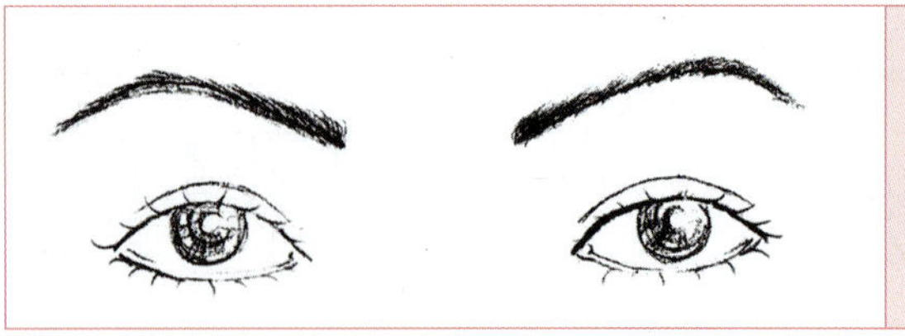

눈과 눈 사이가 넓은 눈
눈 머리 쪽을 그리고 꼬리 쪽을 엷게 그린다.

그림 20-26 양미간이 넓은 눈

20-3-3. 마스카라(Mascara)

1) 목적

마스카라 화장을 하는 목적은 아이라인과 함께 속눈썹을 길게 보이면서 여성미를 강조하기 위함이다. 서양인보다 동양인의 눈썹모(毛)는 대부분 직모(直毛)이기 때문에 아이래쉬 컬을 사용하고 마스카라를 하면 더욱 눈을 커보이게 하여 매력적인 눈매를 연출할 수 있다.

2) 제품의 종류

① 리퀴드 마스카라 : 일반적으로 가장 많이 사용하고 있으며 사용하기가 편리하다.
② 케익형 마스카라 : 케익 타입으로서 물이나 스킨을 이용하며 붓으로 사용한다.

3) 마스카라 테크닉

① 눈을 가늘게 뜬 상태에서 속눈썹의 뿌리 쪽에서부터 끝쪽으로 쓸어내리듯이 발라준다. 마스카라 액을 너무 많이 바르면 컬(curl)이 잘 형성되지 않으므로 엷게 발라준다.
② 속눈썹을 아래에서 위로 말아올리듯 발라주고 이러한 동작을 3~4회 반복해서 바른다. 브러시를 회전시키면서 칠하면 볼륨이 생긴다.
③ 눈밑의 속눈썹은 거울을 높이 들고 브러시 끝으로 좌우로 발라준 다음 다시 한번 브러시를 회전시키듯이 바른다.
④ 마스카라를 사용하다 얼굴에 잘못 묻혔을 경우에는 금방 떼어내지 말고 마스카라

액이 마른 후에 면봉으로 떼어내면 번지지 않고 잘 지워진다.

♠ 주의

마스카라 브러시를 용기에 넣었다 뺐다 하는 펌프질을 많이 하는 경우 용기 속에 공기가 들어가 마스카라 액을 빨리 응고하는 원인이 되므로 특히 주의를 해야 한다.

20-3-4. 아이브로우 메이크업(Eye Brow Make-up)

눈썹은 사람의 첫인상을 강력히 프리젠테이션(presentation)시켜 준다. 즉 이미지(Image)를 나타낼 때 상대방에게 표현해 주는 아주 중요한 부분이다. 눈썹이 올라가면 날카로운 인상을 보여 주고 눈썹이 처지게 되면 장점으로는 온순하게 보이는 점은 있으나 반면 단점으로는 전체 이미지가 어수룩하게 보일 수 있다. 연극이나 영화에서는 눈썹 이미지를 어떻게 나타내는가에 따라서 배역의 역할이 주어진다.

따라서 눈썹을 드로잉할 때에는 눈썹의 형태가 가지고 있는 이미지와 모델의 이미지를 잘 고려해서 균형미 있게 그린다.

1) 아이브로우(Eye Brow) 그리는 목적

① 얼굴 전체적인 인상을 좌우한다.

② 눈썹을 수정, 보완한다.

2) 제품의 종류

(1) 펜슬타입(Pencil Type)

가장 일반적으로 많이 사용되고 있으며 연필 타입으로 깎아서 사용하는 번거로움이 있다.

(2) 케익 타입(Cake Type)

케익 타입으로 색깔을 자유스럽게 모발 색깔과 맞출 수가 있다.

3) 눈썹 수정하는 방법과 기본

(1) 준비물

눈썹 연필, 눈썹 가위, 눈썹 브러시, 탈지면과 소염 화장수, 족집게

(2) 목적

눈썹은 그 사람의 얼굴 인상을 결정하는 중요한 역할을 하기 때문에 깨끗한 이미지를 심어주어야 한다. 그렇기 때문에 불필요한 눈썹은 컷팅(cutting)해야만 한다.

(3) 수정하는 순서와 방법

① 눈썹 브러시를 이용하여 눈썹을 가지런히 정리한다.

② 모델 이미지에 적합한 눈썹을 펄이 들지 않는 아이섀도 제품을 이용하여 붓으로 그린다.

③ 눈썹 산에서 눈썹 꼬리까지의 눈썹은 아래로 빗어서 커트한다.

④ 눈썹 머리에서 눈썹 산까지의 위로 빗어서 커트한다.

⑤ 눈썹 밑에 형성된 불필요한 눈썹은 수정 가위나 소독된 면도칼로 조심스럽게 깎는다.

⑥ 마지막으로 브라운펜슬을 이용하여 눈썹을 그린다. 눈썹의 굵기는 눈썹 머리가 가장 굵고 꼬리 쪽으로 향할수록 가늘어지는 것이 바람직하다. 눈썹의 색깔은 머리카락이나 눈동자 색깔의 중간 정도 컬러로 선택해서 그려준다.

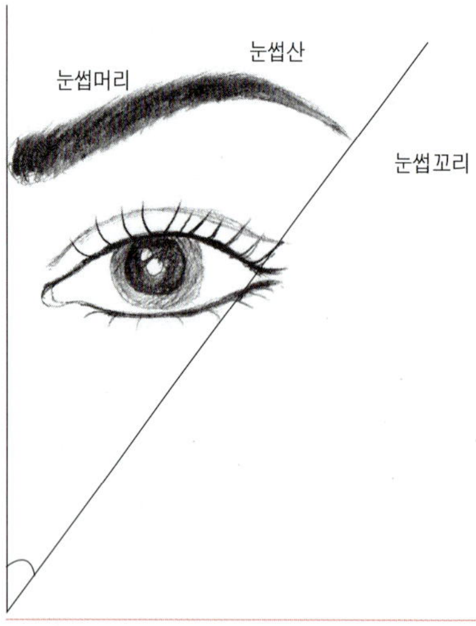

그림 20-27 눈썹의 기본 위치 표준형

■ 기본형 눈썹

눈썹의 균형이 이상적이며 어느 형의 얼굴이나 무난하게 어울린다. 눈썹의 기본 형태는 눈썹 머리, 눈썹 산, 눈썹 꼬리로 구성되어 있고 눈썹 산을 눈썹 전체의 2/3의 위치해 둔다.

ⓐ 눈썹 산 : 눈썹 전체 길이를 3등분했을 때 2/3되는 지점으로 눈썹이 꺾이는 지점이고 눈썹 산의 위치는 눈동자의 바깥쪽과 일치하도록 한다.

ⓑ 눈썹 머리 : 눈썹이 시작되는 부분으로 코밑선과 수직이 되는 일직선상에 위치해야 한다.

ⓒ 눈썹 꼬리 : 코끝에서 눈꼬리를 지나도록 사선으로 연결하여 만나는 지점으로 눈썹 머리와 눈썹 꼬리가 일직선이 되도록 한다.

4) 얼굴형에 따른 눈썹형과 이미지

(1) 둥근형(Round Face)

각진 눈썹 : 단정하고 어른스러워 보이면서 세련된 인상과 활동적이고 생동감 있어 보인다. 둥근 얼굴이나 삼각형 얼굴에 잘 어울린다.

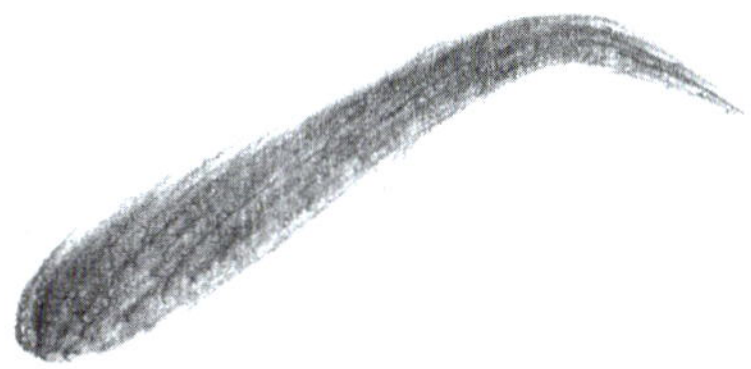

그림 20-28 둥근 얼굴형과 눈썹형

(2) 긴형(Long Face)

직선형 눈썹(Straight) : 남성적인 느낌을 주며 얼굴의 길이가 긴형이나 폭이 좁은 얼굴에 적합하다.

그림 20-29 긴 얼굴형과 눈썹형

(3) 타원형(Oval Face)

표준 눈썹(Standard) : 귀엽고 발랄한 이미지 눈썹이며 자연스럽고 품위가 나는 분위기를 연출한다. 기본형의 눈썹은 얼굴의 길이나 폭에 영향을 주지 않기 때문에 타원형 얼굴의 특징인 균형미를 돋보이게 한다.

그림 20-30 타원 얼굴형과 눈썹형

(4) 사각형(Square Face)

올라가는 눈썹(화살형 눈썹) : 둥근 얼굴, 사각형 얼굴에 적합하다. 눈썹 머리가 강조되므로 보이는 이의 시선을 얼굴의 중심으로 몰리게 하는 효과를 가져와 강한 턱 이미지를 완만해 보이고 시원스러운 이미지를 준다.

그림 20-31 사각 얼굴형과 눈썹형

(5) 역삼각형(Inverted Triangle Face)

아치형 눈썹 : 여성적이며 우아한 느낌을 준다. 이마가 넓은 사람, 역삼각형 얼굴형에 잘 어울린다.

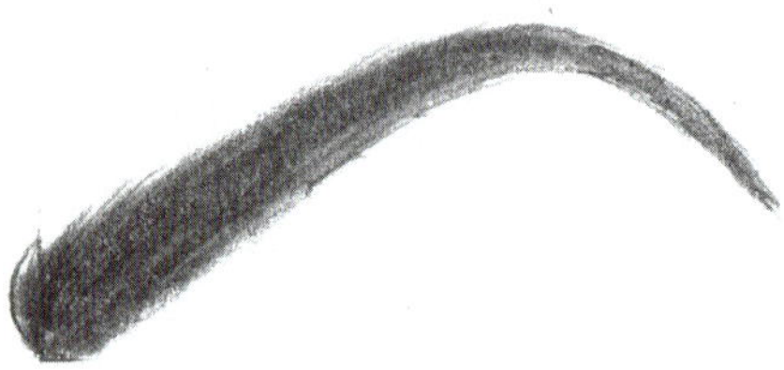

그림 20-32 역삼각 얼굴형과 눈썹형

5) 눈썹 두께에 따른 이미지

(1) 두꺼운 눈썹

눈썹이 두꺼우면 나이가 어려보이며 남성적인 느낌을 준다. 단점으로는 너무 두껍고 색상이 진하면 강한 인상을 역으로 표현할 수 있다.

(2) 가는 눈썹

눈썹인 가늘면 활동적이지 못한 수동적인 인상을 줄 수 있다. 단점으로는 나이가 들어 보일 수가 있다.

20-4. 입술화장(Lip Make-up)

얼굴 중 가장 움직임이 많고 생동감이 있는 곳은 입술이다. 입술은 신체 부위 중 매우 민감한 부분 중의 하나이며 또한 가장 약한 부분이기도 하다. 입술은 피부가 아니므로 피지 수분을 생성해 내지 않아 스스로 입술을 보호할 수 없어 재생력이 부족하며 입술에 보호제를 발라 보호해 주어야만 한다. 전체적으로 어떤 립 컬러를 정하느냐에 따라서 메이크업 전체적인 이미지를 좌우한다. 시술시 모델의 피부 톤, 아이섀도 컬러, 의복 컬러를 고려해서 시술해야만 전체적이 균형이 맞게 된다.

20-4-1. LIP M/up을 하는 목적

① 색상 이미지에 따른 메이크업을 강조한다.
② 입술형태를 늘이거나 작게 하는 수정 효과가 있다.
③ 자외선이나 외부 자극으로부터 입술을 보호한다.
④ 혈색을 부여함으로써 여성미를 강조한다.

20-4-2. 제품의 종류

(1) 스틱 타입(Stick Type)

가장 일반적인 제품으로 색상과 질감의 종류가 다양하다. 스틱 자체를 그대로 사용하거나 립 브러시에 붙여서 사용한다.

(2) 펜슬 타입(Pencil Type)

내용물이 비교적 하드(Hard)한 제품으로 립라인을 쉽게 그리 수 있다. 입술화장이 잘 번지는 사람은 립펜슬로 그리고 안쪽에 립스틱 타입을 바르게 되면 번지는 것을 방지할 수 있다.

(3) 페스트 타입(Paste Type)

반죽을 해서 용기에 담은 제품으로 매끄럽고 바르기 쉬우며 광택이 있다. 립브러시를 이용해서 그린다.

(4) 립크림(Lip Cream)

메마른 입술을 촉촉한 입술로 표현하기 위하거나 또는 외부 자극으로부터 입술을 보호한다.

20-4-3. 립 메이크업 시 컬러 선택

메이크업 시술시 일반적으로 입술 화장을 마지막에 하는데 컬러 선택시 모델의 피부색을 고려해야만 한다. 피부가 흰 피부일 경우는 핑크나 밝은 퍼플계, 레드계를 선택하고 황색 피부일 경우에는 오렌지 계열이나 브라운 계열, 레드 계열이 무난하다. 그리고 의상 색에 맞추는데, 하의보다 상의 쪽에 맞추는 것이 무난하다. 연령에 맞추고 T.O.P에 맞춘다.

20-4-4. 입술화장 순서와 그리는 방법

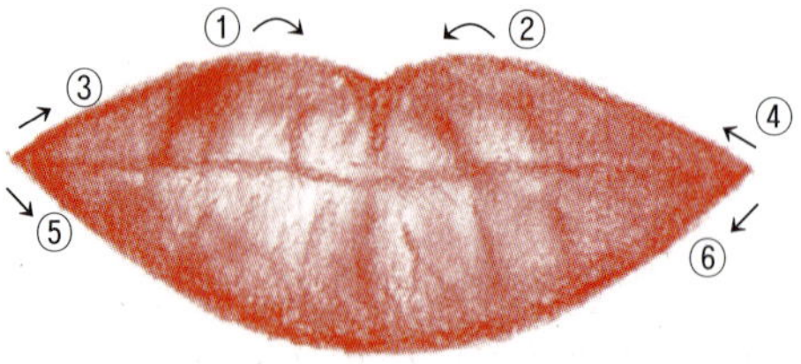

그림 20-33 입술 이미지

① 파운데이션과 파우더를 이용하여 본래의 입술 색과 입술 라인을 커버한다.

② 립펜슬을 이용하여 이미지에 맞는 라인을 그린다.

③ 선택한 립스틱을 이용하여 입술 전체에 바른다.

④ 티슈를 이용하여 가볍게 립스틱의 유분기를 제거한다.

⑤ 투명 파우더로 입술 전체를 고정시킨다.

⑥ 립스틱을 덧발라 마무리한다.

※ 순서 : 립펜슬 → 립스틱 → 립그로스

20-4-5. 입술선(LIP Line)에 따른 느낌

입술은 립스틱의 색깔은 물론 그리는 방법에 따라서 이미지가 달라지는데, 같은 색상을 사용하더라도 입술 윤곽을 어떻게 그리느냐에 따라 이미지가 달라진다.

입술라인	입술모양	이미지
직선(Straight)		입술라인을 직선적으로 그리는 방법으로서 활동적이며 지적인 이미지를 나타내고자 할 때 표현한다. (그린다)
인커브 (In-Curve)		밝고 젊은 느낌을 주며 발랄한 이미지를 나타내고자 할 때 그린다. 본래의 입술 라인보다 1~2mm 정도 입 꼬리쪽을 안쪽으로 그려준다.
아웃커브 (Out-Curve)	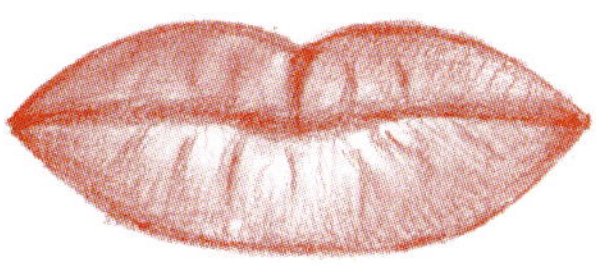	매혹적이고 관능적인 이미지를 나타내고자 할 때 그린다. 본래 입술 라인보다 1~2mm 넓게 그려준다.

그림 20-34 입술 형태에 따른 이미지

20-4-6. 입술 모양에 따른 수정 테크닉

(1) 얇은 입술

	본래의 입술선을 파운데이션과 파우더로 잘 덮고 입술선보다 1~2mm 넓게 그려준다. 입술 산을 강조해서 그려준다.

그림 20-35 얇은 입술

(2) 두꺼운 입술(두툼한 입술)

	본래의 입술선보다 1~2mm 작게 그려준다. 주의할 점은 연한 립 컬러를 피하고 입술 산을 완만하게 그린다.

그림 20-36 두꺼운 입술

(3) 윗입술이 얇은 입술

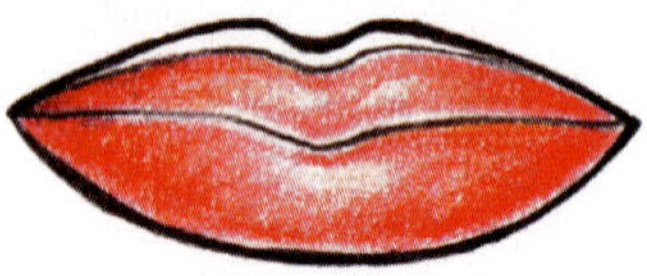	산을 중심으로 윗입술만 1~2mm 정도 밖으로 크게 그려준다.

그림 20-37 윗입술이 얇은 입술

(4) 아랫입술이 얇은 입술

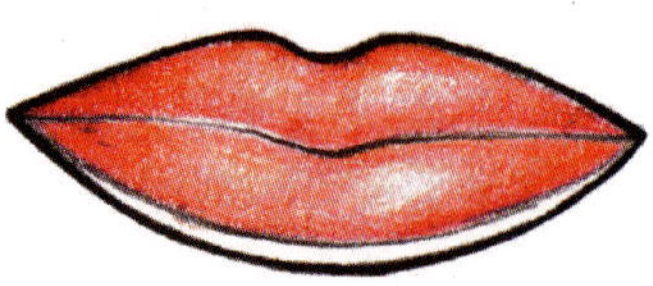	아랫입술을 1~2mm 정도 넓게 그려준다.

그림 20-38 아랫입술이 얇은 입술

(5) 입술 산이 선명하지 않는 입술

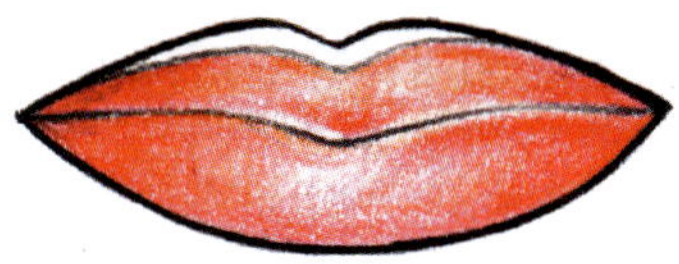

립라이너를 이용해서 입술 산을 선명하게 그린다.

그림 20-39 입술 산이 선명하지 않는 입술

(6) 양끝이 처진 입술

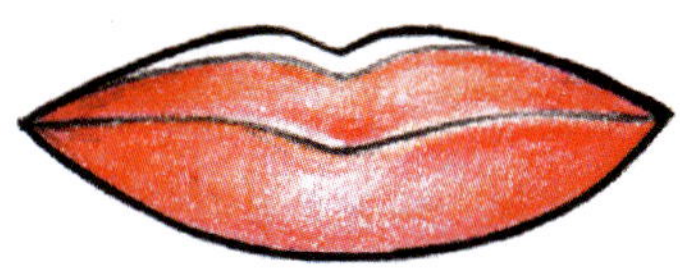

입술 구각을 1~2mm 올려서 그린다.

그림 20-40 양끝이 처진 입술

(7) 돌출된 입술

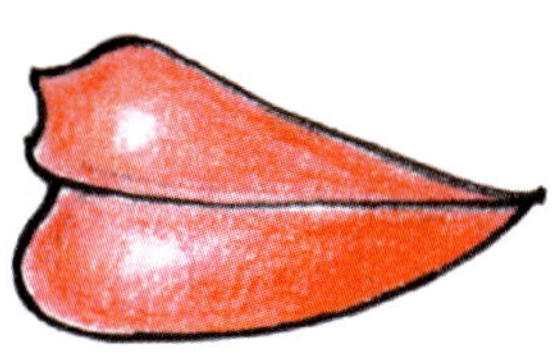

인커브 모양은 피하고 색상이 펄이든 제품이나 연한 립 컬러보다는 중간 톤의 색상을 바른다. 입술 구각을 조금 더 진한 컬러로 그리게 되면 수축되어 보인다.

그림 20-41 돌출된 입술

20-4-7. 컬러 이미지에 따른 립 컬러 선택

(1) 레드(Red)

정열, 매혹의 이미지이며 어떤 얼굴에도 어울린다. 성숙한 여성에게 특히 잘 어울리는데, 섹시하고 강한 인상을 준다.

♠ 주의

레드 컬러를 이용할 경우 쉽게 눈에 띄는 색이므로 깨끗하고 뚜렷하게 입술라인을 그리는 것이 포인트이다.

(2) 핑크(Pink)

여성적이고, 귀여운 이미지를 주며, 온화하고 청순한 이미지를 준다.

(3) 보라(Purple)

우아하고 매혹적인 이미지를 연출할 때, 또한 성숙하고 로맨틱한 느낌을 준다.

(4) 오렌지(Orange)

젊고 싱싱한 이미지와 함께 활동적인 건강미를 연출할 때 좋다.

(5) 브라운(Brown)

차분해 보이고 지적으로 보인다.

20-5. 볼화장(Cheek Make-up)

20-5-1. 볼화장을 하는 목적

얼굴에 색상을 주어 여성스러움과 건강미를 부여하고 얼굴의 수정과 개성을 표현함을 목적으로 한다.

20-5-2. 제품의 종류

(1) 케익 타입(Cake Type)

가장 일반적으로 사용하고 혈색을 나타내거나 윤곽을 수정할 때 사용한다.

(2) 크림 타입(Cream Type)

파운데이션을 바른 후 파우더 바르기 전에 사용하는 제품으로 뭉치지 않게 그라이데이션 시켜야만 된다. 예) 신부화장, 텔레비전 분장 등이 대표적이다.

(3) 스틱 타입(Stick Type)

전문가용으로 넓은 부위에 바를 때 주로 사용한다. ex) 피에르 분장 등이 대표적이다.

20-5-3. 볼화장의 기본

귀와 코를 일직선으로 연결한 라인과 눈동자 바깥 부분을 일직선으로 연결한 부분이 만나는 곳이 볼화장의 기본 위치라 하겠다.

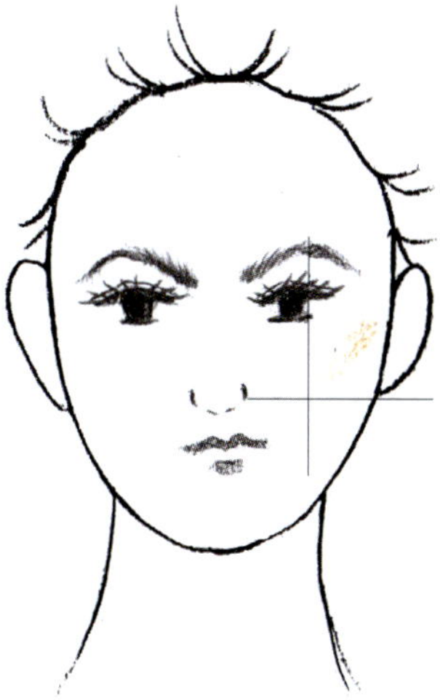

그림 20-42 볼화장의 기본 위치

20-5-4. 얼굴형에 따른 볼연지 방법

(1) 둥근 얼굴형

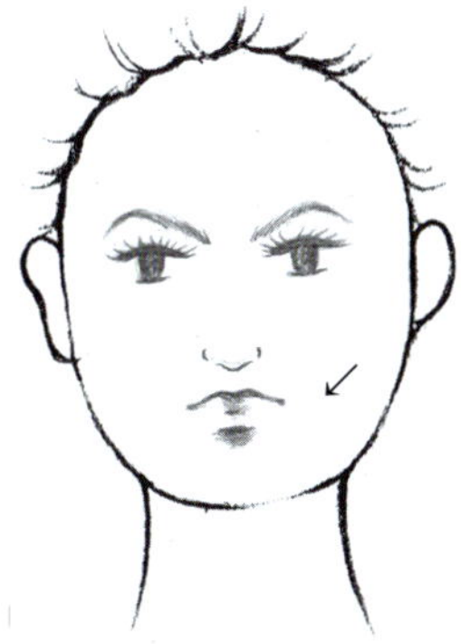	둥근 얼굴이 길어 보일 수 있도록 브러시의 흐름이 입가로 향하도록 터치한다.

그림 20-43 둥근 얼굴형

(2) 긴 얼굴형

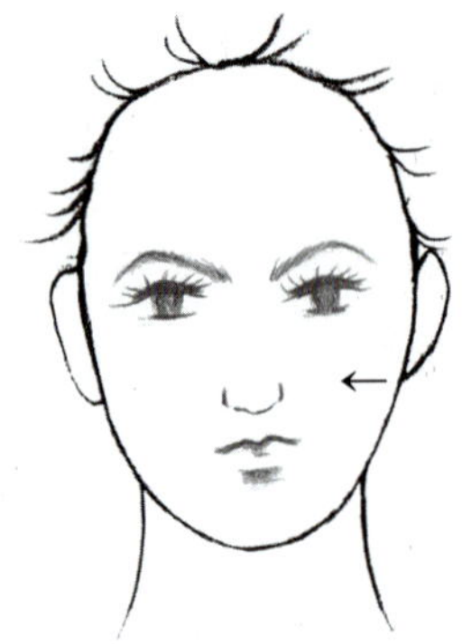

긴 얼굴이 짧아 보이도록 볼화장의 흐름이 눈 머리 쪽으로 향하도록 터치한다.

그림 20-44 긴 얼굴형

(3) 사각 얼굴형

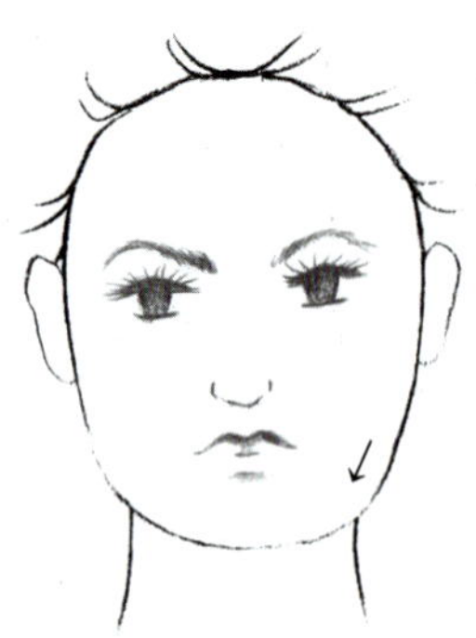

사각형의 얼굴에 볼화장의 흐름을 턱 쪽으로 향하도록 터치한다.

그림 20-45 사각 얼굴형

(4) 역삼각 얼굴형

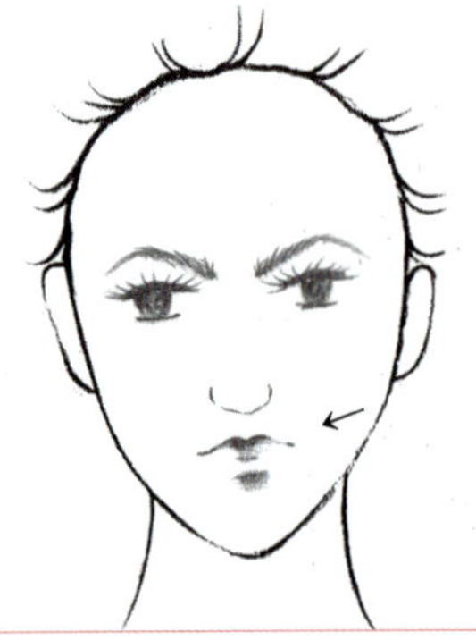

코끝을 향해서 관자놀이 약간 밑으로 터치한다.

그림 20-46 역삼각 얼굴형

20-6. 인조속눈썹 붙이기와 속눈썹 심기

20-6-1. 인조속눈썹 붙이기

인조속눈썹은 마스카라와 같은 기능을 하며 먼 거리에서도 뚜렷한 눈매를 연출할 수 있다.

1) 목 적

① 모델의 속눈썹이 짧을 때 효과적이다.

② 모델의 속눈썹 숱이 없을 때 효과적이다.

③ 무대 화장시 주로 이용한다.

2) 준비물

인조속눈썹, 접착제. 면봉, 가위

3) 방 법

눈화장을 하고 인조속눈썹의 길이를 모델의 눈 길이에 맞추어서 길이 커트를 한 다음 접착제를 이용하여 인조속눈썹에다 바른다. 바를 때 주의할 점은 불필요한 부위에 풀이 묻지 않도록 해야 한다. 접착제를 바르고 금방 붙이면 접착력이 떨어지므로 접착제를 인조속눈썹에 붙인 후 3~4초 정도 경과한 후 붙이면 좋다.

모델의 속눈썹 위에 올려놓고 앞머리, 중심, 꼬리의 순서로 눌러준다. 인조속눈썹 제거 시에는 봉에 아이 메이크업 리무버를 묻혀 돌려주면서 떼어낸다.

※ 속눈썹 붙이기 주의할 점

본래의 속눈썹 가까이에 붙이고, 눈동자 위의 아이라인 선에 붙이면 눈이 동그랗게 보이고 눈 앞머리에 붙이면, 부자연스럽거나 불편하다. 눈길이가 짧은 사람은 약간 뒤쪽으로 붙이면 눈이 길어 보인다.

20-6-2. 인조속눈썹 심기

1) 목 적

눈썹의 숱이 없거나 인조속눈썹을 붙이는 것이 자연스럽지 못해서 좀 더 자연스러운 것을 원할 때 인조속눈썹 심기를 하면 효과적이다. 주로 신부 화장시나 CF광고 메이크업시 많이 쓰인다.

2) 준비물

인조속눈썹, 접착제. 면봉, 수정 가위, 클리너, 리무버, 핀셋, 유리판, 눈썹브러시, 클렌징크림, 티슈, 타월(大1, 中2), 마스크

3) 방 법

① 모델이 콘택트렌즈를 착용하고 있는지를 확인한다.
② 모델의 본래 눈썹에 묻어 있는 유분을 제거한다.
③ 핀셋으로 한 가닥을 떼어내서 눈 머리에서부터 7~8mm되는 지점에 한 올을 심는다. 눈의 길이에 따라 다르지만 보통 3~4등분해서 먼저 주지 눈썹을 심고 그 다음에는 모델 눈의 숱과 모델 이미지에 맞추어서 눈썹 사이 사이 눈썹을 심는다.
④ 제거하는 방법은 면봉이나 화장솜에 리무버를 적셔서 눈썹에 면봉을 대고 회전시키면서 떼어낸다. 무리하게 손으로 잡아떼어서는 절대 안 된다.

제3부

chapter 21

네일아트

네일의 개요

21-1. 손톱 화장의 정의와 유래

매니큐어란 라틴어의 손과(Manus), 관리(Cure)라는 단어의 합성어로 손 마사지, 컬러링 광택 내기, 큐티클 정리 등 손과 손톱을 관리하는 것을 말한다.

손톱 화장의 역사는 기원전 3000년 경 이집트와 중국에서 귀족층들이 누렸던 것으로 알려져 있다. 고대 이집트에서는 헤나(Henna)라는 붉은 오렌지색으로 손톱을 염색하였으며 부, 권세, 사치, 쾌락의 상징으로 사용되었다. 왕과 왕비는 짙은 색으로 물들였으며, 신분이 낮은 사람들은 옅은색으로 물들이게 하였다. 17세기 프랑스의 베르사유궁전에서는 문을 노크하는 것은 예의에 어긋나는 행동이라 믿고 한 손만 손톱을 길게 길러 문을 두드리는 대신 긁도록 하였다. 인도의 여성들은 조모(Matrix)에 문신 바늘로 물감을 주입시켜 상류층임을 과시하였다고 한다.

오늘날 손톱 화장은 기초 케어에서부터 수준 높은 기술까지 다양한 형태의 손톱과 세련된 색상이 유행하였고, 하나의 패션 유행에 한몫을 하면서 많은 사람들에게 관심 분야가 되었다.

21-2. 손톱 화장의 변천사

근대에 들어서는 손톱 화장은 특정 계급을 위한 것이 아니라 대중적인 매니큐어(Manicure)로 변하였으며 다양한 네일 제품이 개발되었다. 현대에는 근대보다 네일 테크닉과 네일 제품이 전문화, 세분화되어 네일 산업은 그 어떤 산업보다 주요한 산업으로 발전하였다.

1) 손톱 화장의 시대별 유행 손톱

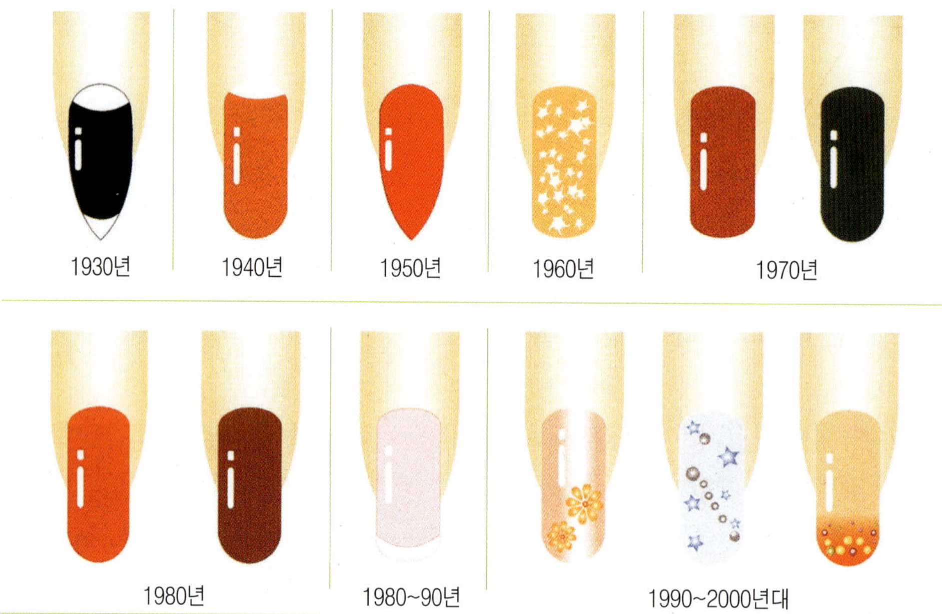

그림 21-1 시대별 유행 손톱

21-3. 네일 재료와 사용 방법

(1) 시술 가능한 작업 테이블과 의자

조정 가능한 40W의 램프가 있는 테이블과 고객이 편안하게 시술받을 수 있는 의자가 있어야 한다. 화학 제품에 부식이 없는 재질로 선택하고 제품과 도구를 구비할 수 있는 공간이 있어야 한다.

(2) 재료 정리대(Supply Tray)

(3) 습식 소독기(Wet Sanitizer)

(4) 핑거볼(Finger Bowl)

(5) 고객용 쿠션(Lussion)

(6) 전기네일건조기 (Electric Nail Dryer)

21-4. 네일 소도구

(1) 오렌지 우드스틱(Orange Wood Stick)

오렌지색의 스틱으로 큐티클을 밀어올릴 때나 에나멜을 바르고 나서 가장자리를 정리할 때 쓰인다.

(2) 큐티클 푸셔(Cuticle Pusher)

큐티클을 밀어올릴 때 사용하는 도구로서 메탈로 된 것과 스톤으로 된 푸셔가 있다.

(3) 큐티클 니퍼(Cuticle Nipper)

밀어 올린 큐티클을 잘라낼 때 사용하는 가위이다.

(4) 클리퍼(Clippers)

자연 네일이나 인조 네일의 길이를 조절할 수 있는 도구이다.

(5) 손톱용 가위(Nail Scissorn)

(6) 에머리 보드(Emery Board)

손톱의 길이나 모양을 만들 때 사용된다. 에머리 보드는 여러 가지의 종류가 있으며 사용 목적에 따라 각각 사용된다.

(7) 네일 버퍼(Nail Buffer)

손톱의 미(美)를 위해 광택을 내는 도구이다. 버퍼는 각각 다른 입자로 구성되며 블랙 버퍼와 3way 버퍼가 있다.

(8) 네일 브러시(Nail Brush)

큐티클과 프리엣지 부분의 찌꺼기를 청소하는 데 사용되는 도구이다.

(9) 디스크 파일(Disk Files)

사각형으로 된 것과 둥근형으로 된 것이 있는데 손톱의 거스러미를 제거할 때 쓰인다.

21-5. 네일 제품

(1) 살균비누 (Artibacterial Soap)

고객의 손에 있는 세균을 제거하는 데 쓰이는 제품이다. 고객의 손과 손톱을 부드럽게 한다.

(2) 소독제(Autiseptic)

고객의 손을 소독하는 데 쓰인다. 솜에 소독제를 묻혀 고객의 손에 있는 이물질을 닦아낸다.

(3) 큐티클 용해제

매니큐어 시술 전 큐티클을 부드럽게 만들어 주는 역할을 한다.

(4) 네일 화이트너(Nail Whitner)

손톱의 밑 부분과 프리엣지 부분을 하얗게 하는데 사용된다.

(5) 네일 표백제(Nail Bleach)

손톱을 하얗게 만드는 기능을 한다.

(6) 폴리시 리무버(Polish Reniver)

에나멜을 제거할 때 사용된다.

(7) 핸드로션(Hand Lotion)

(8) 네일 보강제(Nail Hardner)

손톱이 약하거나 찢어진 경우 네일 보강제를 사용하여 튼튼하게 만들어 주는 역할을 한다.

(9) 베이스 코트(Base Coat)

에나멜을 바르기 전 발라주는 제품이다.

(10) 네일 폴리시/네일 에나멜(Nail Polish/Nail Enamel)

네일 폴리시라고도 하며 네일 에나멜이라고 한다.

(11) 탑 코드(Top Coat)

네일 폴리쉬를 바르고 위에 덧발라 주는 제품이다.

제3부

chapter 22

네일아트

손톱 구조학

22-1. 손톱의 특성, 역할

22-1-1. 손톱의 성장

손톱은 전문적인 용어로 오닉스(Onyx)라고 한다. 손톱의 성장은 조모(Matrix)에서 시작되며, 조근(Root) 손톱의 심장부이다.

조모(Matrix)에 압력이 가해지면 기형 및 성장이 멈추기도 한다. 손톱은 조근(Root)에 의해 피부와 밀접하고 견고히 부착되어 있고, 한달에 3mm 정도 자라며 하루에 0.1mm 정도 자란다. 손톱이 완전히 자라는 기간은 6개월 정도이며, 계절적으로는 겨울보다 여름에 더 빨리 자란다.

나이나 건강 상태에서 따라 다르며 계절에 따라 조금씩 차이는 있다.

22-1-2. 손톱의 특성

손톱은 피부의 일부이며 케라틴이라는 단백질로 구성되어 있는데, 아미노산과 시스테인이 많이 포함되어 있다. 그 외에 칼슘, 산소, 질소, 황소로 구성되어 있다. 케라틴과 칼슘이 손톱의 성장에 중요한 역할을 미치는 성분이며, 손톱은 수분을 12~18% 정도 함유하고 있다.

22-2. 손톱 자체 구조

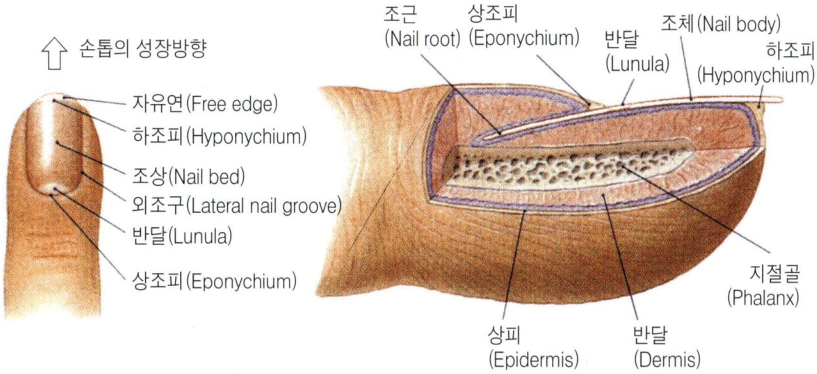

그림 22-1 손톱의 구조

(1) 조근(Nail Root)

손톱이 자라는 가장 중요한 부분으로 손톱의 새로운 세포가 만들어지는 부분이다.

(2) 조체(Nail Body)

조판(Nail Plate)라고도 하며, 육안으로 보이는 손톱으로 신경이나 혈관이 없는 것이 특징이다.

(3) 자유연(Nail Free Edge)

손가락 바깥으로 손가락 끝부분이다.

22-3. 손톱 밑의 구조

(1) 조상(Nail Bed)

- 손톱을 지탱하고 신경조직이 있는 부분이며 손톱의 신진대사와 수분공급을 담당한다.

(2) 조모(Matrix)

- 손톱에서 모세혈관과 림프 신경세포가 있는 가장 민감한 부분이다.
- 손톱이 성장하는 중요한 부분이다.

(3) 반월(Lunula)

- 네일 베드와 루트, 그리고 매트릭스를 연결해 주는 흰색 반달 모양이다.

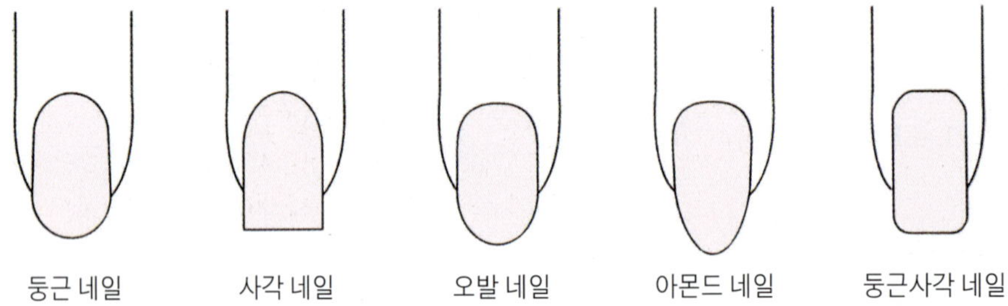

그림 22-2 네일의 형태

제3부 chapter 23

네일아트

네일 케어

23-1. 습식 메니큐어

1) 준비물

그림 23-1 도구 및 기구

(1) 도구 및 기구

타월, 페이퍼 타월, 알코올, 핑거볼, 클리퍼, 에메리보드, 퓨서, 니퍼, 오렌지우드 스틱, 습식소독기, 비닐팩

(2) 재료

솜, 팔리시, 니퍼, 탑코트, 베이스코트, 큐티클오일, 로숀, 안티셉틱

2) 시술

① 손 소독

고객의 손에 시술자는 소독제(안티셉틱/알코올)를 묻혀 소독한다.

② 팔리시 제거하기

리무버를 묻힌 솜을 5초 동안 손톱 표면에 얹어 놓았다가 빠르게 새끼손가락부터 닦아 준다.

③ 고객 손톱의 질병 상태를 파악한다.

④ 파일링/모양 만들기

시술에 들어가기 전에 고객에게 네일 모양과 길이를 물어보고 결정한 후 손톱을 파일링하고 모양(Shape)을 잡는다.

⑤ 네일 표면 정리/거스러미 제거

⑥ 핑거볼에 담그기

⑦ 물기를 닦아 내기

⑧ 나머지 한 손을 핑거볼에 담근다.

⑨ 큐티클 오일 바르기

⑩ 큐티클을 밀어 올리기

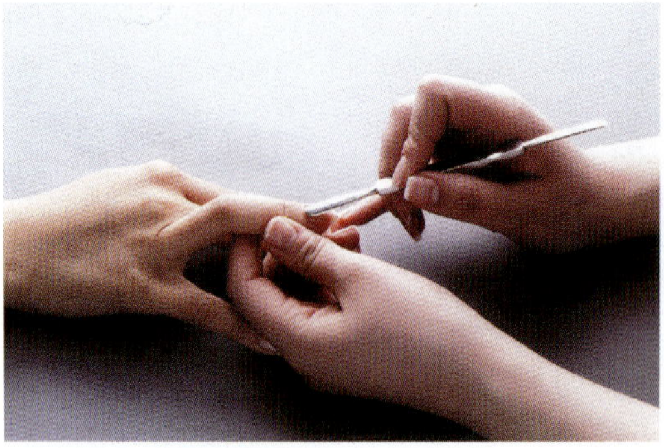

그림 23-2 큐티클 밀어올리기

⑪ 큐티클을 정리하기

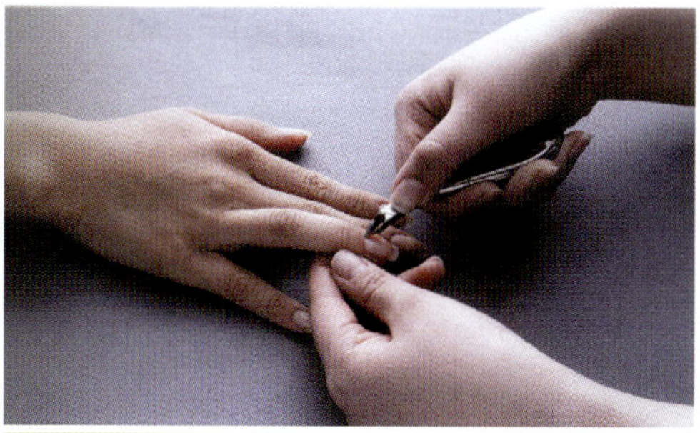

그림 23-3 큐티클 정리하기

⑫ 다른 한 손도 정리하기

핑거볼에 담그고 있던 한 손도 꺼내어 ⑧~⑱번까지의 과정을 반복한다.

⑬ 오일을 제거하기

⑭ 큐티클 소독하기

⑮ 마사지하기

손에 적당량의 로션을 발라 원을 그리듯 마사지를 실시한다. 마사지는 손에 피로를 풀어줄 뿐 아니라 혈액순환을 촉진시키는 기능을 한다(마사지동작 참고).

⑯ 로션을 제거하기

⑰ 베이스 코트 바르기

⑱ 팔리시 바르기

팔리시를 2회 정도 반복하여 바른다.

⑲ 탑 코트 바르기

탑 코트를 1회 정도 얇게 바른다. 너무 두껍게 바르면 손톱이 두껍게 보이므로 보기가 좋지 않다.

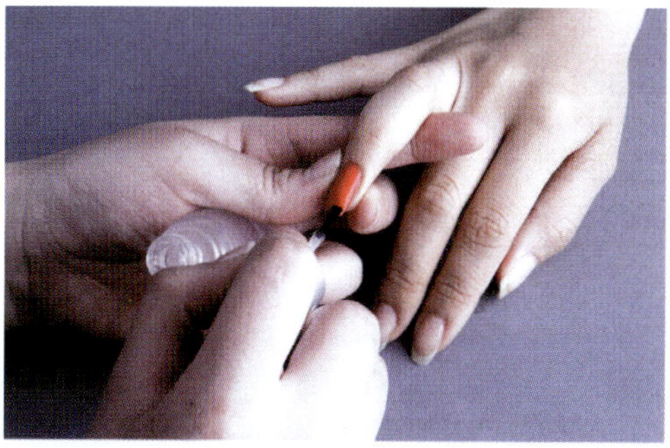

그림 23-4 탑코트 바르기

⑳ 완성

 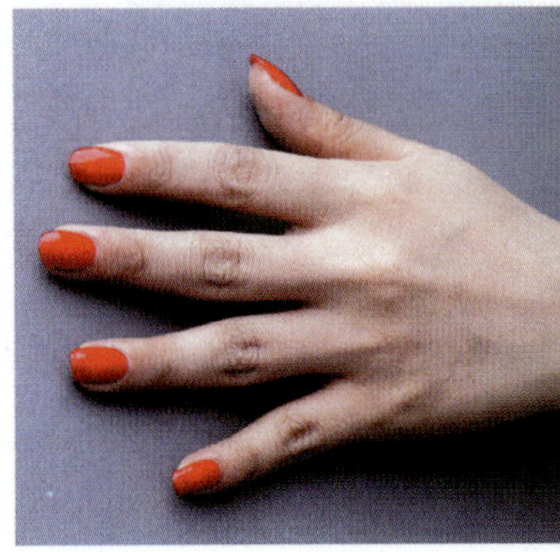

그림 23-5 완성

23-2. 프렌치 매니큐어(French Manicure)

투명색과 흰색 에나멜을 사용하여 손톱이 시원하고 내추럴하게 보이는 과정이다. 서로 조화를 이루는 2가지 이상의 색상을 개성에 맞게 연출하기도 하며 변형된 스타일도 유행한다. 프렌치 메니큐어는 겨울보다 여름에 하면 더 빛을 잘 발하며 신부들이 선호하는 스타일이다.

1) 프렌치 매니큐어 시술 과정

① 베이스 코트를 바른다.
② 투명 에나멜을 바른다.
③ 흰색 에나멜을 이용하여 원하는 모양대로 바른다.
④ 내추럴한 핑크색을 손톱 전체에 바른다.
⑤ 모양을 유지하기 위해 탑 코트를 바른다.

23-3. 남성을 위한 매니큐어(Mans Manicure)

남성을 위한 매니큐어라고 해도 기본적으로 여성들이 받는 매니큐어와 같다. 단 남성들에게 유색 팔리시를 바르지 않는다. 고객에 따라 베이스 코트와 탑 코트를 발라주기도 한다.

23-4. 핫 오일 매니큐어(Hot oil Manicure)

고객의 손톱이 상했거나 갈라졌다면 건강한 손톱 또는 정상적인 손톱으로 자라도록 도와준다. 겨울철 손이 건조할 때 많이 하는 서비스로 손을 부드럽게 하는 것이 특징이다. 특히 손을 물어뜯는 사람에게 큐티클과 행 네일을 부드럽게 해주는 효과가 있다.

1) 준비물

습식 매니큐어 준비물, 오일 워머, 1회용 플라스틱 오일 컵, 플라스틱 백, 오일, 로션, 손 전기용 장갑

2) 시술

시술 10~15분 전 플라스틱 컵에 적당량의 로션과 오일를 채워 미리 예열시킨다. 그밖에 사전 준비는 습식 매니큐어와 동일하다.

① 손 소독

고객의 손에 시술자는 소독제(알코올)를 묻혀 소독한다.

② 팔리시 제거하기

③ 고객 손톱의 질병 상태를 파악한다.

④ 파일링/모양만들기

⑤ 네일 표면정리/거스러미 제거

⑥ 로션 워머에 담근다.

따뜻해진 로션에 손을 5분 정도 담근다.

⑦ 다른 한 손도 똑같은 방법으로 시술한다.

⑧ 마사지하기

로션을 이용하여 마사지를 한다.

⑨ 로션을 제거하기

시술자 손에 묻은 로션을 제거한다.

⑩ 큐티클을 밀어주기

푸셔를 이용해 큐티클을 밀어준다.

⑪ 큐티클 정리하기

니퍼를 이용하여 큐티클을 정리한다.

⑫ 유분기 제거하기

오렌지 우드스틱을 이용하여 손톱에 남아 있는 유분기를 제거한다.

⑬ 베이스코트를 바른다.

⑭ 에나멜을 바른다.

⑮ 탑 코트를 바른다.

23-5. 파라핀 매니큐어(Paraffin Manicure)

파라핀 시술은 오랜 세월 동안 물리 치료사들에 의해 치료의 목적으로 사용되어 오고 있다. 파라핀은 피부를 유연하고 부드럽게 해줄 뿐만 아니라 비티민 E가 들어 있어 피부를 하얗게 하는 효능을 지니고 있다. 파라핀 매니큐어는 거친 손과 손톱이 약하고 민감한 손톱에 효과적인 고급 서비스이다.

1) 준비물

습식 매니큐어 준비물, 파라핀, 일회용 장갑이나 비닐 랩, 손 전용 장갑, 파라핀 워머

2) 시술

파라핀이 녹는 데 약 4~5분 정도 시간이 소요되므로 파라핀 워머를 미리 전기에 꽂아둔다. 파라핀은 약 130℃ 정도에 녹으며 어떠한 제품을 사용하든지 반드시 설명서를 읽고 사용해야 한다.

① 시술자의 손목과 손을 소독한다.

파라핀에 손을 담그기 전에 소독제를 묻혀 손목과 손을 소독한다.

② 로션을 바른다.

③ 손을 담근다.

천천히 손목까지 담그고 5초 동안 기다린다. 그리고 다시 꺼내어 파라핀의 상태를 보고 3회 정도 실시한다.

④ 비닐장갑을 씌운다.

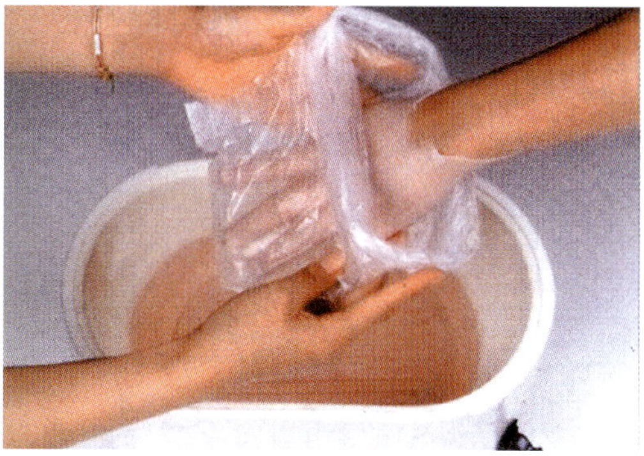

열이 외부로 빠져나가는 것을 방지한다.

그림 23-6 비닐장갑 씌우기

⑤ 다른 한 손도 똑같은 방법으로 시술한다.

⑥ 보온장갑을 씌운다.

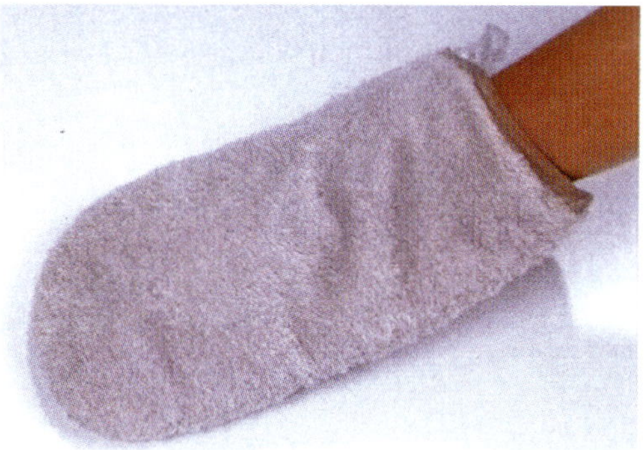

보온장갑을 씌우고 열이 밖으로 빠져나가지 않게 한 다음 10분 정도 손을 따뜻하게 보온한다.

그림 23-7 보온장갑 씌우기

⑦ 파라핀을 제거한다.

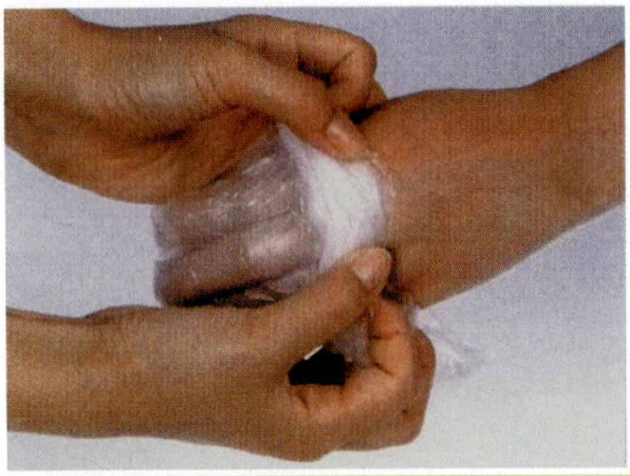

그림 23-8 파라핀 제거하기

⑧ 마사지를 한다.

⑨ 유분기를 제거한다.

⑩ 베이스 코트, 팔리시, 탑 코트를 바르고 마무리한다.

23-6. 패디큐어

패디큐어란 발이나 발톱의 모양 만들기, 팔리시 바르기 뿐만 아니라 발바닥의 굳은살 제거와 마사지 등을 포함하며, 발의 피로를 풀어 혈액순환을 도와주는 시술과정을 말하기도한다. 패티큐어는 발의 노출이 많은 여름철에 가장 선호되고 있으며, 자주함으로써 발의 건강과 아름다움을 유지할 수 있다.

1) 준비물

습식 매니큐어 재료, 각탕기, 고객용 의자, 시술자의 의자 발 받침대, 토우 세퍼레이터(발가락 띄우개), 패디파일, 슬리퍼, 발전용 파우더, 발 전용 스크럽, 발 전용 로션

그림 23-9 준비물

2) 시술

① 발을 세척한다.

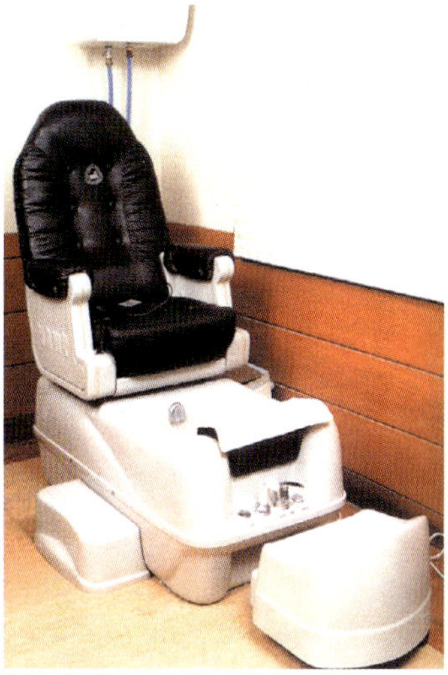

발 욕조에 따뜻한 물과 비누를 풀고 발을 담근다. 그리고 발을 세척한다.

그림 23-10 발 세척하기

② 발을 닦고 소독한다.

타월로 발을 깨끗이 물기 제거를 하고 솜에 소독제를 묻혀 발을 소독한다.

③ 모양을 잡아준다.

발톱 모양을 ㅡ(일자)로 잡아준다.

④ 표면을 버핑한다.

발톱 표면이 움푹 패이거나 매끄럽지 않을 경우에는 샌딩 블록을 이용 하여 표면을 매끄럽게 해 준다.

⑤ 큐티클 오일을 바른다.

⑥ 큐티클을 밀어준다.

푸셔로 발톱이 손상되지 않게 밀어준다.

⑦ 큐티클을 정리한다.

⑧ 다른 발도 시술한다.

⑨ 굳은살을 제거한다.

콘커터를 이용해 피부결 방향으로 조심스럽게 굳은살을 제거한다. 콘커 터에 면도날이 달려 있으므로 조심스럽게 다룬다.

⑩ 패디파일로 문질러 준다.

패디파일에 패디로션을 묻혀 부드럽게 마사지하듯 문질러 준다.

⑪ 마사지를 한다.

⑫ 유분기를 제거한다.

⑬ 토우 세퍼레이터를 끼운다.

발가락이 부딪히는 것을 방지하기 위해 토우 세퍼레이터(발가락 띄우개)를 끼운다.

⑭ 베이스코트를 바른다.

⑮ 팔리시를 바른다.

⑯ 탑 코트를 바른다.

23-7. 네일 팁(Nail Tips)

네일 팁(Nail Tips)이란 인조 손톱을 말한다. 네일 팁은 자연 네일을 인위적으로 늘리고 형태를 교정하고 보호하는 기능이 있다.

보통 플라스틱, 나일론, 아세테이트 재질로 만들어진 것이 대부분이며 팁 자체만으로는 약하기 때문에 시술 후에 랩이나, 젤네일, 리넨 등을 사용하여 보강한다.

1) 재료

① 준비물, 재료

그림 23-11 재료

② 블랙 버퍼 (Black buffer)

네일 표면을 매끄럽게 해줄 때 사용한다.

③ 네일 팁 (Nail Tips)

인조 손톱을 말하며 여러 가지 종류가 있다. 인조 손톱의 윗부분에 움푹 파져 있는 부분을 웰(Well)이라 하며, 이 모양에 따라 풀 웰(Pull Well) 하프 웰(Helf Well)로 나뉜다.

④ 네일 글루 & 젤 (Nail glue & gel)

인조 손톱을 자연 손톱에 부착시킬 때 쓰는 접착제

⑤ 글루드라이

글루나 젤을 빠르게 굳게 할 때 사용한다.

⑥ 네일 팁 커터

인조 손톱의 길이를 조절할 때 사용한다.

2) 네일 팁 시술 방법

① 손을 소독한다.

② 에나멜을 제거한다.

③ 큐티클을 밀어준다.

④ 자연 네일의 유분기를 제거한다.

⑤ 손톱 길이를 정리한다.
손톱 길이를 라운드형으로 1mm 정도 잡아준다.

⑥ 팁을 선택하고 부착한다.

⑦ 팁의 길이를 조정한다.

⑧ 턱을 제거한다.

⑨ 필러 파우더를 뿌려준다.

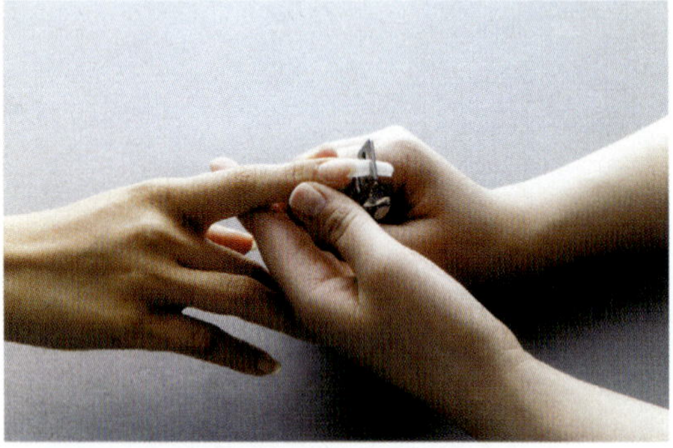

그림 23-12 팁 길이 조정하기(팁 커터로 잘라주기)

⑩ 턱을 제거한다.

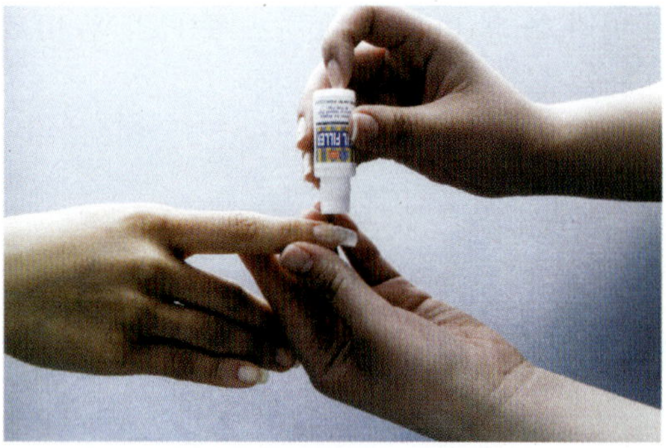

그림 23-13 필러 파우더 뿌리기

⑪ 인조 팁의 모양을 잡아준다.

⑫ 블랙 버퍼로 샌딩한다.

⑬ 오일을 바른다.

3) 네일 팁 제거

① 손 소독하기

② 팔리시 제거

③ 팁 자르기

부착한 팁 부분을 클리퍼로 잘라낸다.

④ 아세톤에 담그기

아세톤을 넣을 용기에 네일이 담길 정도로 리무버를 1/3 정도 넣고 5~10분 동안 담가둔다.

⑤ 팁 밀어내기

5-10분 정도 지난 후에 오렌지 우드스틱 끝으로 조심스럽게 밀어서 떼어낸다.

⑥ 버핑

오일을 바른 후 손톱에 가볍게 버핑을 해서 남아 있는 여분을 제거 한다.

⑦ 보습

큐티클오일로 보습을 주고 큐티클을 정리한다.

23-8. 네일 랩 (Nail Wraps)

네일 랩이란 손을 포장한다는 의미로서 오버레이(Overlays)라고도 불린다. 네일 랩은 실크나 린넨 등을 이용하여 젤이나 글루를 이용하여 손톱에 붙이는 것을 말한다.

1) 준비물 / 재료

습식 매니큐어 준비물, 글루, 젤, 글루드라이, 실크가위, 네일 랩〔실크, 리넨, 화이버글래스(Fiberglass)〕

2) 실크 랩 시술 방법

① 손을 소독한다.

② 에나멜을 제거한다.

③ 광택을 제거한다.

④ 실크를 오린다.

⑤ 글루를 바른다.

⑥ 실크를 붙인다.

실크를 큐티클 아래 1.5mm 정도 남겨놓고 붙인 다음 글루를 바른다.

⑦ 양손 모두 이와 같은 방법으로 시술한다.

⑧ 실크 턱을 간다.

⑨ 모양을 잡아준다.

⑩ 젤을 바른다.

젤을 한번에 너무 많이 바르지 말고 얇게 두 번 발라준다.

⑪ 글루 드라이어를 뿌린다.

⑫ 블랙 버퍼로 샌딩한다.

⑬ 마사지를 한다.

⑭ 유분기를 제거한다.

⑮ 베이스코트, 에나멜, 탑 코트를 바른다.

23-9. 실크 익스텐션(Silk Extension)

실크 익스텐션은 실크를 이용하여 손톱의 길이를 연장해 주는 방법이다. 팁을 사용하지 않고 하는 방법이라 숙련된 기술과 고도의 테크닉이 필요한 시술 방법이다. 실크 익스텐션에 사용하는 실크는 신축성이 없는 것으로 사용하며 자연 네일 위에 일시적으로 접착이 되는 접착 실크를 사용한다.

1) 준비물 / 재료

습식 매니큐어 준비물, 글루, 젤, 필러파우더, 실크가위, 커터기, 실크

2) 실크 익스텐션 시술 방법

① 손을 소독한다.
② 에나멜을 제거한다.
③ 광택을 제거한다.
실크가 손톱에 잘 붙게 하기 위하여 파일로 손톱의 유분기와 광택을 제 거한다.
④ 실크를 자른다.
실크를 손톱 모양에 맞추어 약간 길게 자른다.
⑤ 글루를 바르고 실크를 붙인다.

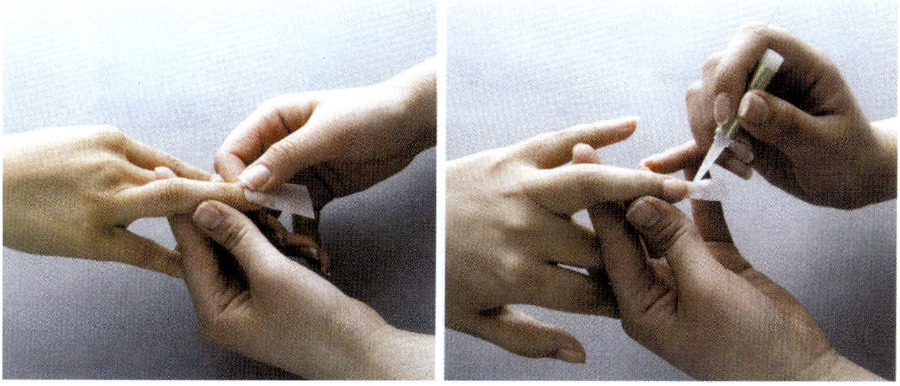

그림 23-14 실크 자르고 글루 붙이기

⑥ 글루를 바른다.

⑦ 필러 파우더를 뿌리고 C커브를 만든다.

필러 파우더를 뿌려 보강한 다음 오렌지 우드스틱을 이용하여 C커브를 만들어준다.

⑧ 글루와 필러 파우더를 이용하여 능선을 교정한다.

⑨ 길이를 잡아준다.

⑩ 턱을 제거한다.

⑪ 블랙 버퍼로 표면을 정리한다.

⑫ 큐티클 오일을 바른다.

⑬ 베이스코트, 팔리시, 탑 코트를 바른다.

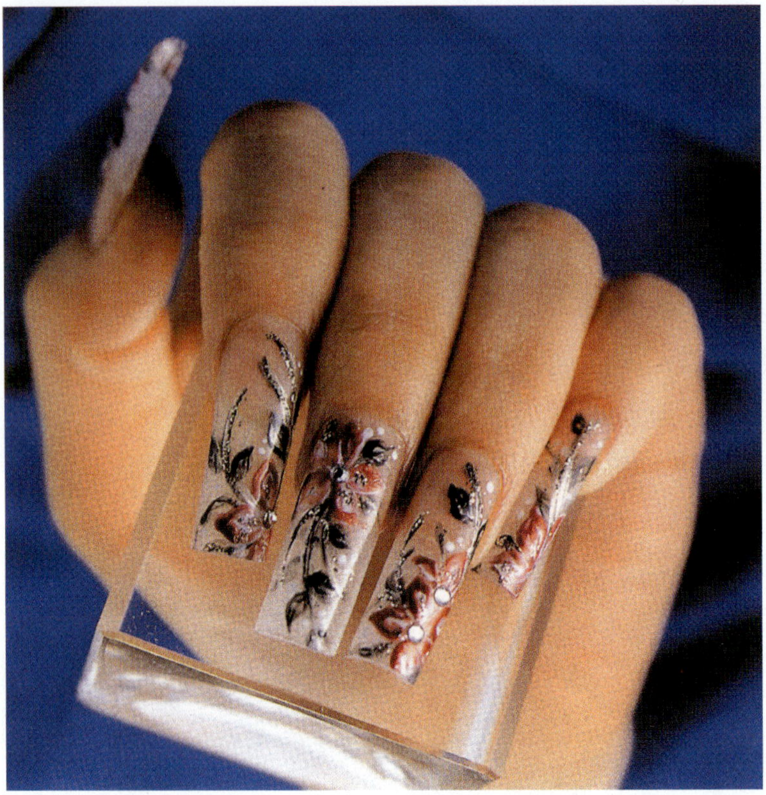

3) 실크 익스텐션 제거

① 손 소독하기

② 팁 자르기

③ 아세톤에 담그기
④ 팁 밀어내기
⑤ 버핑
⑥ 보습

23-10. 아크릴 네일(Acorylic Nails)

아크릴 네일 또는 스컬프처(Sculptured) 네일이라고 하며 파우더 아크릴과 리퀴드 아크릴 제품을 혼합하여 만드는 것을 말한다. 이 두 재료들을 적절히 혼합하면 손톱의 두께를 조절할 수 있으며 단단한 보조 네일이 된다. 다른 인조 네일보다 더 투명하며 내수성이 강하고 지속성이 좋아서 아크릴 네일의 보강에도 사용한다. 시술 시 같은 회사 제품을 사용하면 부작용이 덜 생길 수 있다.

1) 재료

그림 23-15 준비물

① 아크릴 리퀴드(Acrylic Liquid)
아크릴 파우더와 함께 사용하여 아크릴을 굳히는 작용을 한다.
② 아크릴 파우더(Acrylic Powder)
길이를 연장하거나 모양을 만들어 줄 때 사용하는 분말 파우더이다.
③ 리퀴드 디스펜서(Liquid Dispenser)

아크릴 용액을 담는 용기이다.

④ 네일 폼(Nail Form)

아크릴으로 길이를 연장할 때 쓰는 틀이다.

⑤ 프라이머(Primer)

아크릴 용액이 손톱에 잘 붙도록 도와주는 용액이다.

⑥ 아크릴 브러시(Acrylic Brush)

아크릴 볼을 만들 때 사용하는 브러시이다.

⑦ 브러시 크리너(Brush Cleaner)

브러시를 세척하는 용액이다.

⑧ 유리 용기

아크릴 리퀴드를 담을 수 있는 유리 용기이다.

2) 아크릴 오버레이 (Acrylic Overlay)

아크릴 네일에는 인조 네일에 사용하는 아크릴 팁 또는 아크릴릭 오버 레이가 있으며 폼을 이용하는 스컬프처 네일이 있다.

(1) 시술 과정

① 손을 소독한다.

솜에 소독제를 묻혀 손을 소독한다.

② 에나멜을 제거한다.

솜에 에나멜 리무버를 묻혀 에나멜을 제거한다.

③ 큐티클을 밀어 정리한다.

④ 광택을 제거한다.

파일을 사용하여 표면의 광택을 제거한다.

⑤ 패드나 브러시를 사용하여 깨끗이 털어낸다.

⑥ 팁 선택 및 팁을 부착한다.

⑦ 팁의 길이를 알맞게 자른다.

⑧ 턱 제거를 한다.

⑨ 손톱형을 잡아준다.

⑩ 프라이머를 바른다.

⑪ 아크릴 볼을 올린다.

⑫ 붓으로 골고루 펴 바른다.

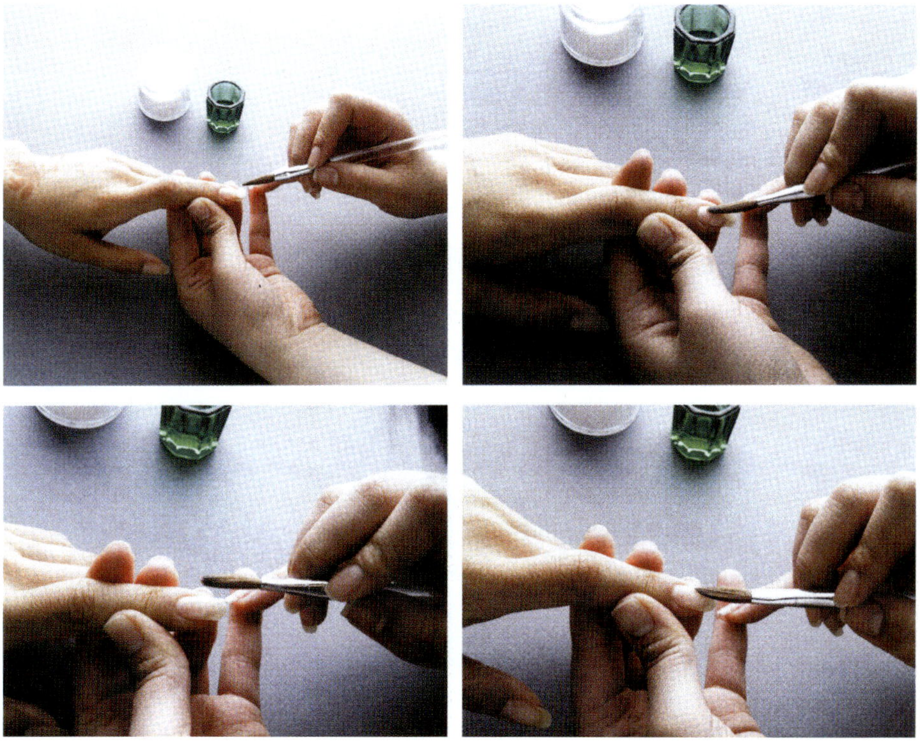

그림 23-16 붓으로 펴 바르기

⑬ 턱을 갈아준다.

⑭ 블랙 버퍼로 매끄럽게 표면을 정리한다.

⑮ 오일을 바른다.

⑯ 오렌지 우드스틱으로 마지막 정리를 한다.

⑰ 베이스코트, 에나멜, 탑 코트를 바른다.

3) 스컬프처 네일 시술 방법

① 손을 소독한다.

손에 소독제를 묻혀 손을 소독한다.

② 에나멜을 제거한다.

③ 큐티클을 밀어 정리한다.

④ 광택을 제거한다.

⑤ 아크릴 폼을 끼운다.

손톱 모양에 맞게 폼을 선택하여 손톱 밑 부분에 폼을 끼운다.

⑥ 프라이머를 바른다.

피부에 프라이머가 묻지 않게 바른다.

⑦ 리퀴드 아크릴과 파우더 브러시를 준비한다.

브러시를 리퀴드 용액에 담근 후 브러시에 묻어 있는 리퀴드의 양을 조 절한다.

⑧ 파우더를 묻힌 다음 프리엣지 부분에 스마일 라인을 만든다.

파우더를 묻힌 브러시를 프리엣지 부분에 볼을 올려놓은 다음 C커브를 만든다.

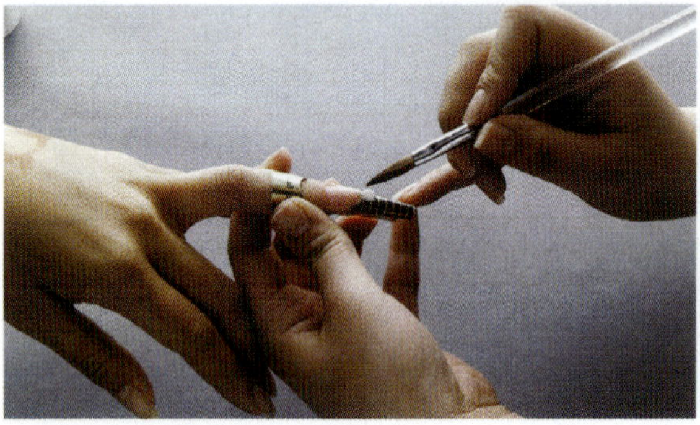

그림 23-17 핑크 파우더 올리기①

⑨ 핑크 파우더를 올려놓는다.

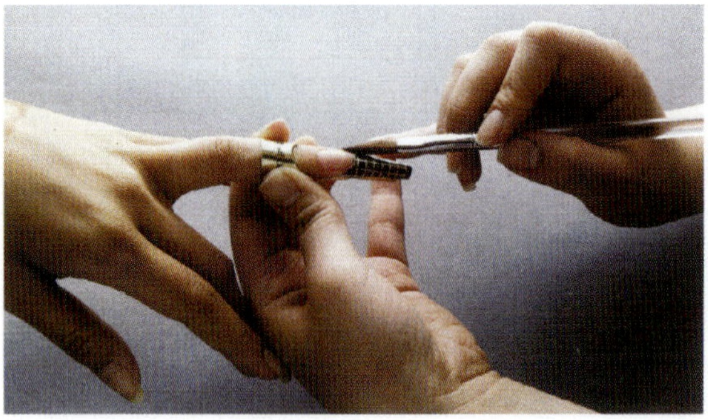

그림 23-18 핑크 파우더 올리기②

⑩ 큐티클 부위에 작은 양을 올려놓는다.

⑪ 아크릴이 잘 굳었는지 확인한다.

브러시로 톡톡 두드려본다. 잘 굳지 않은 아크릴은 둔탁한 소리가 나고 잘 굳은 아크릴은 청명한 소리가 난다.

⑫ 네일 폼을 빼고 파일링한다.

⑬ 블랙 버퍼로 버프한다.

⑭ 큐티클 오일을 바른다.

23-11. 왁싱 (waxing)

왁싱(waxing)이란 신체에 불필요한 부분의 털을 제거하는 일시적인 방법이다. 왁스를 녹여 원하는 부위의 피부에 얇게 펴서 천을 붙여 제거하는 것으로서, 장기적으로 왁싱할 경우, 모근이 약해져서 자라는 속도가 줄어들기도 한다. 보통 모가 다시 성장하는데 약 2~4주 정도 기간이 걸린다.

1) 준비물

① 허니왁스(Honey Wax) : 제모에 사용되는 꿀

② 왁스워머(Wax Warmer) : 왁스를 바르고 떼어낼 때 사용한다.

③ 스파츌라 (Spatala) : 피부에 꿀을 바를 때 사용되는 나무 크린싱 패드 또는 솜으로 사용한다.
④ 족집게 : 모(毛)를 제거할 때 사용한다.
⑤ 오일 (Oil) : 왁스 제거 후 남아 있는 여분의 왁스를 제거할 때 사용한다.
⑥ 가위
⑦ 안티셉틱
⑧ 오렌지 우드스틱
⑨ 피부 진정제

2) 시술

① 왁싱을 머신에 올려놓고 예열시킨다.
② 손 소독하기
③ 파우더 바르기
④ 온도 테스트하기
⑤ 허니왁스 바르기
⑥ 무슬린 천 대기
⑦ 무슬린 천 떼어내기
⑧ 피부 진정시키기
⑨ 남은 허니왁스 제거하기
⑩ 족집게로 정리하기
⑪ 안티셉틱 뿌리기
⑫ 피부 진정제/파우더 바르기

제3부 chapter 24

네일 아트

손톱에서 펼쳐지는 예술. 네일 아트 분야 중 사람들을 매료시키는 것 중에 하나가 ‘아트’ 분야이다. 아트 기법에는 인조보석이나 장식들을 달 수 있으며 이미 완성된 스티커 형태로 다양하게 연출할 수 있다.

24-1. 핸드 페인팅(Hand Painting)

아트 물감으로 손톱에 무한한 세계를 그려 놓을 수 있는 핸드 페인팅은 아크릴 붓으로 조그마한 손톱에 그림을 그려 놓는 것을 말한다.

1) 준비물

① 아크릴릭 페인트물감
② 아트 브러시
③ 물컵

④ 오렌지 우드스틱
⑤ 종이 타월
⑥ 팔레트

2) 시술 방법

① 오렌지 우드스틱을 이용하여 지금 디자인할 색을 팔레트에 덜어 준비 한다.
② 브러시에 아트 물감을 충분히 묻혀 자기가 원하는 디자인을 그린다.
(다지인의 크기에 따라 브러시도 달리한다.)
③ 충분히 말린 디자인 위에 탑 코트를 바른다.

24-2. 워터 데칼 (Water Decals)

데칼은 판박이 형태로 여러 형태의 디자인이 되어 있는 것을 말한다. 원 하는 디자인을 잘라 물에 불린 다음 손톱에 붙이는 것이 특징이다.

1) 재료

① 데칼
② 족집게
③ 물이 담긴 용기

2) 시술 방법

① 자신이 디자인할 데칼을 선택하여 자르고 물에 30초 정도 담아 놓는다.
② 손톱에 에나멜을 바르고 말린다.
③ 물에 넣어둔 데칼을 꺼내 문양을 떼어내고 물기를 제거한 다음 손톱에 붙인다.
④ 탑 코트를 바른다.

24-3. 스트라이핑 테이프(Striping Tape)

네일 아트용으로 가는 테이프를 이용하여 디자인하는 방법이다.

1) 재료

① 스트라이핑 테이프(다양한 색상의 테이프)
② 에나멜, 탑 코트
③ 가위

2) 시술 방법

① 테이프를 큐티클 라인에서 1.5mm 정도 남겨두고 잘라붙인다.
② 탑 코트를 발라서 마무리한다.

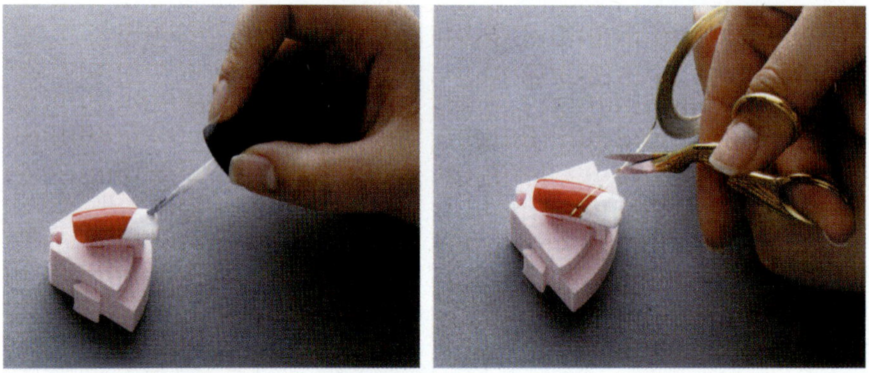

그림 24-1 잘라붙이기

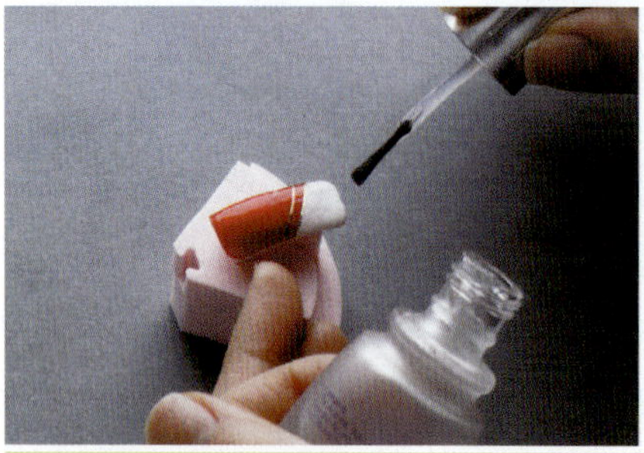

그림 24-2 탑 코트 바르기

24-4. 마블 (Marble)

물 속에 물감을 섞어 비대칭적인 표현을 네일 아트에 적용한 것으로서 예술적 감각이 뛰어난 방법이다.

1) 재료

① 여러 색상의 에나멜
② 오렌지 우드스틱

2) 시술 방법

① 에나멜을 두텁게 바른다.
② 에나멜이 마르기 전 원하는 색상을 떨어뜨려 오렌지 우드스틱이나 마블러를 사용하여 디자인한다.
③ 탑 코트를 바른다.

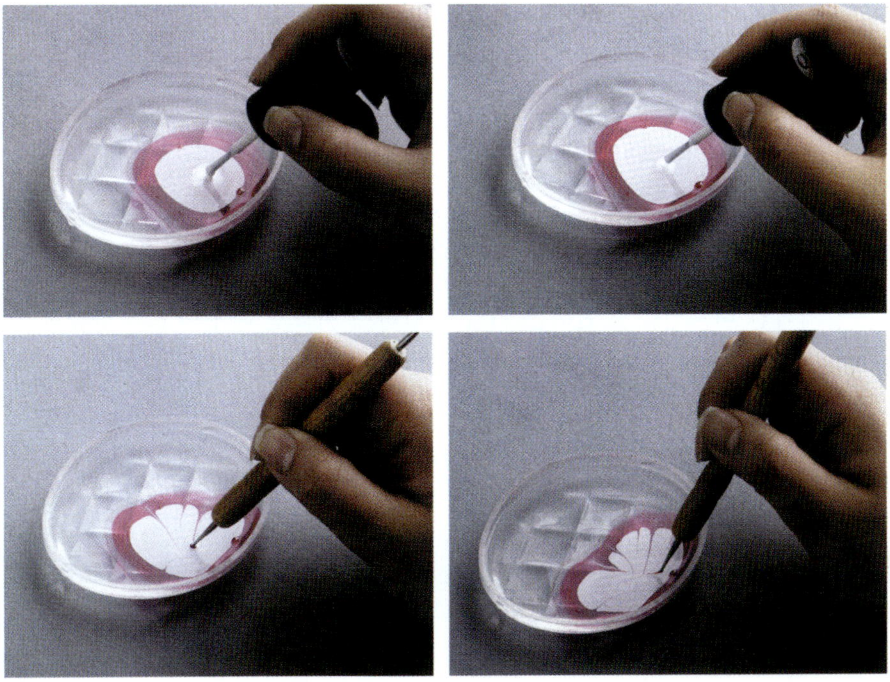

24－5. 3D(3Dimension)

3D란 입체적인 디자인을 표현하는 기법을 말하며 아크릴 파우더로 문양을 만들어 장식하는 것이 특징이다.

1) 재료

① 호일
② 여러 색상의 아크릴 파우더
③ 아크릴 리퀴드

④ 아크릴 브러시

2) 시술 방법

① 팁에 베이스코트, 에나멜, 탑 코트를 바른다.
② 컬러 파우더를 이용하여 자신이 원하는 색상을 만든다.
③ 호일을 준비하여 호일 위에 자신이 원하는 모양을 만든다.
④ 모양이 만들어지기까지 기다린 다음 호일에서 떼어내 장식한다.

24-6. 에어브러시(Airbrush)

에어브러시는 '기계를 이용한 도색용 붓' 이라고 할 수 있다. 에어브러시에 부착된 도료 컵에 원하는 색상의 도료를 넣고, 공기압(예를 들면 콤프레서, 압축 공기가 들어 있는 가스 봄베 등)을 이용해 도료를 뿌리게 되는데, 넓은 부분의 단색 도장에서 연필처럼 가는 선까지도 그릴 수 있다. 에어브러시의 가장 큰 장점은 모형에 매우 부드러운 그라데이션 작업이 가능하고, 여러 가지 색상을 혼합해서 사용하는 것이 가능하다는 것이다.

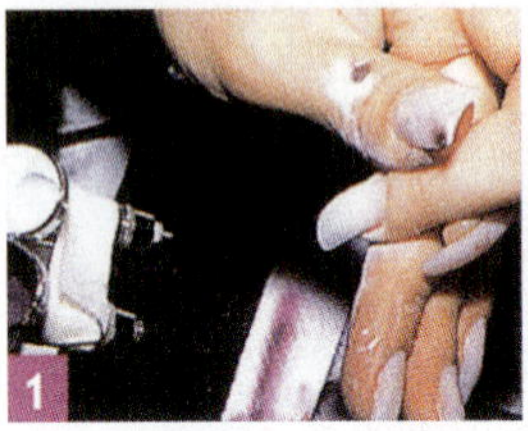

베이스에 흰색을 분사한다.

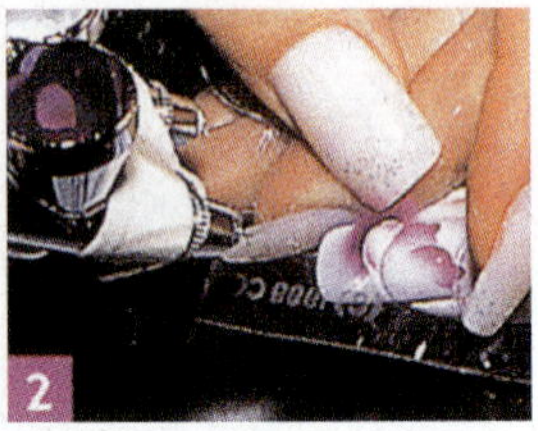

스텐실을 대고 보라색으로 꽃잎의 테두리를 따라 분사한다.

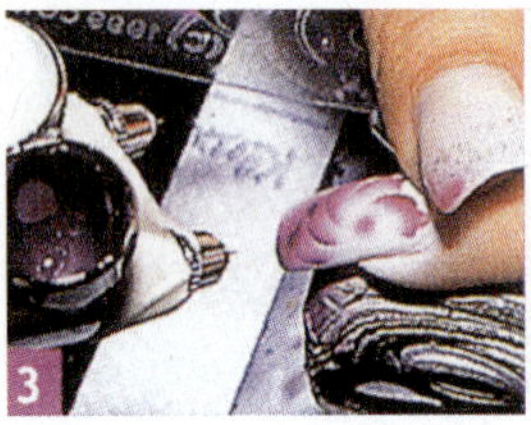

꽃의 센터를 잡고 건을 90° 로 세워 서서히 위로 돌리면서 분사한다.

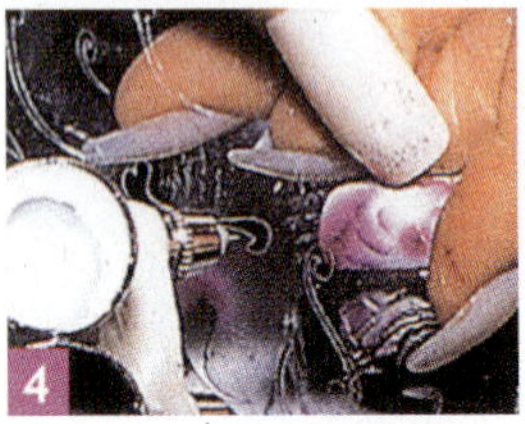

3번을 중심으로 스텐실을 대고 흰색을 분사해 꽃잎을 연출한다.

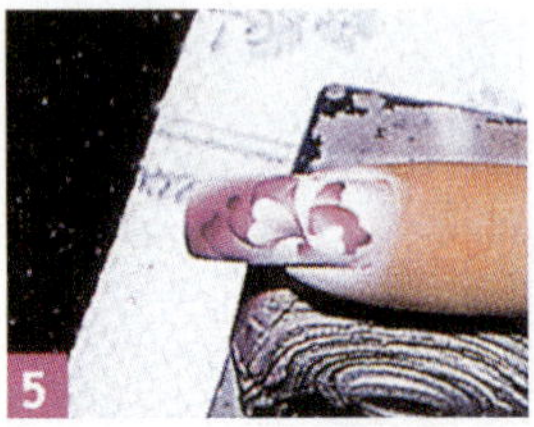

꽃잎이 겹쳐진 느낌으로 한 장씩 분사한다.

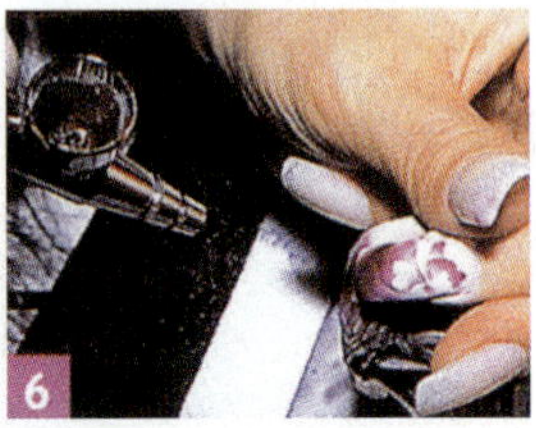

프리엣지 부분에 갈색으로 선을 그리듯 그라데이션한다.

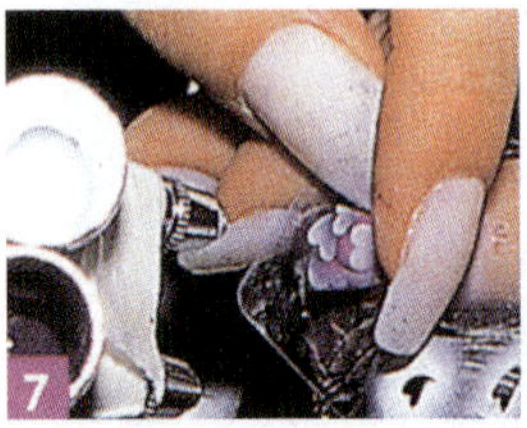

6번 위에 스텐실을 대고 5번과 같은 느낌으로 꽃잎을 디자인한다.

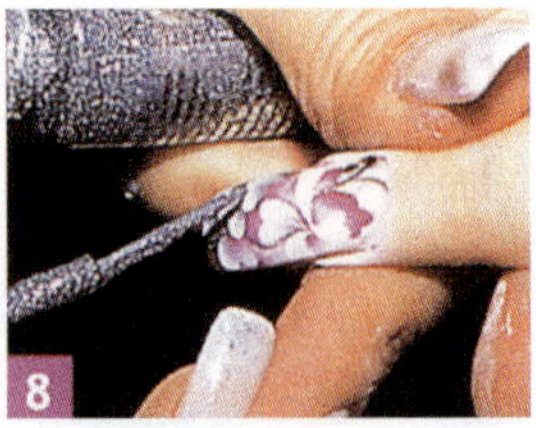

흰색과 갈색을 분사해 수술을 만들고, 펄아트펜으로 장식한 후 탑 코트로 마무리한다.

Nail Art

part 4

미용기초이론

1. 해부생리학
2. 소독 및 전염병학
3. 공중보건학
4. 미용경영

제4부 미용기초이론

chapter 25

해부생리학

25-1. 해부생리학의 개요

인체는 매우 복잡한 구조로 되어있지만, 체계적으로 활동한다. 인체의 복잡한 구조와 생명활동에 대한 여러 가지 의문점을 과학적으로 밝히는 학문이 인체 해부생리학이다.

인간이 삶을 영위한다는 것은 인체를 이루는 각각의 구성 요소들이 각기 또는 상호 협력하여 활동을 하게 됨으로써 시작되는 것이다. 그 예로 심장이 박동하기 때문에 온몸에 구성되어 있는 순환계를 통해 산소와 영양분을 공급하고, 신경계가 존재하기 때문에 외부 또는 내부에 대한 자극에 대해 반응하게 되며, 소화계가 있기 때문에 우리 몸에 필요한 영양분을 공급받고, 배설계가 있기 때문에 몸에서 발생된 배설물과 독소를 몸 밖으로 내보내며, 면역계가 있기 때문에 외부 또는 내부의 병원체로부터 보호하여 개체성과 항상성을 유지하는 것이다. 그러므로 이러한 인체의 생명활동에 대한 작용을 이해하는 일은 대단히 중요하다.

경제성장이 고도로 발달하고 있는 현대사회에서 미학적 관심이 높아짐에 따라 현대인은 인체의 구조와 기능을 과학적이고 체계적으로 이해하여 개성이 넘치는 인체미를 나타내려는 욕구가 증대되고 있다.

제1장에서 다루는 해부생리학은 미용에 필요한 관점에서 인체의 전반적인 구조와 생리적 작용을 알아보고자 한다.

25-2. 인체의 구성과 기능

인체는 수많은 분자 수준의 물질로 구성된 매우 복잡한 구조를 단위로서 인체를 구성하는데, 분자가 모여 세포(cell)를 이루고, 세포가 모여 조직(tissue)을 이루고, 조직이 유기적 관계를 가져 기관(organ)이 되고, 기관이 모여 계(system)을 이루어 하나의 인체를 형성하게 된다.

25-2-1. 세포(cell)

세포(cell)는 인체를 구성하는 최소 단위로서 생명체의 근원이 되고, 생물체의 구성 기능 및 유전물질의 작용 및 전달의 기본이 된다. 세포는 스스로 증식(proliferation)하고 세초의 종류에 따라 고유의 기능을 발휘할 수 있는 분화(differentiation) 능력을 가지고 있다. 세포는 모양과 크기가 다양하며, 서로 다른 기능을 수행한다. 세포의 구조는 크게 세포질과 핵으로 구성되어 있다(표 25-1).

1) 세포질(cytoplasm)

인간의 세포막(cell membrane)은 식물 또는 박테리아와 달리 세포벽이 없는 원형질막으로 구성되어 있다. 세포막은 친수성 막(hydrophilic membrane)과 소수성 막(hydrophobic membrane) 등 이중막으로 구성되어 있다. 이로써 세포막은 영양물질과 산소, 신호전달 및 노폐물을 선택적으로 투과시키고 생체와 외부 환경 사이에서 외부 환경의 변화에 따른 내부 환경을 일정하게 유지시키는 항상성(homeostatis)의 기능을 한다.

세포질 내에는 여러 가지 다른 소기관(intracellular microorganelle)들이 존재하며, 대표적으로 미토콘드리아(mitochondria), 소포체(endoplasmic reticulum), 골지

체(Golgi complex), 리보좀(ribosome), 리소좀(lysosome) 등이 있고 각기 다른 기능을 하며, 상호작용을 하여 세포의 통합된 기능을 한다.

2) 핵(nucleus)

핵은 핵막(nuclear envelope), 염색질(chromatin), 핵소체 또는 인(nucleolus) 등으로 구성되어 있다. 세포질로부터 전달 받은 신호에 따라 유전자 복제가 일어나고, 각종 유전 정보에 따라 단백질로 번역하는 기능을 수행한다.

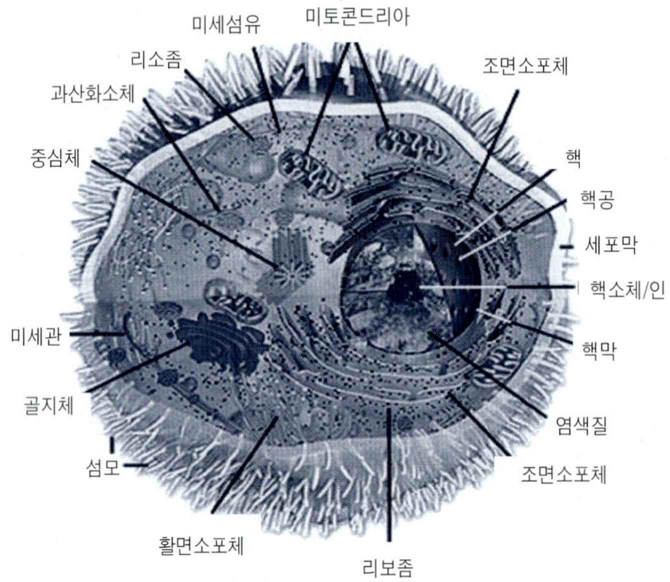

그림25-1. 세포의 구조

표 25-1. 세포 내 소기관과 기능

구분	종류	기능
세포질 (cytoplasm)	세포막	· 단위막으로 되어 있으며 이중막으로 구성 · 물질의 선택적 투과 · 당지질로 구성 · 표면단백질은 당단백질(glycoprotein)로 구성
	미토콘드리아 (mitochondria)	· 단위막으로 구성, 세포 내 에너지 생산 · 미토콘드리아 DNA 소유로 모계성 유전 담당 · 영양소의 산화, ATP 생산, 세포 내 호흡작용
	골지체 (Goligi complex)	· 세포의 분비 활동에 관여
	소포체 (endoplasmic eticulum)	· 조면소포체 : 표면에 리보좀이 부착되어 단백질 합성에 관여 · 활면소포체 : 리보좀이 없음 · 세포 내외 물질의 이동 통로 작용
	리보좀 (ribosome)	· 성분 : RNA60%, 단백질 40% · 단백질 합성
	리소좀 (lysosome)	· 가수분해 작용으로 세포 내 이물질 제거
	미세관, 미세섬유, 중심체	· 미세관 : 세포의 뼈대 구성 · 미세섬유 : 이물질 배출 작용 · 중심체 : 세포의 중심을 이룸
핵 (nucleus)	핵막 (nuclear envelope)	· 단위막으로 구성 · 핵공을 통한 세포질 물질 및 신호 전달
	염색질 (Chromatin)	· DNA, histone, 약간의 RNA로 구성 · 염색체를 구성 (예, 인간은 2n=46개)
	핵소체 또는 인 (nucleolus)	· 리보소체 RNA(ribosomal RNA) 함유 · 단백질 합성 · DNA에 의해 RNA 합성 조절

3) 세포주기(cell cycle)

모든 세포는 그 종류에 따라 일정한 수명이 있으며, 모세포로부터 분열되어 자녀세포가 되고 성숙하여 각 종류에 따라 특유의 기능을 발휘한다. 한 세포가 분열(mitosis)을 하여 성숙하고 다시 분열되는 일련의 과정을 세포주기(cell cycle)라 한다. 특정한 세포로 분화할 수 있는 모든 능력을 가춘 원시세포를 줄기세포(stem cell), 선조세포(progeniter cell) 또는 종자세포(germinal cell)라 한다. 특히 수정란은 세포분열 연구에 가장 좋은 모델이 되는데 그 예는 그림 25-2와 같다.

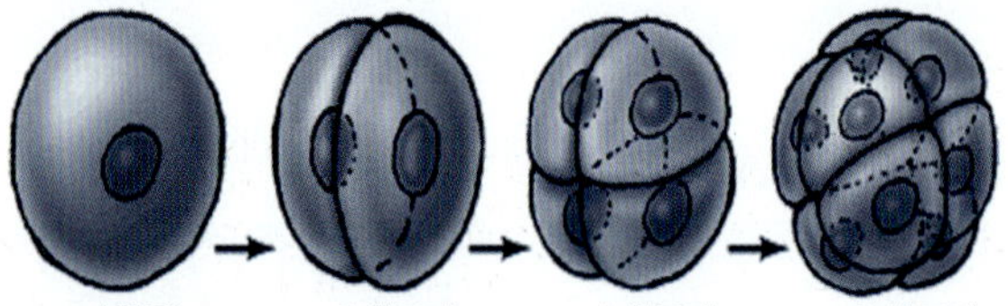

25-2. 수정란으로부터 활발한 세포 분열 모형

세포 주기는 유사분열이 일어나는 유사분열기(mitotic phase, M phase), 분열이 끝난 시점에서 다시 분열이 시작되기 직전까지를 사이기(interphagse)로 크게 구분되는데, 사이기는 다시 휴지기(G_0 phase), 성장 1기(G_1 phase), DNA 합성기(DNA synthetic phase), 성장 2기(G_2 phase) 등으로 나눠어 진다(그림 25-3). 일반적으로 M과 G_2 phase는 2.5~3시간, G_1 phase는 25시간, DNA synthetic phase는 8시간 등이 소요된다.

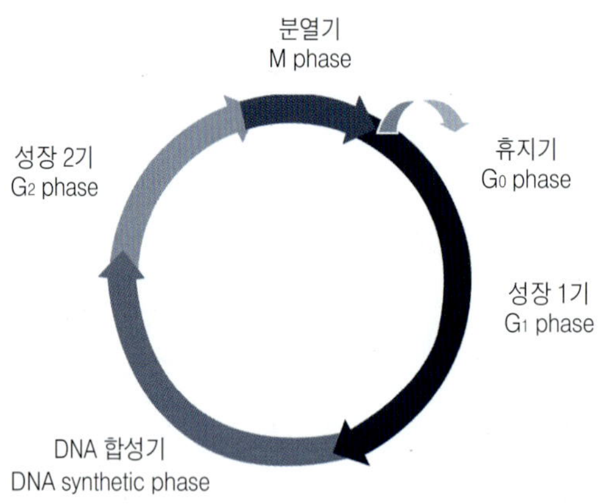

그림25-3. 세포주기(cellcycle)의 각 시기를 설명한 모식도

4) 세포의 종류

(1) 면역세포(immune cells)

자기(self)와 비자기(non-self)을 인지하여 자기에 대해서는 관용(tolerance)을 베풀고, 외부 또는 내부의 이물질과 같은 비자기에 대해서는 철저하게 공격하여 소멸(clearance)시켜 체내의 항상성을 도모한다. 면역세포의 종류는 크게 선천석 면역을 담당하는 과립백혈구(호산구, 호중구, 호염구, 단핵구/대식세포, 비만세포 등)와 후천성면역을 담당하는 비과립백혈구(B-림프구와 T-림프구) 등이 있다.

(2) 신경세포(neuronal cells)

신경조직의 단위로 뉴런(neuron)이라고도 한다. 신경세포체는 대형이고 지름이 30㎛ 정도의 구와 비슷한 크기인 것이 많다. 어떤 신경세포는 지름 100㎛를 초과하는 대형의 세포체도 존재하고, 지름이 겨우 5㎛ 정도인 소형의 세포체(소뇌피질의 과립세포 등)도 존재한다.

(3) 근육세포(muscular cells)

피부조직, 심장근, 혈관 등 몸의 골격을 유지시키는 역할을 하는 일련의 세포들을 지칭한다.

(4) 간세포(hepatocytes)

25-2-2. 조직 (Tissue)

해부생리학에서 조직의 의미는 유사한 기능과 구조를 가진 수많은 세포들로 구성된다. 그러므로 각 조직의 형태와 기능 사이에는 긴밀한 연관성이 있다. 그 일례로 기관지 안에 섬모원주상피세포는 이물질이 하기도로 내려가지 못하게 하기 위해서 표피에 섬모가 나있어 섬모가 이물질을 위로 밀어낸다. 피부의 중층편평상피세포는 각질층을 만들어 외부 세계로부터 몸의 내부 물질을 보호하는 역할을 한다. 인체를 이루는 각 조직의 특징에 대해서 알아보자.

1) 상피조직(Epithelium cell)

상피조직은 인체의 표면을 덮거나 선(Gland)을 구성한다. 인체의 표면은 피부, 소화기관 같은 내강을 갖는 내피를 포함한다. 상피는 그것들 사이에 세포 외 물질이 거의 없는 상태로 구성되어 있다. 상피들은 가스나 영양분을 밑에 있는 조직으로부터 기저막(basement membrane)을 통해서 공급받으며 위로는 외부와 접촉하지 않는 자유면을 가지고 있다. 상피조직은 일반적으로 다음과 같이 6가지로 분류할 수 있다. 그 대표적인 편평상피, 원주상피 및 입방형상피 세포는 그림 25-4와 같다. 대표적인 인체의 상피조직의 예는 그림 25-5와 같다.

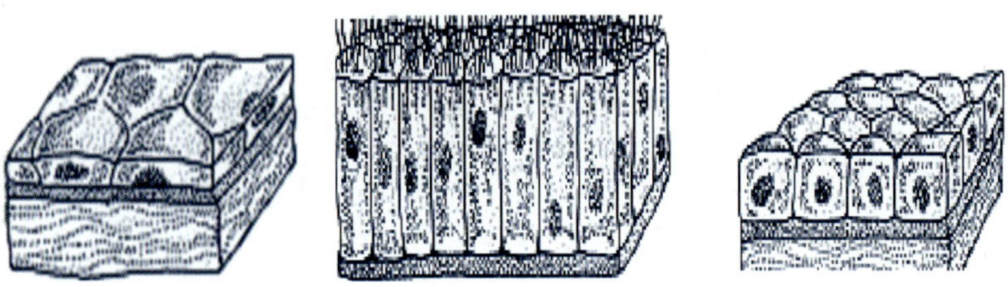

그림25-4. 인체 상피조직을 이루는 주요 상피세포의 형태 및 구조

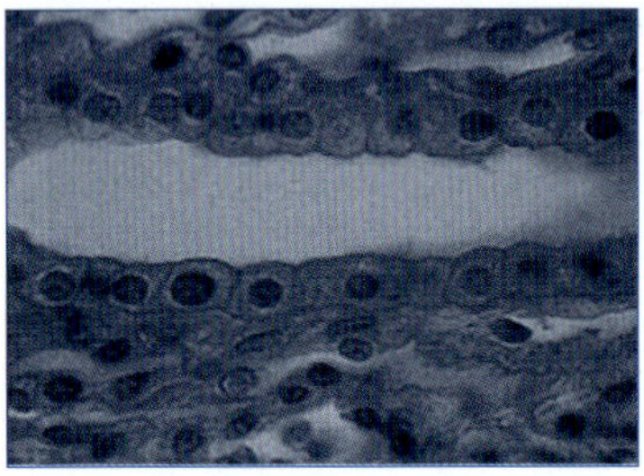

결합조직

그림25-5. 인체의 대표적인 상피조직의 조직학적 소견

(1) 단층편평상피세포(Simple squamous epithelium)

혈관, 심장, 림프관, 장막, 그리고 폐포의 내면을 덮고 있다. 얇고 편평한 세포가 단층으로 존재하며 확산과 여과 그리고 마찰에 대한 보호작용을 한다.

(2) 단층입방상피세포(Simple cuboidal epithelium)

세포가 단층으로 존재하며, 일부 세포는 미세융모나 섬모를 갖고 있다. 신장관의 세포는 분지와 흡수기능을 가지고 선(gland)에서 세포의 분비기능을 하고, 종말세기관지의 섬모세포는 점액과 같이 점액에 붙은 입자를 밖으로 이동시킨다.

(3) 단층원주상피세포(Simple columnar epithelium)

위, 장선, 일부선의 관, 폐의 세기관지, 자궁, 그리고 난관에 있는 세포들이 여기에 속한다. 좁고 키가 큰 세포가 단층으로 존재하며 위, 장, 선에서 일부는 미세융모를 가지거나 세기관지, 자궁, 난관에서는 섬모를 갖고 있다. 위, 장, 그리고 선(Gland)의 세포는 분비기능, 창자세포의 흡수기능, 폐의 섬모세포는 점액의 이동을 통해 폐를 깨끗이 하고 난관의 섬모세포는 난자의 이동을 돕는다.

(4) 중층편평상피세포(Laminated squamous epithelium)

피부, 입, 인후, 식도, 항문, 질 및 각막에 존재하며 바닥층의 입방형의 세포가 자유면 쪽으로 갈수록 편평해지면서 여러 층으로 존재한다. 마찰이나 감염에 대한 보호작용을 한다.

(5) 이행상피세포(Trasitional epitheilum)

방광, 뇨관, 요도의 일부가 여기에 속한다. 이행이란 세포 모양이 변한다는 뜻으로 기관이나 관이 이완된 상태에서는 여러 층의 입방체 모양의 세포로 되어 있다가 액체에 의해 다시 팽창된 상태에서는 편평세포로 나타난다.

(6) 섬모원주상피세포(Ciliated columnar epithelium)

비강, 부비동, 이관, 후두, 기관 및 폐의 기관지에 존재한다. 단층세포로서 일부는 가늘고 키가 커서 자유 면에 달고 있지만 나머지는 그렇지 못하다. 이들은 거의 모든 섬모를 갖고 있으며 점액을 분비하는 배상세포와 관련이 있다. 이 세포는 이물질을 함유한 점액을 이동시키는 역할을 한다.

2) 결합조직(Connective tissue)

결합조직은 세포와 조직들을 연결시켜 고정시키는 역할을 하는 조직으로 그 형태는 그림 25-6와 같다. 결합조직은 세포와 세포 사이에 있는 기질이라 불리는 많은 세포외 물질을 가지고 있다. 이 세포의 기질의 구조는 결합조직의 기능적인 특성을 결정한다. 그 종류와 기능은 다음과 같다(그림 25-7).

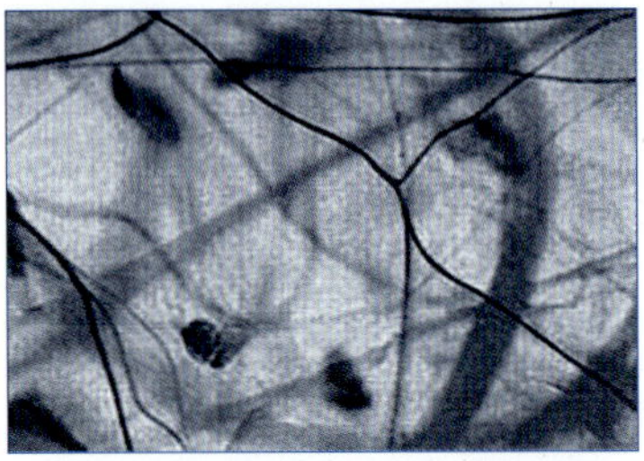

결합조직

그림 25-6. 전형적인 결합조직의 형태

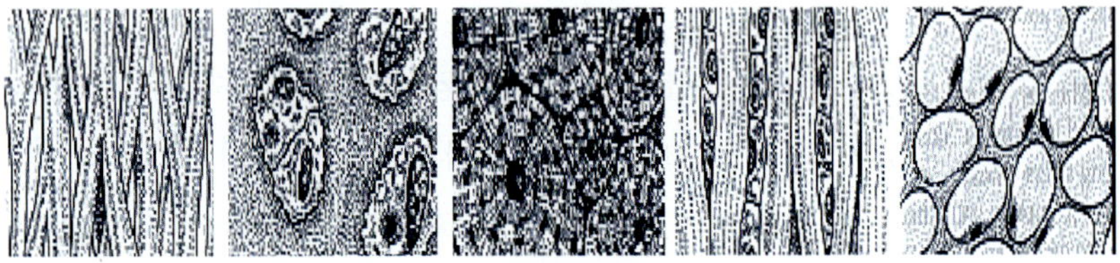

그림 25-7. 결합조직의 종류와 형태

(1) 치밀결합조직(Dense Connective tissue)

건(근육을 뼈에 부착시킴), 인대(뼈와 뼈 사이의 부착), 피부의 진피 및 기고나을 싸는 피막 조직 등이 여기에 속한다.

(2)소성결합조직(Loose Connective tissue)

연관된 구조 사이의 성긴 연결, 지지 및 영양공급을 한다. 신체 전반에 걸쳐 풍부하게 존재하고, 대부분이 교원섬유인 미세한 섬유연결망 사이에 섬유아세포(Fibroblast), 대식세포(Microphage), 림프구(Lympocyte) 등이 존재한다.

(3) 지방조직 (Adipose tissue)

피부 아래, 심장이나 신장과 같은 기관의 주위, 유방 내 및 뼛속의 결합조직 등이 여기에 속한다. 그 형태는 그림 1-6과 같다. 지방세포 사이에는 세포의 물질이 거의 없다. 따라서 전형적인 결합조직은 아니다. 이 세포는 지방으로 가득차 있어서 핵이 바깥쪽으로 밀려 있다. 에너지의 저장, 압박에 대한 보호 및 보온 효과의 기능을 한다.

(4) 연골조직 (Cartilage tissue)

많은 기질을 포함하는 골수(bmarrow)라 불리는 공간에 위치하며, 기질 내에 속해 있는 연골세포로 구성되어 있으며 교원섬유(Collagenous fiber)는 연골에 강도를 준다. 혈관이 지나지 않으므로 다치면 치료하는데 시간이 걸린다.

(5) 골조직 (Bony tissue)

단단하고 광물질이 침착된 기질과 소강 내의 공간에 있는 골세포로 구성되어 있으며 단단하여 몸을 지탱하여 주고 내부 장기를 감싸서 보호하는 기능을 한다.

(6) 혈액 (Blood)

혈액의 기질은 액체성을 띠고 있기 때문에 혈액 안의 세포들로 하여금 이리저리 자유롭게 움직일 수 있게 하는 특징을 가지고 있다.

3) 근육조직 (Muscular tissue)

근육조직을 이루고 있는 근세포인 근섬유는 골격근, 심장근, 평활근의 세 종류로 나누어진다.

(1) 골격근 (Skeletal muscle)

체중의 40%를 차지한다. 의지에 의해 움직이는 수의근이다. 골격근은 근육 전체에 뻗쳐 있고 골격근 세포들은 수축단백질 배열 때문에 가로줄 무늬가 나타난다.

(2) 심장근 (Cardiac muscle)

한 개의 핵을 가진 원주 모양으로 횡문이 있으며 세포들이 나누어지고, 결합하여 게재판에 의해 심장근세포들이 연결된다.

(3) 평활근(Smooth muscle)

위장과 같은 속이 빈 장기에 존재하며, 세포의 양끝이 가늘어지고, 한 개의 핵을 가지고 있으며 횡문은 없다.

(4) 신경조직 (Nerve tissue)

신경조직은 활동 전위의 전도 능력을 갖는 뉴런과 지지세포로 구성되어 있다. 신경세포는 지지세포로 축삭을 둘러싸고 있다. 신경조직은 뇌, 척수, 신경절, 신경에서 볼 수 있다.

25-2-3. 막 (Membrane)

막이란 어떤 기관을 덮거나 내강을 덮고 있는 얇은 조직의 층이다. 막은 상피로 쌓여 있는 결합조직이나 상피조직으로 구성되어 있다.

(1) 점막 (Mucous membrane)

몸 밖으로 열려진 체강(소화, 호흡, 배설, 생식계)의 내면을 덮고 있으며 선과 분비액을 가지고 있다.

(2) 장막(Serosa)

몸 밖으로 열려있지 않은 체강(흉막강, 심막강, 본막강)의 내면을 덮으며, 장액을 분비한다. 점막과 장막 외의 기타 막들은 피부막, 활액막, 골막을 포함한다.

25-3. 신경계 (Neurologic system)

인체의 반응은 일반적으로 신계경을 통해서 이루어진다. 신경계는 중추신경계와 말초신경계로 나눌 수 있으며, 신경계를 이루는 세포는 크게 신경세포와 신경교세포로 나눌 수 있고 그 대표적인 형태와 구조는 그림 25-8과 같다.

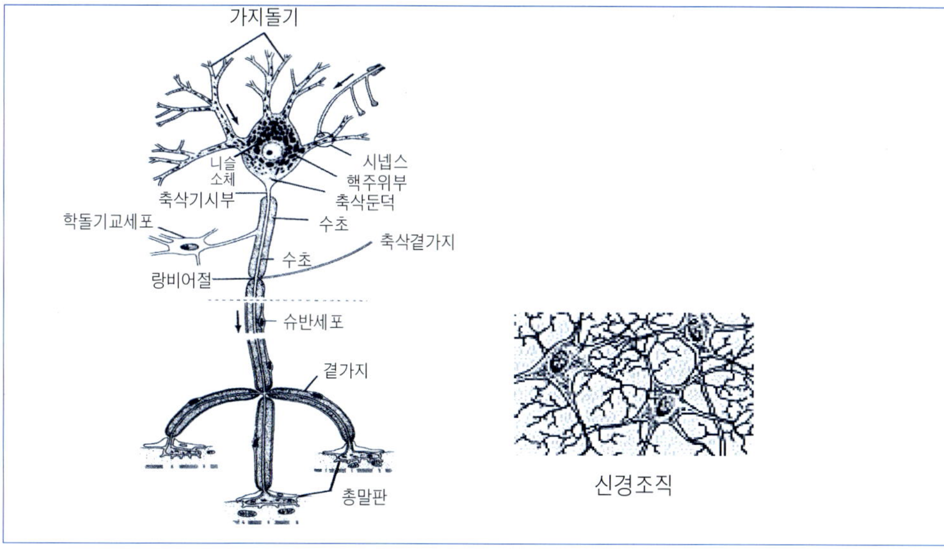

그림 25-8. 신경세포와 조직의 형태와 구조

25-3-1. 신경계의 세포 (Neurologic cell)

1) 신경세포 (Neural cell)

자극을 받으면 활동전위(Action potential)를 내보낸다. 신경계세포는 세포체, 수상돌기, 축삭으로 구성되어 있다. 신경세포를 기능에 따라 분류하면 감각신경세포, 운동신경세포, 연합신경세포로 나누어 진다. 감각신경세포는 활동전위를 중추까지 전도한다. 운동신경세포는 중추신경에서 말초신경까지의 활동전위를 전도한다. 연합신경세포는 중추신경계에 존재하며 활동전위를 하나의 신경세포에서 다른 신경세포로 전도한다. 복잡한 뇌기능의 주역은 신경세포이다.

2) 신경교세포 (Neurogliar cell)

신경계의 세포를 지원하고 격리한다. 신경교세포는 축삭을 둘러싸고 있는 수초를 형성한다. 이 수초는 축삭을 격리시키며 축삭을 따라 전도되는 활동전위의 속도를 증가시킨다. 축삭 주위를 신경교세포가 만든 수초가 싸고 있는 것을 유수신경섬유(My-elinated nerve)라 하는데 수초가 없는 무수신경섬유보다 활동전위가 25배나 빨리 이동한다. 또한 신경세포는 모세혈관을 포위하고 뇌와 척수를 위험하게 하는 물질이 유입되는 것을 모세혈관을 통해 차단한다. 이것을 BBB(Blood Brain Barrier) 시스템이라 부른다. 즉 BBB 시스템에 의해서 모세혈관은 신경세포에 전달되는 위험한 물질의 통로를 차단하여 선택적으로 투과시킨다. 신경교세포는 신경세포와 신경세포 사이를 연결하고 혈관을 통해 산소와 영양을 공급하고 있다.

25-3-2. 신경계 분류(Analysis of nervous system)

1) 중추신경계(Central nerve system)

중추신경계는 감각기에서 구심성신경(Afferent nerve)인 감각신경을 따라 들어온 정보를 받아들이고 원심성신경(Centrifugal nerve)인 운동신경을 따라서 신체의 각 부분으로 보낸다.

(1) 대뇌(Cerebrum)

대뇌는 감각, 정신작용, 운동작용을 받아서 명령하는 중추로 두개의 반구로 구분된 대뇌엽(Lobicerebri)으로 구성되어 있다. 대뇌엽은 사고, 추리를 하는 전두엽(Frontal lobe), 일반 감각영역인 두정엽(Parietal lobe), 시각령이 있는 후두엽(Occipital lobe) 및 청각령과 후각령이 있는 측두엽(Temporal lobe)으로 구분된다. 대뇌의 좌우 두 개의 반구는 서로 반대쪽의 신체와 연결되어 있다. 우측 대뇌반구는 조화와 감성적인 면을 주관하고, 좌측 대뇌반구는 논리적이고 수리적인 면을 주관한다. 운동과 지각에 관여하는 영역인 운동령과 감각령이 대뇌 피질 전체의 30%를 차지한다. 나머지는 연합령으로 고등한 정신작용의 중추로 언어중추이고 조건반사중추이다. 상호 신경섬유의 연락을 담당한다.

(2) 소뇌 (Cerebellum)

소뇌는 뇌교(pons)의 뒤에 위치하며 운동기능을 주관하는 전엽, 후엽과 평형기능을 주관하는 소절편엽으로 나뉜다. 소뇌는 원심성신경과 구심성신경이 연결되어 추체(Corpus verye-brae)의 경로와 연결되어 있다. 소뇌는 미세한 신경의 조정을 통한 반응과 길항근의 교차, 수의운동, 자세유지 등의 작용과 감각수용기로부터 대뇌로 전달되는 운동을 기억했다가 숙련된 운동을 하는 학습능력 작용을 한다.

(3) 뇌간 (Brain system)

뇌간은 신경핵 및 상행로, 하행로로 구성되어 있다. 연수(Medulla oblongata)는 심장중추, 호흡중추, 연하중추, 타액, 위액 분비중추를 조절한다. 이러한 역할 때문에 생명의 중추라고 부른다. 신경핵이 있으며 뇌의 마지막 부분으로 척수와 이어져 있다. 뇌교(Pons)는 대뇌와 소뇌 사이에 위치하며 신경핵을 중계한다. 중뇌(Midbrain)는 안구운동중추로 청각과 시각반사에 관여한다. 망상체(Reticular system)는 뇌간 전체에 퍼져있어 개체의 반응과 반사와 수의운동을 조화시킨다.

(4) 간뇌 (Diencephalon)

간뇌는 대뇌와 중뇌 사이에 위치하며 주요 감각기관인 시상(Thalamus)과 체내 항상성을 조절하는 기관인 시상하부(hypothalamus), 그리고 뇌하수체(Pituitary gland)로 구성되어 있으며 혈압, 혈당량, 온도, 호르몬 분비 등을 주관한다.

(5) 척수 (Spinal cord)

척수는 척추 안에 있으며 요추(Lumbar vertebrae)까지 길게 뻗어 있는 신경로이다. 척수를 따라 말초신경인 31쌍의 척수신경이 분포되어 있는데, 원주 모양의 척수 횡단면을 보면 중심에 신경세포의 집단이 모여서 만든 회백질과 겉을 싸고 있는 흰색의 백질로 나뉜다. 회백질에는 전방으로 뻗은 원심성 운동신경(전근)과 뒤로 나가는 구심성 감각신경(후근)이 있다.

2) 말초 신경계 (Peripheral nervous system)

말초신경계는 중추신경계와 말초에 있는 감각수용기 사이, 중추신경계와 근육 등의 작용기 사이를 연결하는 곳으로 체성신경과 자율신경이 있다.

(1) 체성신경계 (Somatic nervous system)

대뇌의 지배를 받는 말초신경계로 연결 부위마다 21쌍의 뇌신경과 31쌍의 척수신경으로 난뉜다. 각 신경은 신경마다 운동신경과 감각신경으로 되어 있다. 뇌신경은 척수를 거치지 않고 뇌에서 직접 갈라져 나와 주로 목과 얼굴에 분포하지만 미주신경은 심장, 폐, 위장 등 내장의 운동을 조절하는 부교감신경의 일종이다. 뇌신경중 1번 후신경은 대뇌의 변연계와 직접적으로 연결되어 있다. 척수신경에서 일어나는 반사는 무의식중에 반응하는 것을 말한다. 반사궁은 신경계의 기본 단위이며, 자극을 받고 반응을 보낼 수 있는 가장 작고 간단한 통행로이다.

(2) 자율신경계 (Autonomic nervous system):

자율신경계는 대뇌의 지배를 받지 않으며, 운동과 가막기능을 조절하고 불수의적 활동을 한다. 교감신경의 중추는 척수의 가운데 부분에 있고, 부교감신경의 중추는 중뇌와 연수, 척수의 꼬리 부분에 있다. 자율신경은 의지에 따라 조절할 수 없는 내장의 평활근이나 심장근, 선(Gland), 소화관, 혈관, 폐, 자궁, 방광 등에 분포하며, 원심성 섬유로 구성되어 있으나 구심성 섬유도 가끔 섞여 있다. 교감신경과 부교감신경이 같은 장기에 분포하며 서로 견제하는 길항작용(Antagonism)을 한다. 자율신경은 2개의 신경섬유로 이루어져 시냅스 전뉴런과 시냅스 후뉴런으로 연결된다. 그 사이에서 신경연접에서 전기신호를 신경전달물질을 통해 내보내고 다시 전기신호로 바꾸어 흥분을 전달한다.

25-3-3. 신경전달과정 (Proess of nervous system)

사람의 몸에는 구석구석까지 신경이 펼쳐져 몸 안팎의 정보를 뇌에 전달하고 있는데, 정보를 기억하고 처리하는 뇌신경의 기본 단위를 뉴런(Neuron)이라고 한다. 이 뉴런을 신경세포라고 한다. 신경세포는 신경세포체와 그 주위의 여러 수상돌기, 그리고 한 개의 긴 축색으로 이루어져 있다. 신경세포와 신경세포 사이에는 신경연접(시냅스:Synapsis)이라는 간격이 있다. 시냅스는 1만분의 1~2mm에 불과한 좁은 틈인데, 이 시냅스를 충해 정보가 전달된다. 사람의 뇌에는 수백억 개의 신경세포가 있다. 이 수는 미성숙 신경세포가 자라면서 학습과 같은 신경세포를 자극하는 방법을 통해 자극을 받아 많은 돌기를 뻗어서 수많은 시냅스를 만든 것이다. 시냅스 내에서 뉴런으로 자극을 전달하는 것이 신경전달로, 신경전달물질은 전기신호를 화학신호로 바꾸어 다른 신경세포에 정보를 전달한다. 신경세포의 흥분을 억제하고자 할 때는 신경전달물질이 정보를 전하지 않는데 이 작용에 장애가 있는 질환이 간질이다. 간질이 발작되면 신경세포가 지나치게 흥분하며 온몸에 경련을 일으키며 거품을 무는 경련이나 부분 경련이 온다.

25-4. 내분비계 (Endocrine system)

내분비계나 신경계 모두 체내 항상성을 유지하기 위한 조절계이지만 내분비계는 신경계에 비해 느리다. 내분비계는 축삭(A-xon)을 통해서 활동전위를 보내는 시스템이 아니라 순환계를 통해서 호르몬을 보내 조절하는 작용을 하기 때문이다.

내분비계는 외분비계(땀샘, 침샘)와 같이 도관을 통해 화학물질을 분비하는 것이 아니라 도관 없이 혈액 속에 분비한다.

호르몬(Hormone)은 그리스어로 '움직임을 시작한다' 는 뜻인데, 항상성을 유지하기 위해서 반응을 일으키는 역할을 수행한다. 호르몬은 단백질, 아미노산, 관련 물질, 스테로이드 같은 지질 성분으로 호르몬이 조직에 작용하면 조직의 활동성이 증가하거나 감소한다. 호르몬은 혈액을 통해 우리 몸 전체에 퍼지게 되지만 단지 특정 표적조직 만이 호르몬에 반응한다.

표적조직은 특정 호르몬에 대한 수용체가 있는 세포로 구성되어 있고 각 호르몬은 특정 수용체에만 결합할 수 있으며, 특정 수용체를 갖지 않는 세포에서는 영향을 줄 수 없다. 또한 호르몬은 미량으로 생리작용을 조절하며 그 작용은 즉효적이다. 호르몬은 항원성이 없어서 체내에 주사해도 항체가 생성되지 않는다. 호르몬은 종 특이성(Species-specific)이 없으나 기관특이성(Organ-specific)은 있다. 호르몬의 분비는 음성 되먹이기 기전에 인체에 적당한 범위 내에 오도록 작용한다.

25-4-1. 내분비선 (Endocrine gland)과 호르몬(Hormone)

1) 뇌하수체 (Hypophysis cerebei)와 시상하부 (Hypothalamus)

뇌하수체는 뇌의 시상하부와 연결되며 뇌하수체 전엽과 뇌하수체 후엽으로 나눌 수 있다. 뇌하수체 전엽의 분비는 시상하부에서부터 시상하부-뇌하수체 문맥계(Portal system)를 통해 운반되어 온 유리호르몬에 의해 조절된다. 뇌하수체 후엽의 호르몬 분비는 시상하부에서 발생한 활동전위가 축삭을 따라 뇌하수체 후엽에 전달됨으로써 조절된다. 뇌하수체전엽에서 분비되는 호르몬은 성장호르몬(GH), 갑상선자극호르몬(TSH), 부신피질자극호르몬(ACTH), 황체형성호르몬(LH), 난포자극호르몬(FSH), 프롤락틴(PRL), 멜라닌세포자극호르몬(MSH) 등이다. 뇌하수체후엽에서 분비되는 호르몬은 항이뇨호르몬(Antidiuretic hormone)이다. 이상의 호르몬들은 적절하게 분비되어 각 표적조직의 기능을 항진시키거나 저하시키면서 정상 범위를 지키는 음성 되먹이기(negative feedback) 기전에 의해서 항상성을 유지한다.

2) 갑상선 (Thyroid gland)

갑상선은 갑상선호르몬인 티록신(T4)과 티로닌(T3)을 분비하여 조직의 대사율을 조절하고, 칼시토닌(Calcitonin)을 분비하여 혈중 칼슘 농도의 증가를 억제하여 뼈에서 칼슘의 유리를 막는다.

3) 부갑상선 (Parathyroid gland)

부갑상선은 부갑상선호르몬(PTH)을 분비한다. 뼈에서 칼슘을 방출하여 혈중 칼슘 농도의 증가를 조절한다. 혈중 칼슘 증가의 또 다른 요인은 신장에서 활성화된 비타민 D가 혈중 칼슘이온 농도를 조절하기 때문이다. 부갑상선 분비 이상시 근육이 수축되고 경직된다.

4) 부신 (Adrenal gland)

부신수질에서 분비되는 에피네프린(Epinephrine)은 골격근, 심장, 혈관에 영향을 미치고 탄수화물과 지방대사에 관여한다. 특히 교감신경에 의해 부신수질이 에피네프린 분비가 증가하면 골격근으로 가는 혈류가 증가하게 된다. 부신 피질은 구상층, 속상층, 망상층 세 개의 층으로 되어 있고 각 층에서 분비하는 호르몬은 표 25-2와 같다.

표 25-2. 부신피질의 구적적 차이에 의한 호르몬의 분비와 역할

구분	호르몬	기능	표피조직
구상층	코티코이드(Corticoid) 알데스테론(Aldesterone)	Na^+ 유지, 재흡수 K^+ 배출 촉진, 세포외액량 증가	신장
속상층	코티코이드(Corticoid) 코디졸(Coeticoid) 코티코스테론(Corticosterone)	지방, 단백질, 탄수화물 대사	모든 조직
망상층	스테로이드(Steroid) 안드로겐(Androgen)	성적 기능에 영향	모든 조직

5) 췌장 (Pancreas)

췌장은 혈중 포도당과 아미노산의 농도가 증가하면 인슐린을 분비한다. 인슐린은 조직에서 포도당과 아미노산의 흡수율을 증가시키는 반면에 혈당이 감소하면 글루카곤(Glucagons)을 분비하여 간에서 혈액으로 포도당의 유리를 증가시키는 방향으로 작용한다.

6) 고환 (Testis)과 난소 (Ovary)

난소는 에스트로겐(Estrogen)과 프로게스테론(Progesterone)을 분비하고 남자의 고환에서는 테스토스테론(Testostrone)을 분비한다. 이 호르몬은 남성과 여성의 성적 특성을 결정하고 생식 과정의 조절을 돕는다. 뇌하수체에서 분비되는 황체형성호르몬(LH)과 난포자극호르몬(FSH)은 난소와 고환의 기능을 조절한다.

7) 기타 호르몬

그 밖에 위와 장의 내면에 있는 세포에서 분비되는 호르몬은 위, 췌장, 간에서의 소화액의 분비 조절을 돕는 역할을 한다. 프로스타글란딘(Prostaglandin)은 몸에 광범위하게 퍼져 있으며, 염증을 치료하는 호르몬이다. 흉선은 타이모신(Thymosin)을 분비하여 T-세포의 발달을 도우며, 면역계의 정상 발달에 중요하다. 송과체(Epiphysis cerebri)는 멜라토닌(Melatonin)을 분비하여 생식계 억제효과를 가지고 있고, 사춘기 성장에 영향을 줄 수 있다.

25-5. 순환계 (Circulatoey system)

25-5-1. 혈액순환계(Blood circulatory system)

인체의 신진대사는 물질교환과 운반작용에 의하여 일어나는데, 이는 수많은 도관들이 일정한 경로로 체액을 순환시키는 순환계가 그 역할을 수행한다. 순환계는 혈액이 흐르는 혈관계(blood vascular system)와 림프가 흐르는 림프계(lymphatic system)로 이루어진다. 순환계 중 혈관계는 그림 25-9와 같다. 심장은 일정한 간격을 두고 박동하는데, 동맥계를 통하여 산소와 영양분이 풍부한 혈액을 조직과 세포에 공급해 주고, 정맥은 조직과 세포로부터 노폐물과 저산소의 혈액을 심장으로 불러들여 폐를 통하여 산소를 공급 받고 전신을 순환하는 일련의 통합 시스템으로 구성되어 있다.

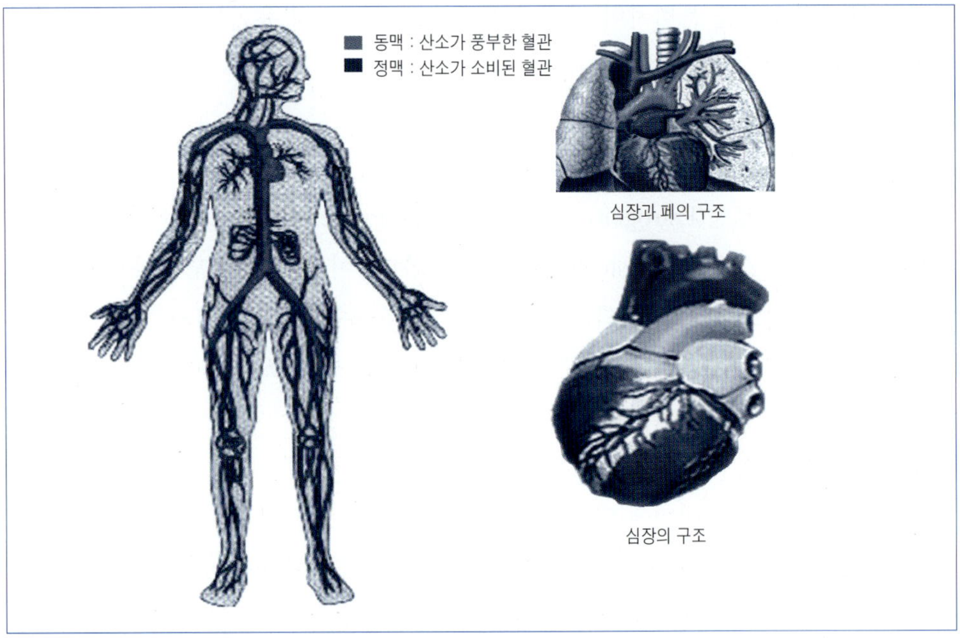

그림 25-9. 인체의 순환계

1) 혈액 (Blood)

혈액은 백혈구와 적혈구, 그리고 혈장으로 구성되었다.

(1) 혈액 구성 물질(Analysis of blood)

① 백혈구(Leukocte)

· 과립백혈구(Granular leukocyte)

- 호산구(Eosinophilic leukocyte) - 염증 억제 기능
- 호중구(Neutrophilic leukocyte) - 탐식 작용
- 호염기구(Basphilic leukocyte) - 염증에 관여하는 화학물질 분비
- 단핵구(Monocyte) - 대식기능
- 비만세포(Mast cells) : 과민반응

· 무과립백혈구(Agranular leukocyte)

- T-림프구(T lymphocytes) - 세포매개성 면역을 담당
- B-림프구(B lymphocytes) - 체액성 면역을 담당

② 적혈구(Erytheocye)

세포의 이산화탄소를 제거하고 산소를 공급한다.

③ 혈소판(Blood platelet) - 혈액응고작용을 한다.

2) 혈장(Plasma)의 구성 물질(Analysis)

(1) 물

(2) 단백질

① 알부민(Albumin) : 삼투압, 운반(전해질, 담즙산염, 갑상선호르몬 등)

② 글로블린(Globulin)

- · α글로블린 - 탄수화물, 비타민 B_{12}, Cu^{++}, 호르몬을 운반
- · β글로블린 - 지방, 다당류, Fe^{++}을 운반
- · r 글로블린 - 생체 방어기능

③ 프로트롬빈(Prothrombin), 피브리노겐 - 혈액 응고작용

(3) 지질, 탄수화물 – 에너지, 영양소

(4) 무기염류, 비타민 – 활성화 작용

(5) 호르몬, 효소 – 인체 생화학 반응을 일으킴

3) 혈액의 순환 (Cirulation of blood)

혈액은 모세혈관에서 온몸 조직 대사활동의 결과로 생긴 노폐물 CO_2를 산소와 영양물질로 교환하여 준다. 혈액의 순환 경로는 혈액이 우심방(Atrium dexrum)으로 들어와 우심실(Rightventricle of heart)을 통해 폐로 간다. 폐에서 다시CO_2를 내주고 O_2를 받아 동맥피로 변해 좌심방(Atrium sinisrum)으로 모이고 좌심실(Left ventricle of heart)을 통해 온몸으로 퍼진다. 혈액의 순환에 의해 전신에서 모인 노폐물은 신장에서 걸러져 배출된다. 소장에서 싣고 온 정맥 안의 영양분에 있는 독성은 간에서 해독되고 영양소는 저장된다. 좌심실은 온몸으로 혈액을 보내야 하기 때문에 벽이 매우 두껍다. 이 좌심실이 혈액을 보내느라 수축할 때 혈압이 최고 혈압이 되고 다시

이완되어 혈액을 좌심실에 모을 때가 최저 혈압이 된다. 보통 정상인의 혈압은 80~120mmHg이다.

4) 심근세포 (Cardiac muscle cell)와 자극전도계

심근세포는 중앙에 위치하는 1개 또는 2개의 핵을 포함하고 긴 분지를 가지고 있는 세포이다. 심근세포는 골격근과 비슷한 수축 구조를 가진다. 심근세포는 게재판이라 불리는 특수한 세포간 연접에 의해 인접한 세포들과 전후 좌우로 결합되어 있다. 상대정맥과 우심방이 만나는 지점에 동방결절은 스스로 움직이는 능력을 가진 세포들이 집중되어 있는 곳으로 심박동조율기이다. 이 부분의 흥분이 심장 전체에 전달되는 길을 자극전도계라고 한다. 자극전도 과정은 동방결절(Sinoatrial node)에서 자극이 방실결절(Atrioventricular node)을 자극하여 방실 속을 따라 좌우로 가지가 나누어진다. 이어서 활동전압이 퍼지면 심장의 자극이 전달되어 심장이 수축과 이완운동을 한다. 이 자극전도계에 이상이 생기면 불규칙한 심박동이 생기는데 이것을 부정맥(Arrhythmia)이라고 한다.

5) 심장기능의 조절(Control of heart function)

심장기능은 심장으로 들어오는 혈액의 양이 증가함에 따라 심장 박출량이 증가하게 되는 내인성 조절과 신경과 호르몬의 조절에 의해서 심장의 자동 리듬을 조절하는 외인성 조절로 나누어진다. 동맥의 내벽에는 긴장 수용체가 있어 활동전압을 신경섬유를 따라 긴장수용체로부터 뇌의 연수까지 전달한다. 뇌의 연수에는 심장조절중추가 있어 교감신경과 부교감신경을 흥분시켜서 심장의 일회 박출량을 늘리거나 줄인다. 감정은 심장에 영향을 준다. 흥분, 분노, 걱정은 교감신경을 자극하여 신장 위에 있는 부신수질에서 에네피네푸린(Epinephrine)과 노에피네프린이 분비되어 심박동수를 증가시킨다. 우울증은 부교감신경을 자극하여 심박동수를 경감시킨다. 체액중 CO_2의 농도, 체온의 변화도 심장의 운동에 영향을 준다.

25-5-2. 림프계

림프란 혈액의 구성성분들이 혈관벽을 통해 투과되어 나와 조직간액을 구성하여 세포간 물질교환대사를 돕다가 림프관 내로 유입되어 일정한 경로를 통해 심장으로 회수되는 순환계의 일부이다.

1) 림프계의 형성

인체 내에 있는 액체를 체액이라고 하는데, 체액은 수분과 해리된 염으로 구성되어 있지만 대부분은 수분이 차지하고 있다. 체액은 세포막을 경계로 세포막 밖의 액체를 세포외액(extracellular fluid, ECF), 세포막 안에 있는 액체를 세포내액(intracellular fluid, ICF)으로 구분하는데, 세포내액은 체액의 60~70%를 차지하며 세포외액은 체액의 30~40%를 차지한다. 이 둘의 합계가 총수분량(total body water)이다. 세포외액은 다시 혈관벽을 기준으로 혈관 내에 있는 혈장과 혈관 밖의 세포와 세포 사이에 있는 세포간액(interstitial fluid) 혹은 조직액으로 나뉜다. 그림 25-10은 세포내액, 세포외액, 세포간액과 혈장의 관계를 나타낸 것이다. 세포 바깥에 존재하는 세포외액은 세포들 사이에 존재하여 세포간질액이라고 하는데, 혈액으로부터 영양분과 산소를 공급받으며 동시에 그 대사산물인 노폐물과 이산화탄소를 처리하는 물질교환대사의 중요한 매개체 역할을 수행한다. 세포외액으로는 혈액(blood), 림프(lymph), 세포간액이 있는데, 림프와 세포간액은 그 구성이 유사하나 혈장보다 단백질 농도는 낮다.

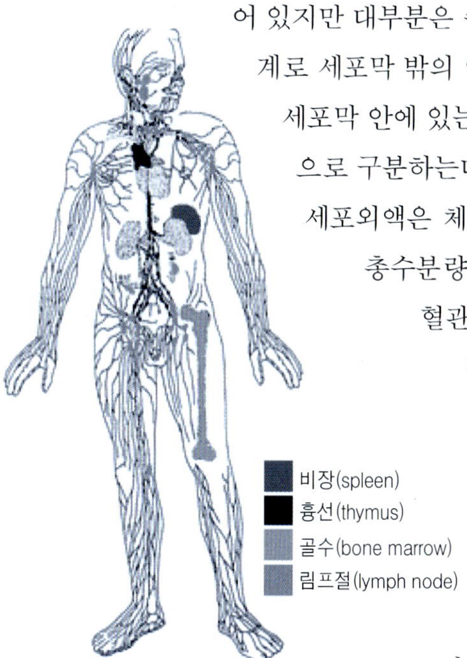

그림 25-10. 인체의 림프계 및 림프기관

총수분량 = 세포외액(혈장, 세포간액)+ 세포내액

세포간액은 순환 형태 세포외액인 혈액으로부터 공급된 영양소들과 세포 신진대사 산물의 용액으로서 비순환형의 세포외액이다. 세포신진대사 산물의 농도가 높아진 세포간액은 정맥계로 재흡수되거나 림프관 내로 유입됨으로써 다시 순환형 세포외액으로 분류된다. 인체 내에 존재하는 수분은 그 구성 성분, 존재하는 위치 및 기능에 따라 몇 가지 형태로 구분할 수 있지만, 일정하게 고정되어 있는 것이 아니라 항상 상호 전환되어 순환한다.

2) 림프계의 구성

(1) 림프액(lymphatic fluid)

림프액은 조직액이 여과된 것으로 주요 성분은 수분으로 림프액이 위치한 조직에 따라 미네랄, 지방, 단백질의 농도가 다르며 면역세포(immune cell)에 포함되어 있다. 성분은 혈장과 거의 같으나 단백질의 함량이 낮고 림프관을 통해 흡수된 지방과 박테리아, 기타 미세물질들도 존재한다. 백혈구(white blood cell), 효소(enzyme), 항체(antibody)를 내포하고 있으나 적혈구와 혈소판이 없는 것이 특징이다. 1일당 약 2~4리터 정도가 형성된다.

(2) 림프구(lymphocyte)

림프구(lymphocyte)는 골수(bone marrow)에서 생성되어 각 림프 기관(흉선, 비장, 림프절)으로 운반되며 신체의 세포 매개성 면역(T-세포)과 체액성 면역(B-세포)을 담당한다(면역세포 단원 참조).

(3) 림프관(lymphatic vessel)

림프관 중 피부의 천림프관은 주로 피부 정맥과 평행하게 구성되어 있는데, 두부 및 경부의 천림프관은 외경정맥 주위의 경림프절로, 체간의 어깨로부터 배꼽 부위까지와 상지에서 시작하는 천림프관은 액와림프절로, 하지 및 체간의 배꼽 아래에서 시작되는 림프관은 천서혜림프절로 주입되고 이어서 심부의 림프절로 유입된다. 림프관은 모세림프관으로 시작하는데 세포 간격에 존재하며 전신에 널리 분포되어 있다. 나무의 작은 가지들이 합쳐져 큰 가지가 되고, 큰 가지가 합쳐져 수간을 형성하듯 모세림프관은 여러 개가 모여 더 큰 림프관을 형성한다. 이들은 다른 림프관과 합해서 한층 커지고 그들은 다른 림프관과 합쳐서 주 림프관인 우림프관(right lymphatic duct)과 흉관(thoracic duct), 좌림프관(left lympyhatic duct)을 형성한다.

또한 림프관과 혈관은 물질 교류를 위해서 교차하며, 탈락되는 림프관은 다시 재생되는 능력을 가지고 있다. 그 현상은 그림 25-11과 같다.

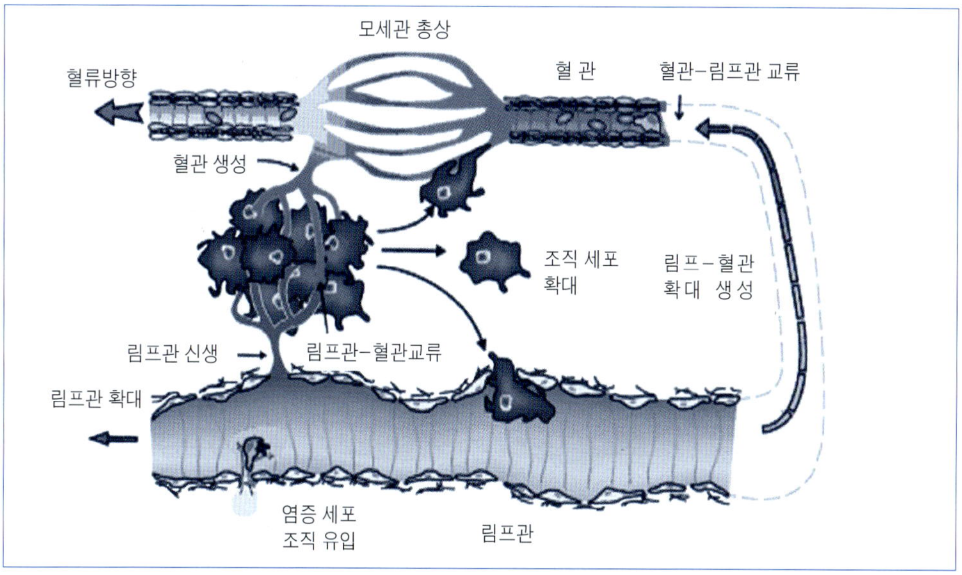

그림 25-11. 물질 교환을 위한 림프관과 혈관의 교류 및 혈관과 림프관의 생성 모식도

(4) 림프관의 구조

구조는 정맥과 비슷하지만 림프관 벽의 두께는 더 얇고, 림프의 역류를 막기 위한 판막(lymphatic valve)은 정맥보다 많다. 내피와 탄력섬유로 구성된 내막(tunicaintima), 평활근과 탄력섬유로 구성된 중막(tunica media),교원섬유로 구성된 외막(tunica adventitia)으로 총 3개의 층으로 림프관 벽이 이루어져 있으나 명확하게 구분되지 않는다. 또한 림프관이 주행하는 노선에 따라 일정간격으로 림프절이 위치하고 있다.

(5) 림프관의 기능

림프관은 세포간질내의 물과 단백질, 기타 물질들을 혈액으로 유입하여 순환하는 작용을 한다. 림프관 흐름에 장애가 있어 단백질의 환류가 저해되면 혈장 단백 농도와 혈액의 삼투압은 곧 정상 이하로 떨어지고 체액의 불균형 상태가 야기되어 부종, 수종 등이 나타난다. 림프관의 내면은 내피세포로 이루어지며 평활근 층의 발달이 미약하여 능동적으로 림프액을 운반하는 힘이 약하다. 모세림프관을 제외한 림프관

벽은 평활근으로 이루어져 있어 수축, 이완이 가능하므로 림프액을 두 판막 사이의 열린 공간으로 밀어낼 수 있다. 모세림프관은 온몸에 퍼져 있으며 이들이 모여서 림프관을 형성하여 림프액을 운반하는데 정맥계와 평행으로 흐르게 된다.

(6) 림프절(lymph node)

림프절은 림프선이라고도 하며 전신의 림프관을 따라 산재하고 있다. 세망조직으로 구성되어 있고 직경 2~25mm의 적은 강낭콩 모양을 하며 림프구 생산, 림프액 내의 유해물질을 여과, 제거, 식균작용을 함으로써 신체를 방어하는 역할을 담당한다. 그 구조는 그림 25-12와 같다.

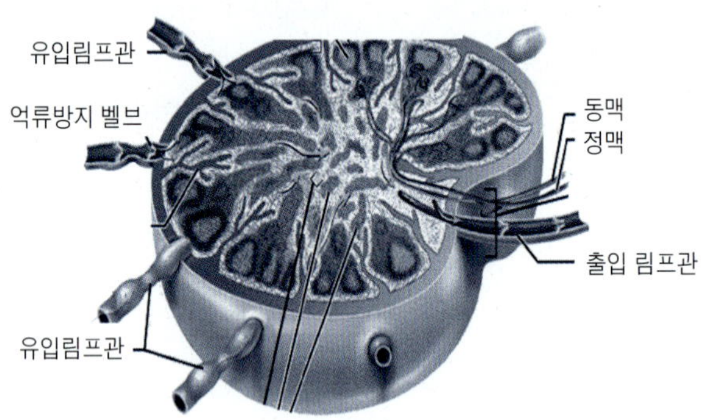

그림25-12. 림프절의 구조

림프절의 구조는 신경과 혈관이 출입하는 문(hilum)과 1~2개의 수출관(efferent vessel)이 오목한 쪽에 있으며 수입관(afferent vessel)은 반대편 볼록한 쪽으로 뚫고 들어오고 있는 형태이다. 이 때 수입관의 개수가 수출관보다 많다.

(7) 주요 림프절

림프절은 특정 부위에 모여 집단을 이루며 주변부의 림프를 모아 중간 처리하는 역할을 담당하는데, 이들을 소속림프절이라고 부르며 그중 주요한 림프절은 다음과 같다.

① 두경부림프절 : 두부와 경부를 흐르는 림프는 천경정맥을 따라 분포하는 5~8개의

천경림프절(superficial cervical lymph node)과 내경정맥을 따라 분포하는 15~30개의 심경림프절(deep cervical lymph node)에 모여서 경림프본간(jugular trunk)으로 유입된다.

② 상지 림프절 : 좌우 상지의 림프는 12~30개로 구성된 액와림프절(axillary lymph node)에 모였다가 쇄골하림프본간(subclavian trunk)으로 모이게 되는데 유방에서 생성된 림프액도 액와림프절로 모인다.

③ 흉강 림프절 : 흉강 속에서 생성된 림프액은 좌우 기관지림프절(left, right bronchomdiastinal lymph node)에 모였다가 좌측은 흉관(thoracic duct)으로, 우측은 우림프관(right lymphatic duct)으로 들어간다.

④ 복강 및 골반림프절 : 위장이나 췌장에서 생성된 림프액은 복강림프절(celiac node)에 모였다가 장림프본간(intestinal trunk)을 거쳐 유미조에 유입된다. 골반, 복벽, 신장에서 생성된 림프액은 총장골림프절(common iliac lymph node) 등에 모인 후 요림프본간(lumbar trunk)을 거쳐 유미조로 들어간다.

⑤ 하지림프절 : 하지 부위에서 생성된 림프액은 4~10개로 구성된 천서혜림프절(superficial inguinal lymph node)과 대퇴정맥을 따라 있는 3~5개로 구성된 심서혜림프절(deep inguinal lymph node)에 모였다가 요림프관으로 유입된다.

3) 림프절의 기능

(1) 면역작용(방어기능)

림프절에는 면역세포가 다량 포함되어 있는데, 주로 T-세포가 있어 세포 매개성 면역반응을 유도하며, 일부는 B-세포도 존재하기 때문에 채액성 면역반응을 하기도 한다. 또한 탐식세포도 존재하기 때문에 탐식 작용도 활발하다. 세균이나 암세포, 매연 등의 유해물질들은 림프액에 의해 운반되어 림프절 내로 들어와 세망세포에 포식되어 제거된다. 그러나 너무 많은 미생물이 림프절에 유입되면 림프절이 감염되어 림프선염(adenitis)을 일으키기도 한다. 암세포는 흔히 악성종양에서 분리되어 림프관 내에 들어와 림프액에 섞여 림프절에 도달하면 새로운 증식을 시작한다. 그리고 다음 위치의 림프절로 흘러감으로써 신체 전체에 암의 전이가 되는 것이다. 암세포에 의해 림프선 종양이 생길 때에는 혈액으로 돌아오는 림프액에 장애가 생겨 통로를 막게 되므로 림프액이 조직간에 고여 팽창이 일어난다.

(2) 조혈작용

림프절의 림프조직은 무과립백혈구인 림프구와 단핵구 및 형질세포를 만들어 림프관을 통해 혈액 속으로 보내는 기능을 수행한다.

(3) 단백질 운반

모세혈관에서 빠져 나온 단백질을 다시 혈관 속으로 되돌려주는 역할을 하고 각 조직에 영양을 공급하기도 한다.

(4) 지방운반

소화기에서 흡수되는 지방의 80~90%를 림프가 운반하여 복부림프절 위쪽에서 모은 지방을 흉관으로 올려 보낸다.

4) 림프의 생리와 흐름에 영향을 미치는 요인

혈액 속의 수분, 기타 물질들은 모세혈관에서 세포간질로 계속적으로 여과되어 나가고 그 40% 정도는 삼투압이나 기타의 방법으로 혈관으로 재유입되며, 나머지 60%는 림프관을 통해서 정맥으로 유입된다. 혈액은 심장이라는 펌프가 있어 전 신체에 흐를 수 있지만 림프에는 심장이 없어 몇 가지 압력에 의하여 그 흐름이 생기게 되는데, 그 방법은 근육의 수축, 호흡운동, 혈액순환 작용에 의해서 간접적으로 흐름이 생긴다. 만약 정상적인 림프순환을 가지고 싶다면 운동을 해야 하며 고정 자세의 생활을 지양해야 한다. 최근에는 림프마사지, 경락마사지, 지압 등 물리적인 자극을 통해서 그 흐름을 원활히 하여 독소 배출을 촉진시키기도 한다. 운동은 다양한 근육들의 수축과 이완을 발생시켜 주변 림프액의 흐름을 원활하게 해줄 수 있는 동시에 호흡의 진동폭을 높인다. 또한 다양한 온도 하에서 수욕법 실시도 도움이 된다. 다양한 온도의 목욕은 심장리듬을 조정하여 주고, 표피에서의 온도는 림프액의 공급량이나 정체에 많은 영향을 끼치게 된다.

5) 림프의 순환

전신의 림프는 우상반신을 제외하고 최종적으로 흉관에 모이는데 그것은 좌쇄골하정맥과 좌내경정맥과 합해진다. 신체의 나머지 부분의 림프 대부분은 흉관을 지나 좌쇄골하정맥으로 유입되므로 흉관(좌림프관)은 우림프관보다 훨씬 크지만 대정맥보다는 작다.

6) 림프의 정체에 의해 발생되는 장애

조직강액이 과도하게 세포간에 정체함으로써 조직이 부풀어 부종이 생길 수 있는데, 이 부종은 조직 내의 심각한 배출장애이다. 특히 피부의 결합조직과 점막에서 배출된 수분과 재흡수간의 불균형으로 혈관에서 밖으로 여과된 수분이 충분히 처리되지 않기 때문이다.

림프 정체에 의한 몇 가지 장애 원인을 살펴보면 다음과 같다.

① 정적인 장애 : 혈장 단백질 농도의 균형 이상에 의해서 발생된다.
② 기계적인 장애 : 림프관의 판막 사이의 수축력이 부족한 경우 발생된다.
③ 림프관의 영구 확장 : 정맥류와 유사하게 림프계에서 하나 또는 여러 개의 림프 판막간의 확장 현상이 일어날 수 있다.
④ 림프판막 기능부족 : 림프 판막이 정상적으로 닫히지 않아 림프액의 역류현상이 일어날 수 있는데 외과수술 후에 발생되거나 유전인자의 문제로 발생된다.
⑤ 림프암 : 유전적인 요인도 있지만 바이러스와 세균의 과다 침입에 의한 림프암이 발생될 수 있다. 림프암의 경우는 전신으로 전이되기 쉽기 때문에 매우 위험하다.

25-6. 소화기계 (Digestive system)

소화기계는 크게 상부 소화기계와 하부 소화기계로 나눈다. 상부 소화기계는 음식물을 부수는 기능을 하고 하부 소화기계는 영양분을 흡수하는 기능을 한다.

25-6-1 상부 소화기계 (Upper digestive system)

음식물을 먹게 되면 침 안에 있는 아밀라아제(Amylase)라는 효소가 녹말을 맥아당(Maltose)으로 분해한다. 분해된 음식물은 식도를 통해 내려가고 위의 분문(Cardiac opening)이 열리면서 위 안으로 들어간다. 위에 들어간 음식물에 의해서 위가 차게 되면 위의 내벽에 주름이 펴지면서 가스트린(Gastrin)이 분비된다. 가스트린은 단백질을 분해하는 트립신(Tripsin)과 음식물 속에 있는 세균을 녹이는 염산을 분비한다. 이때 위가 염산에 의해서 상하지 않는 이유는 위의 내벽에서 분비되는 투명한 점액이 위산으로부터 위의 내벽을 보호하기 때문이다. 만일 신경과민이나 걱정 등으로 자율신경계가 교란이 되면 위벽의 모세혈관을 수축시켜 혈액에서 분비되는 점액의 양이 줄어들게 된다. 이 경우 적절하게 위에 점액을 분비하지 못하게 되고 염산에 위벽이 손상되어 위염에 걸린다. 이렇게 위를 거친 음식물은 소장으로 들어가게 된다.

25-6-2. 하부소화기계 (Lower digestive system)

하부 소화기계는 소화액을 분비하고 본격적으로 소화, 흡수하는 소장에서 온 음식물의 수분을 흡수하고 비타민 K를 흡수한다.

1) 소장 (Small intesne)

소장은 십이지장, 공장, 회장으로 나누어진다. 위의 마지막 관문인 유문을 통과해서 십이지장으로 들어오면 간에서 만들어진 콜레스테롤(Cholesterol)과 빌리루빈(Bilirubin)으로 쓸개에서 쓸개즙을 만들어 보낸다. 췌장에서는 이자액을 만들어 십이지장으로 흘려보낸다. 소장은 특별하고도 개별적인 자체내 신경조절계를 가지고 있다. 이 신경계는 중추신경계의 명령을 받는 자율신경계의 도움을 굳이 받지 않더라도 스스로 정상적인 음식물을 소화시킬 수 있는 시스템을 가지고 있다. 이 소장의 독립된 신경작용으로 음식물에 따라 적절한 호르몬을 분비하는 것이다. 그래서 소장을 제2의 뇌라고 말하기도 한다. 소장은 여러 가지 장액과 소화 면적을 최대화하기 위해 융털 모양으로 생긴 소장 내벽의 융모(Villosity)를 가지고 있다. 융모는 융모

안에 있는 유미관에서 나오는 유미즙을 소장으로 분비한다. 소장은 융모의 유미관을 통해 물과 영양분을 흡수하고 대장으로 나머지 찌꺼기를 보낸다.

2) 대장(Large intestine)

대장은 맹장(caeum), 결장(colon), 직장(Rec-tum), 항문관(anal canal)으로 구분된다. 맹장 밑에는 6cm 정도의 충수(appendix)가 달려 있다. 그 다음에 연결되는 결장(clon)은 밑변 없는 사각형 모양이다. 이 결장은 상행결장(ascending colon), 횡결장(transverse colon), 하행결장(descendix colon), S형결장(S type colon)으로 나눈다. 대장은 3~5시간의 소화시간을 요하는 소장보다 7배 가량 많은 소화시간을 요한다. 대장의 주요작용은 물의 흡수인데, 침과 음식물을 통해 생성된 8~9리터의 수분이 위나 소장에서 먼저 흡수되고 나서 대장으로 들어온 나머지 2~3리터를 흡수한다. 스트레스에 의해서 부교감신경이 흥분하여 아세틸콜린(Ace-tylchline)을 분비하게 되면 위의 운동이 빨라지고, 소장과 대장에서의 운동이 빨라져서 물을 충분히 흡수하지 않고 변으로 나오게 되면 위의 운동이 빨라지고, 소장과 대장에서의 운동이 빨라져서 물을 충분히 흡수하지 않고 변으로 나오게 되어 설사를 하게된다. 반대로 흡수가 너무 잘 되어서 수분이 모자라면 변비가 된다. 대장에는 또 수많은 대장균들이 인간의 소화대사와 같이 공조하며 살고 있는데 대장은 이 장내 세균 속의 대사작용에 의해 만든 비타민K를 흡수한다. 음식물은 위와 소장을 지나면서 액체상태로 되었다가 횡행결장을 지나면서 반유동체로 되고 S형 결장에서 축적되고 직장으로 나가면서 변이 된다.

25-7. 호흡계 (Respiratory system)

서양의학에서 호흡계는 단순히 공기의 흡입을 통해 가스의 교환과 산소를 공급받는 순환기능적 측면만을 강조하는 반면 동양의학에서는 이러한 작용 외에 몇 가지 더 중요한 작용을 한다고 말한다. 이를 간단하게 살펴보면 지구의 대기 속에는 우주의 기가 존재하는데 이것을 천기(Heaven qi)라 부른다. 인간은 폐의 호흡을 통해서 그 천기를 마시고 음식물을 통해 공급된 곡식들의 기인 곡기(Nutrient qi)를 폐에서 모아 온 몸에 물을 주듯이 구석구석 산포한다. 이 때 수분도 같이 산포한다. 나이가 들면서 피부가 거칠어지고 가려운 피부소양증이 생기는 것은 폐가 수분을 제대로 몸에 뿌려 주지 못하기 때문이다. 또 폐가 기를 몸 전체에 공급하지 못하면 힘을 쓸 수가 없게 된다.

25-7-1. 호흡계의 구조 (Analysis of respiatory system)

호흡계를 상기도와 하기도로 나누어진다. 상기도는 상주균이라 불리는 세균총들이 살고 있는 반면 하기도에는 균이 살고 있지 않다. 상부 호흡기는 구강, 코, 비강, 인두이고, 하부호흡기는 후두, 기관, 기관지, 폐이다. 상기도에서는 코 안 점막에서 분비하는 콧물과 코털 등에 의해 미생물과 이물질을 제거한다. 상기도에 살고 있는 상주균총들은 인체에 해로운 균들이 번식하는 것을 적절하게 막는다. 그러나 상기도가 감염이 되면 상기도염, 하기도까지 내려오게 되면 폐렴에 걸린다. 폐는 왼쪽에 치우쳐 있는 심장 때문에 오른쪽 우엽은 3개로 나누어지는 반면 좌엽은 2개의 엽으로 나누어진다.

25-7-2. 폐호흡 (External respiration)

간단히 폐호흡의 매커니즘을 살펴보면, 목구멍에 해당하는 인후를 지나 이어지는 기관지는 세기관지가 되어 폐로 들어가 오른쪽에 3개의 폐엽으로 나누어지고, 왼쪽은 2개의 폐엽으로 나누어진다. 그 세기관지 끝은 폐포(Alveolus)와 연결되어 있다. 이 폐포에서 가스, 산소, 그리고 이산화탄소의 교환이 이루어진다. 이 교환작용은 폐포의 아주 얇은 막을 통해서 폐포 안과 폐포 밖의 모세혈관에 있는 적혈구의 가스와 O2, CO2의 농도 차이에 의해서 높은 분압에서 낮은 분압으로 확산된다. 촉감, 온도감, 통점, 감정이나 pH, O2, CO2의 혈중 농도는 뇌와 연수에 있는 호흡중추를 자극하여 호흡을 조절한다. 폐호흡의 기능은 다음과 같다.

① 환기 : 폐의 가스 배출과 흡입 등의 가스 교환
② 폐포 안의 공기와 혈액 사이의 가스 교환
③ 혈액 중으로 산소와 이산화탄소를 운반

④ 혈액과 조직 사이의 가스 교환

25-8. 비뇨기계 (Urogenital system)

25-8-1 비뇨기계의 대사 (Metabolization of urogenital system)

비뇨계는 혈액이 온몸을 돌며 각 조직에서 받아낸 노폐물들을 신장(Kidney)에서 거르고 재흡수한 후 방광을 통해 요도로 내보내는 과정을 가진다. 신장은 하루에 신장의 보먼주머니(Bowman' s capsule)에 있는 사구체(Glomerulus)에서 걸러져 나온 하루 180리터의 원뇨를 신장의 세뇨관에서 재흡수하여 방광으로 보낸다. 그리고 소변이 방광에 저장되어 방광이 차면 신경에 자극을 주어 소변을 보게 된다. 방광은 단순하게 뇨를 저장만 하는 것이 아니고 전립선(Prostate gland)에서 전립액을 만들 때 사용하는 수분을 공급하는 역할을 한다. 신장의 주임무인 여과 작용은 우리 몸에 노폐물을 밖으로 내보내는 역할을 한다. 실질적으로 노폐물을 체외로 내보내는 역할은 신장에서만 하기 때문에 신장이 제 임무를 하지 못하게 되면 몸 안 구석구석에 노폐물이 쌓여 몸이 피곤하게 된다. 심하면 경련까지 일어나는 요독증에 걸리거나 수분과 나트륨이 침작되어 부종(Edema)이 오게 된다. 여과작용은 사구체와 신장의 혈관 사이에서 일어나며 혈압에 의해서 일어나게 되므로 신장은 혈압의 조절과 상관이 있다.

25-8-2. 호르몬 조절에 의한 신장과 심혈관계(Kidney & Cardiovasculae Relation by hormone control)

렌닌(Rennin) - 안지오텐신(Angiotensin) - 알도스테론(Aldo-sterone) 기전을 말한다. 혈압이 내려가면 신장에서 레닌이 분비된다. 레닌은 안지오텐시노겐을 활성화시켜 안지오테신 I 으로 변하게 하고 안지오텐신 I 은 안지오테신II로 변하게 한다. 안지오텐신II는 혈관을 수축시키고 부신피질에서 알도스테론 분비를 유발한다. 알도스테론은 신장에서 수분과 나트륨이온을 보유하게 하고 소변량을 감소시킨다. 또 신장을 통한 수분 상실을 막아서 혈압을 유지시킨다.

25-9. 생식계 (Genital organ)

간단하게 여성의 생식계만 살펴보면, 자궁은 기본적으로 난자와 정자가 착상하기에 적합한 환경을 만들기 위해서 여러 가지 호르몬을 분비한다. 이러한 일련의 과정들은 여포기(Follicle peiod), 배란기(Ovipositor), 황체기(Progestation), 월경기(Mensruation peiod)로 나누어 볼 수 있다. 여포기와 배란기는 난자를 성숙시키고 또 난자가 정자와 만나 수정이 되어 세포분열을 할 때 필요한 양분을 공급할 수 있는 자궁벽을 만드는 과정이다. 이 때는 난포자극호르몬(FSH)이 나온 뒤 에스트로겐(Estrogen)이 분비된다. 황체자극호르몬(LTH)이 분비되면서 난자와 정자가 수정에 실패하여 자궁벽의 착상에 실패하면 프로게스테론(Pro-gesteron)의 분비에 의해 자궁벽이 헐면서 자궁 내 출혈이 생긴다. 이 때를 황체기, 월경기라 한다.

25-10. 외피계 (Integument system)

여기서는 에센셜 오일(Essential oil)의 흡수와 상관있는 피부(Skin)에 대해 살펴보겠다.

외피계인 피부는 외부로부터 인체의 내용물을 보호하고 체온을 조절하며 비타민 D를 만들어 내는 역할을 한다. 피부는 근육이나 뼈에 붙어 있도록 해주고, 지방으로 구성되어 있어 절연체 역할을 해주는 피하조직(Subcutaneous tissue)이란 소성결합조직 위에 있다. 피부는 진피(Dermis)와 표피(Epidermis)로 나누어져 있는데, 진피는 표피와 피하조직 사이에 존재하며 치밀결합조직으로 콜라겐(Collagen)과 탄력섬유로 구성되어 있다. 진피의 상부에는 유두라는 많은 혈관을 포함한 돌출부가 있어 표피에 노폐물을 방출하고 영양분과 수분을 공급하며 체온을 조절하는 역할을 한다. 표피는 중층편평상피로 되어 있다. 세포는 기저층에서 형성되어 밀려 올라감에 따라 세포의 모양과 화학적 조성이 변하여 죽은 각화편평상피로 변하는데 이것을 '각질화' 라고 부른다. 피부의 투과성은 세포 주위의 지질에 의해서 투과되므로 투과물질이 지용성일수록 투과도가 높다.

제4부 chapter 26

미용기초이론

소독 및 전염병학

피부는 근본적으로 병원성 미생물로부터 저항할 수 있는 능력을 가지고 있기 때문에 무한정 세정이나 소독할 필요는 없다. 과도한 세정이나 소독은 오히려 피부가 원래 가지고 있는 저항 능력을 상실케 하여 병원성 미생물의 감염 기회를 제공할 수 있다. 따라서 피부는 적당하게 세정과 소독할 필요가 있다. 이 장에서는 피부뿐만 아니라 인체에 감염되는 원인 병원균과 그 특성에 대해서 알아보고 일반적인 소독 방법에 대해서 알아본다.

26-1. 병원성 미생물

26-1-1. 세균(Bacteria)

일반적으로 세균류에는 견곤한 세포벽(cell wall)과 세포막(cell membrane)으로 둘러싸여 있는 단세포로 되어 있고 세포기관의 발달 및 분화를 볼 수 없다. 핵막, 미토콘드리아 등이 없으며 이분법에 의한 증식을 하고 있다. 세균의 종류는 그림 26-1과 같다.

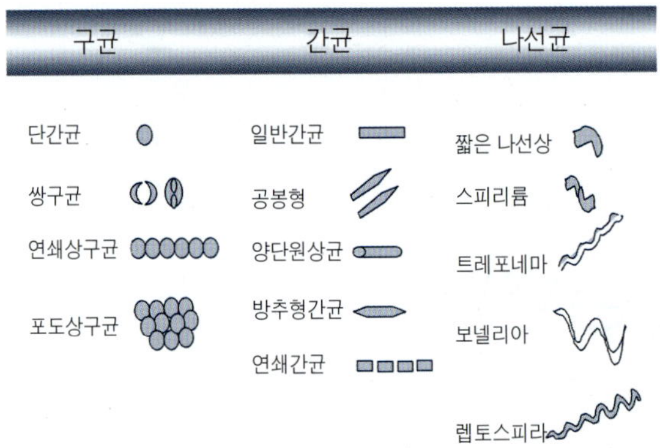

그림 26-1. 세균의 형태에 따른 분류

26-1-2. 세균의 형태와 구조

대부분의 세균은 지름이 0.3~5.0이며, 기본적으로 둥근 모양의 구균(cocci), 막대 모양의 간균(bacilli), 나선균(spirilli)으로 나눌 수 있다.

1) 구균(Cocci)

세균의 형태가 구형인 것으로 특정한 배열이 없이 구균이 흩어져 있는 단구균(monococcus), 2개가 쌍을 이루는 쌍구균(diplococcus)이 있다. 구균이 연쇄상으로 배열된 것은 연쇄상구균(streptococcus), 포도송이 모양으로 불규칙적으로 배열된 것은 포도상구균(staphylococcus)이다.

2) 간균(Bacilli)

간균은 길고 가느다란 간사의 형태를 가진 세균으로 종류에 따라 다양한 형태와 배열을 가진다.

3) 나선균(Spirilli)

나선균은 외형이 가늘고 긴 것이 꼬인 모양을 하고 있는데 spirillum, borrelia, treponema 등이 있다.

26-1-3. 세균의 구조와 기능

세균의 기본구조는 세포벽, 세포막, 세포질, 핵으로 되어 있다.

1) 세포벽(Cell wall)

세포벽은 세포의 모양을 유지하고 외계로부터 세균을 방어하고 있으며 세포벽을 구성하는 성분에 따라 염색성이 달라 그람 양성균과 그람 음성균으로 분류할 수 있다. 그람 양성균과 그람 음성균의 세포벽 구조의 차이는 항생물질과 여러 가지 화학물질에 대한 감수성에 차이가 있으므로 중요하다.

2) 세포질(Cell membrane)

세포막을 통과하는 분자의 운동을 선택적으로 제한된다. 물질 투과와 수송에 관여하며 필요한 영양소를 내부로 끌어들이며 불필요한 노폐물은 외부로 배출시킨다. 또한 세포벽, 협막의 형성에 관여하고 균체 외 효소를 분비한다.

3) 세포질(Cytoplasm)

세균의 유전물질인 염색체 DNA 외에 효소단백의 합성 공장인 리보좀, 정보 RNA, 전이 RNA 등이 들어 있다.

4) 아포(Spore)

아포의 내부는 수분이 적고 외부는 두꺼운 껍질로 싸여있어 건조, 열, 소독약 등에 대하여 대단히 저항력이 강하다. 아포는 환경이 좋을 때 다시 껍질을 뚫고 발아하여 원래의 모습이 되며 분열 증식한다.

5) 섬모(Cilia)

편모보다 가늘고 직선의 모양을 가지며, 일부의 섬모는 감염 초기에 균이 점막의 상피세포 위에 정착하여 증식하는데 필요하며 세균의 병원성을 나타낸다.

6) 협막(Capsule)

협막의 기능은 외레 인자에 의한 용균작용이나 백혈구에 의한 탐식작용을 막는 작용을 갖고 있다. 협막의 존재는 세균의 병원성을 나타내는 중요한 요인이 된다. 폐렴구균. 폐렴간균, 탄저균, 인플루엔자균 등이 협막을 가진 대표적인 균이다.

7) 편모(Flagella)

편모는 나선상의 운동에 관여하는 기관으로 편모를 회전시킴으로써 균에 추진력을 부여한다. 편모는 화학주성이라 알려진 화학적 자극에 따라 떠다닐 수 있게 한다. 편모의 수와 그 부착하는 위치는 균의 종류에 따라 달라진다.

26-2. 전염병 관리

26-2-1. 소화기계 전염병

소화기계 전염병은 환자나 보균자의 분뇨를 통해 배출된 병원체가 경구적으로 침입하여 감염을 일으키는 질병을 말한다. 장티프스, 세균성 이질, 콜레라, 파라티프스, 폴리오, 유행성 간염, 세균성 및 아메바성 이질 등이 있다.

1) 장티푸스(Typhoid)

발병 초기 단계적으로 상승하는 열은 1주일이 지나면 40℃의 고열이 수주일 동안 계속되며 권태감, 식욕부진, 느린 맥박, 림프조직의 병변, 특히 회장의 peyers patches의 궤양, 설사 후에 변비, 허리 부분에 장미꽃 같은 발진 등의 증상을 나타내는 열성 전신질환이다.

2) 세균성 이질(Shigellosis)

급성 세균성 질환으로서 발열, 구토, 경련이 일어나며, 심할 때는 점액성 혈변을 일으키고 대장점막에 궤양성 병변을 수반한다. 지리적으로 열대, 한대, 온대 전 지역에서 발생하나 온대지방에서 가장 많이 발생한다. 연령적으로는 10세 이하가 2/3을 차지하고 남성이 약간 높다.

3) 콜레라(Cholera)

심한 위장장애와 전신 증상을 호소하는 급성 전염병이다. 발병이 빠르고 구토, 설사, 탈수, 허탈 등을 일으키고, 사망은 발병 후 수시간 내에 일어나는 수가 많다.

4) 폴리오(=소아마비)

중추신경계의 손상으로 나타나며, 소아에게 주로 영구적인 마비를 일으키는 급성 전염병 질환이다. 감기 증상을 나타내는 부전형, 마비형 폴리오의 85% 정도를 차지하는 척수형, 마비형 환자의 6~10%에서 나타나고 매우 중한 연수형 등이 있다.

5) 파라티푸스(Paratyphoid fever)

장티푸스와 비슷한 증세를 나타내나 기간이 짧고 증세가 미약하다. 때로는 위장염을 일으켜서 임상적으로 다른 식중독과 구별할 수 없는 증상을 나타낸다.

(6) 유행성 간염

유행성 간염은 과거부터 산발적으로 발생하였으나 1951년경부터 전국 각지에서 유행하였다. 계절적으로 연중 발생하나 봄과 가을에 다소 높은 발생률을 보였고, 연령적으로는 2~10세의 소아와 30~39세의 성인층에 비교적 많다. 유행은 사회 계층이 낮고, 위생시설이 나쁜 곳과 농촌 지역, 특히 전시에 군부대에서 많이 발생한다.

26-2-2. 호흡기계 전염병

호흡기계 전염병은 환자나 보균자의 객담, 콧물 등으로 배설되어 감염되는 비말 감염과 공기 전파로 이루어지는 비말핵(droplet nuclei) 감염 및 먼지(dust)에 의한 감염으로 이루어진다. 비말은 대화를 할 때는 1m, 재채기를 할 때는 3m의 범위까지 영향을 끼친다.

호흡기계 전염병에는 디프테리아, 백일해, 인플루엔자, 홍역, 결핵 등이 있으며, 호흡기계 전염병 관리는 환경의 개선으로 효과가 없으므로 병원소 및 감수성 보유자에 대한 대책이 중요하다. 호흡기계 전염병의 일반적 특성은 다음과 같다.

① 대체로 초기에 다량의 삼출성 분비물을 배출한다.
② 대부분 보균이나 감수성 자에게서 직접 전파된다.
③ 연령, 성, 사회 경제적 상태에 따라 그 발생에 많은 차이를 나타낸다.
④ 계절적으로 많은 변화 양상을 나타낸다.
⑤ 대부분의 인구 집단에서 이병손실일수의 가장 많은 비율을 차지한다.

1) 디프테리아

디프테리아는 인후, 코 등의 상피조직에 국소적 염증을 일으키며, 장기조직에도 장애를 일으키는 제2군 법정 전염병이다.

2) 백일해

백일해는 예방접종에 의한 관리가 가장 효과적이며 9세 이하에서 많이 발생한다. 특히 5세 이하의 소아에게 다발하며, 계절적으로 늦은 겨울부터 초봄에 많이 유행한다. 개발도상국에서는 발생률이 높고 소아의 전염병 중에서 사망률이 가장 높은 질병 중의 하나이다.

3) 홍역

전염성이 강한 바이러스성 질환으로서 대개 2-3년 간격을 두고 주기적으로 많이 유행한다. 일반적으로 1-2세에 많은 감염이 이루어지는데 열과 전신발진이 생기는 급성 전염병이며, 합병증으로 이염, 폐렴의 2차 감염이 문제되기도 한다.

4) 인플루엔자

급성 호흡기 전염병으로 38~40℃의 발열과 오한, 근육통, 사지통, 때로는 전신쇠약감 같은 특이한 전신 증상이 돌연 나타난다.

호흡기 증상은 열이 떨어지면서 심해지고 재채기를 하며 콧물이 나오거나 코가 막히는 때가 많으며, 눈은 빨개지고, 인두는 건조하고 다소 충혈되며, 기침은 환자의 약 3/4에서 나오며 기침을 할 때 앞가슴이 아프다. 주로 겨울철에 유행하는 인플루엔자는 산발적으로 유행을 하는 것이 특징이나 1957년과 1958년에 세계적인 유행을 하여 전 세계를 휩쓸었으며, 우리나라에서도 1957년 여름에 500만-600만 명 이상의 환자가 생겼고, 1918년 전후의 수년간에 걸쳐 1700만 명 이상이 감염되었다.

5) 풍진

풍진은 전 세계에 퍼져 있고 산발적으로 발생된다. 이른 봄부터 6월까지 환자가 많이 발생하고, 어린이가 잘 걸리기는 하지만 임산부가 임신 초기에 이환되면 태아에게 영향을 주므로 각별한 주의가 필요하다.

홍역에 비해 증상은 가벼우나 대개는 열이 나며 전신의 림프절, 특히 목뒤, 귀 뒤에 있는 림프절이 부어서 만지면 아프고 약 2-7일간 계속되며 발진이 생긴다. 발진은 한번에 다 생기지는 않고 첫날 얼굴과 목에 생기고, 다음날은 희미해지면서 가슴, 등, 팔 등에 새로운 홍진이 생기는 가장 특이한 증상 중의 하나이다.

6) 수두

수두는 전 세계적으로 분포한다. 온대지방에서는 2~8세 무렵에 많이 발생되고,

열대지방에서는 성인 환자가 전체의 1/3이나 차지한 일도 있다.

미열과 동시에 발진이 가슴과 배에 생기며 이어서 얼굴, 팔, 다리에도 나타나고 1~5일간 지속되며, 처음에는 반점이던 것이 수포가 되고 표면이 커지면서 마르고 딱지가 된다.

7) 성홍열

성홍열은 전 세계적으로 분포하지만, 특히 온대지방에는 보편적으로 상재하는 급성 전염병으로 우리나라에서는 1960년대에는 거의 발생이 없었으나 1977년에 9명, 1979년에 48명이 발생하였다. 주로 늦봄에 흔히 발생한다.

성홍열의 증상은 자각증상 없이 지나는 경증에서 발진을 나타내는 중증까지 매우 다양하다. 특징은 발열, 인후염, 편도선염, 경부 림프선 통증이 온다. 또 맥박이 크게 증가하거나 피부가 뜨겁고 건조하게 느끼며 합병증으로는 중이염, 유양돌기염, 림프절염, 뇌막염 등이 발생할 수 있다.

26-2-3. 절족동물 매개 전염병

절족동물의 종류가 무수히 많이 있지만 인간에게 질병을 전파할 곤충과 질병은 페스트(벼룩), 발진티푸스(이), 일본뇌염(모기), 발진열(벼룩), 말라리아(모기), 유행성 출혈열(진드기) 등이 있다.

1) 페스트

페스트는 야생 설치류에 매개되어 림프선종 또는 폐렴을 일으키는 급성 전염병으로 패혈증을 일으킨다.

2) 발진티푸스

발진티푸스는 이로 인하여 매개되어 발열, 근육통, 정신 신경증상, 발진 등을 나타내는 급성 전염병으로 때로는 발진이 출열성이기도 하다.

3) 말라리아

말라리아는 학질, 하루거리, 초학 등으로 불리어지며, 우리나라에서는 경상북도 북부 지방을 중심으로 많이 유행되었다.

4) 유행성 일본뇌염

유행성 일본뇌염은 우리나라에서는 8월부터 10월 사이에 많이 발생하는데, 이것은 뇌염모기에 의해 뇌에 염증을 일으키는 질환이며, 치명률은 평균 40% 정도이다.

5) 유행성출혈

우리나라에서는 경기도 북부 및 강원도 등지에서 늦봄과 늦가을에 많이 발생되었는데 심한 각혈, 위장출혈, 심장출혈, 뇌출혈, 혈뇨 및 단백뇨 등이 나타나는 급성 전염병으로서 치명률은 대체로 10~15% 이하인 것으로 발표되고 있다.

유행성출혈열은 고열, 신부전, 출혈 등을 특징으로 하는 급성 열성질환으로 Bunyaviridae과의 Hantavirus속에 속하는 여러 바이러스에 의한 전신 감염질환이다. 유행성출혈열은 전세계적인 전염병으로 1982년 WHO에서 유행성출혈열과 유사한 소련의 출혈성 신염(hemorrhagic nephrosonephritis), 스칸디나비아 국가들의 유행성 신염(nephropathia epidemica), 중국의 송고열 등을 통칭하여 "신증후출혈열(hemorrhagic fever with renal syndrome)" 로 명명하였다.

(1) 유행성출혈열의 임상증상

잠복기는 9~35일 정도로 평균 약 2-3주 정도이며 급성으로 발열, 출혈경향, 요통, 신부전이 특징으로 임상 임상 경과로는 5기로 나눌 수 있으며, 다음과 같다.

① 발열기(3~5일) : 갑자기 시작하는 발열, 권태감, 식욕 부진, 심한 두통 등이 나타나고 복통, 요통, 얼굴과 몸통의 발적, 결막 충혈, 출혈반 등이 차차 발생한다.

② 저혈압기(수시간~3일) : 전신 증상이 지속되고, 해열과 동시에 혈압이 떨어져 불안해 보이며, 심하면 착란, 섬망, 혼수 등 쇼크 증상을 보이며, 심한 단백뇨, 빈뇨가 나타나고, 혈소판 감소, 백혈구 증가, 혈뇨, 토혈, Hematocrit 상승 등의 출혈

경향이 나타난다.

③ 핍뇨기(3~5일) : 혈압이 정상 혹은 떨어지며 오심, 구토, 핍뇨, 질소혈증, 전해질 이상(K 증가), 때로는 뇌부종, 폐수종도 볼 수 있으며, 반상 출혈, 자반, 위장관 출혈이 현저해 지고 소변이 나오지 않는다.

④ 이뇨기(7~14일) : 신기능이 회복되는 시기로 다뇨(3~6 *l* /일)가 동반되며 심한 탈수, 쇼크, 폐합병증으로 사망할 수 있다.

⑤ 회복기(1~2개월) : 가끔 다뇨가 지속되거나 야뇨, 빈혈 증상이 있다.

이 질병은 병력, 임상 증상, 검사 소견, 병의 경과로 추정 진단이 가능하며, 렙토스피라증 등과의 감별이 중요하다.

6) 발진열

발진열은 감염된 쥐벼룩에 의해서 전파되며 임상 증세는 발진티푸스와 비슷하지만 일반적으로 증세가 가볍고 사망하는 예는 거의 없다. 3~5일이 되면 반점상 구진이 복부, 흉부에 나타나는 특징이 있으며, 특이요법은 없고 대증요법과 tetracycline, chloramphenicol과 같은 항생제가 사용된다.

계절적으로는 가을철에 많고 산발적으로 발생하며, 쥐의 서식이 많은 지역(농촌, 곡물창고 등)에서 발병이 잘된다.

(1) 감염 및 전파 경로

발진열은 원래 서족에서 전염되는 질환으로 쥐벼룩에 의해 매개되며, 사람이 발진열에 감염되는 것은 쥐벼룩에 물렸을 때 또는 감염된 벼룩의 배설물을 흡입했을 때 일어난다. 주로 가려워서 긁는 등의 이유로 피부에 상처가 나면 몸 속으로 감염된 쥐벼룩의 대변에 있는 리케치아가 침투해서 발병한다. 잠복기는 6~14일이며 보통은 12일 정도 이다.

(2) 증 상

증세는 갑자기 또는 서서히 발생되며 두통, 근육통, 발열(38.5℃~40℃)이 나타나고 초기에는 기침을 하는 환자가 많지만 가래는 없다. 발병한 지 3~5일이 되면 환자의 60~80%에서는 반점상의 발진이 복부, 흉부에 나타나며 이어서 배부, 상지로 퍼지고 시간이 흐르면 반점상구진(maculopapular rash)이 되고 4~8일이 지나면 없어진다.

(3) 진단 및 치료

발진, 발열, 두통 등이 나타나면 발진열의 가능성이 있긴 하지만 임상적으로 발진티푸스는 물론이고 장티푸스, 파라티푸스 또는 다른 발진이 나타나는 질환과의 감별이 용이하지 않다. 다른 리케치아 질환과 구분하기 위해서는 혈청학적 검사가 필요하다. 특이요법은 없고 tetracycline, chloramphenicol과 같은 항생제를 사용하면 48시간 이내에 해열된다.

(4) 관리 및 예방

쥐벼룩에 물리지 말아야 하며, 잔류 효과가 있는 살충제(10% DDT, 린덴)를 쥐의 통로, 쥐구멍, 쥐집 등에 뿌려서 발진열 리케치아의 숙주인 쥐를 없애야 한다. 환자로부터 직접 전파되는 일은 없으므로 환자의 격리나 소독은 필요 없다. 백신은 사용되지 않는다.

7) 쯔쯔가무시병

동부, 중부 동남아시아에 주로 토착되어 있으며, 우리나라는 6.25 동란 중 미군 가운데 환자발생 보고가 여섯 번 있은 이래 발병 보고가 전혀 없다가 1984년 렙퍼스피라증의 원인이 밝혀지면서 쯔쯔가무시병에 대한 관심이 커져 1985년 신증후출혈열, 렙토스피라증 등 고열 출혈성 질환이 의심되는 환자를 대상으로 검사하여 9명의 양성자를 발견한데 이어, 1986년 진해에서 혈청학적 검사로 20여 명이 양성자로 확인, 보고되었다. 특히 직업은 성별 분포에 크게 영향을 미치는데 주로 새로운 주거지로 벌목된 지역, 제초작업 등 좀진드기가 서식하는 환경에서 일하는 성인들에게 주로 발생한다. 쯔쯔가무시에 의한 피부 발적 병변은 그림 26-2와 같다.

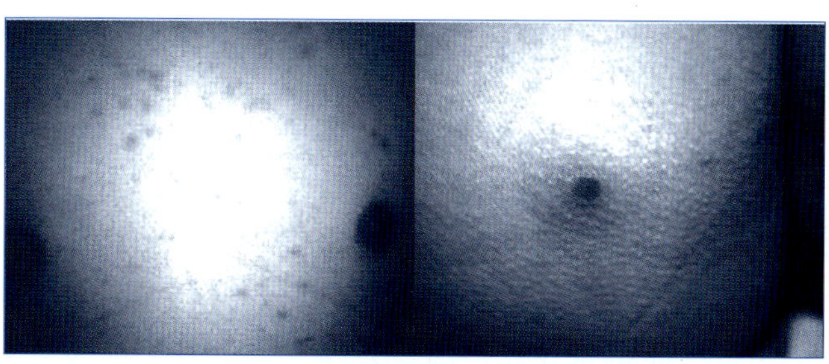

그림 26-2. 쯔쯔가무시병에 의한 피부 발적 병변

26-3. 멸균과 소독

26-3-1. 멸균

1) 고압 증기 멸균

고압 증기 멸균은 autoclave에 의한 멸균이라는 점에서 autoclaving이라는 용어도 사용되고 있다. 멸균 시간을 건열멸균의 경우보다 짧게 할 수 있는 것은, 포화증기를 사용하기 때문이다. 고압 증기 멸균의 멸균기에서는 포화증기를 일정 기간 작용시켜 미생물의 세포 내 단백과 효소를 불활성화시키기 때문에 미생물을 사멸시킨다.

2) 건열(Dry heat) 멸균

가열 멸균을 시행할 경우, 수분의 유무에 의해 습열과 건열로 분류할 수 있지만, 수분의 존재는 미생물의 사멸효과에 현저한 영향을 주고, 습열 쪽이 건열보다도 멸균 효과가 양호하며 적용 범위도 넓다. 건열 멸균은 건조고온에 견디는 것으로서 습열이 침투하기 어려운 재료의 멸균에 사용한다.

3) 간헐법(Fraction sterilization)

간헐법은 80~100℃인 수중 또는 유통 증기 중에서 1일 1회, 30~60분간씩 3~5회 가열을 반복하는 살균법이다. 이 방법은 고압 증기 멸균에 부적절한 고무 제품 등에 국한해서 이용된다.

4) 유통 증기법(Flowing steam disinfection)

유통 증기법이란, 100℃의 가열 수증기를 대기압 하에서 직접 유통시킴으로써 살균하는 방법이다. 고압 증기와 건열 멸균법에서 변질할 우려가 있는 고무제품, 섬유제품, 물 등에 국한해서 사용한다. 일반적으로 100℃로 30~60분간 실시한다.

5) 고주파 조사법

고주파 조사법은 고주파(915, 또는 2,450+50MHz)를 직접 조사하고, micro파가 수분자를 유동시킴으로써 발생하는 열에 의해 미생물을 살균하는 방법이다. 충전한 물, 액상의 제품, 기타 액상 또는 수분이 많은 물질에 적용한다.

고주파 조사에 의한 멸균의 조건은 작용 온도, 처리 시간 및 고주파 출력이 중요하게 된다.

6) 여과 제균법(Filtration)

여과 제균법은 각종 제균용 필터를 사용하여 액체와 기체를 여과시킴으로써 미생물을 제거하는 방법이다.

7) 자비 소독법

자비법(boiling water)으로 죽는 것은 세균 영양형이 주체이고, 파상풍균, 고초균의 아포를 완전히 죽이는 데는 장시간이 소요된다. 이 경우 중탄산소다(중조 sodium bicarbonate)를 1~2% 가하면 양호한 살균효과를 거둘 수 있다. 소독시간은 끓인 후 15분간 이상 소독한다. 오염기구의 소독에는 30분 이상의 자비가 필요한 것이다. 소독할 때 주의 사항은 다음과 같다.

① 소독 전에 기구를 잘 세정하고, 기름과 grease 등도 제거해 둔다.

② 고무제품과 유리기구는 소독시에 다량의 중조를 가해서 소독을 반복하면 양자 모두 열화하기 쉽다.

③ 가위나 칼과 같은 예리한 칼은 자비하면 날이 약화된다.

④ 소독 후의 기구는 가급적 빨리 사용한다. 뚜껑이 있는 용기에 넣고 보존하는 경우에는 뚜껑의 개폐와 취급에 의해 세균오염의 기회가 증가한다.

8) 가스 멸균법

가스 멸균법은 화학약제를 가스 형태로 만들어 재료, 제품, 환경, 공기 등에 존재하는 미생물의 사멸을 꾀하는 방법이다. 가스 멸균의 특징은 가열과 수분에 의해 영향을 받기 쉬운 기재에 대해서 비교적 저온 하에서 멸균할 수 있고, 광범위한 미생물에 유효하면서 포장재료 자체와 내부로의 침투성이 우수하다는 것을 조건으로 들 수 있다. 특히 오존(O_3)은 물을 살균 처리하는 데 옛날부터 사용해 왔다. 식품의 살균용으로 기체 또는 고체의 표면 살균제로 이용하기도 하고 탈취에 이용하기도 한다.

26-3-2. 소독

1) 알코올류

에탄올과 메탄올 100%는 아포를 소독하는데 효과가 없으나, 70~80%는 소독 효과가 강하다.

2) 페놀류

석탄산은 소독제로 많이 활용되는데, 3%는 손 소독에 적당하며, 5%는 기구 소독에 적당하다. 크레졸 1~2%는 손 소독에 적당하며, 5-10%는 병적 배설물 소독에 적당한 농도이다.

3) 역성비누

염화벤잘코늄과 염화벤제토니움은 무색 · 무취제로 손 소독에는 0.1%가 적당하고, 기구 소독에는 0.1~1.0%가 적당하다.

4) 할로겐 화합물

우수나 수돗물에 사용되는 소독제로 일반적으로 염소가스를 말한다. 수돗물은 0.1~0.2ppm의 함유를 규정하고 있다.

5) 알데하이드류

포르말린은 포름알데하이드와 개미산을 가한 것을 말하는데, 일반적으로 5%는 기구 소독제로 활용되고, 글루타알데하이드는 2%는 간염바이러스 소독에 유효하다.

6) 산화제

과산화수소나 과망간산칼륨이 대표적인데, 이들의 적정 농도는 3%와 0.02~0.5%이다.

chapter 27

공중보건학

공중보건학은 사람들의 건강을 보호하는 것이다. 즉 사람을 위한 학문 및 실천적 활동을 의미한다. 공중보건학은 환경위생, 식품위생 등을 다루고 있으나, 역시 본질적인 대상은 사람이다. 이 장에서는 공중보건에 대한 지식을 다루고자 한다.

27-1. 공중보건의 정의

27-1-1. 세계보건기구(WHO)의 정의

질병을 예방하고 건강을 유지 · 증진하며 육체적, 정신적 능력을 충분히 발휘할 수 있게 하기 위한 과학이며, 그 지식을 사회의 조직적 노력에 의해서 사람들에게 적용하는 기술을 말한다.

1) 세계보건기구(WHO)

(1) 창설

1948년 4월 국제연합의 보건전문기관 발족

(2) 본부

스위스 제네바, 6개 지역 사무소

(3) 우리나라 가입

1949년 6월(65번째 가입. 서태평양 지역에 소속)

(4) 주요 기능

① 국제적인 보건사업의 지휘 및 조정

② 회원국에 대한 기술 지원 및 자료 공급

③ 전문가 파견에 의한 기술 자문활동

27-2. 공중보건의 대상 및 필요성

1) 공중보건의 대상

공중보건의 대상은 인간 집단인 지역사회(개인이 아님) 전 주민(국민)이 대상이 된다.

2) 공중보건의 필요성

공중보건은 예방의학이므로 예방 가능한 질병을 예방하지 못한다는 것은 결국 후진국임을 나타내는 것이다.

27-3. 공중보건수준 평가지표

1) 보건수준의 지표 항목

영아 사망률(가장 대표적), 평균 수명, 비례 사망지수, 조사망률, 모성 사망률, 질병 이환률, 사인별 사망률.

(1) 신생아와 영아

①신생아 : 생후 28일 미만의 아기

②영아 : 생후 12개월 미만의 아기

(2) 영아 사망의 원인

폐렴 및 기관지염, 장염 및 설사, 신생아 고유질환 및 사고

(3) 모성 사망 3대 요인

임신중독증 - 출혈 - 자궁 외임신

27-4. 건강에 대한 정의

1) 건강에 대한 세계보건기구의 정의

건강이란 단순한 질병이나 허약한 부재 상태가 아니라 육체적, 정신적 및 사회적으로 건전한 상태를 말한다.

2) 건강의 3요소

① 환경

② 유전

③ 개인의 행동 및 습관

27-5. 보건행정

1) 보건행정의 분류

(1) 일반보건행정

보건복지부 보건정책국 및 환경부

① 예방보건행정

② 모자보건행정

③ 의료보건행정

2) 근로보건행정 : 노동부 근로기준국 근로기준과

(1) 우리나라 근로기준법 :

1일 8시간(주당 44시간)

(2) 연소 근로자 보호

15세 미만인 자는 근로자 채용 못함

보호 연령 : 15세 이상 18세 미만

3) 학교보건행정 : 교육부 학교정책과

(1) 학교급식

교육부 주관

(2) 목적

학교 급식 등에 관한 사항을 규정하고 학교급식을 통한 학생의 심신의 건전한 발달을 도모한다. 나아가 국민 식생활 개선에 기여한다.

27-6. 보건행정의 특징

1) 보건행정 개념

보건행정이란 공중보건의 목적을 달성하기 위한 행정 활동으로 국민의 질병 예방, 생명 연장, 건강 증진을 도모하기 위한 것이다.

2) 보건행정의 효율적 수행요건

① 보건관계법규

② 보건교육(가장 효율적 방법)

③ 보건봉사

27-7. 우리나라 사회보장 제도

1) 의료보험 사업

국민의 질병, 부상, 분만 또는 사망 등에 의하여 보험 급여를 실시, 국민 보건을 향상, 사회보장의 증진을 목적으로 한다.

2) 의료 보호 사업

생활 무능력자 및 일정 수준 이하의 저소득층을 대상으로 실시한다.

27-8. 환경보건

27-8-1. 환경보건의 개요

1) 환경보건의 개념(WHO)

환경위생은 인간의 신체 발육, 건강 및 생존에 유해한 영향을 끼치거나 끼칠 가능성이 있는 인간의 물리적 생활 환경에 있어서의 모든 요소를 통제하는 것이다.

2) 감각 온도의 3요소

① 기온(온도) : 지상 1.5m에서의 건구 온도, 쾌적 온도는 18℃

② 기습(습도) : 일정온도에서 공기 중 포함된 수증기의 양. 쾌적습도는 40~70%

③ 기류(공기의 흐름) : 기온과 기압의 차에 의해 발생하는 공기의 흐름, 최적 기류 : 1m/sec

27-8-2. 일광

자외선→가시광선→적외선(파장의 단파순)

(1) 자외선

① 일광의 3부분 중 가장 짧은 파장
② 강한 살균력(2,600~2,800 Å)
③ 프로비타민 D를 비타민 D로 바꾸어 줌. 건강선(Dornot선)
④ 비타민 D의 형성을 촉진하여 구루병을 예방. 피부결핵, 관절염의 치료 작용
⑤ 인체장애(피부홍반, 색소침착, 부종, 수포형성, 피부박리 등)
⑥ 신진대사 촉진, 적혈구 생성 촉진, 혈압 강하작용
⑦ 결막염, 설안염 등을 발생
⑧ 조리장 내의 조리기구, 식품 등을 소독(식품 내부까지는 소독 안됨)

(2) 가시광선

인간에게 색채를 부여, 명암 구분

(3) 적외선

① 가장 긴 파장(7.800 Å 이상), 열작용(열선)
② 지상의 기온을 좌우.
③ 홍반, 피부 온도의 상승, 혈관 확장 등의 작용
④ 과다 조사시 두통, 현기증, 열경련, 열사병, 백내장 등의 원인

(4) 온열인자

① 기온, 기습, 기류(바람), 복사열(발열체로부터 직접 발산되는 열)

27-8-3. 공기

(1) 공기와 대기

지구를 덮고 있는 공기 층을 대기라 한다.

(2) 공기의 조성

① 질소(N_2) 78%(약 4/5)

② 산소(O_2) 21%(약 1/5) → 10% 이하 : 호흡곤란, 7% 이하: 질식사

③ 탄산가스(CO_2) 0.03%~0.04% → 10%이상: 질식사, 7%이상: 호흡곤란

④ 기타 0.07%

(3) 공기 중 탄산가스(CO_2) 함량 : 공기오염의 지표

① CO_2의 서한도(위생학적 허용 한계) : 0.1%(=1,000ppm)

② CO의 서한도 8시간 기준 : 0.01%(=100ppm)

(4) 아황산가스(SO_2)

① 중유의 연소 과정에서 발생

② 자극성 취기, 점막의 염증, 호흡곤란 발생

③ 대기오염의 측정지표

(5) 기타

① 여러 가지 원소가 미량 함유

② 공기 중의 먼지 허용기준 : 400개/ml 이하(10mg/m^3 이하)

(6) 군집독(실내 오염)

다수인 밀집한 곳의 실내 공기는 화학적 조성이나 물리적 조성의 변화로 인해 불쾌감, 두통, 권태, 현기증, 구토 등의 생리적 이상을 일으키는 현상

27-8-4. 물(상수)

(1) 인체와 물

① 체중의 60~70%가 물로 구성

② 10%를 상실: 생리적 이상 발생

③ 20% 이상 상실: 생명 위험

④ 성인 1일 필요량 : 2.0~2.5 *l*

(2) 상수의 수원

① 천수(비, 눈) : 매진, 분진, 세균량이 많다.

② 지표수 : 하천수, 호수, 오염물이 많을 수 있다.

③ 지하수 : 유기물, 미생물이 적고 탁도는 낮으나 경도가 높다.

④ 복류수 : 하천 저부에서 취하는 방법으로 지표수보다는 깨끗하다.

(3) 물의 보건적 문제

① 수인성 질병(장티푸스, 파라티푸스, 세균성이질, 콜레라, 유행성간염 등)의 전염원

② 기생충 질병(간디스토마, 폐디스토마, 회충, 편충 등)의 전염원

③ 오염원으로부터 20m 이상 떨어져 있어야 한다.

(4) 수인성 질병 병원체의 특징

① 환자의 발생이 폭발적

② 2차 감염에 의한 환자 발생률이 낮다.

③ 전염병 유행 지역과 음료수 사용 지역이 일치. 음료수에서 동일 병원체가 검출.

④ 계절, 성별, 나이에 관계없이 발생.

⑤ 장기간 방치하면 영양원의 부족, 잡균과 생존경쟁, 일관의 살균작용, 온도의 부적당 등의 원인으로 수중에서 병원체의 수가 감소.

⑥ 농어촌 지역에서는 아직 지하수를 음용, 오염으로 인한 질병에 노출, 상수도 관리를 우선으로 시행.

(5) 물의 정수법

① 침사

② 침전

- 보통 침전 : 일반적인 방법
- 약품 침전 : 황산알루미늄 등의 약품 사용(응집제)

③ 여과

- 완속 여과 : 보통 침전시(여과막 제거: 사면대치법)

• 급속 여과 : 약품 침전시(여과막 제거: 역류세척법)

④ 소독

• 반드시 실시해야 하는 과정.

• 열처리법, 자외선 소독법, 표백분 소독법, 오존 소독법 사용

• 상수 소독에는 염소 소독 사용

• 잔류 염소: - 0.2ppm 유지, 물 사용중의 오염이나 송수 과정 중의 오염 시 소독 효과를 위해 필요하다.

27-8-5. 하수

(1) 하수처리 종류

① 합류식

· 가정 하수, 산업 폐수, 자연수, 천수 등 모든 하수를 운반

· 악취 발생과 범람의 위험

· 시설비가 저렴, 하수관 자연 청소

· 하수관이 크므로 수리 · 검사 · 청소 등이 편리

· 분류식 : 천수를 별도로 운반

· 혼합식 : 천수와 사용수의 일부를 함께 운반

(2) 하수처리 과정

① 예비 처리

· 보통 침전법

· 약품 침전법 : 황산알루니늄

② 본처리

· 혐기성 처리 : 부패조, 임호프(Imhoff)탱크법

· 호기성 처리 : 살수여상법(60ppm이하), 활성오니법(20ppm 이하)

③ 오니 처리: 소화법이 진보적

(3) 하수 오염측정

① 생화학적 산소 요구량(BOD)

BOD가 높다는 것은 분해 가능한 유기물질이 많이 함유되어 있다는 것을 의미하며, 이것은 하수의 오염도가 높다는 것을 의미한다.

② 용존 산소량(DO)

하수 중의 용존 산소량이 오염도를 측정하는 방법으로 용존 산소의 부족은 오염도가 높음을 의미한다.

③ 위생하수의 서한도

㉮ DO : 5ppm 이상 ㉯ BOD : 20ppm 이하

④ BOD측정

일반적으로 20℃에서 20일이 필요하나, 통상 5일의 기간을 지정한다.

27-8-6. 분뇨와 진개

(1) 분뇨의 처리법

① 분뇨의 소화처리법

· 가온식 소화처리법 : 25~35℃에서 1개월 이상이 필요

· 무가온식 소화처리법 : 2개월 이상이 필요

② 분뇨의 습식산화법

· 병원균이 완전 사멸

· 가장 위생적 처리 방법

· 고압(70~80기압), 고온(200~250℃)으로 소각

(2) 분변에 의한 소화기계질병

① 세균성 질병 : 장티푸스, 세균성 이질, 콜레라 등

② 기생충 질환 : 회충, 구충, 편충, 요충, 촌충, 아메바성이질, 흡충류 등

(3) 분변오염의 지표

① 대장균의 존재 여부는 분변에 의한 오염지표

② 특히 냉동식품의 오염지표로 이용

③ 수질검사 등에 응용되는 위생학 상 대단히 중요

(4) 진개처리

① 매립법

· 불연성진개나 잡개가 적당

· 매립 경사는 30°

· 반드시 복토를 실시

· 매립 두께는 1~2m

· 복토 두께는 0.6~1m

② 소각법

· 미생물을 사멸시킬 수 있는 가장 위생적 방법

· 대기오염의 우려

③ 퇴비화법

· 발효시켜 비료로 사용하는 방법

· 유기물이 많은 진개에 사용

· 기타 방법 : 투기법, 가축사료화법, 그라인더법 등

27-8-7. 곤충의 구제 및 매개 질병

(1) 구충구서의 일반적 원칙

① 발생원 및 서식처를 제거(가장 근본적인 대책)

② 발생 초기에 실시

③ 대상 동물의 생태 및 습성을 따라서 실시

④ 광범위하게 동시에 실시

(2) 위생 해충의 구제

① 파리

· 속효성 살충제 분무법

· 끈끈이 테이프법 등

② 모기

· 속효성 살충제 공간살포법

· 기피제

③ 바퀴

· 독이법(붕산, 아비산 석회, 불화소다에 찐감자 및 설탕을 혼합 사용)

· 유인제에 의한 접착제 사용법

· 살충제 분무법 등

· 바퀴의 습성 : 잠식성, 야간활동성, 군집성(군서성), 질주성

④ 쥐

· 살서제, 포서기, 천적(고양이) 이용, 서식처 제거 등

⑤ 진드기

· 건조 상태에서는 증식할 수 없고 20℃, 13% 이상의 수분이 있어야 발생

· 긴털가루 진드기 : 가장 흔한 것으로 곡류, 곡분, 빵, 과자, 건조 과일, 분유, 건어물 등 각종 식품에서 발견

· 수중다리가루 진드기 : 각종 저장 식품, 종자, 건조 과일 등에 발견

· 설탕 진드기 : 설탕, 된장 등

· 보리가루 진드기 : 곡류, 건어물 등

(3) 곤충이 매개하는 질병

① 파리 : 콜레라, 이질, 장티푸스, 파라티프스, 식중독 등

② 모기 : 말라리아, 일본뇌염, 사상충증, 황열, 뎅구열 등

③ 바퀴 : 콜레라, 이질, 장티프스, 살모넬라, 소아마비 등

④ 쥐 : 아베바성이질, 페스트, 서교증, 와일씨병, 살모넬라증, 발진열, 유행성출혈열 등

⑤ 진드기 : 유행성출혈열, 양충병, 옴, 재귀열 등

⑥ 벼룩 : 페스트, 발진열

⑦ 인축 공통전염병 : 결핵, 탄저병, 비저병, 공수병

※ 폴리오는 소아마비를 말하는 것으로 급성회백수염, 척수전각염이라고도 한다.

8) 채광 및 조명

(1) 인공조명

① 직접 조명

· 조명 효율이 크고 경제적, 현휘를 일으키며 강한 음영으로 불쾌감

② 간접 조명

· 조명 효율이 낮고 설비의 유지비가 많이 든다.

③ 반간접 조명

· 직접 조명과 간접 조명의 절충식

④ 조리장의 조도 : 50～100Lux가 적당.

9) 환기 및 냉난방

(1) 환기

① 자연 환기

· 실내공기는 실내외의 온도차, 기체의 확산력, 외기의 풍력에 의해 이루어짐

· 중성대가 천장 가까이에 형성되도록 하는 것이 환기 효과가 크다.

(2) 냉방과 난방

① 10℃ 이하일 때는 난방, 26℃ 이상일 때는 냉방

② 난방 : 실내의 쾌적온도는 18℃, 습도는 40～70%

③ 냉방 : 실내외 온도 차이는 5～7℃ 이내

10) 공해

(1) 현대 공해

① 다양화, 누적화, 다발화, 광역화의 경향

② 대기오염, 수질오염, 토양오염, 소음, 진동, 악취, 방사선오염, 일조권 방해, 전파방해 등

(2) 대기오염

① 원인 물질

· 아황산가스, 질소화합물, 일산화탄소. 옥시던트, 탄화수소, 부유분진 등

② 대기오염의 피해

· 호흡기 질병 : 만성기관지염, 기관지천식, 천석성 기관지염, 폐기종, 인후두염 등

· 농작물피해 : 생장 장애 및 식물의 조직 파괴 등

· 금속제품부식, 페인트칠 변질, 건축물 손상 등

③ 기온 역전

· 대기층 상부 기온이 하부 기온보다 더 높은 현상

· 공기순환이 나쁜 것으로 호흡기 질환을 일으키는 원인

⑤ 오존층 파괴

· 프레온가스, 할로겐 등에 의해 발생

· 온난화 현상

· 산성비: pH 5.6이하의 산도를 가진 비. 부식, 삼림 황폐화. 생태계 파괴

(3) 수질오염의 피해

① 미나마타병(유기 수은)-지각마비

· 수은(Hg)을 함유한 공장 폐수가 어패류에 오염된 것을 사람이 섭취함으로써 발생

· 증상 : 손의 지각 이상, 언어장애, 구내염, 시력약화 등

② 이타이이타이병(카드뮴)

· 카드뮴(Cd)지하수, 지표수에 오염되어 농업수로 사용됨으로써 벼 등 오염된 농작물 섭취에 의해 중독

· 증상 : 골연화증, 전신 권태, 신장기능장애, 요통 등

· PCB중독(쌀겨유 중독)

③ 수질오염 물질

시안, 카드뮴, 수은, 유기인, 납, 크롬, 유기폐수 등

(4) 소음공해

① 소음공해로 인한 피해

수면장애, 불쾌감, 생리적 장애, 맥박수, 호흡수, 신진대사항진, 작업능률 저하 등

27-9. 인구와 보건

1) 산업보건

(1) 작업 종류별 필요 영양소

① 고온 작업 : 식염, 비타민 A, 비타민 B, 비타민 C, 비타민 D
② 저온 작업 : 지방질, 비타민 A, 비타민 B, 비타민 C, 비타민 D
③ 강노동 직업 : 비타민류, Ca 강화 식품
④ 소음 작업 : 비타민류

(2) 작업 환경에 의한 직업병

① 이상 고온 : 열중증(열경련, 열사병, 열허탈증, 열쇠약증)
② 이상 저온 : 참호족염, 동상, 동창, 빈혈
③ 불량 조명 : 안정 피로, 근시, 안구진탕증
④ 적외선 : 일사병, 백내장, 피부홍반
⑤ 자외선 : 피부화상, 피부암, 눈의 결막(각막) 손상
⑥ 방사선 : 조혈기능의 장애, 피부점막의 궤양과 암의 형성, 생식기능장애
⑦ 고압 작업 : 잠함병
⑧ 저압 작업 : 수면장애, 홍분, 호흡촉진, 식욕감퇴 등
⑨ 분진 : 진폐증(규폐증, 석면폐증, 활석폐증, 금속열 등)
⑩ 진동 : 레이노드(Raynaud' s) 병

(3) 중금속중독

① 납(Pd)중독(연독) : 권태, 체중감소, 연상통, 구강염 등
② 수은(Hg)중독(미나마타병) : 수은에 감염된 어패류를 섭취하였을 때 피로, 기억력 감퇴, 지각이상, 언어장애 등의 증상이 나타난다.
③ 크롬(Cr)중독 : 비염, 인두염, 기관지염
④ 캬드뮴(Cd)중독(이타이이타이병) : 폐기종, 신장애, 단백뇨, 골연화증
⑤ 이황화탄소중독 : 정신질환, 하반신마비, 뇌신경마비

3) 인구 구성

① 피라미드형(인구 증가형): 고출생, 고사망으로 발전형
② 종형(인구 정지형) : 저출생, 저사망으로 안전형
③ 항아리형(인구 감소형) : 저사망률, 저출생률로 감퇴형
④ 별형(인구 유입형) : 생산 연령 인구가 많이 유입되는 도시지역형
⑤ 호리병형(인구 유출형) :별형과는 반대 개념의 형

27-10. 공중위생관리법시행규칙

제1조 (목적) 이 규칙은 공중위생관리법 및 동법시행령에서 위임된 사항과 그 시행에 관하여 필요한 사항을 규정함을 목적으로 한다.

제2조 (시설 및 설비기준) 공중위생관리법(이하 "법"이라 한다) 제3조제1항의 규정에 의한 공중위생영업의 종유별 시설 및 설비기준은 별지 제1호 서식에 의한다.

제3조 (공중위생영업소의 개설통보 등) 법 제3조제2항의 규정에 의한 공중위생영업소 개설 사실 또는 영업장 소재지 변경 사실의 통보는 별지 제1호 서식에 의한다.

제4조 (목욕장 욕수의 수질기준 등) 법 제4조제2항의 규정에 의한 목욕장 욕수의 수질 기준과 수질검사 방법 등은 별표 2와 같다.

제5조 (이 · 미용 소독기준 및 방법) 법 제4조제3항제1호 및 제4항제2호의 규정에 의한 이용기구 및 미용기구의 소독기준 및 방법은 별표 3과 같다.

제6조 (세제의 종류 등) 법 제4조제5항의 규정에 의하여 세탁업자는 다음 각 호의 세제를 사용하는 세탁용 기계의 안전관리를 위하여 밀폐형이거나 용제회수기가 부착된 세탁용 기계를 사용하여야 한다.

1. 퍼클로로에칠렌(Perchloroethylene)
2. 트리클로로에탄(Thrichloroethan)
3. 불소계용제

제7조 (공중위생영업자가 준수하여야 하는 위생관리기준 등) 법 제4조제7항의 규정에 의하여 공중위생영업자가 건전한 영업질서 유지를 위하여 준수하여야 하는 위생관리기준 등은 별표 4와 같다.

제8조 (공중이용시설의 위생관리기준)

① 법 제5조제1호의 규정에 의한 공중이용시설의 실내공기 위생관리기준은 별표 5와 같다.

② 법 제5조제2호의 규정에 의하여 공중이용시설 안에서 발생되지 아니하여야 할 오염물질의 종류와 허용되는 오염의 기준은 별표 6과 같다.

제9조 (이용사 및 미용사의 면허)

① 법 제6조제1항의 규정에 의하여 이용사 또는 미용사의 면허를 받고자 하는 자는 별지 제2호 서식에 의한 신청서에 다음 각 호의 서류를 첨부하여 주소지를 관할하는 특별시장 · 광역시장 · 도지사(이하 "시 · 도지사"라 한다)에게 제출하여야 한다. 다만 법 제6조제1항제1호 또는 동항제2호에 해당하는 자의 경우에는 해당 학교의 소재지를 관할하는 시 · 도지사에게 제출할 수 있다.

1. 졸업증명서 1부(전문대학 또는 이와 동등 이상의 학력이 있다고 교육부장관이 인정하는 학교에서 이용 또는 미용에 관한 학과를 졸업한 자나 교육부장관이 인정하는 고등기술학교에서 1년 이상 이용 또는 미용에 관한 소정의 과정을 이수한 자에 한한다)
2. 이 · 미용사 자격증 사본 1부(국가기술자격법에 의한 이용사 또는 미용사의 자격을 취득한 자에 한한다)
3. 정신질환자, 간질병자, 마약 · 대마 · 향정신성의약품중독자 및 제2항의 규정에 의한 결핵환자에 각각 해당되지 아니함을 증명하는 건강진단서 1부
4. 최근 6월 이내에 찍은 가로 3cm 세로 4cm의 탈모 정면 상반신 사진 2매

② 법 제6조제2항제3호에서 "보건복지부령이 정하는 자"라 함은 전염병예방법 제2조제1항의 규정에 의한 제3종전염병 중 결핵(비전염성인 경우를 제외한다)환자를 말한다.

③ 시 · 도지사 이용사 또는 미용사의 면허를 하는 때에는 별지 제3호 서식의 면허증을 교부하여야 한다.

제10조 (면허증의 재교부 등)

① 이용사 또는 미용사는 면허증의 기재 사항에 변경(성명 및 주민등록번호의 변경에 한한다)이 있는 때, 면허증을 잃어버린 때 또는 면허증이 헐어 못쓰게 된 때에는 재교부를 신청할 수 있다.

② 제1항의 규정에 의한 면허증의 재교부 신청을 하고자 하는 자는 별지 제4호서식에 의한 신청서에 다음 각 호의 서류를 첨부하여 면허를 받은 시 · 도지사에게 제출하여야 한다.

1. 면허증 원본(기재 사항이 변경되거나 헐어 못쓰게 된 경우에 한한다)
2. 분실 사유서 1부(잃어버린 경우에 한한다)
3. 주민등록등본(초)본 1부(주민등록번호가 변경된 경우에 한한다)
4. 호적등(초)본 1부(성명이 변경된 경우에 한한다)
5. 최근 6월 이내에 찍은 가로 3cm 세로 4cm 탈모 정면 상반신 사진 1매

③ 면허증을 잃어버린 후 재교부 받은 자가 그 잃어버린 면허증을 찾은 때에는 지체없이 면허를 한 시 · 도지사에게 이를 반납하여야 한다.

제11조 (이용사 또는 미용사 면허등록대장) 시 · 도지사는 법 제6조제1항의 규정에 의하여 이용사 또는 미용사의 면허를 한 때에는 별지 제5호 서식에 의한 면허등록대장을 작성 · 비치하고, 다음 각 호의 사항을 기록 · 유지하여야 한다.

1. 면허번호 및 면허 연월일
2. 성명 · 주민등록번호 및 주소
3. 출신학교 및 졸업 연월일
4. 국가기술자격의 종목 · 자격번호 및 등록 연월일
5. 행정처분 사항
6. 면허증의 재교부 사항

제12조 (면허증의 반납 등)

① 법 제7조제1항의 규정에 의하여 면허가 취소되거나 면허의 정지 명령을 받은 자는 지체없이 시 · 도지사에게 면허증을 반납하여야 한다.

② 면허의 정지 명령을 받은 자가 제1항의 규정에 의하여 반납한 면허증은 그 면허정지 기간 동안 관할 시 · 도지사가 이를 보관하여야 한다.

제 13조 (영업소외에서의 이용 및 미용업무) 법 제8조제2항 단서에서 "보건복지부령이 정하는 특별한 사유" 라 함은 다음 각 호의 사유를 말한다.

1. 질병 기타의 사유로 인하여 영업소에 나올 수 없는 자에 대하여 이용 또는 미용을 하는 경우
2. 혼례 기타 의식에 참여하는 자에 대하여 그 의식 직전에 이용 또는 미용을 하는 경우
3. 제1호 및 제2호 외에 특별한 사정이 있다고 시장 · 군수 · 구청장(자치구의 구청장을 말한다. 이하 같다)이 인정하는 경우

제14조 (업무범위) 법 제8조제3항의 규정에 의한 이용사 및 미용사의 업무범위는 다음 각 호와 같다.

1. 이용사 : 이발 · 아이론 · 면도 · 머리피부손질 · 머리카락염색 및 머리감기
2. 미용사 : 파마 · 머리카락 자르기 · 머리카락 모양내기 · 머리피부손질 · 머리카락염색 · 머리감기, 손톱의 손질 및 화장, 피부미용(의료기구나 의약품을 사용하지 아니하는 순수한 피부미용을 말한다), 얼굴의 손질 및 화장

제15조 (공중이용시설의 위생관리실태 검사기관 등)

① 공중위생관리법시행령(이하 "영" 이라 한다) 제7조제2항 본문에서 "보건복지부령이 정하는 검사기관" 이라 함은 다음 각 호의 기관을 말한다.

1. 특별시 · 광역시 · 도의 보건환경연구원
2. 시 · 도지사 또는 시장 · 군수 · 구청장이 검사능력이 있다고 인정하는 검사기관

② 보건복지부장관, 시 · 도지사 또는 시장 · 군수 · 구청장은 영 제7조제2항의 규정에 의하여 소속 공무원으로 하여금 오염물질을 채취하게 한 때에는 별지 제6호 서식에 의한 수거증을 공중이용시설의 소유자 · 점유자 또는 관리자(이하 "소유자등" 이라 한다)에게 교부하여야 한다.

제16조 (공중위생영업소 출입 · 검사결과의 기록 등)

① 법 제9조제1항 및 제7조제1항의 규정에 의하여 출입 · 검사를 실시한 관계 공무원은 당해 업소가 비치한 별지 제7호 서식의 출입 · 검사 등의 기록부에 그 결과를 기록하여야 한다.

② 법 제9조제2항의 규정에 의한 관계 공무원의 권한을 표시하는 증표는 별지 제8호 서식에 의한다.

제17조 (개선기간)

① 법 제10조의 규정에 의하여 보건복지부장관, 시 · 도지사 또는 시장 · 군수 · 구청장은 공중위생영업자 및 공중이용시설의 소유자 등에게 법 제3조제1항 · 법 제4조 및 법 제5조의 위반사항에 대한 개선을 명하고자 하는 때에는 위반사항의 개선에 소요되는 기간 등을 고려하여 즉시 그 개선을 명하거나 6월의 범위 내에서 기간을 정하여 개선을 명하여야 한다.

② 법 제10조의 규정에 의하여 보건복지부장관, 시 · 도지사 또는 시장 · 군수 · 구청장으로부터 개선명령을 받은 공중위생영업자 및 공중이용시설의 소유자 등은 천재지변, 기타 부득이한 사유로 인하여 제1항의 규정에 의한 개선 기간 이내에 개선을 완료할 수 없는 경우에는 그 기간이 종료되기 전에 개선 기간의 연장을 신청할 수 있다. 이 경우 보건복지부장관, 시 · 도지사 또는 시장 · 군수 · 구청장은 6월의 범위 내에서 개선 기간을 연장할 수 있다.

제18조 (개선명령시의 명시사항) 법 제10조의 규정에 의하여 보건복지부장관, 시 · 도지사 또는 시장 · 군수 · 구청장은 법 제5조의 규정을 위반한 공중이용시설의 소유자 등에게 개선명령을 하는 때에는 위생관리기준, 발생된 오염물질의 종류, 오염허용기준을 초과한 정도와 개선 기간을 명시하여야 한다.

제19조 (행정처분기준) 법 제7조제2항 및 법 제11조제2항의 규정에 의한 행정처분의 기준은 별표 7과 같다.

제20조 (위생서비스 수준의 평가) 법 제13조제4항의 규정에 의한 공중위생영업소의 위생서비스 수준 평가(이하 "위생서비스평가"라 한다. 이하 같다)는 2년마다 실시하되, 공중위생영업소의 보건 · 위생관리를 위하여 특히 필요한 경우에는 보건복지부장관이 정하여 고시하는 바에 의하여 공주위생영업의 종류 또는 제21조의 규정에 의한 위생관리 등급별로 평가 주기를 달리할 수 있다.

제21조 (위생관리 등급의 구분 등)

① 법 제13조제4항의 규정에 의한 위생관리 등급의 구분의 구분은 다음 각 호와 같다.

1. 최우수 업소 : 녹색 등급
2. 우수 업소 : 황색 등급
3. 일반 관리대상 업소 : 백색 등급

② 제1항의 규정에 의한 위생관리 등급의 판정을 위한 세부항목, 등급 결정 절차와 기타 위생서비스 평가에 필요한 구체적인 사항은 보건복지부장관이 정하여 고시한다.

제22조 (위생관리 등급의 통보 및 공표절차 등)

① 시 · 도지사는 법 제13조의 규정에 의한 위생서비스 평가 결과에 따라 공중위생영업소의 위생관리등급을 평가한 때에는 그 내용을 시장 · 군수 · 구청장에게 통보하여야 한다.

② 시장 · 군수 · 구청장은 제1항의 규정에 의하여 시 · 도지사로부터 공중위생영업소별 위생관리 등급을 통보받은 때에는 법 제14조제1항의 규정에 의하여 별지 제9호 서식의 위생등급표를 해당 공중위생영업자에게 송부하여야 한다.

③ 법 제14조제1항의 규정에 의하여 시 · 도지사 또는 시장 · 군수 · 구청장은 공중위생영업소별 위생관리등급을 당해 기관의 게시판에 게시하는 등의 방법으로 공표하여야 한다.

제23조 (위생교육방법 · 절차 등)

① 법 제 17조제1항의 규정에 의한 위생교육은 시장 · 군수 · 구청장이 실시하되, 위생교육의 전문성을 높이기 위하여 필요하다고 인정하는 경우에는 관련 전문기관 또는 단체로 하여금 위생교육을 실시하게 할 수 있다.

② 법 제17조제1항의 규정에 의한 위생교육은 4시간으로 한다.

③ 제1항의 규정에 의하여 위생교육을 실시하고자 하는 경우에는 미리 교육 교재를 편찬 하여 교육대상자에게 배부하여야 한다.

④ 제1항의 규정에 의하여 시장 · 군수 · 구청장, 관련 전문기관 또는 단체가 위생교육을 실 시할 경우에는 위생교육을 수료한 자에게 수료증을 교부하

여야 하며, 관련 전문기관 또는 단체는 교육을 실시한 날부터 1월 이내에 관할 시장 · 군수 · 구청장에게 교육실기 결과를 통보하여야 한다. 이 경우 수료증 교부대장 등 교육에 관한 기록은 이를 2년 이상 보관 · 관리하여야 한다.

제24조 (과태료의 징수절차) 영 제11조제4항의 규정에 의한 과태료의 징수 절차에 관하여는 세입징수관사무처리규칙을 준용한다. 이 경우 납입고지서에는 이의방법 및 이의기간 등을 함께 적어 넣어야 한다.

부칙

① (시행일) 이 규칙은 공포한 날부터 시행한다.

② (다른 법령의 폐지) 공중위생법시행규칙은 이를 폐지한다.

③ (위생처리업 및 위생용품제조업에 관한 경과조치) 이 규칙 시행 이후의 위생처리업 및 위생용품제조업에 관하여는 관련 법령의 제정 또는 개정시까지 종전의 공중위생법시행규칙을 적용한다.

④ (다른 법령과의 관계) 이 규칙 시행당시 다른 법령에서 종전의 공중위생법시행규칙을 인용하고 있는 경우 이 규칙중 그에 해당하는 규정이 있는 때에는 종전의 규정에 갈음하여 이 규칙 또는 이 규칙의 해당 규정을 인용한 것으로 본다.

미용 경영

28-1. 미용 경영의 개념

28-1-1. 미용 경영의 정의

일반적으로 경영이란 하나의 조직이 목표를 달성하기 위해 동원할 수 있는 모든 자원을 사용하여 구성원들의 노력을 계획, 조직, 지휘, 통제하는 일련의 과정으로 정의할 수 있다. 이러한 경영의 개념을 미용 기업에 적용하여 보다 효율적으로 미용 기업을 운영하고 성공적인 미용 기업으로 성장시키는 것이 미용 경영이라 하겠다.

21세기 급변하는 기업 환경 속에서 지금까지 해오던 주먹구구식의 경영 방법으로는 도태될 수밖에 없다. 단순히 미용 기술이 좋거나 인테리어를 화려하게 한다고 해서 미용 기업이 성공할 것이라고 생각하면 이것은 커다란 오산이다. 다양한 고객의 욕구를 정확히 파악하여 그에 따른 문제점들을 개선해서 고객 만족 경영을 실천해야 하며, 한발 앞서 고객의 요구가 있기 전에 보다 나은 서비스를 실천하는 고객 감동 경영을 해야 될 것이다.

28-1-2. 미용 경영자의 역할

기업 경영에서의 경영자란 조직의 우두머리로서, 조직의 자원을 효율적으로 활용하여 목표를 달성할 수 있도록 계획 수립 및 기획, 운영, 통제하는 사람이다. 미용 기업에서의 경영자는 기본적인 경영자의 역할과 더불어 미용 기업을 이용하는 고객들이 편안함을 느낄 수 있게 시설을 배치하는 미적 감각과 고객들의 다양한 요구를 파악 및 개선할 수 있어야 하며 항상 새로운 유행에 따른 미용 기술 습득에도 관심을 갖고 있어야 한다. 그러므로 미용 경영자는 정확한 경영 마인드를 갖고 있어야 하며 자신의 행동에 책임을 지는 책임감과 강한 추진력, 직원들을 이끌어 나갈 수 있는 통솔력, 그리고 실천력이 필수라고 할 수 있다. 이러한 경영 마인드는 꾸준한 교육과 실천을 통해 배양해 나가야 한다.

미용 경영자는 자신의 미용 기업의 특성(지역, 상권, 직원 수, 업소 크기 등)에 맞게 고객관리, 인적자원 관리, 마케팅, 고객 상담 및 서비스 등을 효율적으로 적용해야 원하는 목표에 최대한 빠른 시일 내에 도달할 수 있을 것이다.

28-1-3. 미용 경영 환경

미용실 내부

21세기 기업 환경은 과거 규격화되고 대량생산 체제의 사회와는 달리 다양한 고객의 요구와 급변하는 유행의 흐름 속에서 미용업계도 세분화, 전문화되어 가는 추세이다. 특히 개인 미용실 위주의 미용계가 프랜차이즈 미용실의 등장으로 인해 그동안 주먹구구식으로 경영해 왔던 국내 미용업계에 새바람을 일으키는 계기로 작용되어 체계적이고 합리적인 경영 기법이 미용업계에도 도입되었다.

또한 미용 기업의 숫자는 1990년대에 들어서면서 기하급수적으로 증가하였고 이에 따른 업소간의 경쟁은 더욱 치열해지고 있으며 여기에 IMF와 경기침체라는 악재가 겹치면서 이제는 경쟁의 차원을 넘어 생존의 시대로 접어들고 있는 실정이다. 이러한 경쟁은 더욱 가중될 것이며 고객의 요구가 더욱 세분화되고 증가할 것으로 예상된다.

따라서 미용 기업 경영자들은 새로운 서비스 상품 개발을 통해 고객을 유치하여 수익을 올릴 수 있는 방법을 모색해야 하며, 이와 같은 미용 경영 환경 변화를 정확하게 포착하여 이에 대한 대처 방안을 마련해야 된다.

28-2. 창업 관리

28-2-1. 창업 절차

미용 기업은 창업의 형태 중 소점포 창업에 해당하는 사업체로서 소규모 점포를 근거로 하여 영위하는 사업체를 말한다.

다음에 제시하는 것은 미용실 창업 과정을 순서대로 기술한 것이다.

① 기술 습득 후 자격증 취득
② 점포 시설 설치 후 미용실 영업 신청서 제출(시,군,구청 위생과)
③ 위생과 직원의 점포 방문 및 현장 조사
④ 신고필증 교부
⑤ 사업자 등록(관할 세무서) - 도장, 신분증, 임대차계약서, 신고필증 교부
⑥ 영업 개시

28-2-2. 창업시 유의점

창업자의 창업 성공의 기본적인 조건과는 다른 의미로 창업을 성공으로 이끄는 결정적인 요인이 있는데, 바로 창업 자금이다. 창업 실패의 원인으로는 창업자의 경영관리 능력의 부족과 시장 확보의 실패, 또는 급변하는 경영 환경에 능동적으로 대처하지 못하는 등 다양한 사유가 있을 수 있겠지만, 결정적인 사업 실패의 원인 중 하나는 창업 자금의 부족에 있다. 따라서 성공적인 창업이 되기 위해서는 충분한 창업 자금의 확보가 선행되어야 하며, 이는 곧 성공 창업의 결정적인 요인이 된다.

창업시 입지 선정 및 상권 분석도 중요한 부분이다. 유동 인구가 많은 주택가와 상가의 중간 지역, 특히 아파트 밀집 지역이 가장 좋은 곳이라고 할 수 있다. 소점포 창

업에서 점포를 선정하는 것은 창업 성패의 중요한 절차라고 말할 수 있으므로 주변 상권 및 위치, 입지 조건, 동종 업체의 수, 유동 인구 등을 면밀히 검토한 후에 신중하게 결정되어야 한다.

28-3. 고객 관리

28-3-1. 고객 유치 전략

경기에 크게 민감하지 않았던 미용업계도 1990년대부터 급속도로 늘어난 미용실간의 과당경쟁으로 고객 유치에 큰 어려움을 겪고 있다. 따라서 미용 기업의 성공을 위해서는 다양한 방법의 고객 유치 전략이 반드시 필요하다.

고객 유치 전략은 각 업체별 특성에 맞게 적절한 시기를 선택해서 실시해야 한다. 전통적인 홍보 방법으로는 외부 현수막, 전단지, 각종 거리 판촉 행사 등을 들 수 있다. 이 밖에도 DM(Direct Mail) 발송, e-mail 발송, 인터넷 홈페이지 개설 등의 홍보 방법이 있는데, 이중에서 DM(Direct Mail)이나 e-mail의 경우 불특정 다수에게 발송할 경우 일반 스팸메일로 취급되어 효과가 떨어질 수 있으므로 가급적이면 기존 고객의 기념일 등에 한정적으로 이용하는 것이 좋다.

그밖의 다양한 이벤트를 기획하여 참신하고 항상 새롭게 변하는 모습을 고객들에게 보여줌으로써 당장 눈앞의 효과뿐만이 아니라 잠재 고객들의 뇌리에 각인시켜주는 것도 앞으로의 신규 고객 창출에 많은 도움이 될 것이다.

그러나 고객 유치 전략에서 주의해야 될 점은 과당경쟁으로 인해 지나친 할인 이벤트 등의 출혈경쟁은 전체적인 미용 기업의 채산성 악화를 유발시키고 이벤트 후 고객 유지에 어려움을 겪을 수 있으므로 좀더 미래를 생각하는 유치 전략을 세워야 되겠다.

28-3-2. 고객 관리의 필요성

① 신규 고객의 증가 및 잠재적 고정 고객의 증가

② 매출액 대비 원가 절감 효과

③ 추가 구매 및 고가 서비스 이용 가능성 증가
④ 미용 기업 이미지 상승

28-3-3. 고객 만족 경영

미용 기업의 고객 만족 경영은 미용 기업이 고객이 원하는 것이 무엇인지 파악하고 이를 충족시켜 주는 미용 기술과 서비스를 제공하는 경영 방법을 말한다. 일반적인 기업 개념의 고객 만족 경영이 미용 기업에까지 도입된 것은 국내 미용시장의 경기 악화, 경쟁 미용 기업의 과다, 미용 기술의 평준화 현상, 새로운 형태의 미용 기업 탄생 등 고객들의 선택의 폭이 넓어져서 과거와 같은 기술 위주의 경영 방법으로는 생존하기 어렵기 때문이다.

고객 만족 경영의 전반적인 프로세스는 다음과 같다.

① 고객의 욕구 파악
② 미용 기술 습득 및 개발
③ 적절한 가격 결정 및 판매 촉진 전략
④ 고객 욕구 충족

28-4. 인적 자원 관리

28-4-1. 인적 자원 관리의 정의

인적 자원 관리란 조직의 목표를 달성하기 위해 인적 자원을 효과적으로 계획, 운영, 통제하는 일련의 시스템을 말한다. 미용 기업에서 인적 자원은 고객과의 접점에서 직접적인 서비스를 제공하는 사람으로 구성원의 경쟁력이 곧 기업의 경쟁력으로 나타나기 때문에 기업의 성패를 가르는 중요한 요소이다. 따라서 미용 기업에서는 유능하고 자질이 있는 인적 자원을 확보, 개발, 유지될 수 있도록 체계적인 관리가 필요하다.

28-4-2. 인적 자원 관리 방법

① 수직적 조직에서 수평적 조직으로 구성
② 하부 조직(인턴, 스템)의 강화
③ 복지, 후생 제도의 확립
④ 급여, 상여, 수당 지급 방법의 체계화
⑤ 효율적인 업무 시간의 정립
⑥ 체계적인 구인 및 채용 관리
⑦ 교육 시스템 구축

28-4-3. 교육 훈련

미용 기업의 규모가 더욱 확대되고 새로운 미용 기술이 나날이 발전하고 있어서 구성원들에 대한 교육 훈련의 중요성은 더욱 커지고 있는 현실이다. 미용 경영자는 질적으로 향상된 종업원을 육성할 책임이 있으며 체계적이고 지속적으로 시행되어야 한다. 또한 재교육은 경영자의 경영 이념과 방침대로 각각의 업무에 따른 표준화를 이루어야 효과적인 종업원 교육이 이루어질 수 있다.

(1) 교육 훈련의 내용

① 기술 교육 : 신기술 습득 및 직급별 보수 교육
② 서비스 교육 : 접객 예절, 인성, 교양, 근무 자세, 태도 등
③ 경영자 교육 : 리더십, 마케팅, 인사 관리, 재무 관리, 고객 관리 등

(2) 교육 훈련의 효과

① 직원들의 능력 배양에 따른 기업 이미지 상승
② 직원들의 능력 최대화에 따른 생산성 증가
③ 이직률 감소 및 직무 만족도 증가
④ 직원 능력의 상향 평준화 및 표준화

28-5. 미용 마케팅

28-5-1. 미용 마케팅의 정의

마케팅의 원론적 정의는 "개인과 조직의 목적을 충족시키는 교환을 창출하기 위하여 아이디어, 재화, 서비스의 개념화, 가격 결정, 촉진, 유통을 계획하고 수행하는 과정이다."라고 한다.

미용 마케팅이란 미용 기업에서 고객의 요구에 의해 미용 기술, 서비스, 이미지를 만들어 이를 고객에게 신속하게 제공하므로 이에 대한 대가로 재화을 받는다. 이런 과정에서 고객은 만족감을 얻고 미용 기업은 수익을 창출하는 전체적인 과정이라고 말할 수 있다.

미용 기업이 치열한 경쟁 속에서 성공하기 위해서는 마케팅의 본질을 정확하게 이해하고 고객 지향적 마케팅을 추구해야 하며 고객 만족을 넘어 고객 감동이 실현될 수 있도록 노력해야 할 것이다.

28-5-2. 미용 마케팅 속성의 8가지 요소

① 타깃(Target) 고객 선정
② 선정된 고객의 요구 파악
③ 고객 정보 수집
④ 신기술 및 서비스를 고객의 요구에 맞게 개선
⑤ 고객 만족, 고객 감동 실현
⑥ 합리적인 가격 결정
⑦ 고객 관리를 통한 고정 고객화
⑧ 고객의 새로운 요구 예측 및 대응 방안 수립

28-5-3. 마케팅 믹스(Marketing Mix)

마케팅 믹스(Marketing Mix)란 마케팅의 기본이 되는 네가지 요소(4P)를 잘 조화시켜 가장 적합한 기업 또는 제품 전략을 이끌어내는 것을 말한다.

(1) 제품(Product)

미용 기업의 제품이란 미용 기술과 서비스, 인테리어, 접객 태도 등을 말한다.

(2) 가격(Price)

미용 기업에서의 가격이란 미용 기술과 서비스를 받기 위해 지불하는 가치이며 고객의 만족도와 많은 상관관계를 갖는다. 일반적으로 서비스에 있어서 가격은 제품 수요에 영향을 미치며 따라서 기업은 높은 가치 창출을 위해 고객의 만족도를 최고로 끌어올려야 한다.

(3) 촉진(Promotion)

치열한 경영 환경 속에서 미용 기업의 촉진은 고객과의 원활한 관계를 유지하면서 기업의 판매력을 계속적으로 증대시키기 위한 판매, 광고, 홍보, 기타 일체의 수요 창출을 위한 판매 활동이라고 정의할 수 있다.

일반적으로 서비스 마케팅에서 유효한 것으로 알려진 촉진 매체로는 인간(종업원), 퍼스널 미디어(Personal Media), 구전 판촉 등이 있다.

(4) 유통(Place)

유통은 소비자와 생산자의 사이를 연결해주는 마케팅 활동으로서 미용기업에 있어서 제조자인 시술 디자이너로부터 고객에 까지 미용 시술을 하는 미용 기업이 유통망의 연결로서 존재한다.

28-6. 고객 상담

28-6-1. 상담실 환경

상담에서 환경이 차지하는 부분이 매우 중요하므로 고객이 아늑하고 편안한 마음이 들도록 상담실 환경을 조성해야 한다. 이러한 상담실 환경은 전체적인 살롱의 첫 이미지로 자리잡기 때문에 항상 청결을 유지하고 쾌적한 환경이 되도록 유의해야 한다.

28-6-2. 미용 상담자로서의 자세

고객 상담실

① 미용 상담가로서 필요한 체계적인 기술과 지식을 습득한다.
② 고객의 내적인 면을 이해할 수 있어야 한다.
③ 미용 상담가로서 인간적 자질을 갖춘다.
④ 미용 시술과 효과 등을 고객에게 알기 쉽게 설명해 준다.
⑤ 미용 시술 후의 효과 및 주의 사항 등을 설명해 준다.

28-7. 인터넷 비즈니스

미용산업 분야에서도 전문 광고 및 홍보뿐 아니라 정보 부재로 인한 미용 인력의 고질적인 인력난과 구직난을 해소할 수 있으며, 인터넷을 통해 다양한 방법으로 수익을 창출할 수 있을 것이다.

28-7-1. 인터넷 마케팅의 기본 원칙

① 홈페이지는 단순 홍보용이 아닌 상호 의사 전달 기능이 있어야 한다.
② 고객들이 필요로 하는 정보를 지속적으로 제공한다.
③ 고객에 대한 정보를 수집하여 마케팅 전략에 반영한다.
④ 브랜드 인지도를 높인다.

28-7-2. 인터넷 마케팅의 특징

(1) 쌍방향 마케팅(Interactive Marketing)

쌍방향 마케팅이란 비디오 게임, TV홈쇼핑에서부터 CD-ROM, 온라인 서비스, 쌍방향 가판대에 이르기까지 쌍방향 매체를 이용한 마케팅이다.

(2) 관계 마케팅

관계 마케팅이란 기업이 소비자는 물론 하청업체, 오피니언 리더, 정부 등 각종 이해 집단과 돈독한 관계를 유지함으로써 기업과 외부 환경이 공존공생하자는 것을 이념으로 삼고 있다.

(3) 데이터베이스 마케팅

데이터베이스 마케팅은 고도의 컴퓨터 데이터 처리 능력을 이용하여 기업이 고객과 1대 1의 인간적인 관계를 구현하는 마케팅 수법이다.

28-7-3. 인터넷 마케팅의 장점

(1) 공간적인 제한이 없다

사무실 안의 컴퓨터 1대로 국내는 물론이고 전세계를 상대로 마케팅 활동을 벌일 수 있다.

(2) 시간적인 제약이 없다

24시간 계속해서 자신을 알릴 수도 있다.

(3) 사회의 오피니언 리더들의 결집

인터넷 이용자들은 대부분 10~30대의 중산층, 고학력의 구매력 있는 정보 탐색형의 의견 선도자들(Opinion Leaders)이다.

(4) 표적 집단 접근 용이

가장 구체적인 필요성을 느끼는 표적 집단(Target Group)에 대한 접근이 용이하다. 인터넷 이용자들은 그들의 특성상 그 자체만으로도 마케터들에겐 상당히 매력적인 집단이기도 하지만 뉴스 그룹이나 전자우편을 통하면 가장 구체적인 필요성을 느끼는 아주 좁은 범위의 표적 집단에 접근할 수 있다.

(5) 광고비가 저렴하다

인터넷을 이용하면 상대방의 컴퓨터로 정확하게 전달할 수 있는 데다 좁은 범위의 표적 집단으로 보낼 수도 있으므로 낭비적 요소들을 최소화 할 수 있다.

(6) 쌍방향 커뮤니케이션이 가능하다

원한다면 온라인 채팅이나 뉴스 그룹을 통해 소비자들의 시장에 대한 신뢰도, 선호도 또는 그들이 필요로 하는 것이 무엇인지, 어떤 것인지를 알 수가 있으며, 마케터들이 시장에 대해 알고 있는 것과 모르고 있는 것에 대한 정확한 분석도 가능하다.

(7) 광고 분량에 제한이 없다

영상, 그래픽, 음향, 문자 등 다양한 멀티미디어 기술을 이용한 광고가 가능하며 기업 홍보, 제품 광고뿐만 아니라 다양한 정보를 결합한 정보 형 광고 또한 가능하다.

(8) 광고 효과 측정이 용이하다

이용자가 몇 번 보았는지 얼마나 오랫동안 머물러 있었는지 등이 자동 측정된다. 이런 자료들이 축적되면 데이터베이스 마케팅(Database Marketing)이나 다이렉트 마케팅을 할 수 있는 훌륭한 기초 자료가 될 수 있다.

28-7-4. 미용실에서 인터넷 기기의 활용

인터넷 시대의 흐름 속에서 미용실도 컴퓨터와 인터넷이라는 수단을 이용한 고객 관리와 매장 관리가 디지털화 속도로 빨라질 것으로 보인다. 현재 대부분의 업소에서는 수기 형태의 고객카드 관리와 고객카드 시스템을 이용하고 있다. 하지만 이 방법은 고객의 입장보다는 매장 자체의 업무 편의에 따른 시스템의 운영인 경우가 많다.

28-7-5. 인터넷을 통한 미용 경영 관리 프로그램

기존 미용실 경영 관리 프로그램은 고가의 비용과 관리 유지의 어려움 때문에 많은 미용인들의 초기 도입 후 무용지물이 되는 경우가 많았다. 하지만 이 사업은

ASP(응용 프로그램 온라인 임대 사업) 방식을 통해 각종 솔루션들을 임차해 사용하므로 고가의 소프트웨어 등을 직접 구입할 필요가 없어 소기업들에는 매우 경제적이고 현실적인 e-비즈니스 경영 개선에 기여할 것이 예상된다.

part 5

스타일리스트

1. 스타일 연출법

제5부

chapter 29

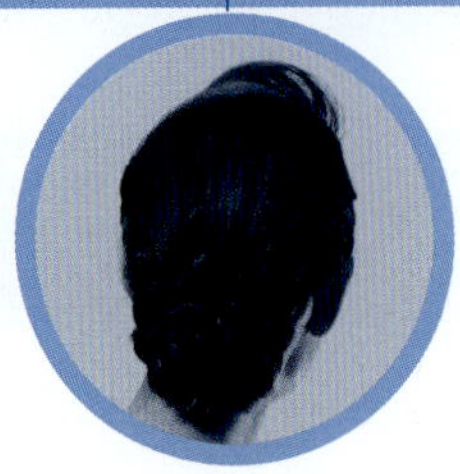

스타일 연출법

29-1. 헤어스타일 연출법

29-1-1. 얼굴형에 따른 헤어스타일

(1) 계란형

이상적이고 표준이 되는 얼굴형으로 어떠한 헤어스타일도 잘 어울린다. 어떤 스타일도 잘 어울리는 형이지만 머리를 올린다거나 웨이브로 부드러운 여성다움을 주면 더욱 생기 있어 보인다. 같은 계란형이라도 이목구비의 차이에 따라 다소 다른 특징이 있으므로 그것을 잘 살려서 디자인을 구상하고 매력 포인트를 살려 신선함을 주도록 한다. 이마가 드러나는 형은 자칫 얼굴이 길어 보일 수 있으므로 피하는 것이 좋다.

(2) 역삼각형

이마가 넓고 턱이 좁은 얼굴로 현대에 와서 미인형의 기준으로 보고 있다. 턱선이 가늘고 아름다운 반면 냉정하고 쓸쓸해 보이는 단점이 있다. 얼굴형이 그대로 드러나는 헤어스타일은 피해야 하며 헤어스타일의 포인트를 턱선의 아름다움은 살리면서 컬과 웨이브로 부드러움을 주되 넓은 이마는 가려주어야 한다. 크라운 부위를 평평하게 하거나 옆선을 강조하는 것은 피해야 하며, 키가 작은 사람은 롱 헤어스타일은 피하는 것이 좋다.

(3) 둥근형

둥근형의 얼굴을 이상적인 달걀형에 가깝도록 보이게 하기 위해서는 탑부분에 볼륨을 주고 사이드 부분의 볼륨은 최소화해야 한다. 이 형은 실제 연령보다 어려보이는 얼굴형이다. 얼굴이 밋밋하고 커보일 수 있으므로 가능한 한 작아 보이도록 스타일을 만들어져야 한다. 숏커트에 부드러운 웨이브가 잘 어울리고 특히 업스타일이 잘 어울린다. 수평선보다는 수직선이 강조되는 헤어스타일을 통해 둥근형을 세련되고 개성 있게 보이도록 연출할 수 있다.

(4) 각진형

각진형은 개성 있게 잘 살리면 현대적 분위기를 나타낼 수 있다는 장점이 있다. 둥근 얼굴형에 비해 남성스럽게 보이는 경향이 있다. 이 형은 결점을 가리는 스타일보다는 결점을 살려 모발에 부드러움을 주는 웨이브로 여성스러움을 더하면서 개성적으로 돋보이게 하는 방법이 효과적이다. 헤어핀으로 포인트를 주는 것도 좋다. 비대칭형의 스타일이나 전체적으로 웨이브를 많이 낸 롱 헤어스타일이 잘 어울린다. 수평 보브 스타일은 피하는 것이 좋다.

(5) 장방형

장방형은 얼굴의 세로 길이가 가로 폭에 비해 긴 얼굴형이다. 긴 얼굴은 지루해 보이고 턱이 길고 뾰족하여 자칫 날카로운 느낌을 주기 쉽다. 이 얼굴형은 쪽머리가 잘 어울리고 한복에 맞는 고전적인 분위기의 이미지이다. 어울리는 헤어스타일은 단발형의 보브 스타일과 앞머리는 낮게 뱅을 만들고, 옆머리는 전체적으로 층을 준 헤어스타일이 잘 어울린다. 얼굴형이 그대로 드러나 보이는 업스타일이나 중간 가르마는 피하는 것이 좋다. 또한 스트레이트 단발이나 머리 길이가 얼굴 윤곽보다 짧으면 긴 얼굴형을 더욱 강조하게 되므로 피하는 것이 좋다.

29-1-2. 상황에 따른 헤어스타일

(1) 한복 차림

한복 차림에는 단아한 업스타일이 잘 어울린다. 그러나 한복이라고 해서 반드시 업스타일만 고집할 필요는 없다. 귀여운 느낌의 땋은 머리라든가, 횡거웨이브 스타일도 잘 어울린다. 단 깨끗하게 빗어서 정리된 느낌을 주는 것이 중요하다.

(2) 웃어른 방문시

인사차 웃어른을 방문하는 경우에는 단정한 헤어스타일을 하는 것이 좋다. 뒷머리는 깔끔하게 하고 앞머리에 포인트를 주어 무스나 젤로 볼륨을 살려주면 세련되면서도 단정한 이미지를 준다.

(3) 약혼 및 결혼시

드레스를 입는 경우 업스타일을 하는 것이 가장 잘 어울린다. 드레스의 디자인에 어깨에 목선이 아름답게 보이도록 연출해 준다. 귀여운 느낌을 주고 싶다면 앞머리를 내려서 포인트를 준다.

(4) 면접시

- 남성의 경우는 지나치게 유행을 따르는 헤어스타일을 삼간다. 단정하게 빗어 넘기고, 옆머리는 귀를 덮지 않고 뒷머리는 와이셔츠 깃에 닿지 않도록 한다.
- 여성의 경우 스트레이트 단발이나 약간의 웨이브가 있는 커트 스타일이 좋다. 요란한 염색이라던가 눈에 띄는 헤어 핀셋 등은 금물이며, 긴 머리는 묶어서 옆머리나 앞머리가 흘러내리지 않도록 한다.

29-2. 메이크업스타일 연출법

29-2-1. 얼굴형에 따른 메이크업스타일

(1) 둥근 얼굴

둥근 얼굴은 볼 살이 통통하고 전체적으로 얼굴의 윤곽이 둥글어 메이크업을 할 때 짙은 색깔의 파운데이션으로 얼굴 사이드 부분에 새딩을 주고 이마와 코, 턱에 밝은 색의 파운데이션으로 하이라이트를 주어 얼굴이 길어 보이게 한다.

(2) 긴 얼굴

긴 얼굴은 메이크업을 할 때 이마 부분과 턱 부분에 짙은 색의 파운데이션으로 새딩을 주고 눈 밑에서 관자놀이 부분까지 밝은 색의 파운데이션으로 하이라이트를 주어 얼굴 전체가 길어 보이지 않게 연출한다.

(3) 삼각형 얼굴

삼각형의 얼굴은 턱이 넓고 이마가 좁아 보이는 형이다. 메이크업을 할 때는 턱의 양쪽에 짙은 색의 파운데이션으로 새딩을 주고 이마의 양 끝에서 관자놀이까지 밝은 색의 파운데이션으로 하이라이트를 주어 전체적으로 얼굴이 둥글어 보이게 연출한다.

(4) 마름모형 얼굴

마름모형 얼굴은 얼굴이 각지고 광대뼈가 넓어 보이는 형이다. 메이크업을 할 때 턱의 양쪽과 이마 양옆에 밝은 색의 파운데이션으로 하이라이트를 주어 이마와 턱이 넓어 보이도록 하고, 양쪽 광대뼈 부분에는 짙은 색의 파운데이션으로 새딩을 넣어 전체적으로 얼굴이 부드러워 보이도록 연출해 준다.

(5) 역삼각형 얼굴

역삼각형 얼굴은 턱이 좁고 이마가 넓은 형이다. 메이크업을 할 때 이마의 양쪽을 짙은 파운데이션으로 새딩을 주고 뺨의 양쪽에는 밝은 색의 파운데이션으로 하이라이트를 주어 얼굴이 통통해 보이면서 부드러워 보이도록 연출한다.

(6) 사각형 얼굴

사각형 얼굴은 턱이 각지고 얼굴 윤곽이 전체적으로 네모진 얼굴이다. 수정을 할 때 이마와 턱의 양끝에 짙은 색의 파운데이션으로 새딩을 주고 이마의 중앙과 코선, 눈 밑에서 관자놀이 부분에 밝은 색의 파운데이션으로 하이라이트를 주어 얼굴이 작고 부드러워 보이도록 연출한다.

29-3. 피부스타일 관리법

29-3-1. 건성 피부

(1) 건성 피부의 특징

- 건성 피부는 피부표면의 피지분비 감소에 의해 피부표면이 거칠고 건조한 피부를 의미한다.
- 건성 피부는 세안 후 심하게 당기고 외부의 환경으로부터 피부가 쉽게 건조해진다. 피지가 없기 때문에 주름이 빨리 생긴다.
- 건성 피부의 원인으로는 잘못된 식습관, 지나친 자외선 노출, 바람, 노화현상 등을 들 수 있다.

(2) 건성 피부의 관리법

- 물을 많이 마셔 피부를 건조하지 않게 해준다.
- 실내의 습도와 온도를 적절하게 유지하여 피부의 수분이 증발되지 못하게 한다.
- 수분과 유분이 함유된 화장품을 사용하고 영양이 풍부한 마사지 제품으로 일주일에 2번 정도 마사지를 해준다.

29-3-2. 복합성 피부

(1) 복합성 피부의 특징

- 복합성 피부란 얼굴 부위에 피부의 유형이 다르게 나타나는 것을 말한다.
- 복합성 피부는 T-Zone 부위는 피지의 분비가 많은 것에 비해 볼 부분은 피지의 분비가 적은 것이 특징이다.
- 복합성 피부는 눈가가 건조하여 잔주름이 생기고 피부조직이 고르지 못해 T-Zone 부위가 번들거리고 블랙헤드가 생기는 것이 특징이다.

(2) 복합성 피부의 관리법

- T-Zone 부위는 알코올로 된 화장수로 피지가 번들거리는 것을 막아주고 볼 부위는 수분과 유분이 함유된 기초 케어제품을 사용한다.
- 일주일에 2번 정도 팩을 하여 트러블이 많은 복합성 피부를 진정시켜 준다.

29-3-3. 지성 피부

(1) 지성 피부의 특징

- 지성 피부는 피부표면의 피지가 과도하게 분비되는 피부를 말한다.
- 지성 피부의 특징으로는 모공이 넓고 각질이 많으며 여드름과 같은 트러블이 생긴다.
- 지성 피부는 여성보다는 남성이 많은데 이것은 남성호르몬이 과다하게 분비되어 피지선을 자극하기 때문이다.
- 지성 피부는 10대에서 많이 나타난다.

(2) 지성 피부의 관리법

- 유분이 있는 기초 케어제품은 사용하지 않는다.
- 알코올이 있는 화장수로 피지를 잡아준다.
- 일주일에 2번 정도 딥 클렌징 팩을 사용하여 피부표면의 노폐물을 제거해 준다.
- 클렌징을 철저하게 하여 피부 청결에 힘쓴다.
- 스트레스를 받지 말고 균형있는 식사를 한다.

29-3-4. 여드름 피부

(1) 여드름 피부의 특징

- 모낭에 있는 피지선의 피지가 피부표면에 배출되지 못하고 모공 내에 쌓여 모낭 구조가 파괴되는 피부를 말한다.
- 여드름 피부는 유전적 요인, 스트레스, 호르몬 과다분비, 피부에 맞지 않는 화장품 선택, 잘못된 식습관 등에 의해 발생된다.
- 여드름은 얼굴뿐만 아니라 가슴, 등, 항문, 목에서도 나타난다.

(2) 여드름 피부의 관리법

- 여드름용 클렌징 제품을 사용하되 세안시에는 철저히 한다.
- 일주일에 2번 정도 딥 클렌징 제품으로 모공 속의 노폐물을 제거해 준다.
- 피부를 항상 청결하게 유지해준다.

29-3-5. 민감성 피부

(1) 민감성 피부의 특징

- 민감성 피부는 정상 피부에 비해 면역성이 약해서 외부의 자극에 쉽게 반응하는 피부를 말한다.
- 민감성 피부는 유전적인 요인과 후천적인 요인이 있다. 유전적인 요인은 피부의 각화 과정이 남들보다 빠르게 진행되어 피부가 얇아지는 현상이 나타나며, 후천적인 요인으로는 자외선과 열에 의한 자극, 스트레스, 환경오염, 잘못된 화장품 선택 등에 의해 나타난다.
- 민감성 피부는 피부염이나 홍반, 가려움증을 가져온다.

(2) 민감성 피부의 관리법

- 무색, 무취, 무알코올의 화장품을 사용하여 피부가 자극을 받지 않도록 한다.
- 스트레스를 받지 말고 규칙적인 식습관과 함께 적절한 운동을 병행한다.
- 피부를 항상 청결하게 유지해주고 외부의 환경에 피부를 노출시키지 않는다.

29-3-6. 노화 피부

(1) 노화 피부의 특징

- 노화 피부는 나이가 들어가면서 신진 대사율이 저하되고 기능이 약화되어 생기는 피부를 말한다.
- 노화 피부는 큰 주름이 생기고 피부의 윤기와 탄력이 떨어지는 특징이 나타난다.

(2) 노화 피부의 관리법

- 스트레스를 받지 말고 규칙적인 식습관과 영양분을 섭취한다.
- 적절한 운동을 해준다.
- 유분과 수분이 함유된 화장품을 선택하여 피부를 윤기 있게 한다.

29-4. 체형에 따른 스타일 연출법

29-4-1. 작고 뚱뚱한 체형

① 동일한 색상의 계열을 선택하면 시선을 위아래로 연결시켜 주기 때문에 날씬하고 커보인다.

② 상의는 옅게, 하의는 짙게 입는 것이 좋다.

③ 소재는 가벼운 감이 적당하며 전체적인 디자인은 샤프하고 귀여움을 강조하는 스타일로 입는 것이 좋다.

④ 무늬는 중간 크기가 적당하다. 강하고 큰 무늬는 키를 작아 보이게 하고 작은 무늬는 뚱뚱해 보인다.

⑤ 헐렁하게 입는 스타일은 피하고 바지나 스커트는 자기 사이즈보다 1인치 정도 크게 입고, 적당한 H라인이나 플레어가 약간 들어간 것이 어울린다.

⑥ 투피스보다는 원피스가 잘 어울리고 길이와 선을 이용하면 키가 커보인다.

⑦ 액세서리로 윗부분에 포인트를 두어 시선을 위로 모으는 효과가 바람직하다.

29-4-2. 작고 마른 체형

① 귀여운 느낌을 주는 체형으로 시선을 상하로 분산시키는 옷은 피하도록 한다.

② 타이트한 스타일의 옷을 입으면 빈약해 보일 수 있으므로 피한다.

③ 밝은 색의 상의에 무릎길이의 샤넬라인 스커트를 풍성하게 입어 연출하면 효과적이다.

④ 상하를 언밸런스하게 입는 것이 멋스러우며 상의를 짧게 입고 소매나 스커트는 여유있게 입는 것이 좋다.

⑤ 진한 색은 피하고 밝은 색를 선택하며 소재는 뻣뻣한 감이 있는 두꺼운 소재를

사용하는 것이 적당하다.

29-4-3. 키가 크고 뚱뚱한 체형

① 허리선이 약간 들어간 롱 재킷으로 엉덩이를 가려주는 것이 좋다.
② 실루엣은 타이트한 것은 피하고 여유가 있는 것으로 선택하며 스트라이프를 살린 샤프한 이미지의 슈트룩이나 스트레이트한 팬츠에 깊은 넥스웨터 등의 코디가 심플하다.
③ 액세서리는 여러 곳에 사용하지 말고 한 곳에 강한 엑센트를 주어야 하며 선명한 색의 블라우스 등에는 액세서리가 없는 것이 어울린다.
④ 색상은 축소된 느낌을 주는 낮은 톤의 브라운과 블랙 등을 활용하면 큰 체격을 커버 할 수 있다.

29-4-4. 키가 크고 마른 체형

① 색상은 밝고 따뜻한 감각의 색이 잘 어울린다. 낮은 그린톤과 회색톤을 응용하면 세련된 느낌을 준다.
② 무늬는 작은 무늬보다 큰 무늬가 잘 어울린다.
③ 팬츠룩이 가장 잘 어울리는 체형으로 날씬해 보여서 좋지만 자칫 빈약해 보일 우려가 있다.
④ 전체적인 스타일은 A라인으로 연출하면 효과적이다.
⑤ 포켓이 크고 소재는 두껍고 무늬는 가로로 들어간 스타일이 잘 어울린다.

29-4-5. 허리가 굵은 체형

① 허리선을 감추는 재킷이나 여유있는 스웨터의 옷단을 느슨하게 하여 착용하면 굵은 허리를 감출 수 있다.
② 유사한 색의 벨트를 사용하여 허리의 위치가 강조되지 않게 하는 것도 효과가 있다.

찾아보기

INDEX

INDEX

INDEX

ㅇ

INDEX

ㅈ

INDEX

INDEX

INDEX

참고문헌

강영미 외 7인, 미용경영, 청구문화사, 2003.
고재숙 외, 피부과학, 수문사, 2000.
김갑연, 모발 및 두피관리학, 광문각, 2003.
김계순 외 8인, 미용학개론, 훈민사, 2001.
김기연 외 9인, 피부과학, 수문사, 2001.
김선옥 외 3인, 디지털 경영시대의 미용경영학, 수문사, 2001.
김정숙 외 3인, 생화학, 광문각, 2003.
김종근 외 2인, 뷰티살롱 경영관리, 리그라인, 2003.
김희숙, 화장문화사, 청구문화사, 2000.
드림에스테, (주)오히로코리아, 1999.
류은주 외 공저, 모발학 사전, 광문각, 2003.
류은주, 모발학, 광문각, 2002.
심우만 외 3인, 최신일반화학, 광문각, 2003.
이주영 외 3인 모발관리 및 두피관리학, 동주대학 출판부, 2002.
이향우 외, 피부과학, 광문각, 2003.
장경옥 외 2인, 미용경영, 도서출판예림, 2004.
정태봉, 고운하, 김학식, 전상구 공동번역, 모발대전과, 모발과학협회, 2000.
정훈, 미용과 경영, 도서출판예림, 2000.
최현, 인체해부 생리학, 수문사, 1992.
허순득, 네일아트, 형설출판사, 2004.
ACNE, William J. Cunliffe, Sciene press, 1990.
Clinical Dermatology Thomas P.HABIF, MOSBY, 1990.
COLOR DESIGN - PIVOT POINT INT' L INC
COLORPATH - PIVOT POINT INT' L INC
HAIR SCULPTURE - PIVOT POINT INT' L INC
Kligman, A. zzm., J. E. &Plewig, E.(1969) Topical vitamin A acid in acne vulgaris. Arcbives of Dermatology, 99, 469-476.
PERM DESIGN - PIVOT POINT INT' L INC

미용학개론

2018년 2월 25일 1판 1쇄 인쇄
2018년 3월 2일 1판 1쇄 발행

지은이: 박춘심·전희영·고성현·현경화·김혜경
오혜영·박선주·송미라·범희주·허정록
펴낸이: 박정태

펴낸곳: **광 문 각**

10881
파주시 파주출판문화도시 광인사길 161
광문각빌딩 4층
등 록: 1991. 5. 31 제12-484호
전화(代): 031)955-8787
팩 스: 031)955-3730
E-mail: kwangmk7@hanmail.net
홈페이지: www.kwangmoonkag.co.kr

ISBN: 978-89-7093-892-9 93590

정가 : 26,000원

KSPA 한국과학기술출판협회회원